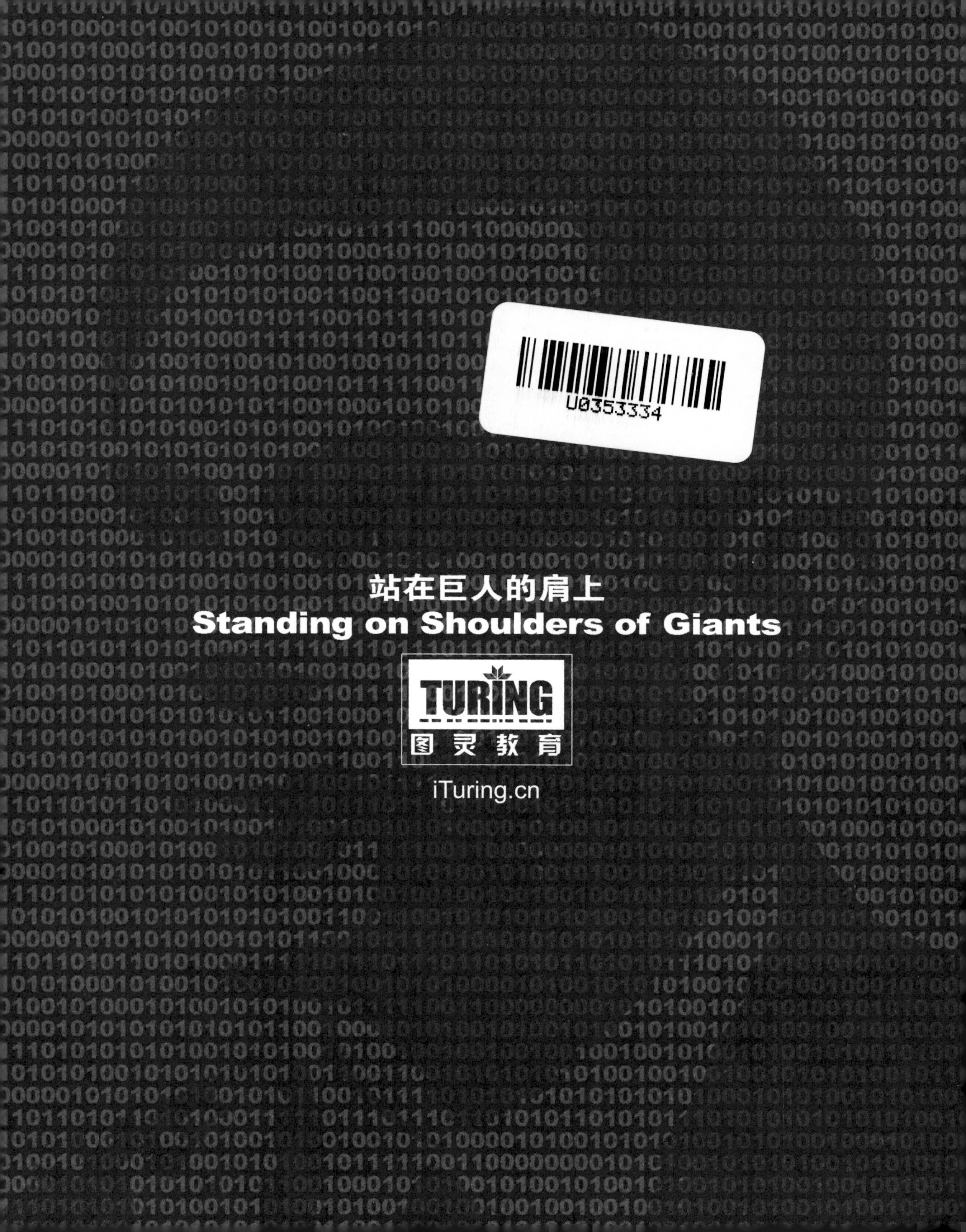
U0353334
站在巨人的肩上
Standing on Shoulders of Giants
TURING
图灵教育
iTuring.cn

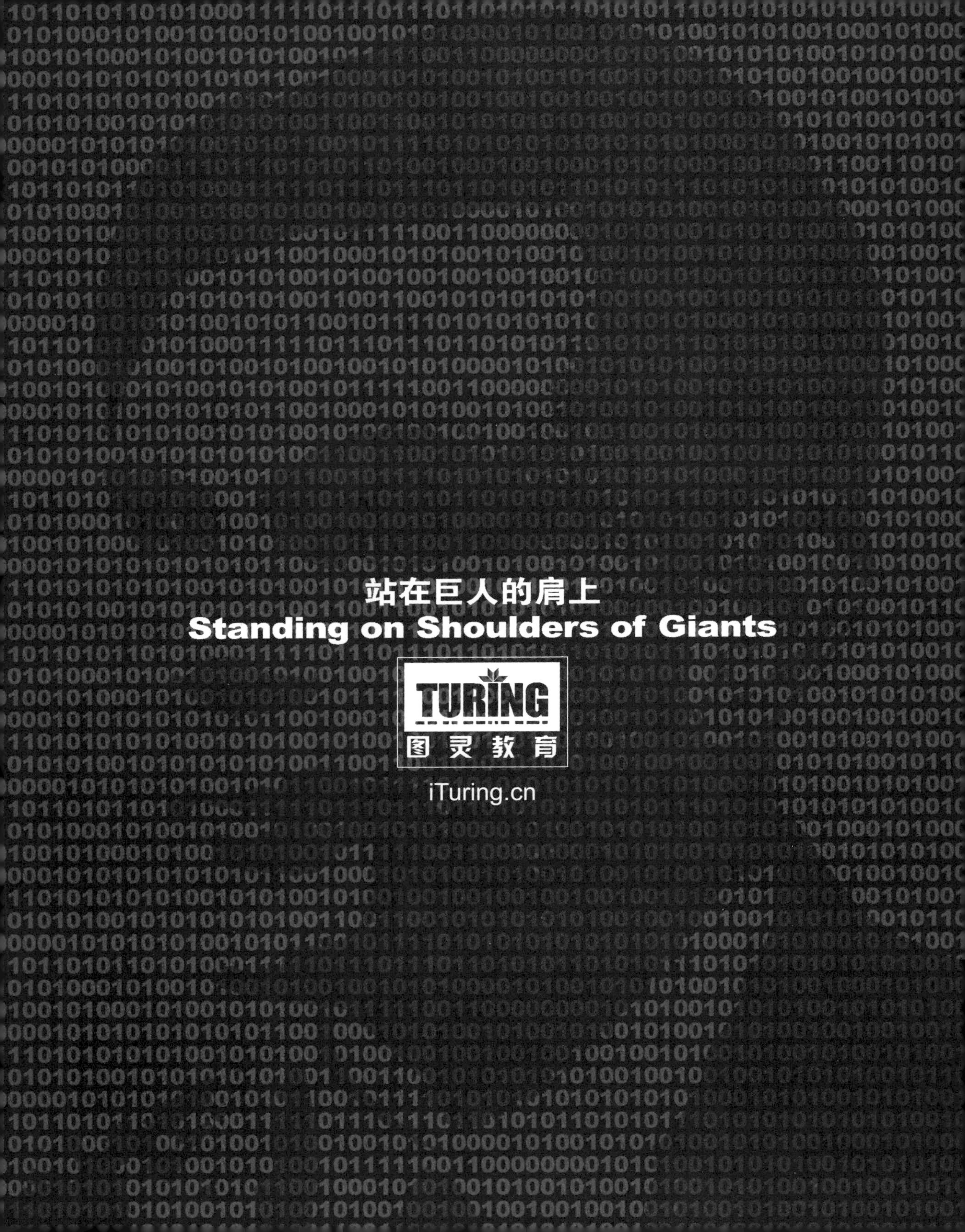
站在巨人的肩上
Standing on Shoulders of Giants
TURING
图灵教育
iTuring.cn

子类别	东北 利润	东北 折扣	东北 销售额	华北 利润	华北 折扣	华北 销售额	华东 利润	华东 折扣	华东 销售额	西北 利润	西北 折扣	西北 销售额	西南 利润	西南 折扣	西南 销售额	中南 利润	中南 折扣	中南 销售额
标签	¥3,975	0%	¥15,329	¥2,012	0%	¥9,365	¥7,533	0%	¥29,852	¥1,007	0%	¥4,913	¥2,423	0%	¥8,870	¥6,858	0%	¥28,385
电话	¥10,935	17%	¥280,638	¥36,160	6%	¥244,992	¥87,786	13%	¥550,773	¥6,236	18%	¥115,932	¥20,494	17%	¥177,131	¥59,478	12%	¥423,907
复印机	¥29,982	17%	¥337,993	¥60,595	3%	¥275,607	¥61,399	11%	¥577,345	¥10,777	10%	¥67,522	-¥19,831	28%	¥133,819	¥102,691	8%	¥573,741
美术	-¥10,557	43%	¥25,796	¥5,822	9%	¥36,092	-¥3,821	29%	¥58,445	-¥619	33%	¥7,270	-¥1,707	27%	¥20,608	-¥7,468	35%	¥47,684
配件	¥19,842	17%	¥180,784	¥20,929	3%	¥87,813	¥31,203	15%	¥204,439	¥3,659	11%	¥21,209	¥8,223	19%	¥66,340	¥46,660	9%	¥238,955
器具	¥13,372	18%	¥407,334	¥32,351	8%	¥312,760	¥50,175	14%	¥581,127	¥20,373	9%	¥138,797	¥8,647	15%	¥124,348	¥67,058	8%	¥564,002
设备	¥22,671	10%	¥136,781	¥25,238	9%	¥166,370	¥39,036	13%	¥235,967	¥3,343	8%	¥26,293	¥10,175	15%	¥76,608	¥42,659	11%	¥229,973
收纳具	¥42,941	0%	¥162,164	¥54,934	0%	¥190,570	¥91,216	0%	¥352,255	¥18,137	0%	¥58,249	¥22,061	0%	¥86,317	¥86,009	0%	¥298,181
书架	¥30,949	19%	¥295,175	¥96,521	4%	¥417,643	¥98,614	13%	¥723,636	¥6,803	18%	¥93,746	¥29,967	18%	¥228,510	¥93,797	7%	¥525,289
系固件	¥2,234	16%	¥23,674	¥3,089	11%	¥15,824	¥2,339	17%	¥32,650	¥776	11%	¥4,730	¥1,807	15%	¥10,902	¥8,163	9%	¥40,078
信封	¥12,847	0%	¥50,333	¥10,363	0%	¥40,309	¥21,752	0%	¥89,164	¥2,643	0%	¥8,529	¥8,591	0%	¥31,095	¥15,825	0%	¥66,013
椅子	¥48,774	16%	¥366,799	¥38,088	9%	¥203,387	¥111,083	12%	¥641,344	¥26,845	12%	¥153,884	¥8,462	21%	¥176,106	¥85,929	16%	¥522,912
用具	¥8,742	14%	¥74,156	¥16,411	5%	¥62,593	¥21,606	12%	¥141,316	¥5,191	12%	¥24,400	¥5,710	13%	¥40,768	¥26,475	8%	¥131,991
用品	¥4,970	16%	¥47,611	¥6,475	3%	¥36,868	¥8,377	15%	¥77,590	¥1,734	15%	¥16,616	¥2,731	15%	¥25,327	¥15,972	8%	¥83,086
纸张	¥12,167	0%	¥47,254	¥10,540	0%	¥43,064	¥17,921	0%	¥76,748	¥2,240	0%	¥11,072	¥3,731	0%	¥19,452	¥14,297	0%	¥63,193
装订机	¥4,119	18%	¥45,180	¥6,583	9%	¥43,000	¥14,239	13%	¥83,906	¥3,344	10%	¥17,695	¥988	19%	¥20,773	¥13,101	9%	¥80,289
桌子	-¥15,773	37%	¥184,568	-¥12,881	31%	¥193,424	-¥69,536	48%	¥162,316	-¥13,935	45%	¥44,182	-¥14,837	50%	¥56,149	-¥6,618	33%	¥219,736

总和(利润) -¥69,536 ¥111,083

工作表 1

图 1　用“突出显示表”显示不同产品子类别、地区的销售额、利润和折扣

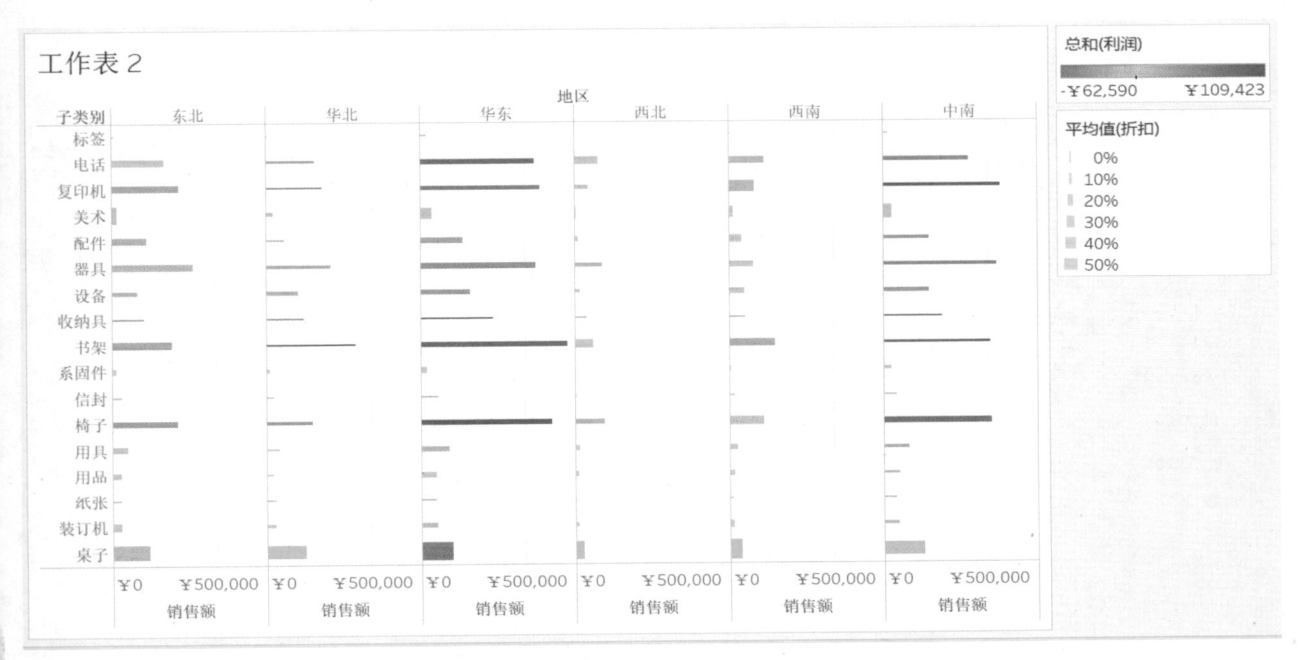

图 2　用条形图的长度、颜色和宽度分别表示销售额、利润和折扣

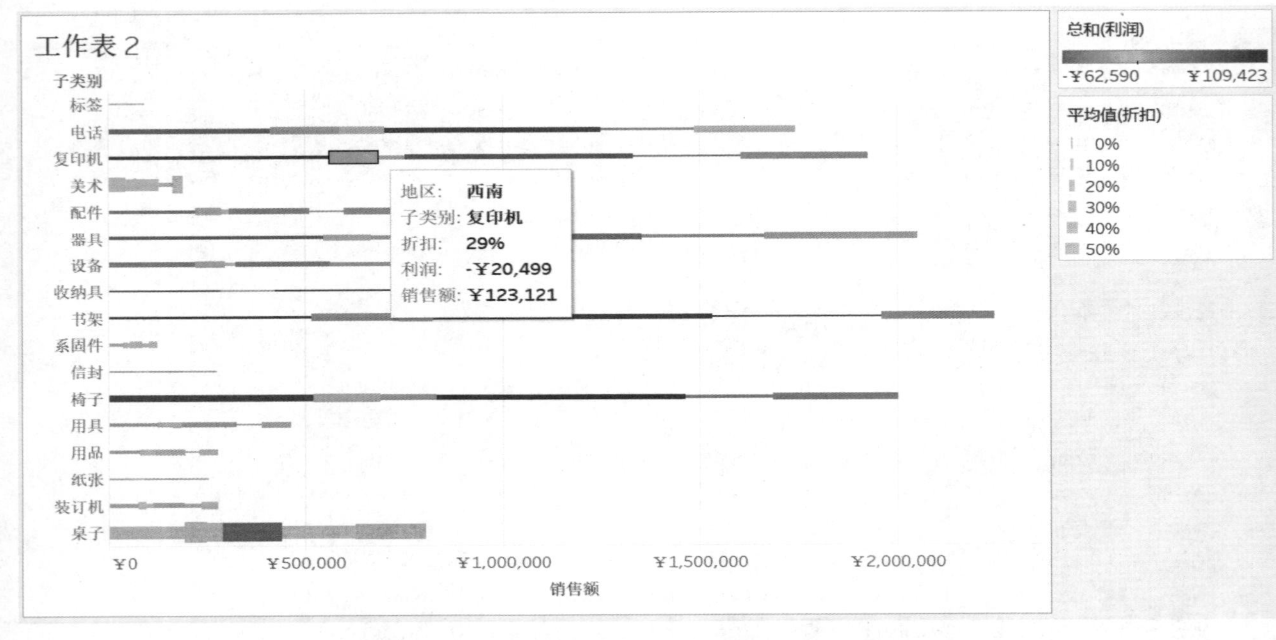

图 3 分地区、分产品子类别的销售额、利润和折扣

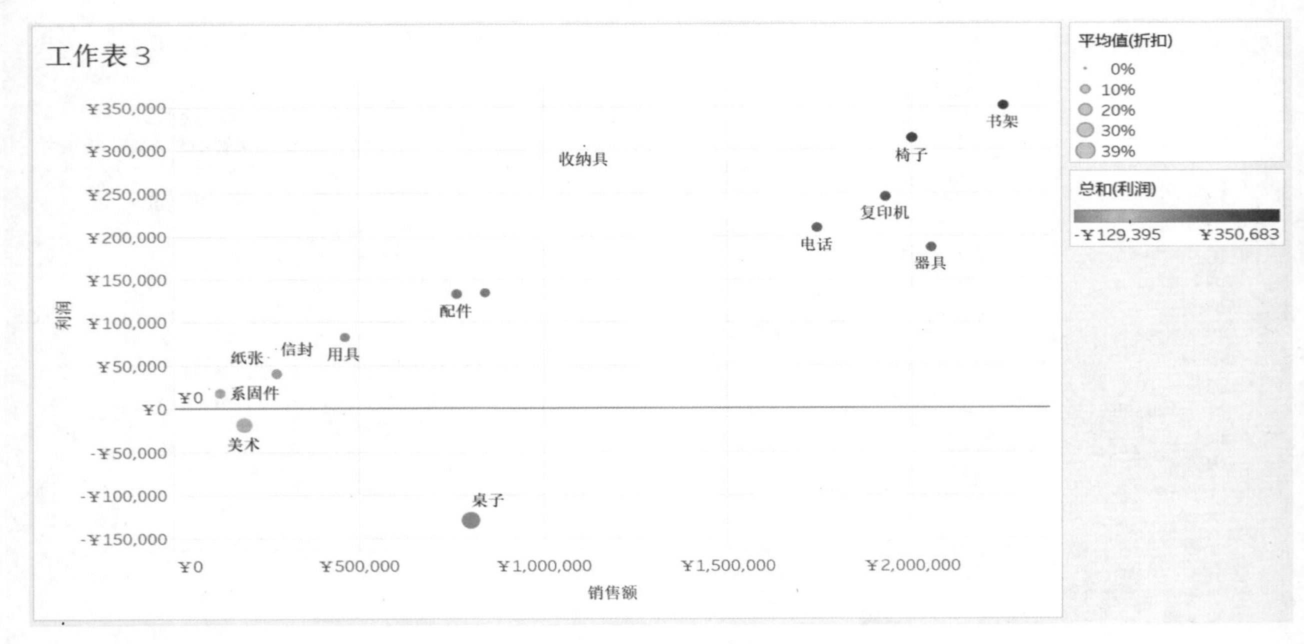

图 4 用散点图进行销售额、利润和折扣分析

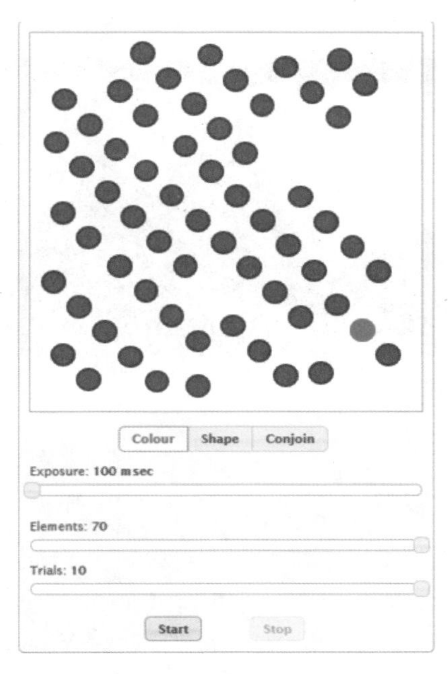

图 5　在 0.1 秒内识别出 70 个对象中颜色不同的那一个

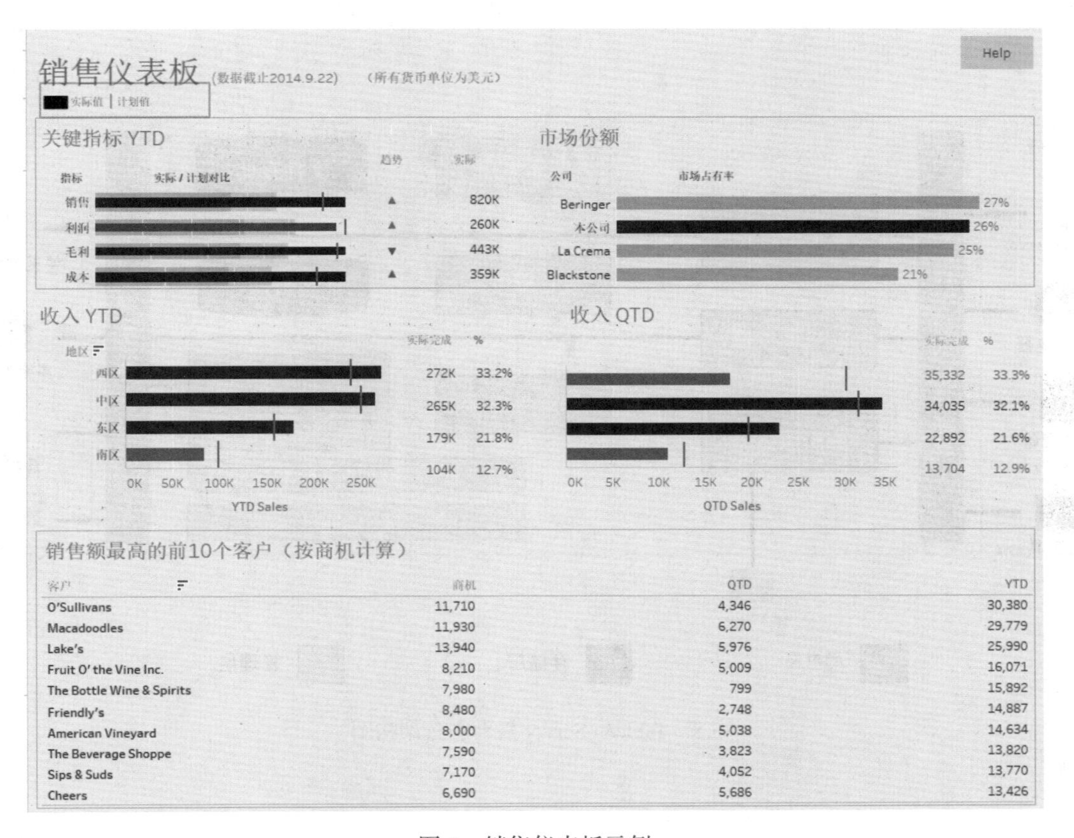

图 6　销售仪表板示例

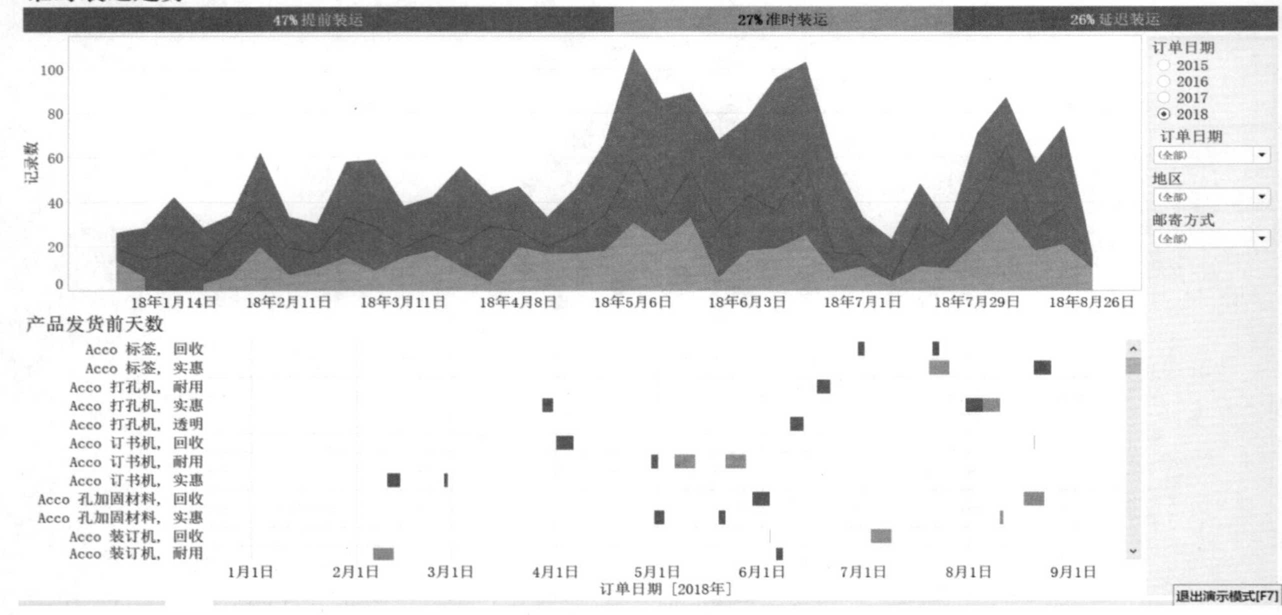

图 7　准时装运趋势仪表板

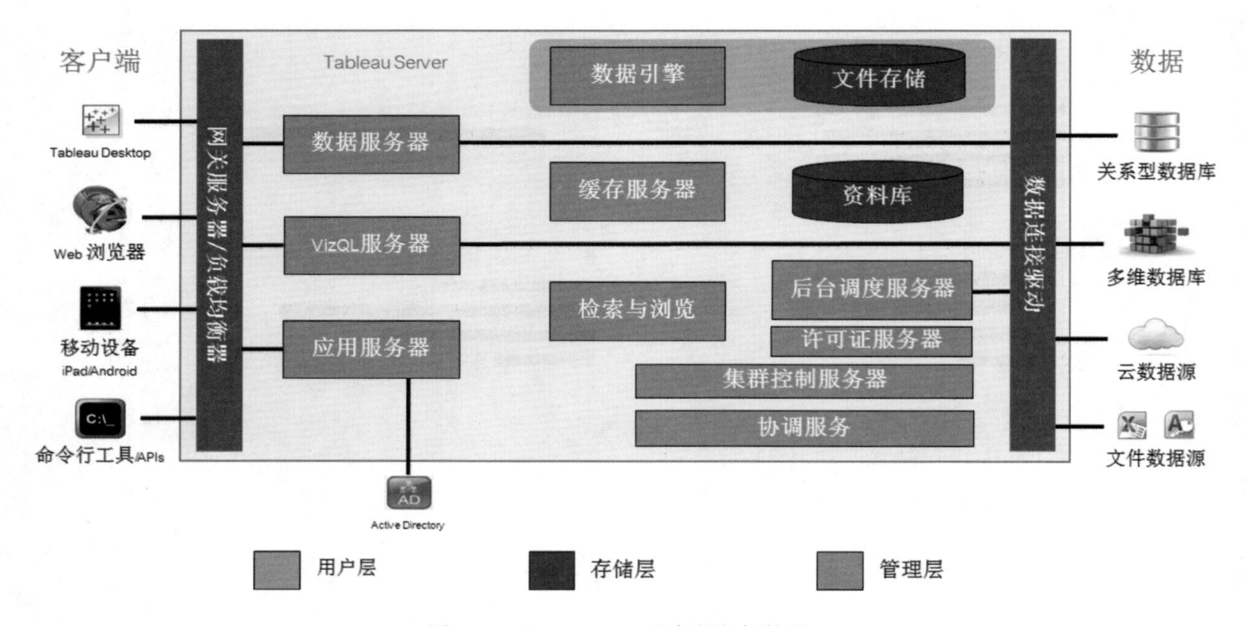

图 8　Tableau Server 后台服务架构图

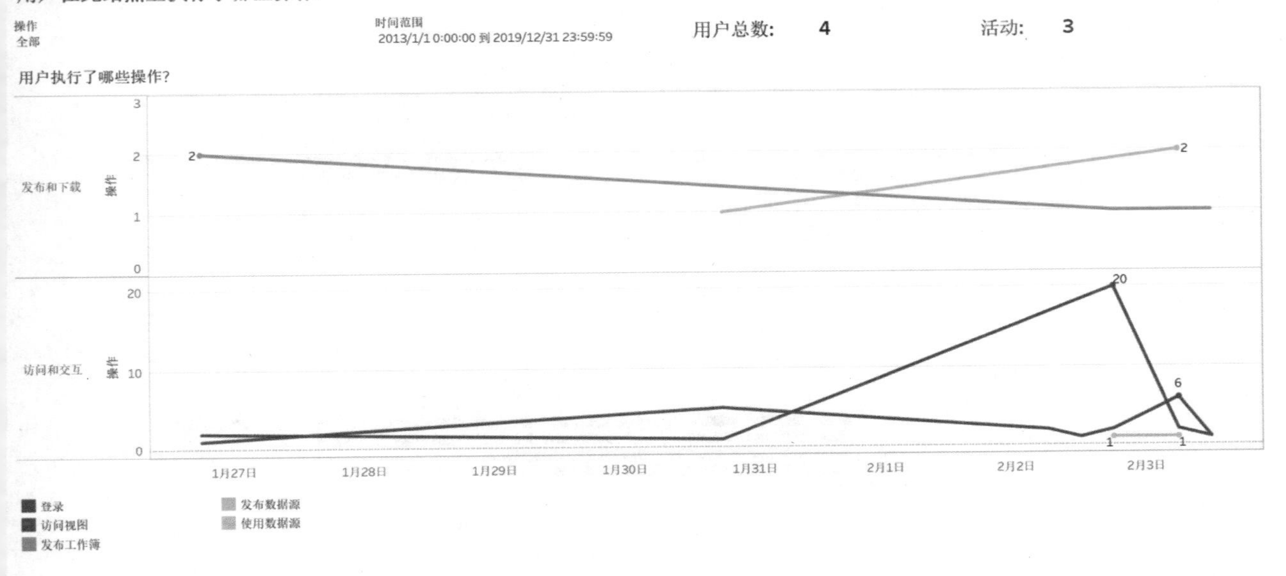

图 9 “所有用户的操作”仪表板

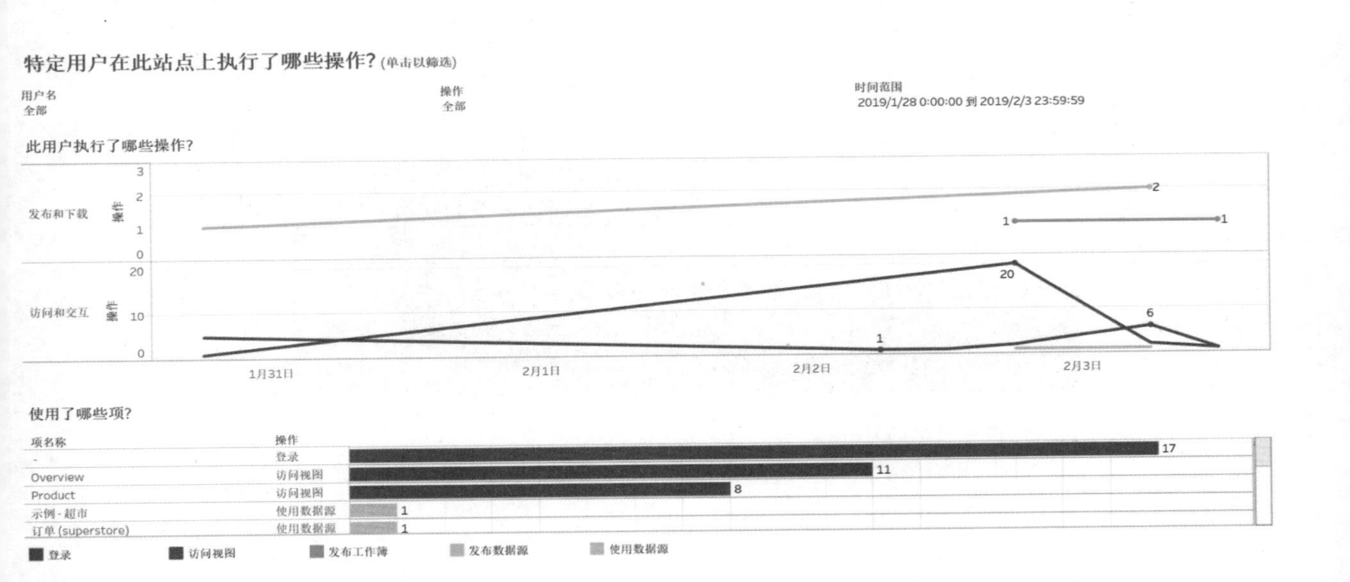

图 10 “特定用户的操作”仪表板

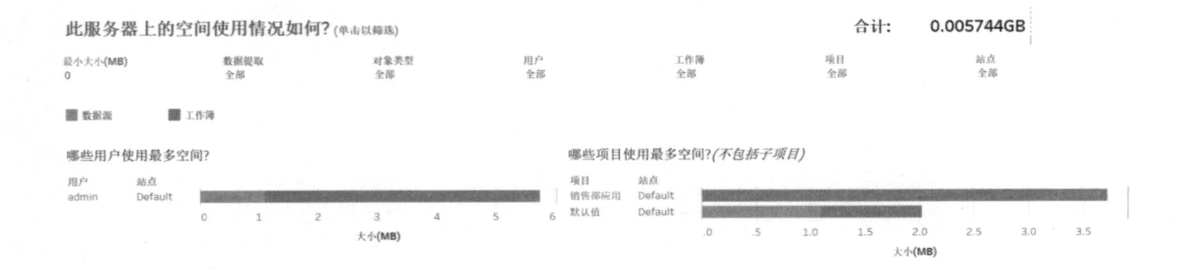

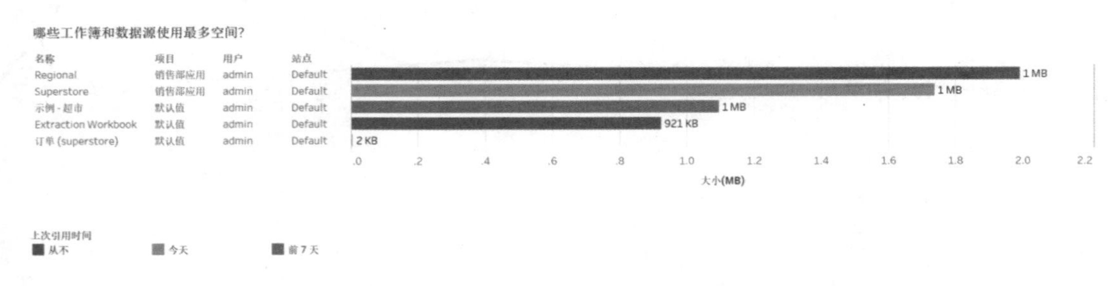

图 11 “空间使用情况统计数据”仪表板

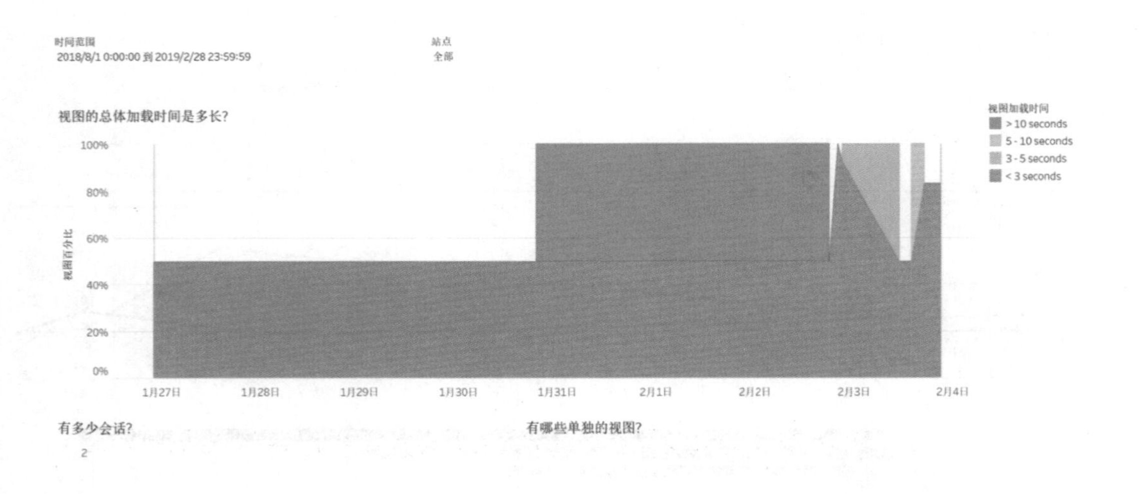

图 12 “视图性能”仪表板

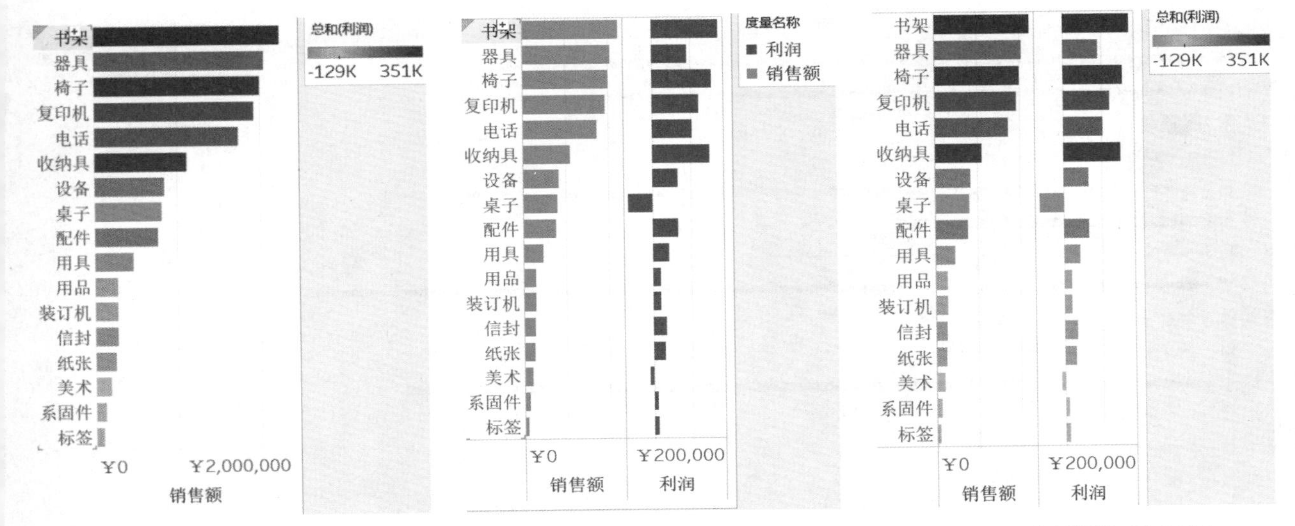

图 13　加上“颜色”属性的条形图　　图 14　用颜色区别不同的度量值　　图 15　双条形图加颜色属性

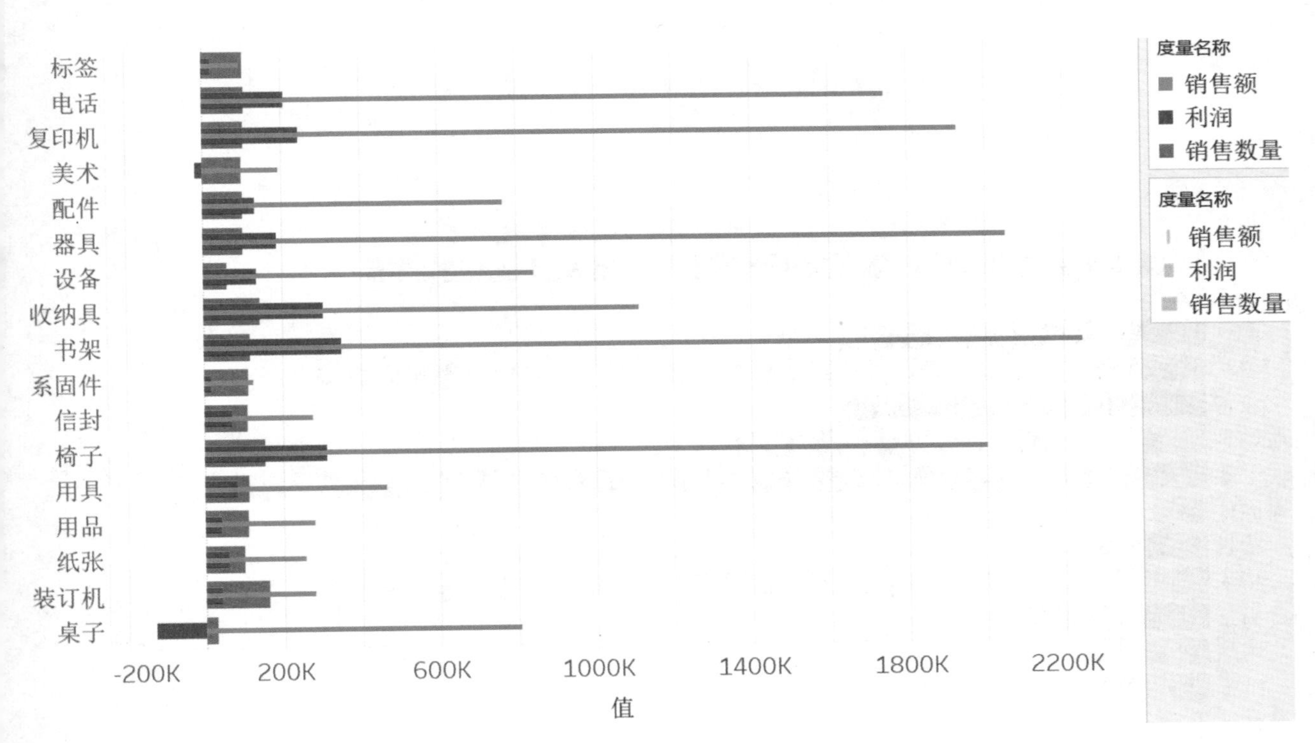

图 16　关闭“堆叠标记”的柱中柱图

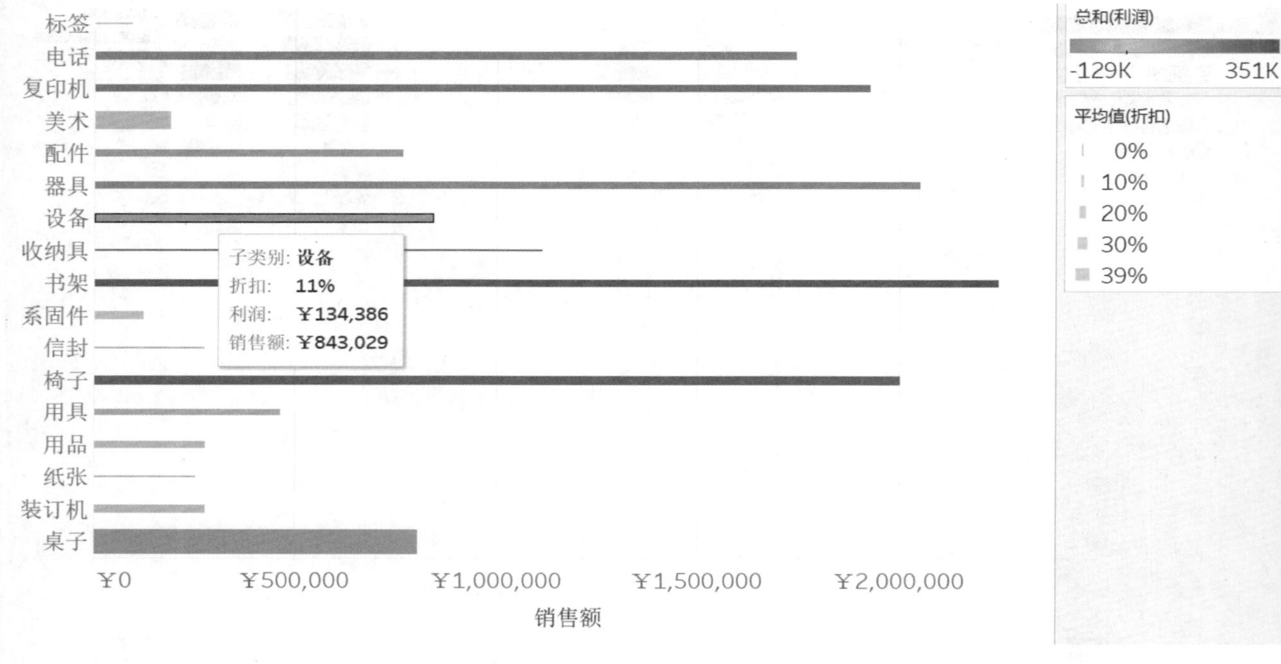

图 17　用长度、宽度和颜色这 3 个视觉属性的条形图

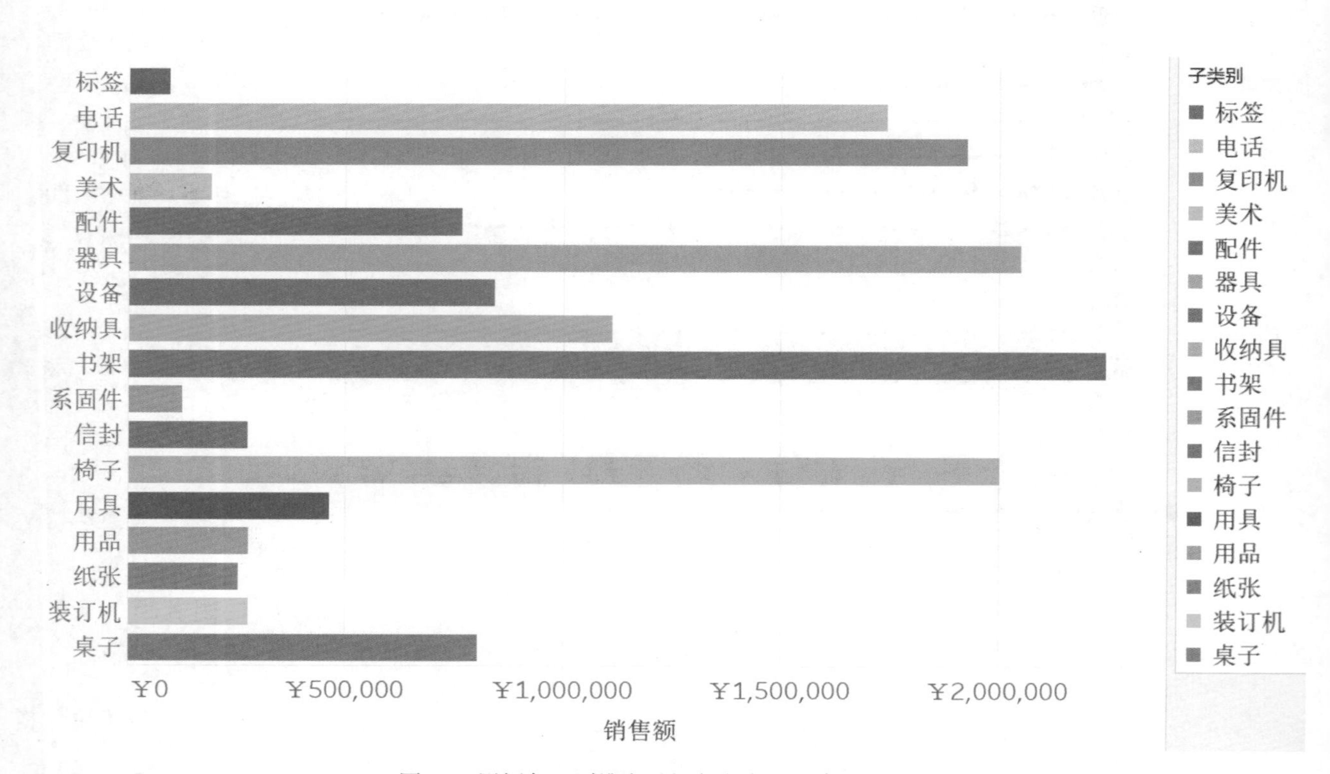

图 18　用颜色区别维度（颜色太多，不建议使用）

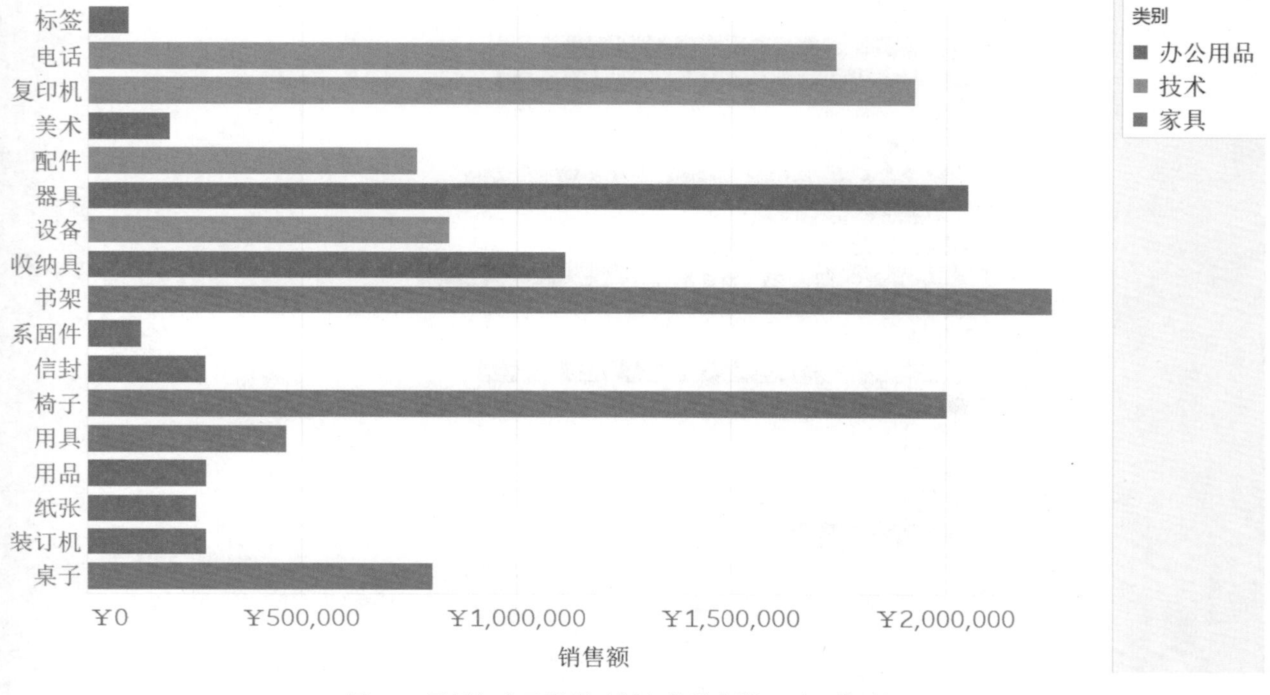

图 19　用颜色表示类别（颜色数量有限，可以使用）

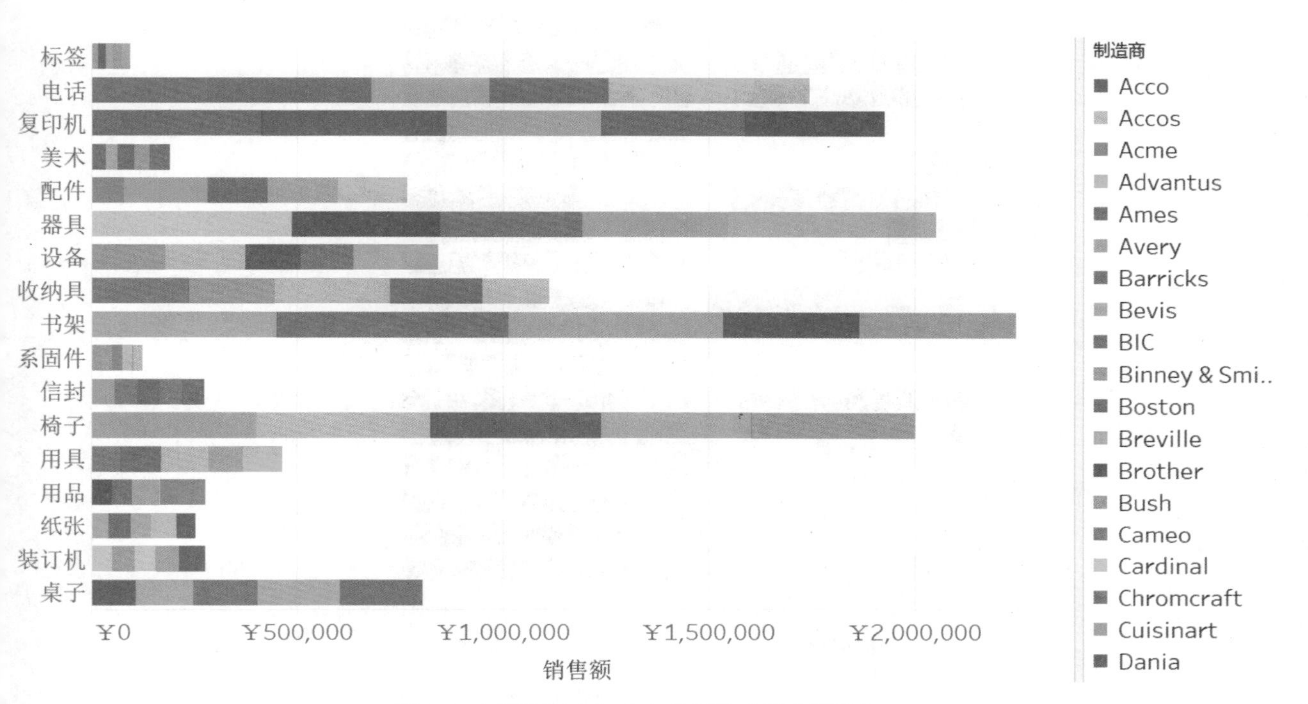

图 20　在条形图中加入太多颜色（禁止使用）

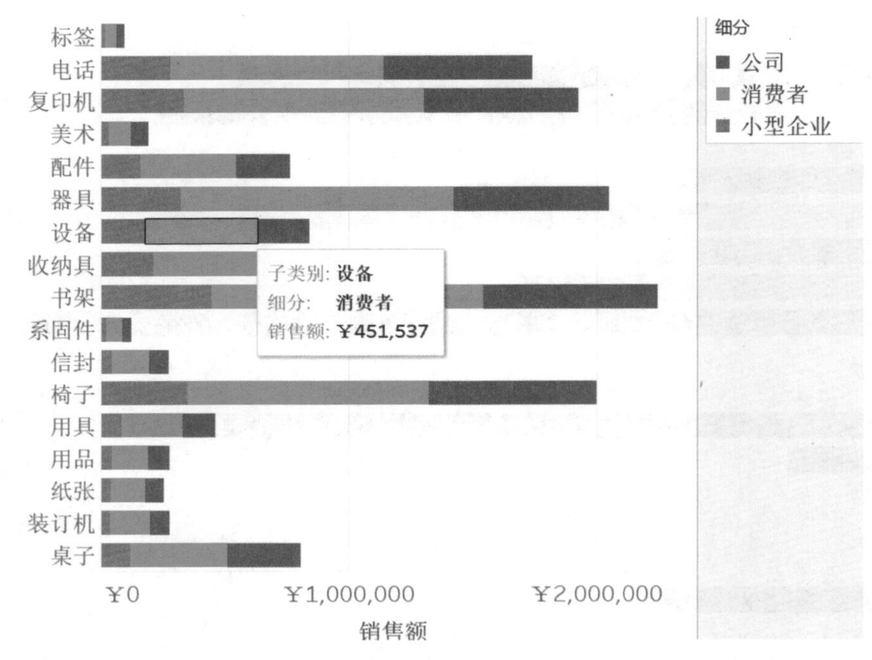

图 21 色彩堆叠条形图

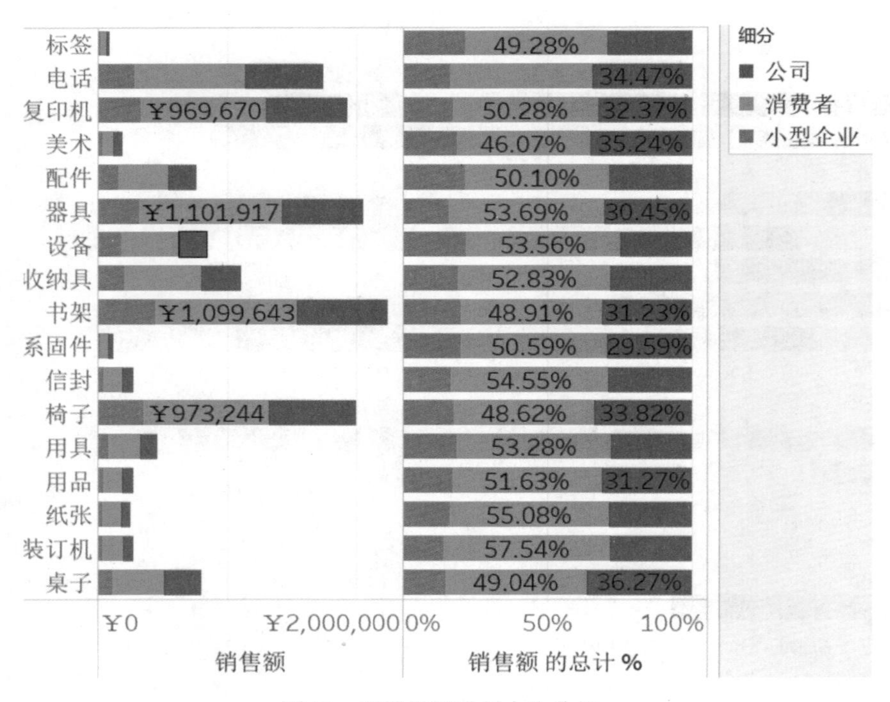

图 22 用堆叠图进行占比分析

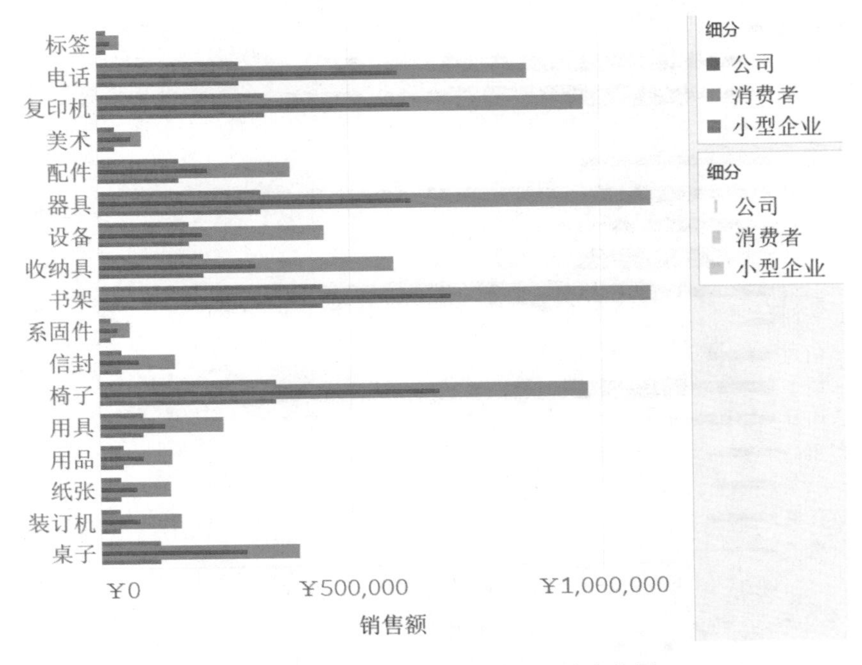

图 23　关闭“堆叠标记”后实现的柱中柱图

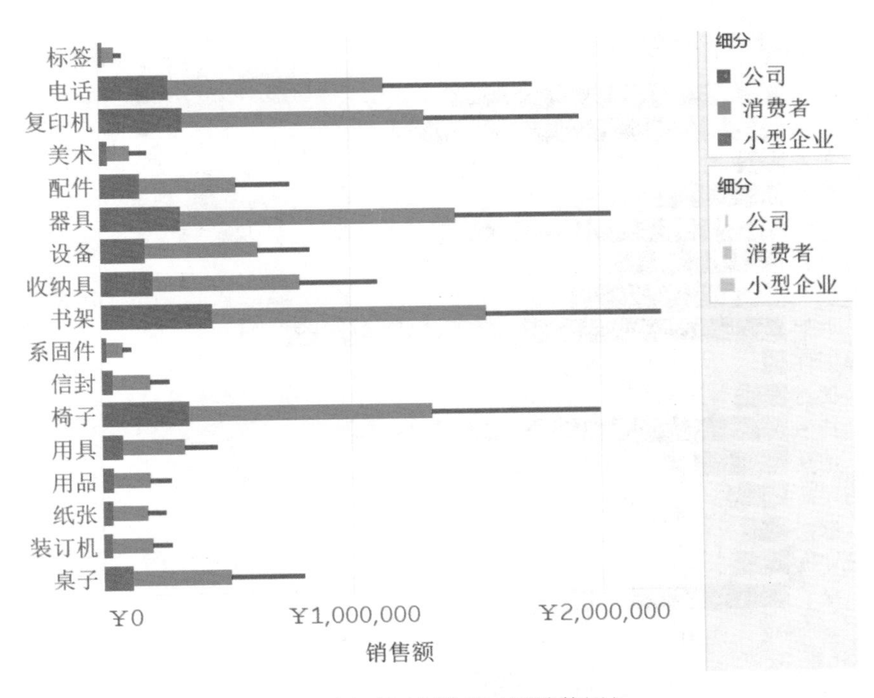

图 24　用宽度区别维度（谨慎使用）

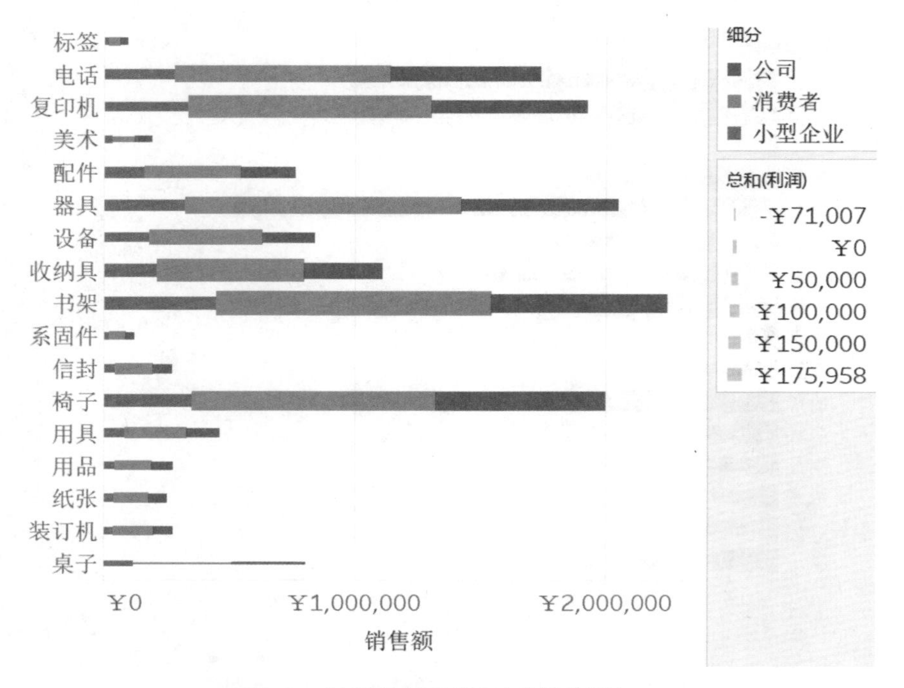

图 25　用宽窄表示度量（建议使用）

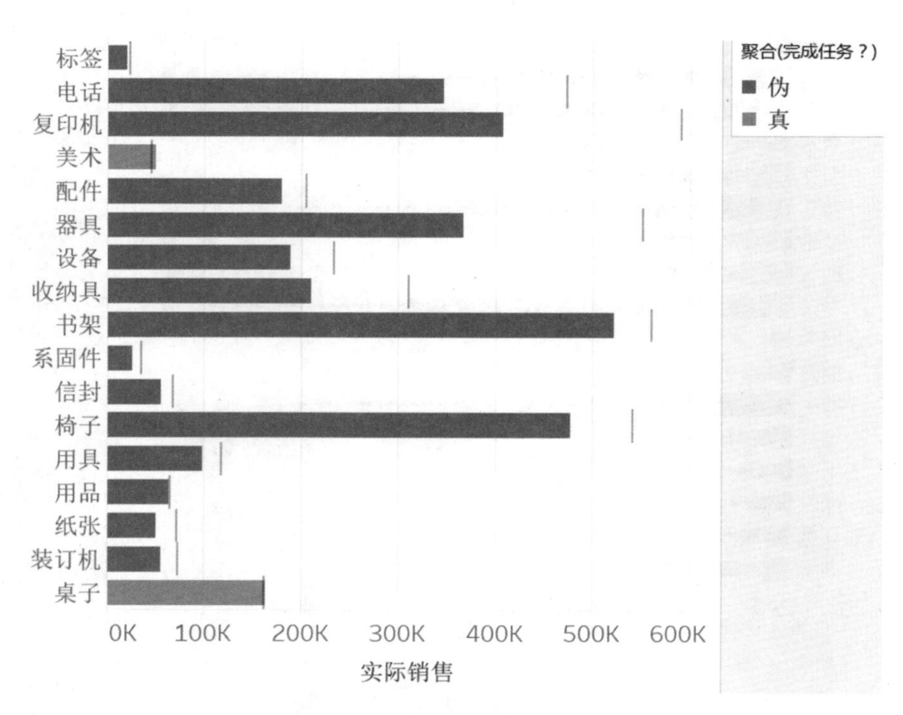

图 26　标靶图示例

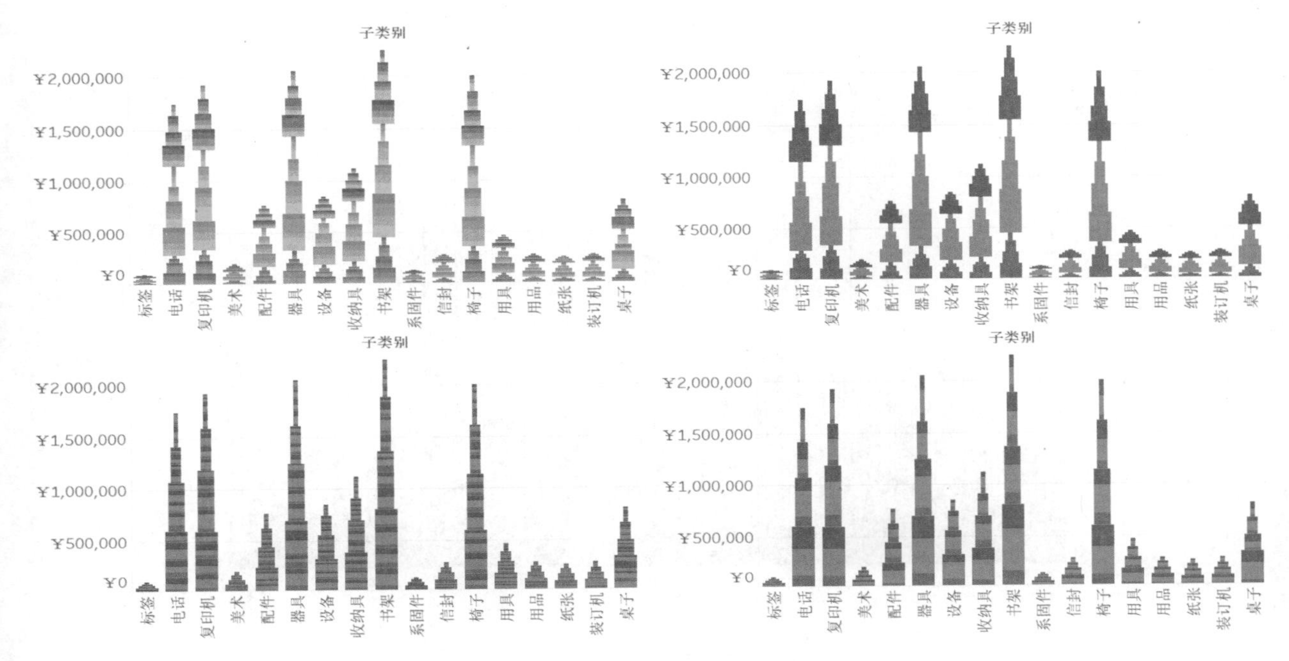

图 27　条形图的各种堆叠变化效果

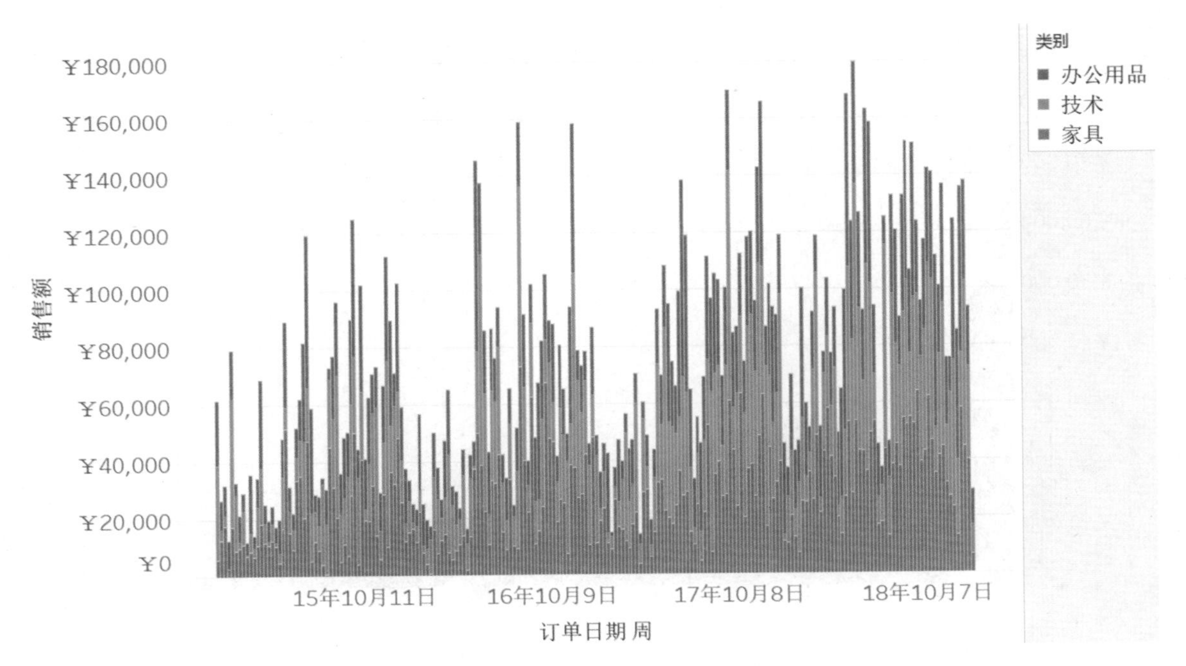

图 28　用密集堆叠图观察整体分布情况

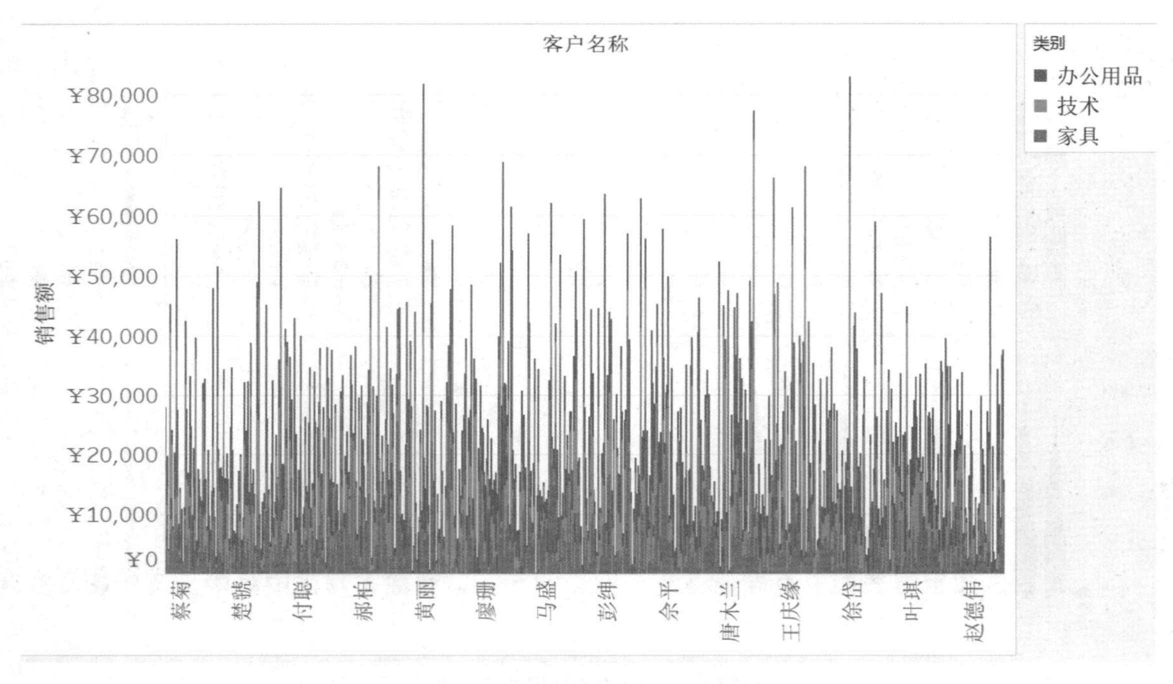

图 29　无意义的密集堆叠条形图（禁止使用）

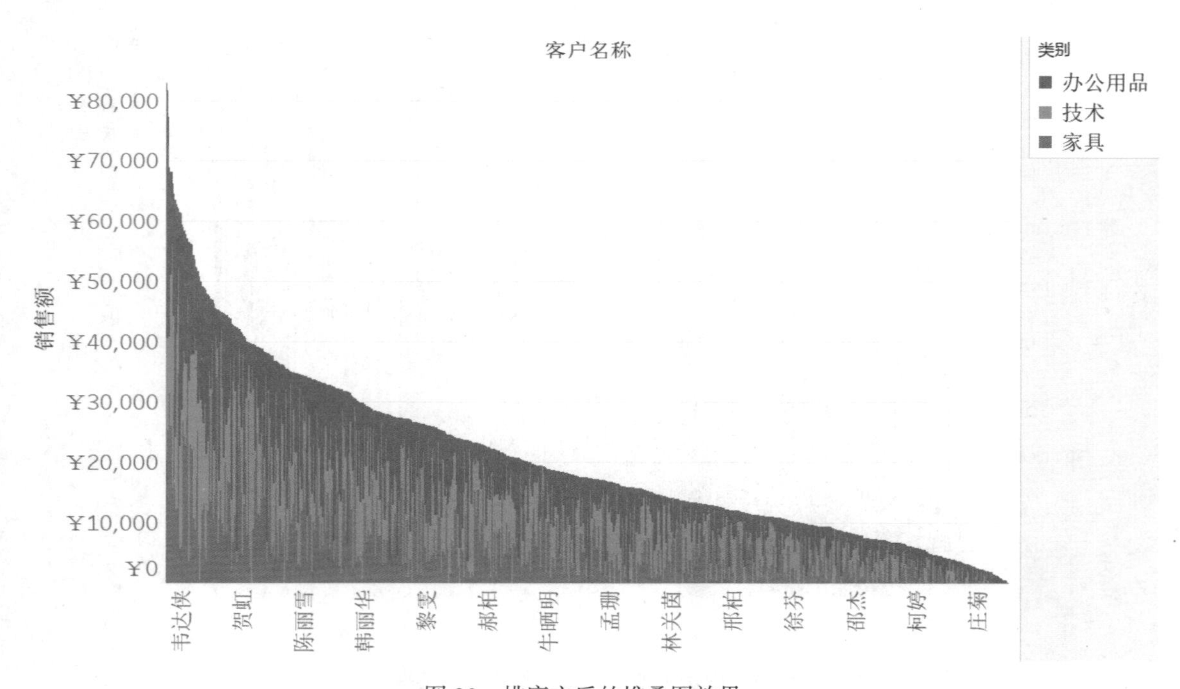

图 30　排序之后的堆叠图效果

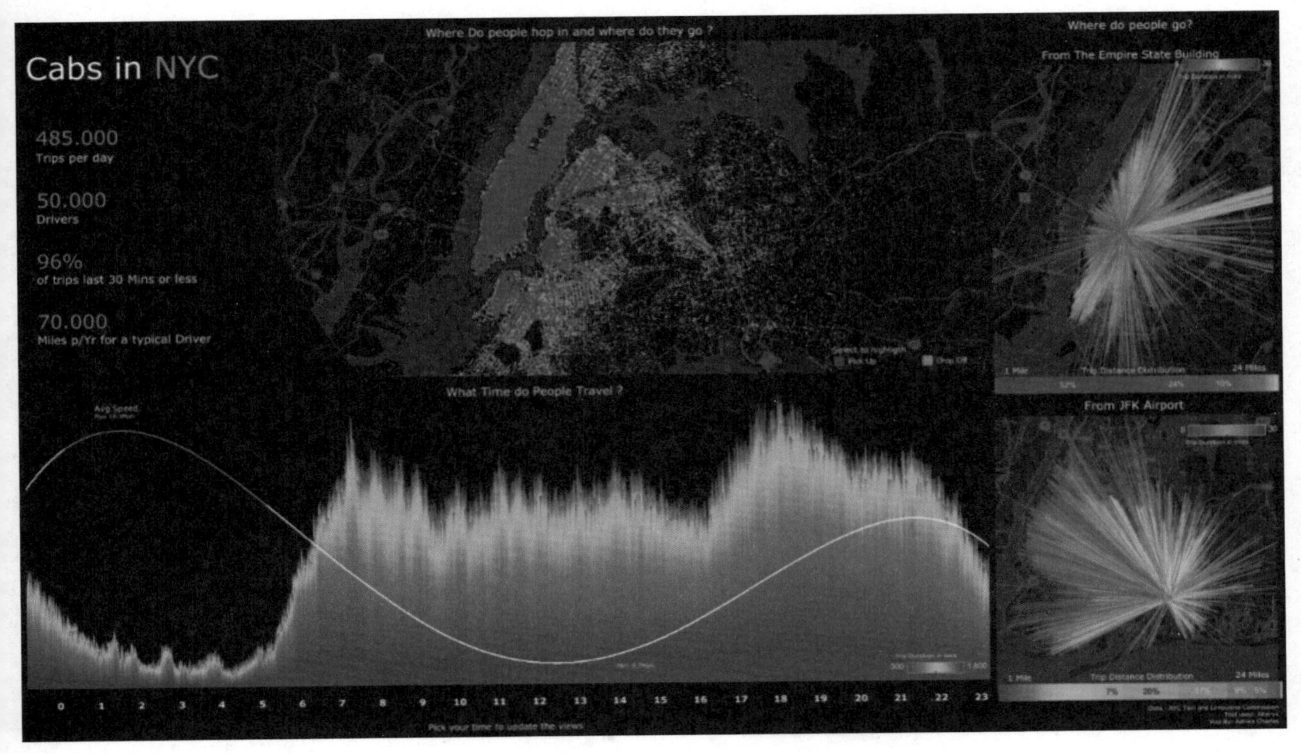

图 31　纽约出租车分析 Viz 样例

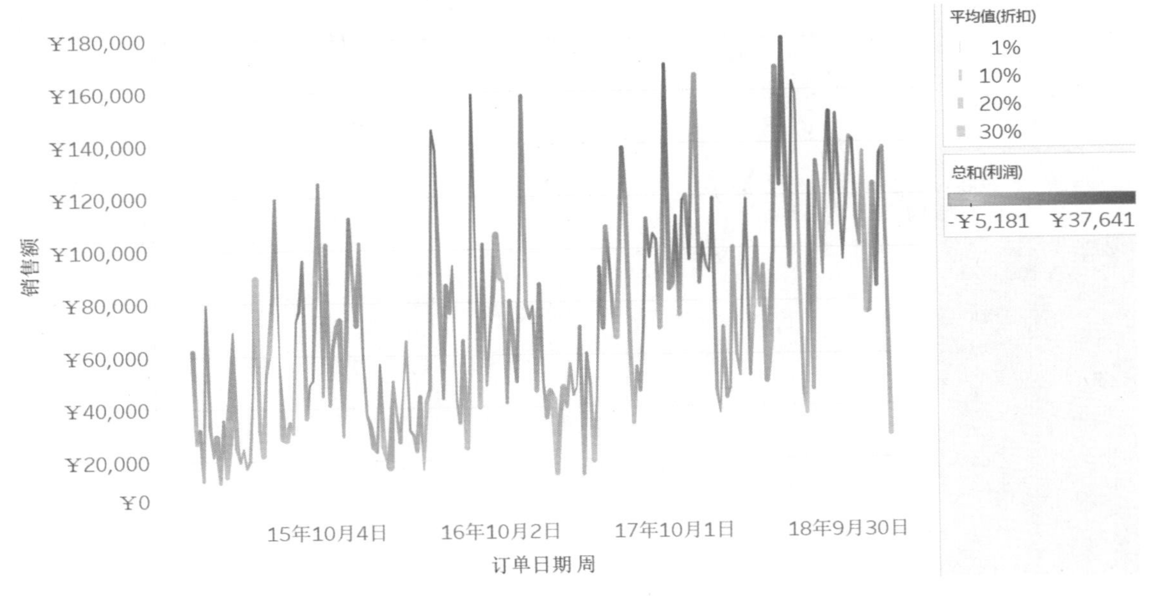

图 32　线图的颜色和大小属性

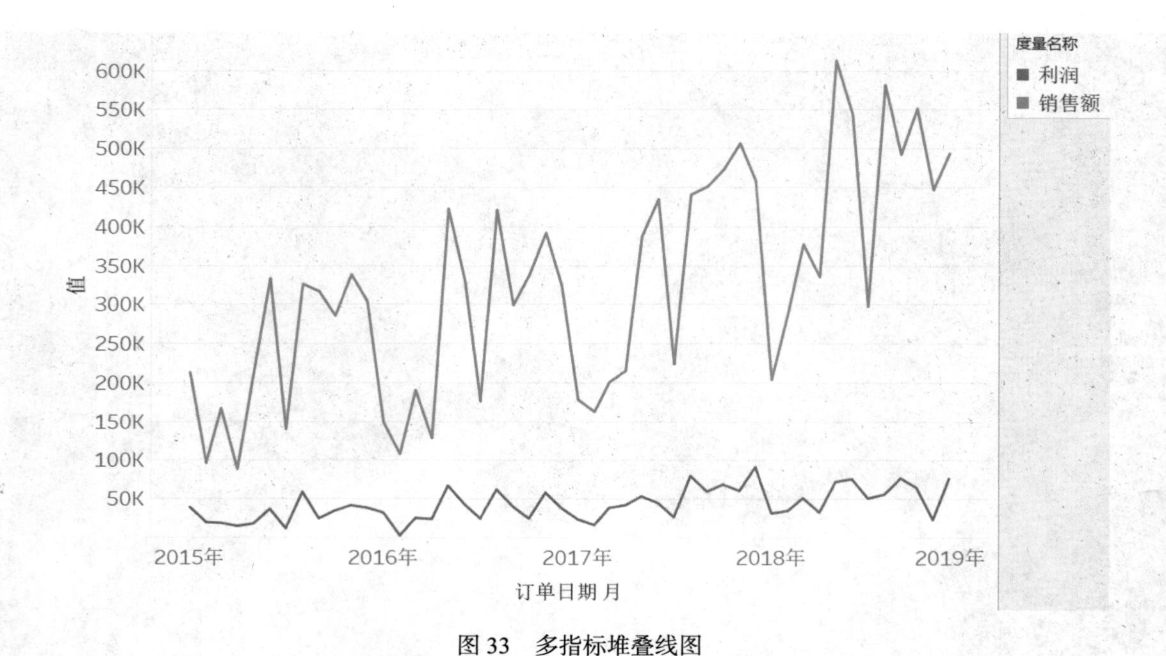

图 33　多指标堆叠线图

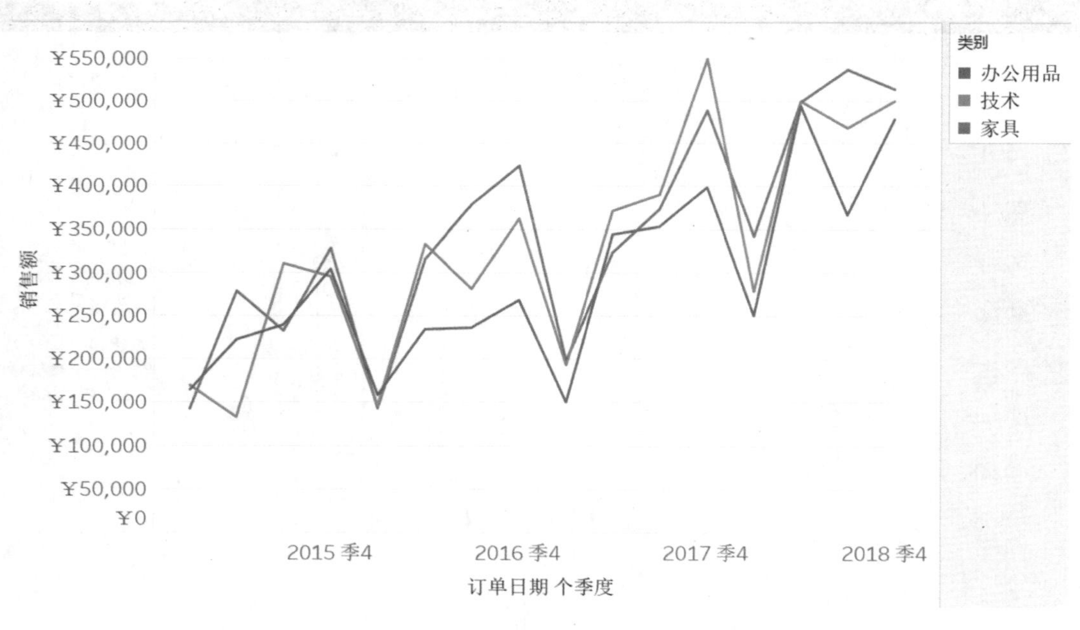

图 34　多维度堆叠线图

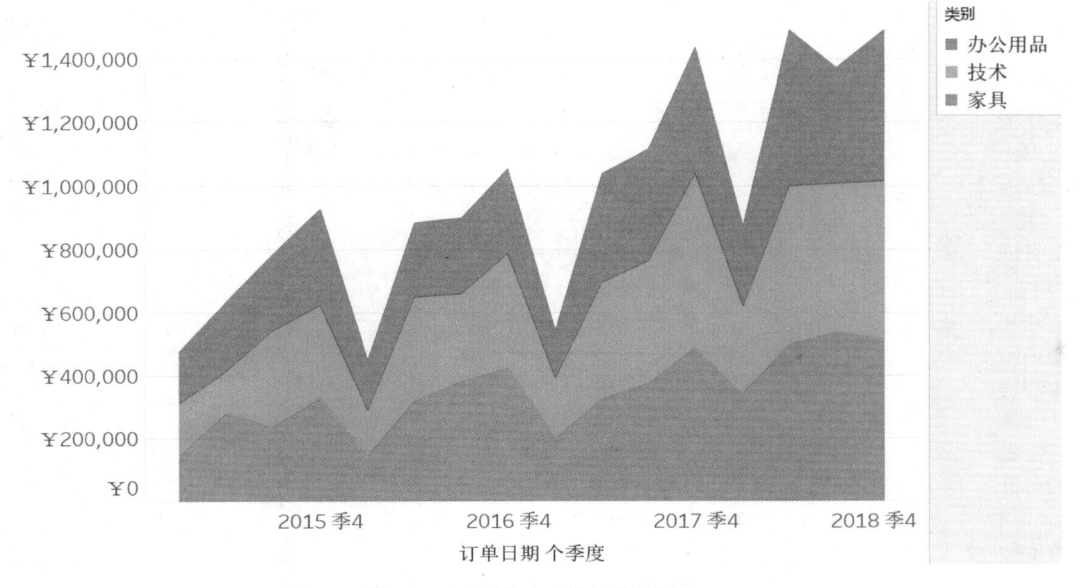

图 35　面积图（也称河道图）

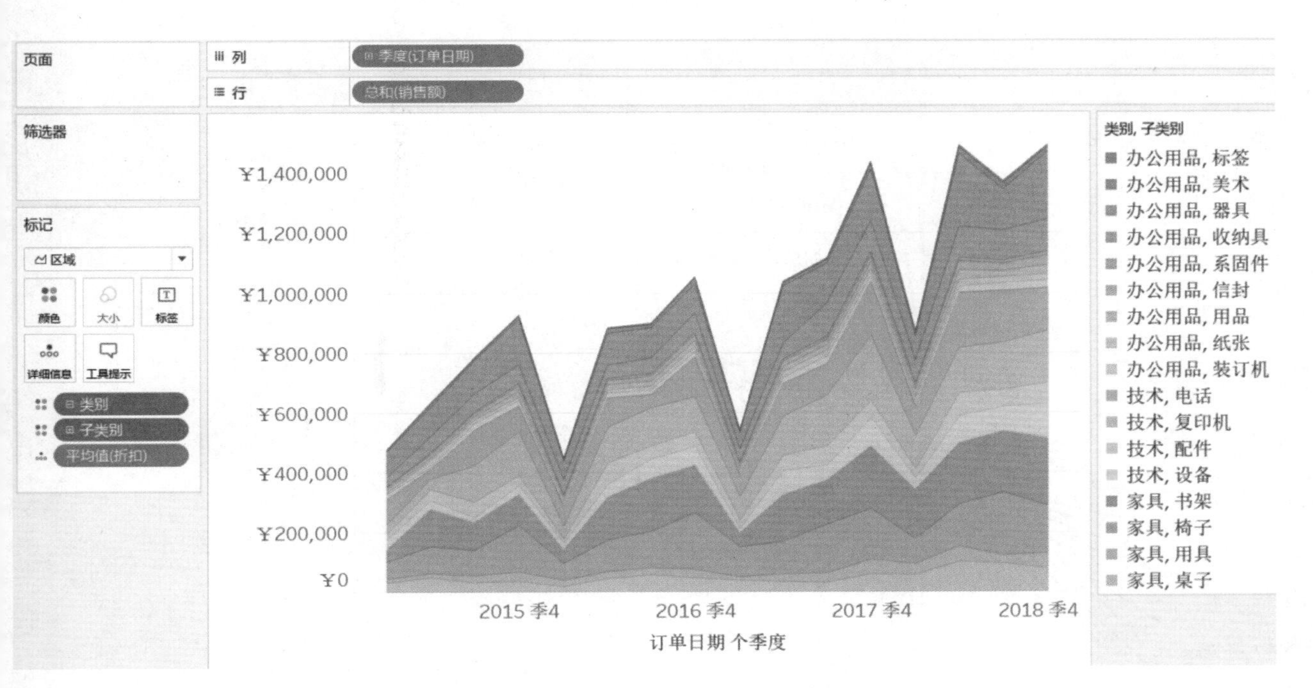

图 36　多重颜色面积图

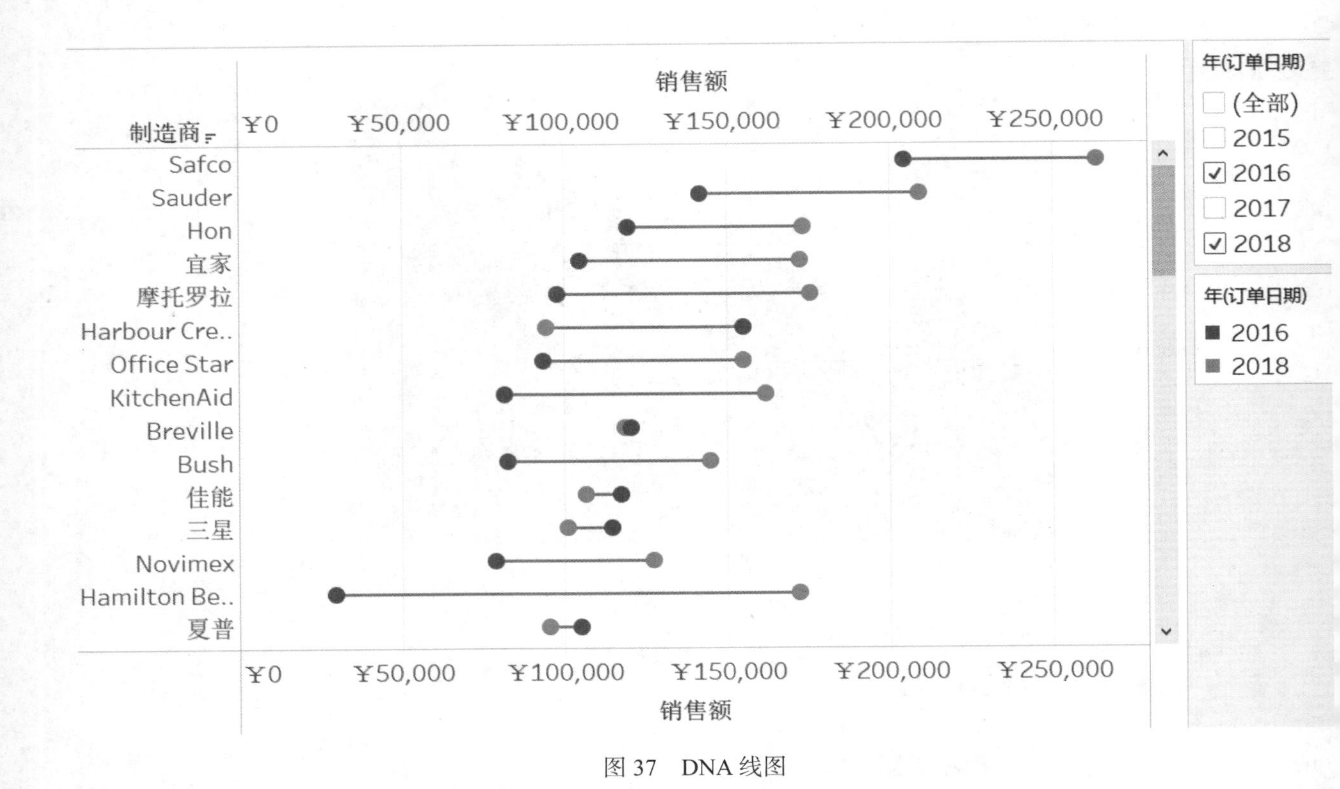

图 37　DNA 线图

Sauder: ¥212,251
宜家: ¥173,930
Office Star: ¥155,402
Barricks: ¥109,070
StarTech: ¥97,071
类别
家具
技术
办公用品
year
2,017

图 38　阳光图

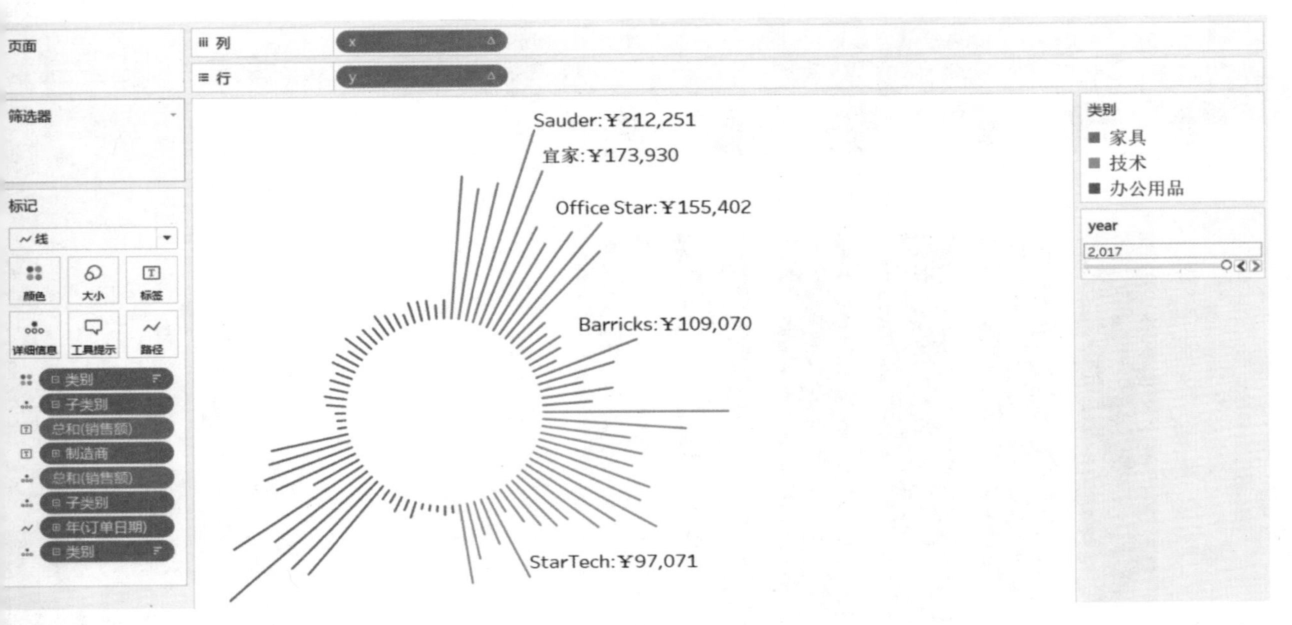

图 39　完成的太阳图

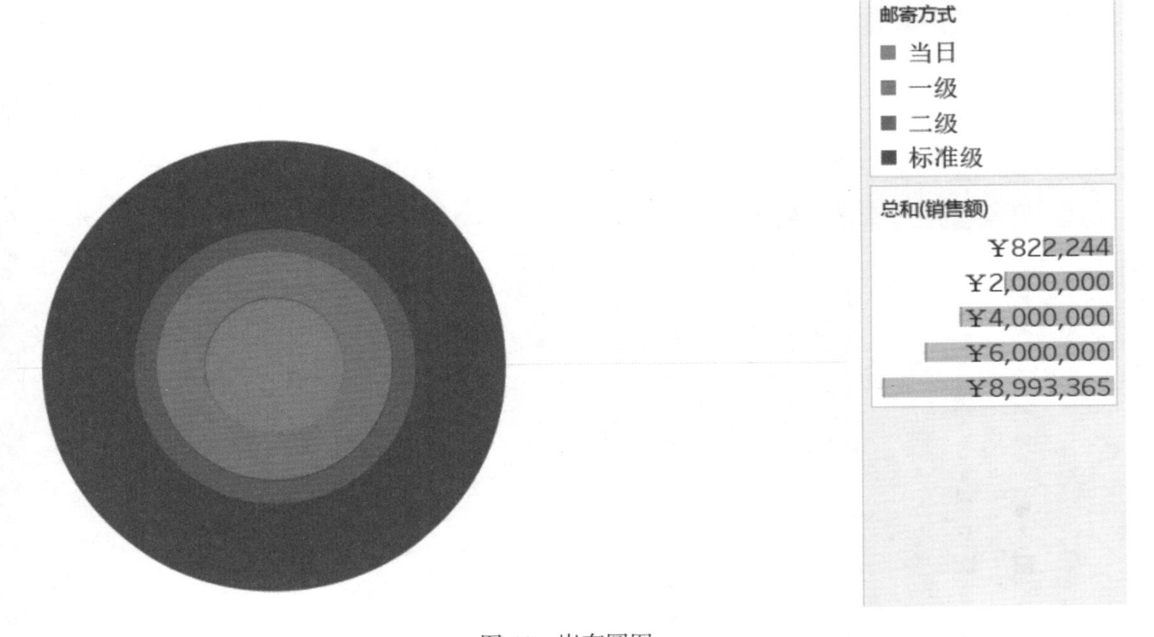

图 40　嵌套圆图

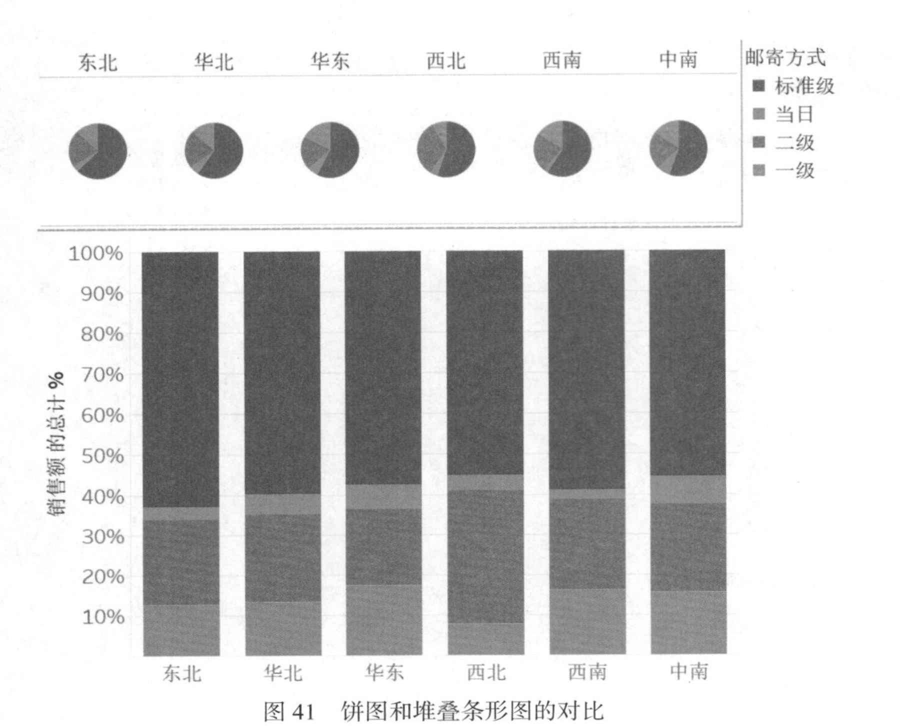

图 41　饼图和堆叠条形图的对比

图 42　普通热图

图 43　压力图

省	标签	电话	复印机	美术	配件	器具	设备	收纳具	子类别 书架	系固件	信封	椅子	用具	用品	纸张	装订机	桌子
安徽省	¥481	¥4,707	¥11,831	¥375	¥1,715	-¥3,130	¥2,736	¥11,734	¥20,110	¥536	¥3,179	¥7,139	¥1,651	¥981	¥2,806	¥2,522	¥277
北京	¥285	¥4,611	¥2,504	-¥197	¥386	¥69	¥1,521	¥1,827	-¥942	¥68	¥680	¥2,762	¥1,948	-¥197	¥1,452	¥717	-¥784
福建省	¥601	¥15,841	¥5,911	-¥2,859	¥326	¥783	¥7,355	¥8,938	¥9,970	¥220	¥2,155	¥2,969	¥4,382	¥551	¥2,610	¥783	-¥6,414
甘肃省	¥781	¥3,363	-¥1,671	¥195	¥2,157	¥2,564	¥9,137	¥8,892	¥7,518	¥243	¥1,836	¥17,042	¥3,249	¥1,603	¥2,748	¥1,630	-¥2,257
广东省	¥956	¥14,759	¥10,884	-¥2,713	¥5,170	¥18,744	¥5,106	¥15,946	¥34,069	¥1,944	¥2,894	¥32,359	¥2,252	¥1,973	¥4,176	¥2,199	-¥262
广西	¥1,221	¥9,010	¥15,000	-¥105	¥8,779	¥21,271	¥1,677	¥9,559	¥18,126	¥391	¥2,937	¥22,409	¥1,358	¥2,413	¥2,395	¥2,407	-¥650
贵州省	¥691	¥1,655	¥1,364	-¥408	¥3,172	¥1,209	¥1,358	¥5,244	¥10,046	¥353	¥2,627	¥13,202	¥3,757	¥1,297	¥1,681	¥806	-¥11,033
海南省			¥1,573		¥709	-¥636			¥3,075	¥42	¥218	¥246		¥162			-¥1,882
河北省	¥749	¥3,933	¥2,142	-¥483	¥9,859	¥971	¥272	¥11,965	¥12,970	¥393	¥2,356	¥14,346	¥3,168	¥2,496	¥2,217	¥1,061	-¥1,877
河南省	¥1,396	¥6,965	¥2,830	-¥1,612	¥14,809	¥5,588	¥5,594	¥17,845	¥17,461	¥592	¥3,999	¥12,194	¥4,502	¥1,470	¥4,181	¥3,202	-¥7,459
黑龙江省	¥433	¥6,993	¥16,770	¥108	¥1,891	-¥3,936	¥3,851	¥7,403	¥6,982	¥265	¥967	¥7,497	¥1,459	¥448	¥2,411	¥1,210	-¥1,589
湖北省	¥984	-¥5,693	¥15,254	¥774	¥3,587	¥33,865	¥6,554	¥10,547	¥7,315	¥765	¥1,714	¥9,673	¥4,874	¥698	¥3,044	¥673	-¥10,923
湖南省	¥1,070	¥780	¥3,791	¥1,699	¥5,640	¥10,269	¥9,292	¥8,956	¥20,248	¥1,091	¥1,696	¥12,757	¥1,379	¥3,308	¥1,585	¥1,073	¥16,694
吉林省	¥312	¥3,438	¥3,803	-¥1,140	¥2,276	¥3,168	¥5,907	¥5,545	¥7,783	¥269	¥1,702	¥1,855	¥1,305	¥1,763	¥476	¥291	
江苏省	¥1,204	-¥475	¥10,614	-¥473	¥8,314	¥20,316	¥2,402	¥13,657	¥6,040	¥841	¥4,145	¥16,007	¥3,472	¥2,098	¥1,213	¥2,318	-¥4,490
江西省	¥1,264	¥17,768	¥19,273	-¥1,112	¥3,359	¥424	¥7,264	¥13,712	¥15,867	¥1,093	¥2,605	¥8,874	¥2,856	¥1,739	¥2,025	¥306	-¥8,582
辽宁省	¥1,742	¥3,718	¥6,053	-¥1,131	¥13,200	¥4,499	¥7,882	¥10,724	¥18,266	¥848	¥2,363	¥26,116	¥9,176	¥3,248	¥2,806	¥2,292	-¥3,734
内蒙古	¥1,091	¥14,932	¥7,486	-¥1,261	¥8,339	¥13,856	¥12,153	¥11,450	¥20,831	¥782	¥4,463	¥26,193	¥1,065	¥713	¥3,243	¥1,212	-¥1,999
宁夏	¥226	¥4,182	¥2,852	¥274	¥785	¥3,958	¥1,827	¥6,108	¥3,557	¥394	¥1,619	¥3,918	¥708	¥611	¥869	¥167	-¥1,290
青海省	¥176	¥1,735	¥6,382	-¥422	¥484	-¥1,513	¥46	¥6,082	¥5,743	¥83	¥1,766	¥5,862	¥1,088	¥107	¥1,564	¥1,124	-¥8,774
山东省	¥1,094	¥7,620	¥20,042	-¥742	¥6,299	¥7,757	¥3,739	¥12,271	¥13,116	¥251	¥3,483	¥1,577	¥2,291	¥2,530	¥2,980	-¥166	-¥7,160
山西省	¥1,248	¥15,247	¥7,354	-¥496	¥3,296	¥6,724	¥10,042	¥13,175	¥14,742	¥1,170	¥4,096	¥1,728	¥1,449	¥1,661	¥1,349	¥1,907	-¥9,180
陕西省	¥329	-¥2,546	¥7,906	-¥36	¥4,874	¥8,131	¥5,489	¥8,256	¥7,457	¥426	¥1,567	¥6,515	¥1,591	¥637	¥1,421	¥733	-¥5,427
上海	¥120	¥1,819	¥3,401	-¥485	¥1,390	¥4,028	¥2,712	¥0	¥5,992	¥33	¥774	¥1,436	¥91	¥270	¥854	¥692	¥2,636
四川省	¥1,787	¥26,504	¥25,621	-¥2,581	¥4,323	-¥6,750	¥5,751	¥36,496	¥24,641	¥1,059	¥4,879	¥21,596	¥9,258	¥3,200	¥3,203	¥5,336	-¥4,953
天津	¥111	¥9,809	¥1,863	¥66	¥83	¥2,757		¥4,805	¥1,431	¥156	¥326	¥1,025	¥587	¥36	¥361	¥459	-¥67
西藏	¥328	¥2,614	¥8,041	-¥1,621	¥222	¥1,550	¥1,423	¥5,986	¥9,659	¥519	¥357	¥1,580	¥2,151	¥302	¥1,170	¥515	-¥704
新疆	¥777	¥8,633	¥5,722	-¥1,278	¥7,449	¥9,753	¥2,752	¥8,467	¥12,027	¥1,110	¥3,415	¥2,763	¥3,997	¥1,501	¥1,338	¥1,068	-¥2,748
云南省	¥1,158	¥14,517	¥9,851	-¥727	¥6,265	¥4,620	¥8,133	¥13,536	¥5,266	¥788	¥2,564	¥7,393	¥4,450	¥897	¥2,405	¥2,084	-¥9,552
浙江省	¥982	¥12,612	¥12,154	¥240	¥3,242	¥14,711	¥4,266	¥14,258	¥11,311	¥1,433	¥1,651	¥23,229	¥3,213	¥1,271	¥727	¥1,130	¥1,180
重庆	¥22	-¥95	-¥1,149	-¥499		¥427	-¥1,856	¥162	¥4	-¥3	¥148	¥67	-¥185	¥486	¥159	¥449	-¥3,003

总和(利润)

-17K ¥36,496

图 44 突出显示表

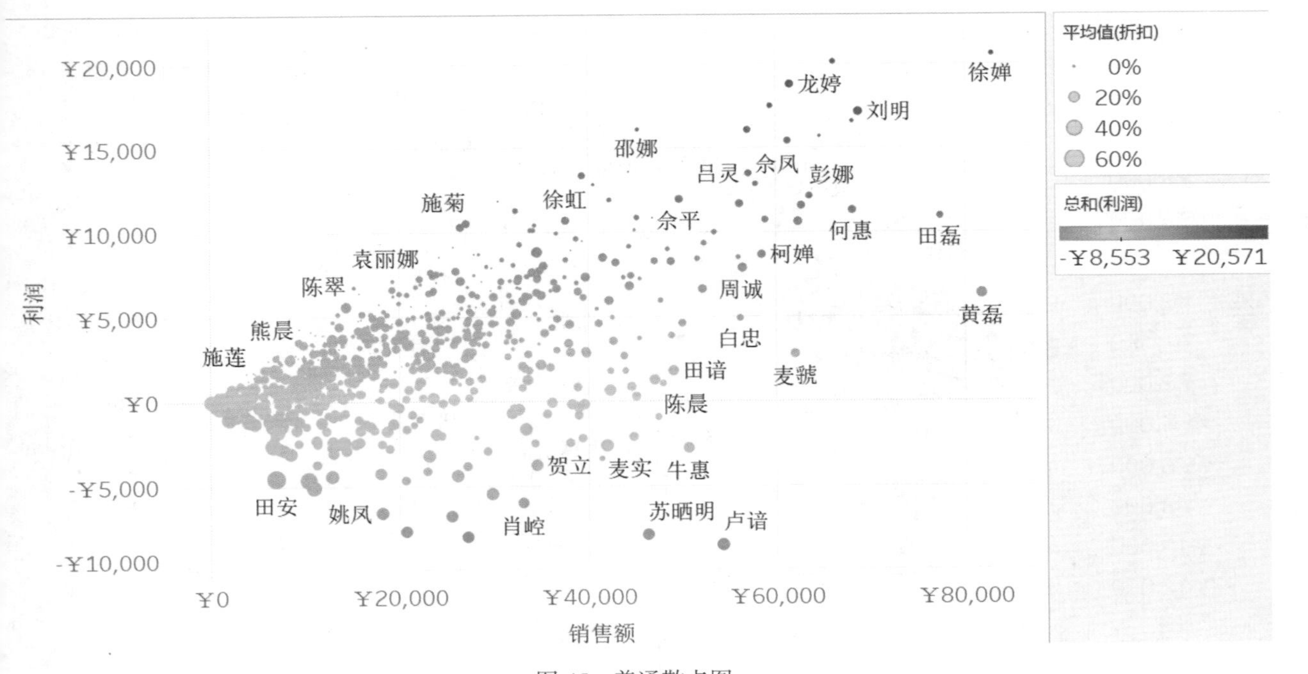

图 45 普通散点图

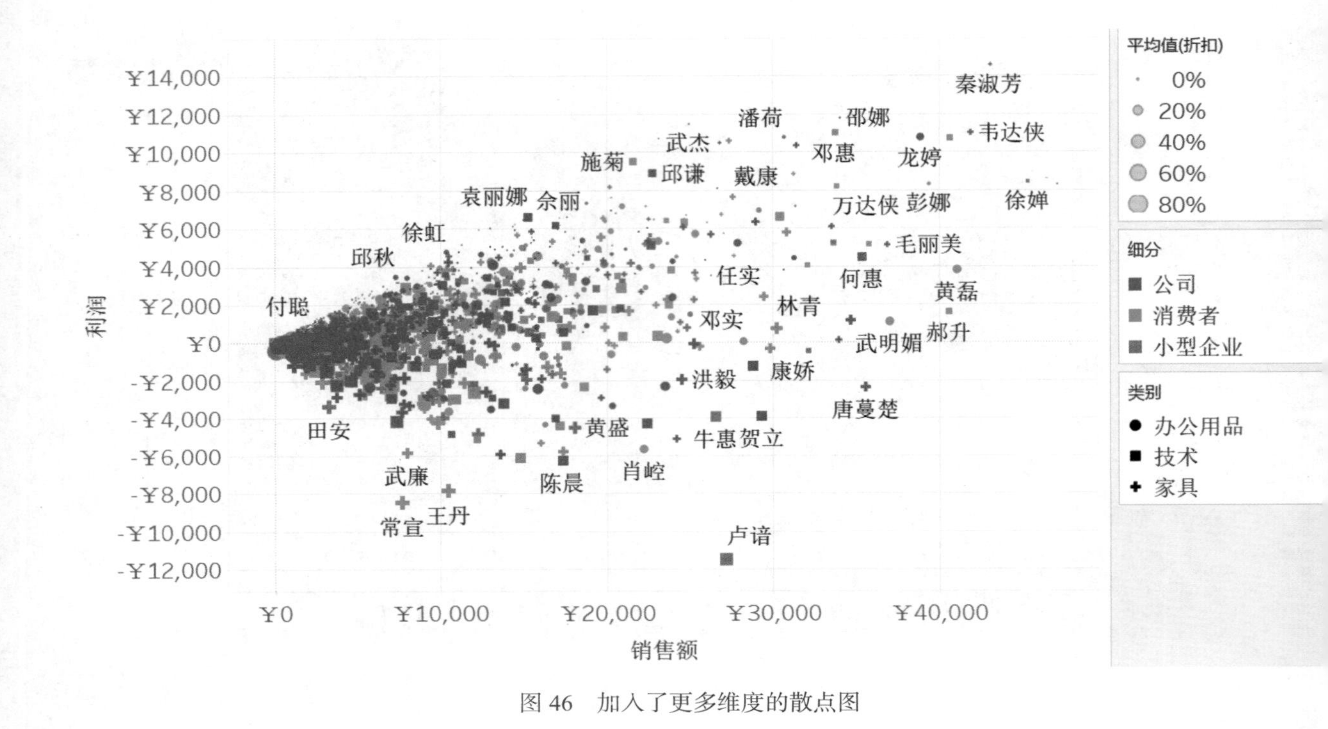

图 46　加入了更多维度的散点图

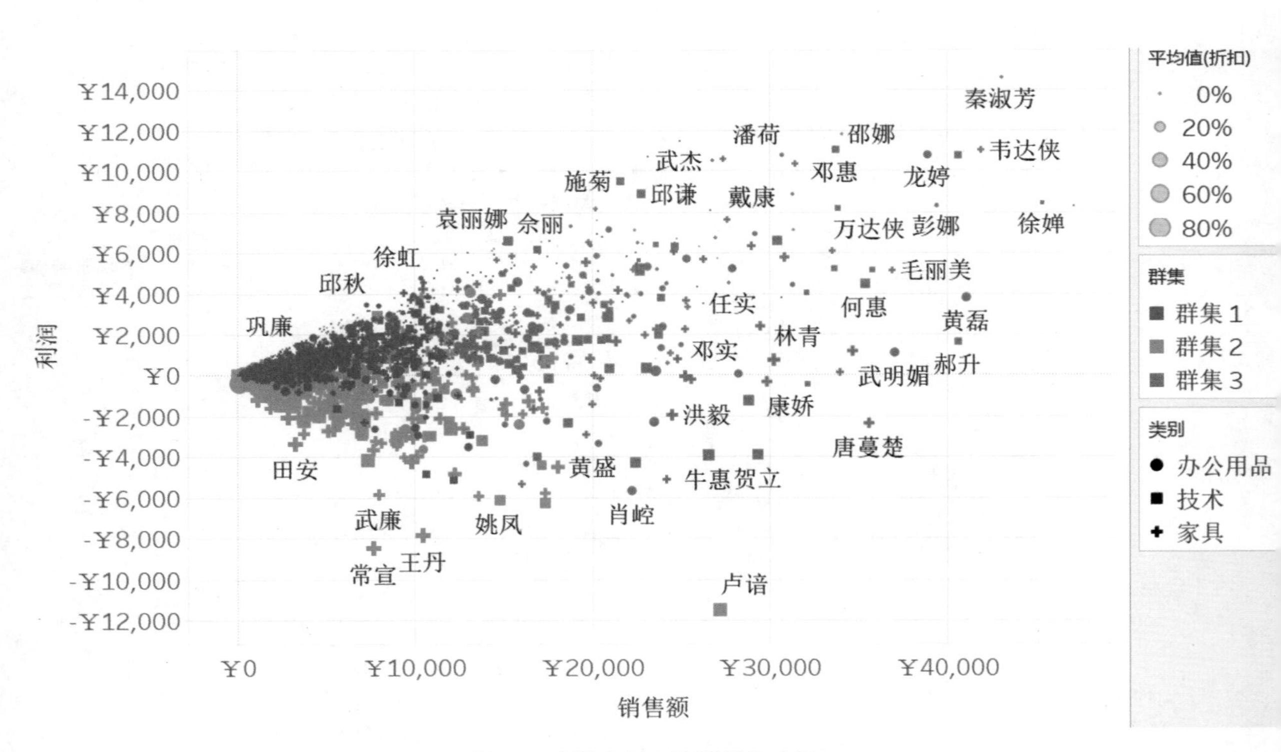

图 47　在散点图上使用群集功能

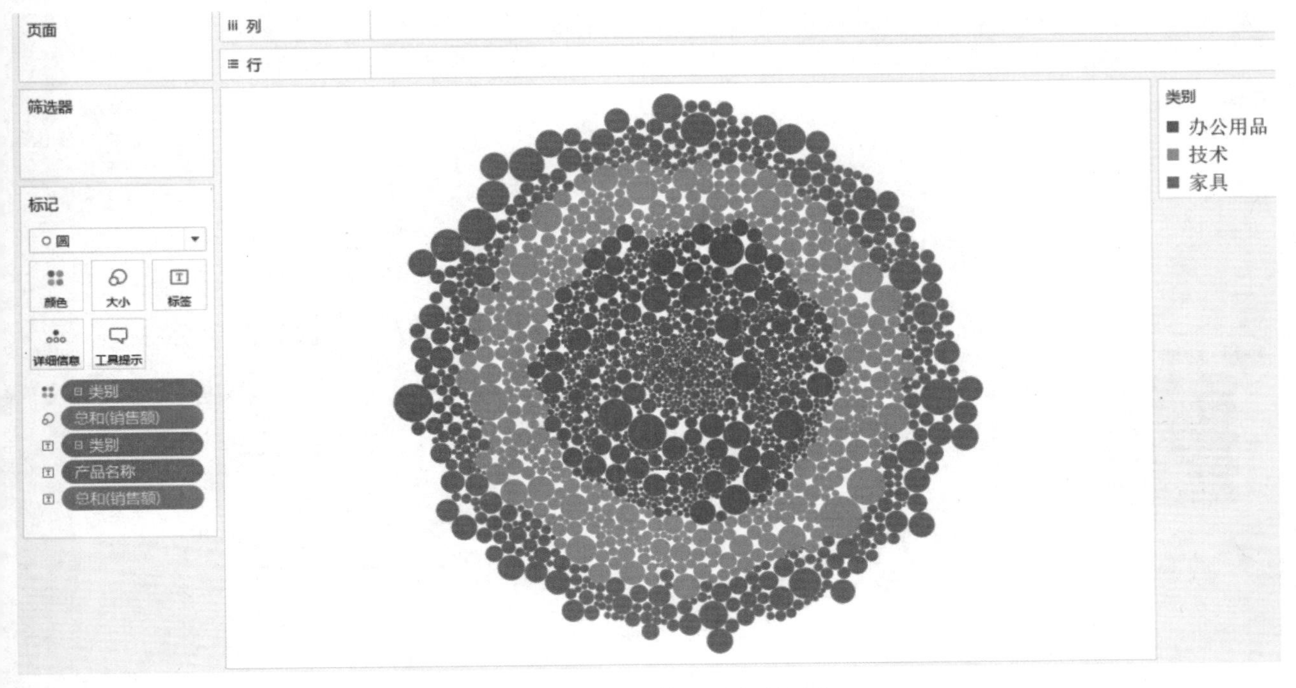

图 48　数据点很多情况下的泡泡图

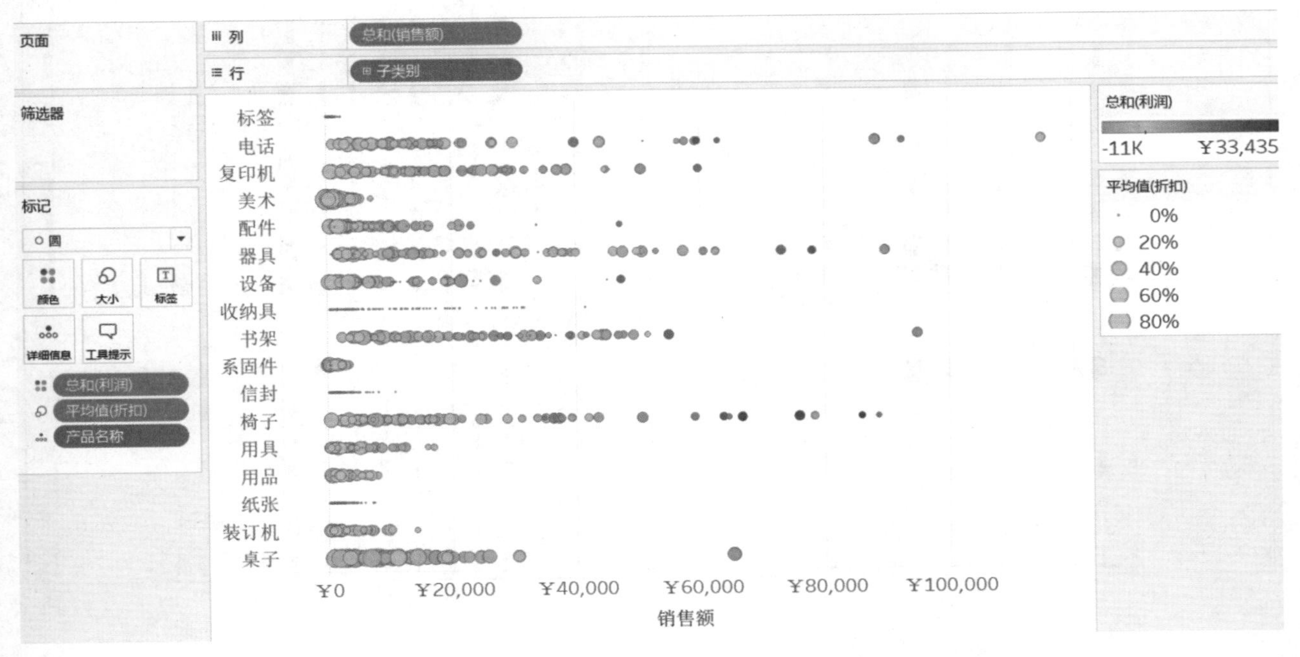

图 49　分维度的散点图

图 50　普通词云

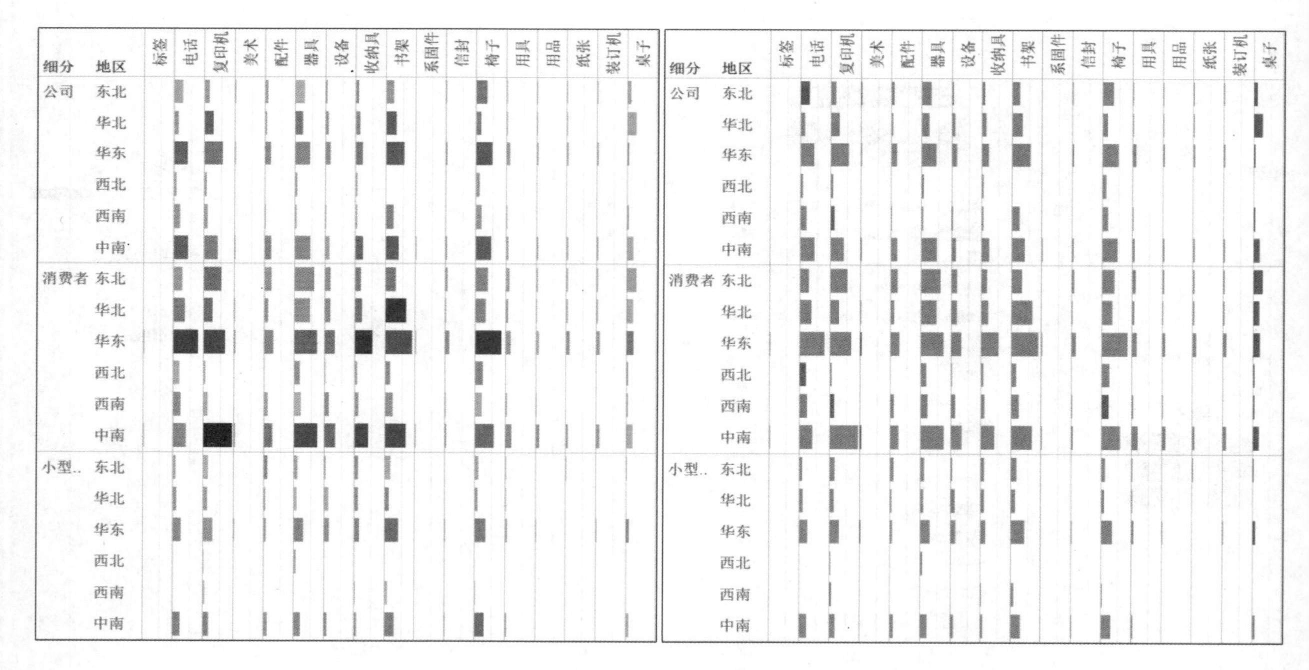

图 51　颜色应用对比

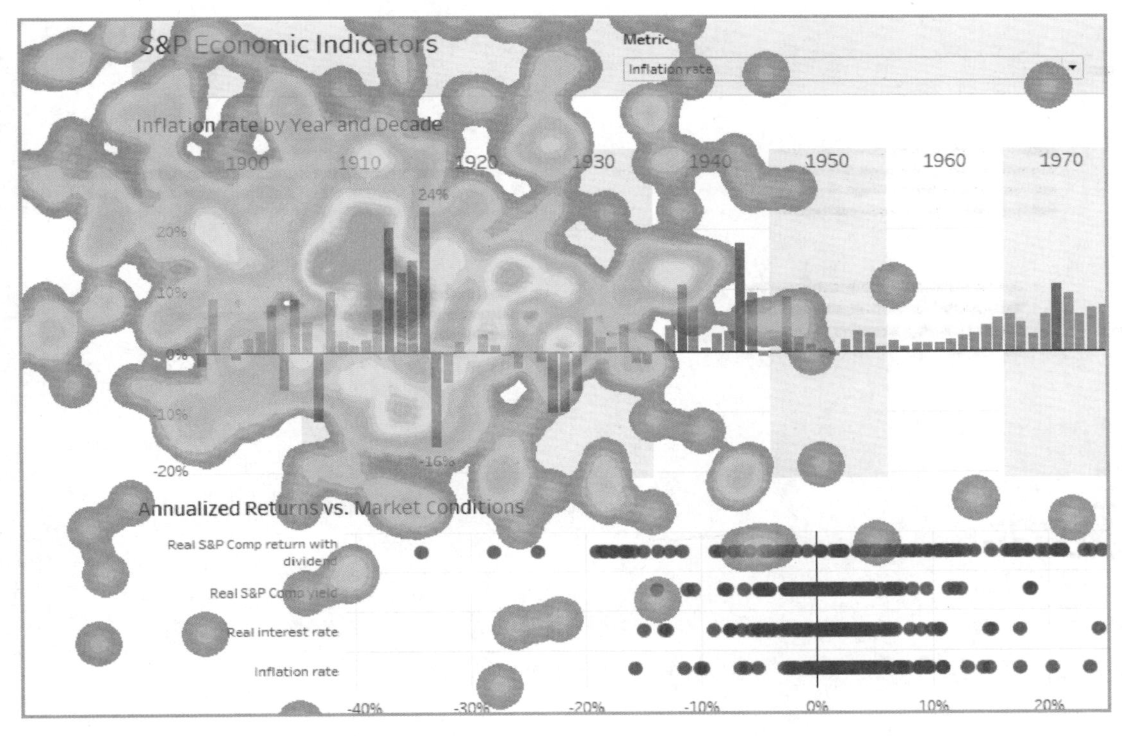

图 52　目光热力图

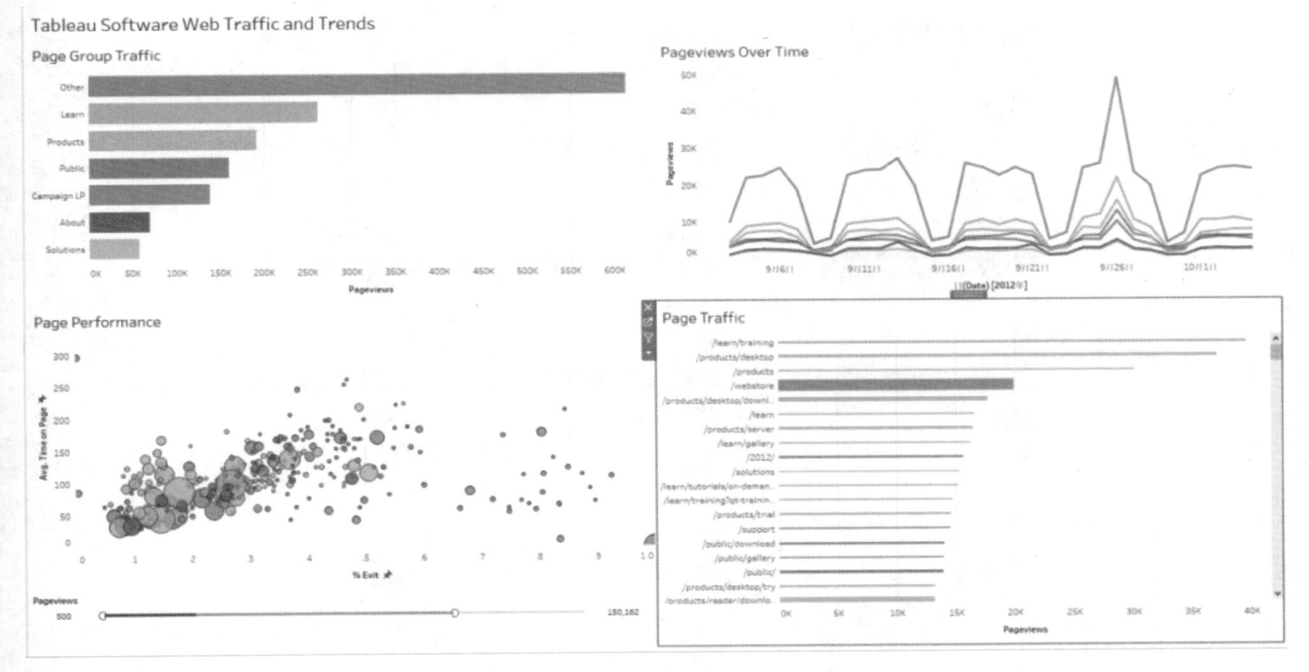

图 53　用颜色表示维度示例

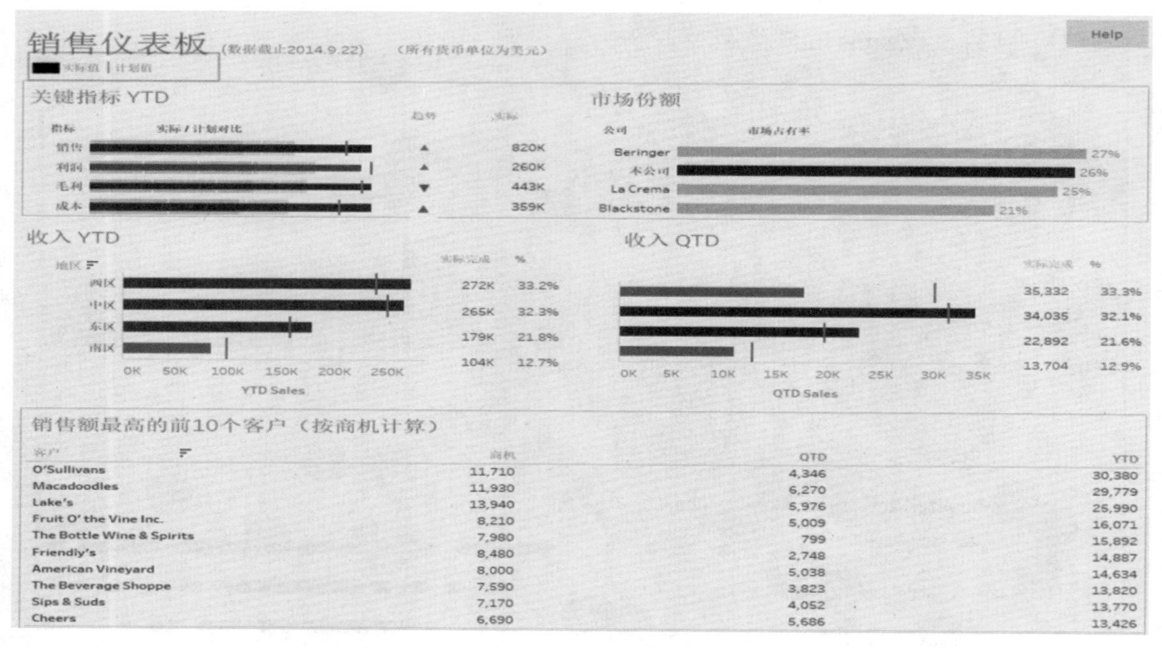

图 54　用颜色表示异常示例

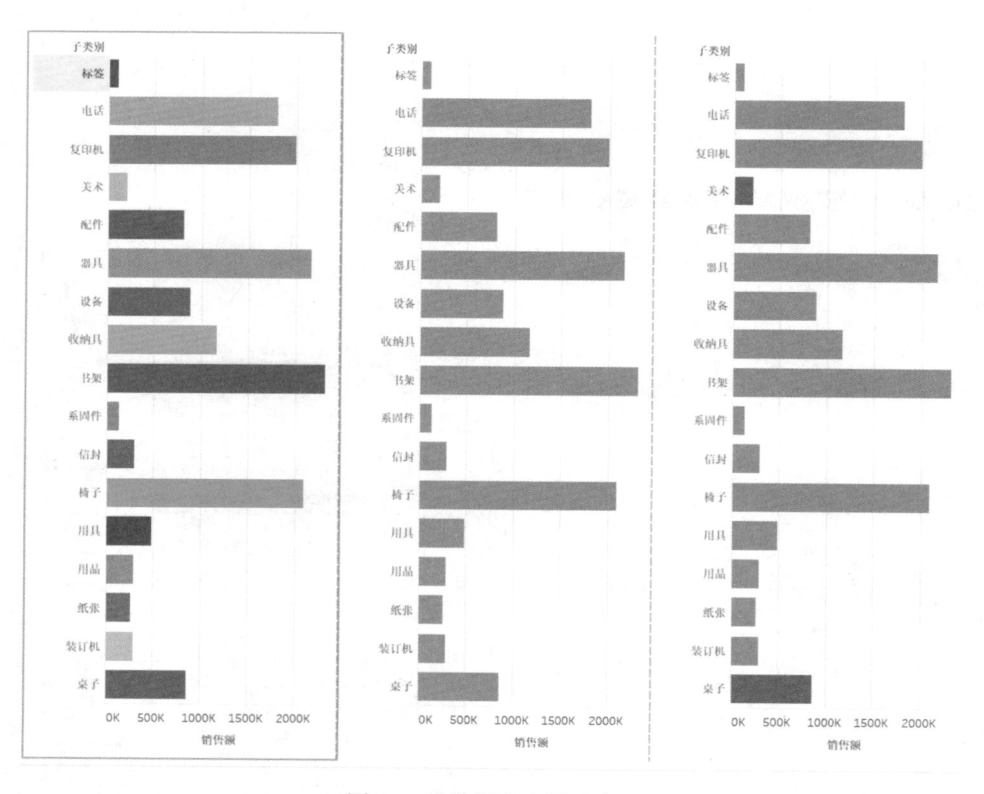

图 55　几种颜色应用对比

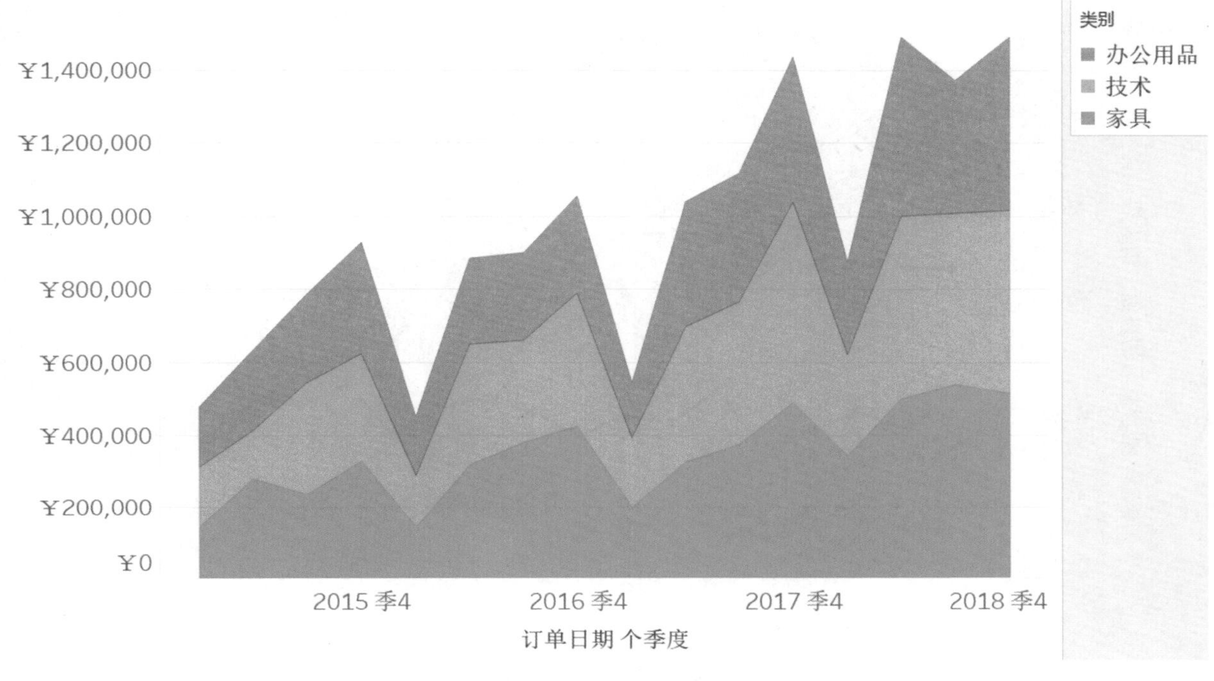

图 56　用面积图分析总量上的时间序列变化

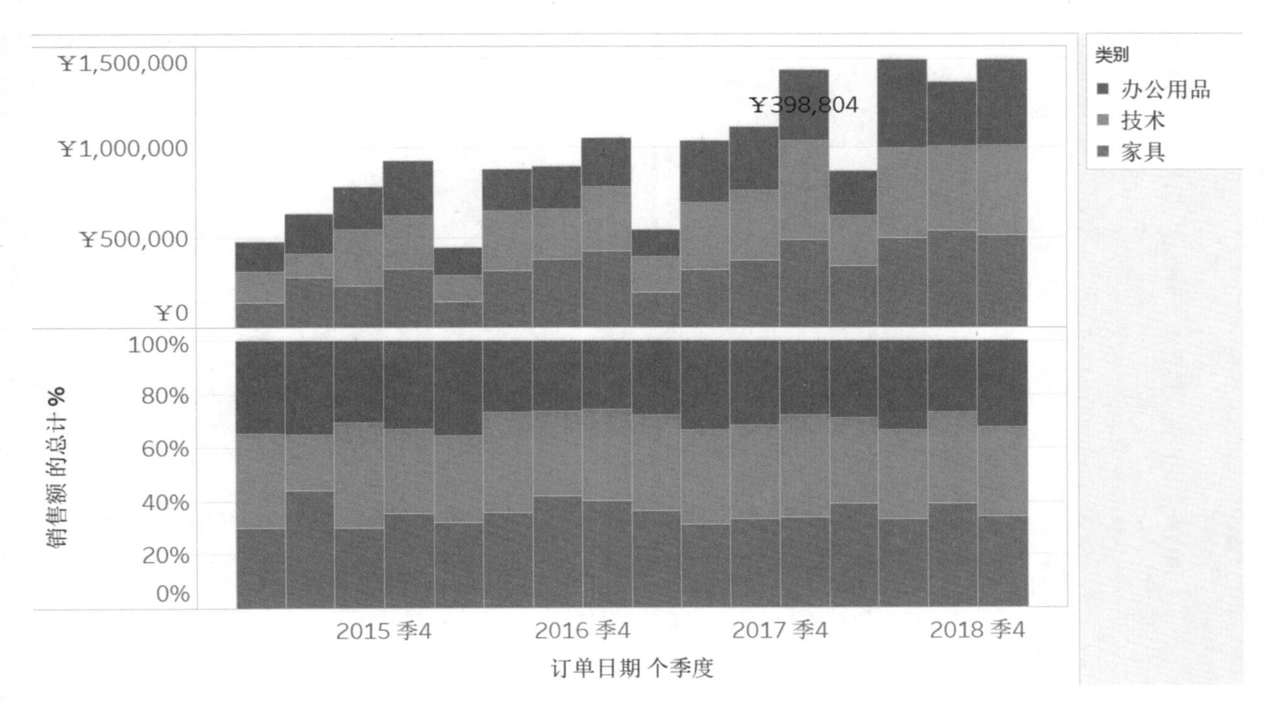

图 57　用堆叠图进行时间序列分析

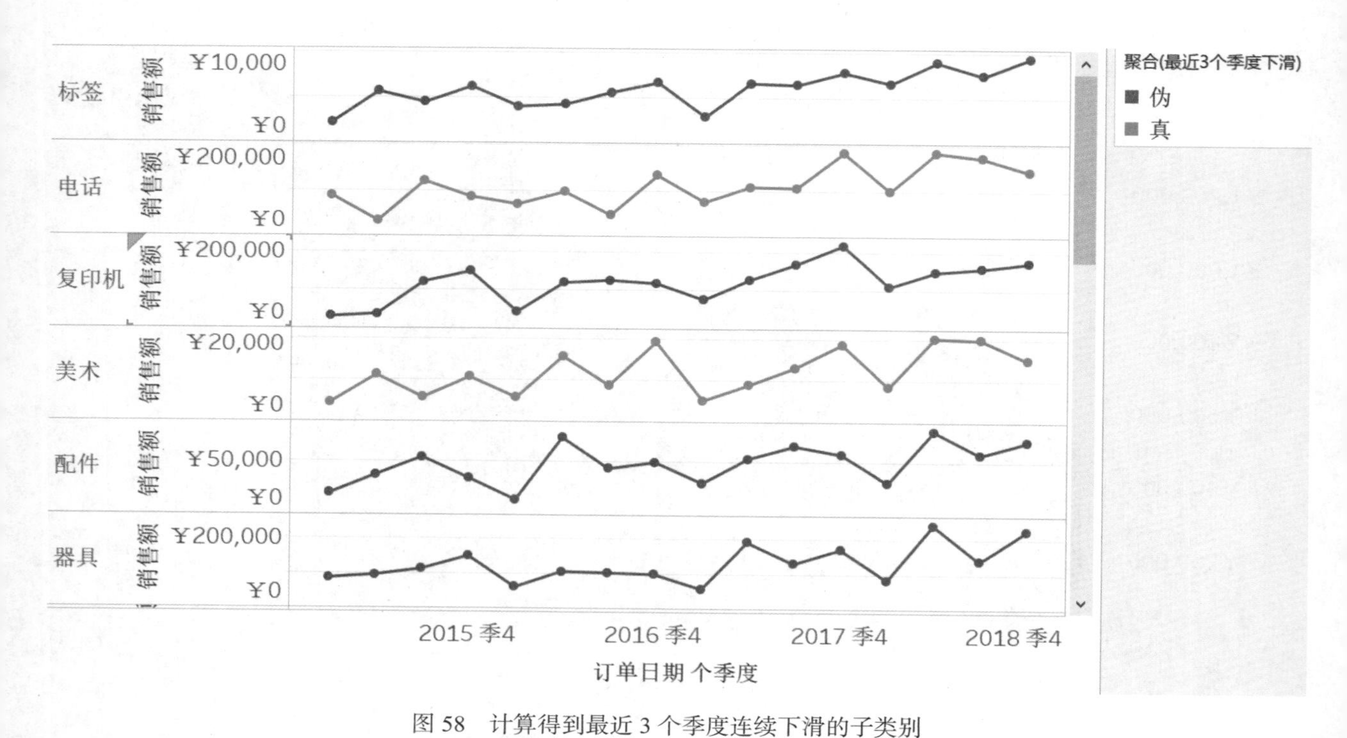

图 58　计算得到最近 3 个季度连续下滑的子类别

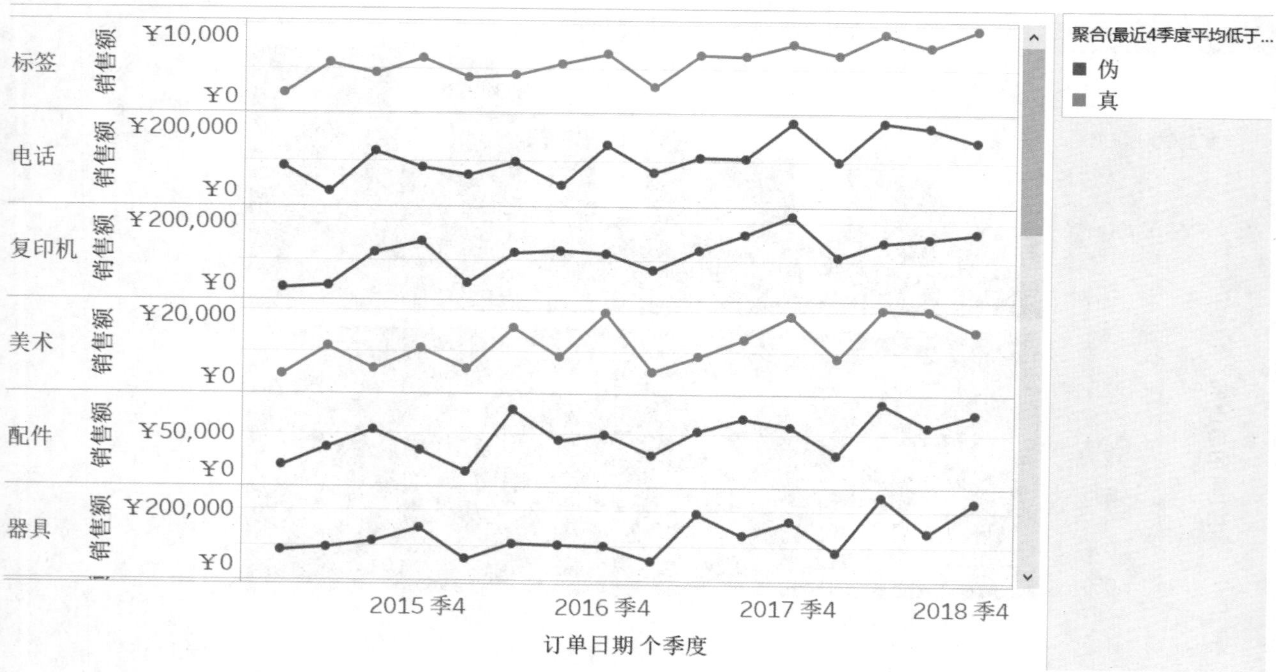

标签
销售额
¥10,000
¥0
电话
销售额
¥200,000
¥0
复印机
销售额
¥200,000
¥0
美术
销售额
¥20,000
¥0
配件
销售额
¥50,000
¥0
器具
销售额
¥200,000
¥0
2015 季4
2016 季4
2017 季4
2018 季4
订单日期 个季度
聚合(最近4季度平均低于...
伪
真

图 59　最近 4 个季度平均值低于预警的子类别标识

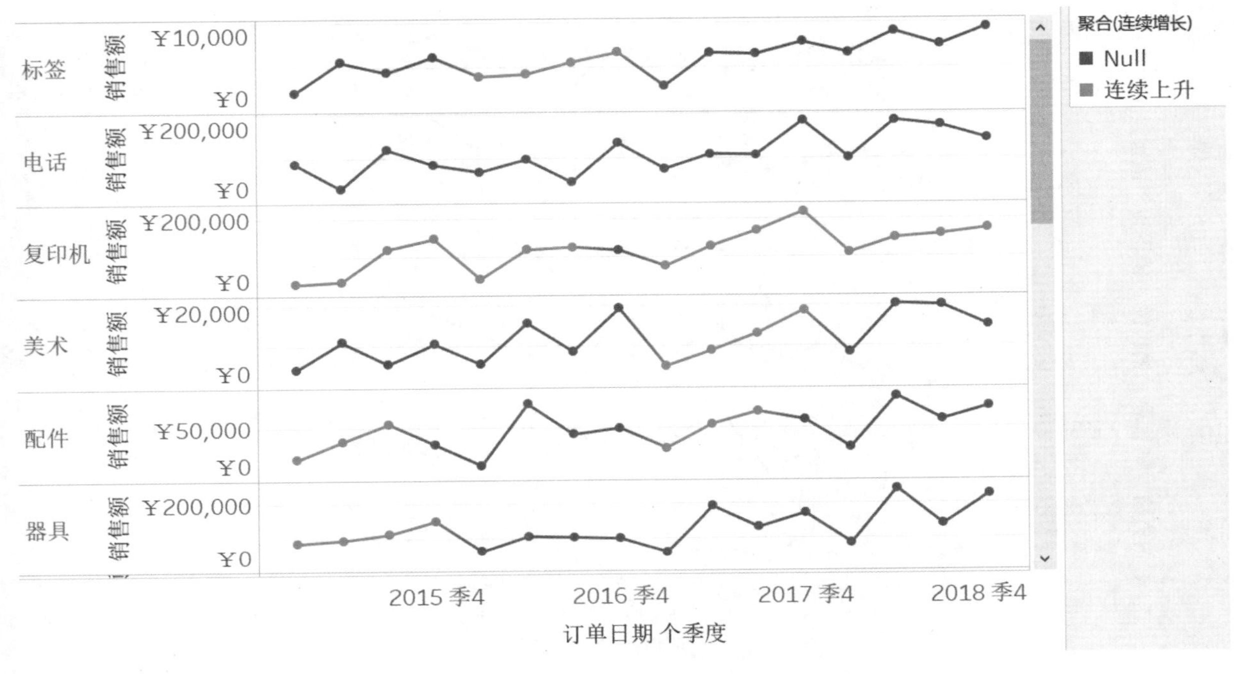

图 60　在线图中标识连续上升的点

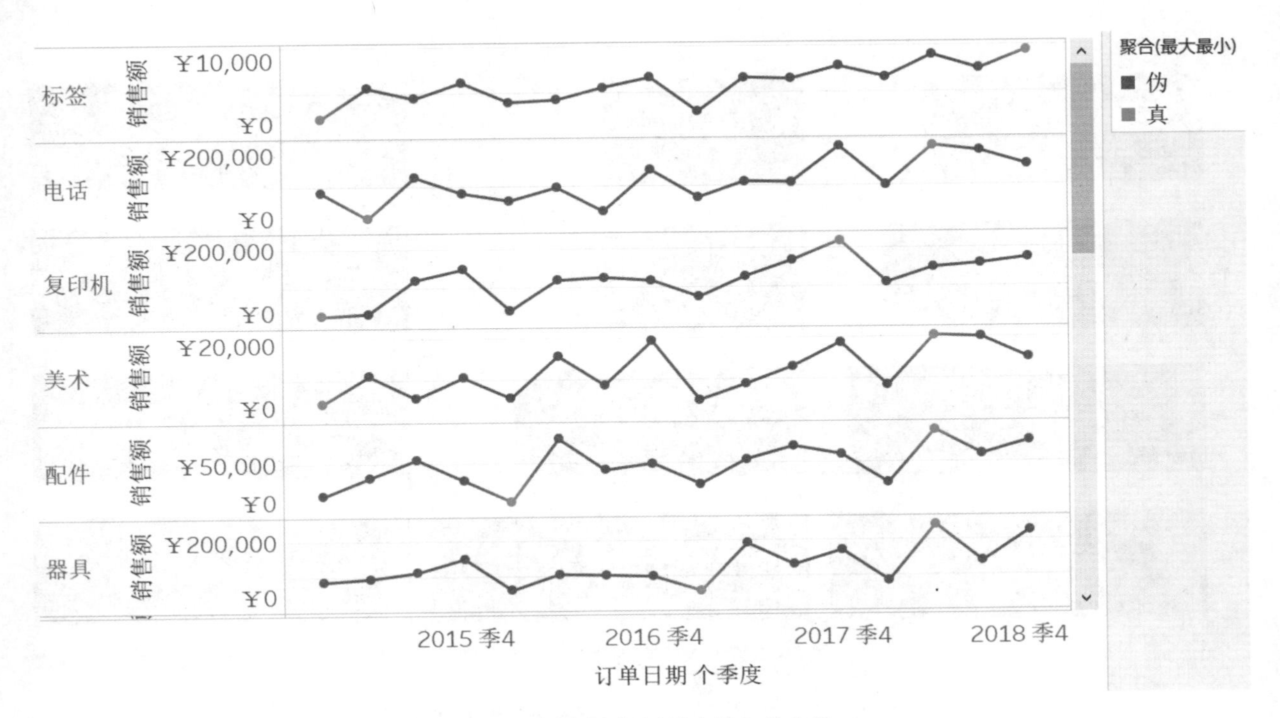

图 61　在线图中标识最大值和最小值

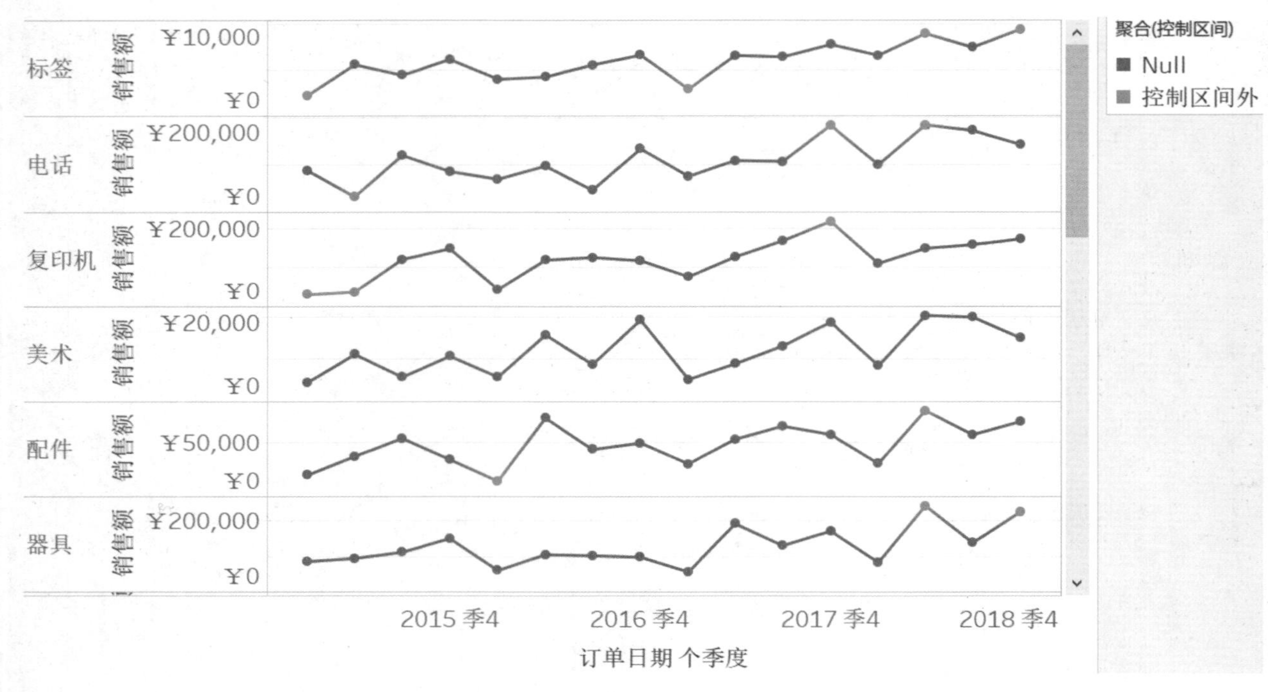

图 62　越过控制区间的数据点标识

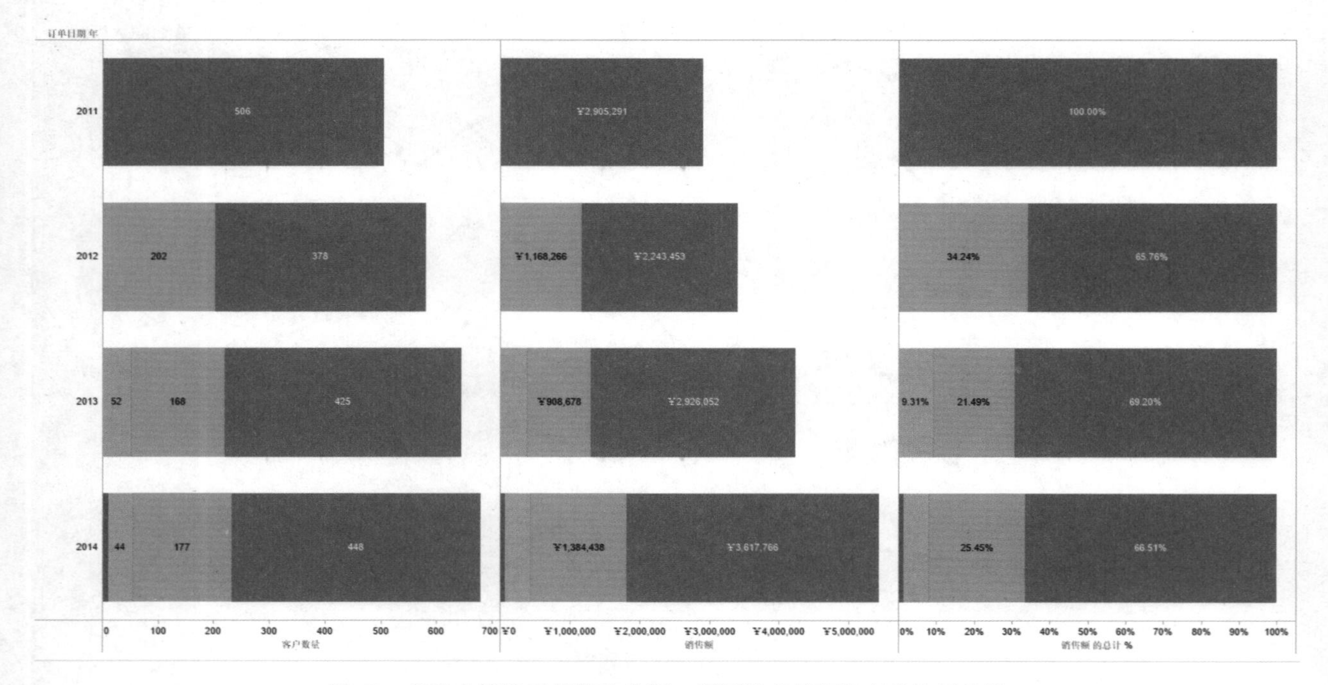

图 63　老客户持续贡献能力分析，需要具有较高的产品使用技能

Rolling Stone Magazine's 500 Greatest Albums of All Time, as published on the 31st May 2012.

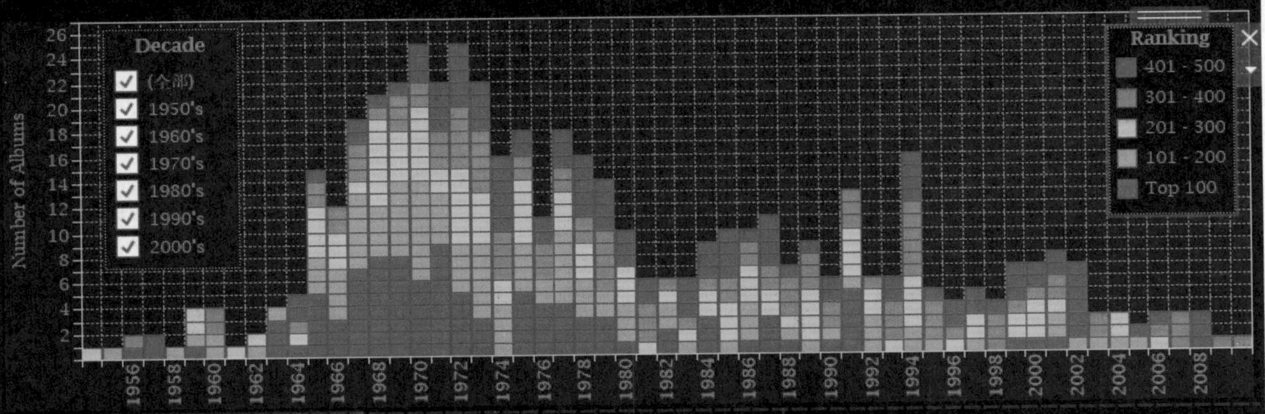

Albums per Artist

Artist	Albums
Bob Dylan	10
The Beatles	10
The Rolling Stones	10
Bruce Springsteen	8
The Who	7
Various Artists	6
Bob Marley & The Waile..	5
David Bowie	5
Elton John	5
Led Zeppelin	5
Radiohead	5
U2	5
Grateful Dead	4
Pink Floyd	4
Sly & The Family Stone	4
Stevie Wonder	4

Album Info:

R.	Album	Year
1	Sgt. Pepper's Lonely Hear..	1967
2	Pet Sounds	1966
3	Revolver	1966
4	Highway 61 Revisited	1965
5	Rubber Soul	1965
6	What's Going On	1971
7	Exile on Main Street	1972
8	London Calling	1979
9	Blonde on Blonde	1966
10	The Beatles	1968
11	Sunrise	1999
12	Kind of Blue	1959
13	The Velvet Underground ..	1967
14	Abbey Road	1969

Artist Search:

Data and images from www.rollingstone.com. Viz design by Glen Robinson

图 64 音乐题材的分析

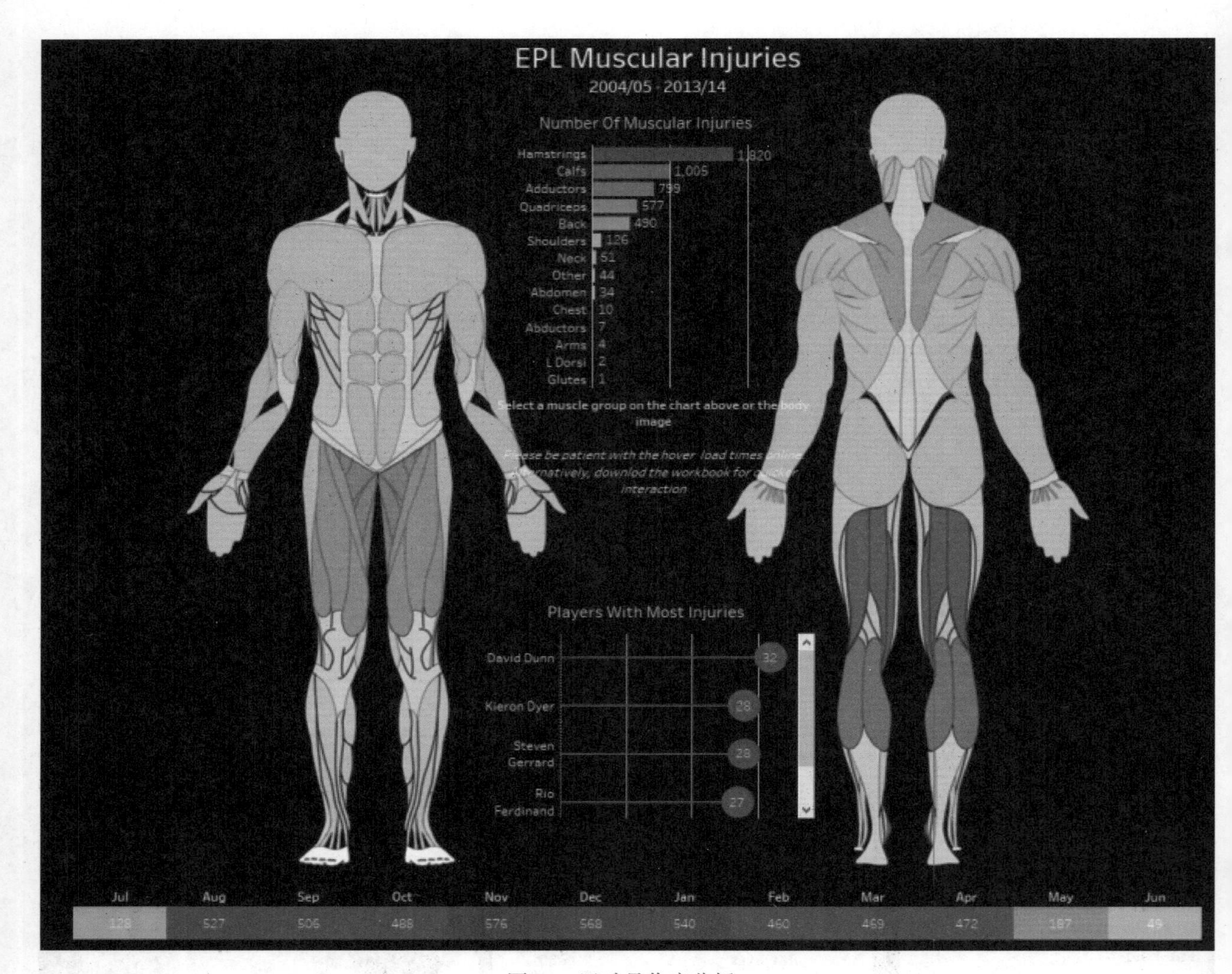
EPL Muscular Injuries
2004/05 - 2013/14
Number Of Muscular Injuries
Hamstrings 1,820
Calfs 1,006
Adductors 799
Quadriceps 577
Back 490
Shoulders 126
Neck 51
Other 44
Abdomen 34
Chest 10
Abductors 7
Arms 4
L Dorsi 2
Glutes 1
Select a muscle group on the chart above or the body image
Players With Most Injuries
David Dunn 32
Kieron Dyer 28
Steven Gerrard 28
Rio Ferdinand 27
Jul 128
Aug 527
Sep 506
Oct 488
Nov 576
Dec 568
Jan 540
Feb 460
Mar 469
Apr 472
May 187
Jun 49

图 65　运动员伤病分析

TURING 图灵原创

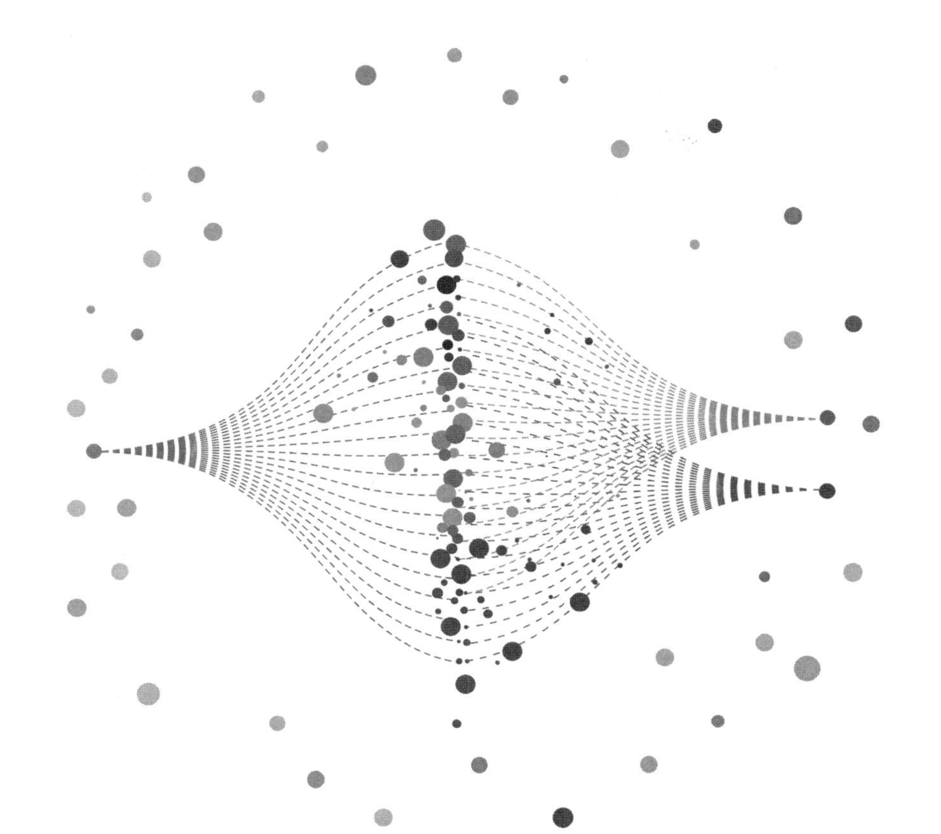

大话数据分析2

Tableau数据可视化企业应用实战

高云龙 ◎著

人民邮电出版社
北京

图书在版编目（CIP）数据

大话数据分析. 2，Tableau数据可视化企业应用实战/
高云龙著. -- 北京 : 人民邮电出版社，2019.5
（图灵原创）
ISBN 978-7-115-51191-1

Ⅰ. ①大… Ⅱ. ①高… Ⅲ. ①可视化软件 Ⅳ.
①TP31

中国版本图书馆CIP数据核字(2019)第076999号

内 容 提 要

本书侧重于 Tableau 软件的“企业应用”，以一个企业内 CoE 的日常工作为主线，用对话的形式介绍了自助分析文化的推广过程。本书不仅详细描述了系统建设过程中的图表应用、仪表板设计、系统性能管理及系统架构等方面的内容，还深入阐述了数据分析文化的推广方法和一些最佳实践，包括 CoE 在赋能、管控方面的职责定义和工作开展方法，企业提升全员数据素养的实践方法以及如何通过 Tableau Day 等活动普及数据分析工作。

本书适合有一定 Tableau 基础的数据分析师以及打算推广数据分析文化的企业相关人员阅读。

◆ 著　　　　高云龙
　责任编辑　王军花
　责任印制　周昇亮
◆ 人民邮电出版社出版发行　　北京市丰台区成寿寺路11号
　邮编　100164　　电子邮件　315@ptpress.com.cn
　网址　http://www.ptpress.com.cn
　北京市艺辉印刷有限公司印刷
◆ 开本：800×1000　1/16
　印张：19.5　　　　彩插：16
　字数：432千字　　　2019年 5 月第 1 版
　印数：1 – 3 000册　　2019年 5 月北京第 1 次印刷

定价：79.00元

读者服务热线：**(010)51095183转600**　印装质量热线：**(010)81055316**
反盗版热线：**(010)81055315**
广告经营许可证：京东工商广登字 **20170147** 号

前　言

作为一名数据分析师，也许你已经可以用 Tableau 软件快速地从数据中获得某些问题的答案；也许你已经能够非常快速地创建一个仪表板；也许你已经习惯了在 Tableau 中进行分析，然后复制图片到 PPT 中，丰富会议资料或者汇报材料；也许你已经觉得这种应用模式足够好，自己用得开心，工作也有效率，还能时不时因为漂亮的图表而得到一些赞美之词。

真的足够好了吗？不，这还远远不够。

在企业应用模式中，数据分析的目的是兑现数据价值，因此分析员的价值就取决于你能让这些数据中的价值兑现多少。而数据分析的成果发布和分享决定了这些成果最终能够为谁所用，以及最终能够创造多大价值。所以作为分析员，你除了要从数据中获得见解并加以呈现之外，还需要知道如何通过现代的商务智能平台分享你的成果，并使其能够为更多人所用，为公司的业务提供行动支持。作为这些分析成果的读者或用户，也需要具备基本的数据素养，这样才能看懂数据，用数据回答问题。

本书是《大话数据分析——Tableau 数据可视化实战》一书的续集。前一本书主要讲解了 Tableau 的“个人应用”，介绍分析员和业务用户是如何使用 Tableau Desktop 去探索数据、发现问题、回答问题和寻找方案的。而本书侧重于 Tableau 软件的“企业应用”，介绍企业在推广数据分析文化过程中的方法和最佳实践，对系统建设过程中的图表应用、仪表板设计、系统性能管理和系统架构等方面进行了深入阐述。切记，数据分析的目的不是“自娱自乐”，而是要通过分享分析成果，将数据中的价值兑现出来。

为了方便大家了解本书的知识体系，现将各章的知识点汇总如下。

第 1 章介绍数据素养基础知识，包括如何通过数据发现和回答业务问题、可视化数据呈现方法与传统表格之间的差异以及数据可视化背后的科学原理。企业员工具备基本的数据素养是企业充分利用数据提升业务绩效的前提条件，通过本章，读者可以了解在企业内部提升业务用户数据素养的方法。

第 2 章介绍如何通过 Tableau Server 数据可视化分析平台在企业范围内普及数据应用。在企业中，大量一线员工需要通过特定的仪表板支持日常工作，企业的高管也经常需要通过预定义的仪表板来监控企业运作状态，他们都需要通过 Tableau Server 使用数据。通过本章，读者可以全面掌握 Tableau Server 的各项基本操作，包括内容查找、使用仪表板以及数据安全管控等。

第 3 章介绍如何向 Tableau Server 发布工作簿、数据源以及数据流程等，这些都是数据分析师必知必会的内容。在企业环境下，Tableau Server 要管理的不仅仅是工作簿，更是数据源、数据流程以及数据的安全性。普通业务用户通过 Tableau Server 查看数据，数据分析师则需要使用已经被发布到 Tableau Server 上的数据源进行自助分析。

第 4 章介绍 Tableau Server 的对象管理体系和权限管理体系，读者可以了解到如何规划 Tableau Server 的站点和项目以及在 Tableau Server 上进行权限管理的最佳实践。

第 5 章介绍 CoE 的职能，包括赋能和管控的职责、具体工作内容以及开展工作的方法。

第 6 章介绍如何监控 Tableau Server，确保 Tableau Server 健康稳定地运行，本章还详细介绍了如何使用 Tableau Server 内置的管理仪表板进行内容使用分析和用户行为分析。

第 7 章介绍设计性能良好的仪表板最佳实践。大部分仪表板的性能问题源于不合理的设计，本章重点讨论如何从设计角度提升仪表板的性能。

第 8 章介绍 Tableau 图表的最佳实践，包括各种基本图形的多种变化应用，例如条形图、线图、饼图、树图和散点图等。

第 9 章介绍仪表板设计的最佳实践，通过对布局、颜色及交互等方面的设计优化，让读者更容易地看懂仪表板中的数据和分析师希望传达的信息。

第 10 章介绍时间序列分析的高级应用，包括时间序列分析的常用图表、时间序列分析重点的模式识别方法、非标准时间段的切割以及工作日计算等。

第 11 章介绍如何通过 Tableau Day 在企业内部推广数据分析文化，如何组织一个 Tableau Day。本章也介绍了 Tableau 软件的最新发展状况、图文混排报告设计、高级仪表板交互设计和小图应用技术等。此外，本章还阐述了数据可视化分析的价值和境界，并将其作为全书的总结。

本书以一个企业内 CoE（Center of Excellence，卓越中心）的工作为主线展开，建立 CoE 组织的企业可以参考其中的实践。

提示：本书中涉及的 Tableau Desktop 的操作步骤全部在对话中体现，如果读者希望实际操作软件，需要了解该软件的界面结构，其分析界面（也就是工作表界面）的布局如下图所示。

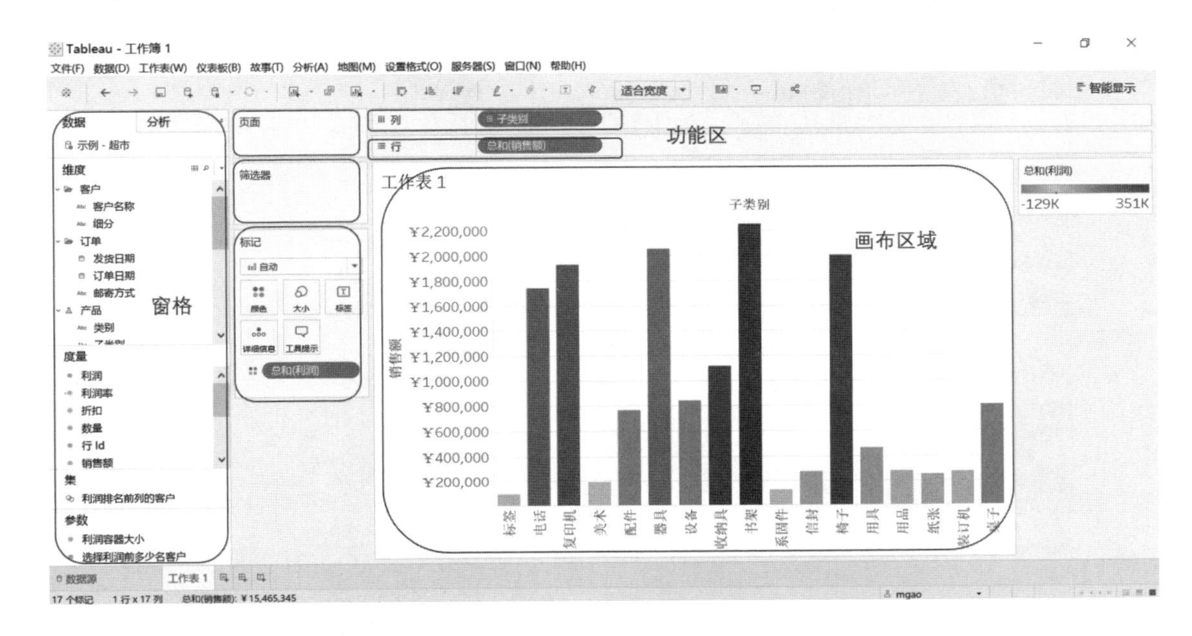

例如，上面这个图的操作步骤通常会这样说明：

- 将“子类别”维度拖放到“列”功能区；
- 将“销售额”度量值拖放到“行”功能区；
- 将“利润”度量值拖放到“标记”功能区的“颜色”按钮上。

书中未加特别说明的数据源使用了 Tableau Desktop 自带的“示例-超市”数据源。读者可以从对话中摘出操作步骤，在软件中加以重现，即可实现书中呈现的结果。不过这本书主要面向具备一定 Tableau Desktop 基础的读者，所以对于比较简单的操作内容，部分截图只给出了操作的输出结果，而截掉了功能区部分；或者在对话文字中省略了操作步骤的说明。如果你从没用过 Tableau Desktop，建议先阅读《大话数据分析——Tableau 数据可视化实战》。此外，本书的配套工作簿文件以及彩插文件可以在图灵社区（iTuring.cn）本书的主页下载。

目　录

第 1 章　数据素养：每个人都应该具备的技能……1

1.1　数据可视化分析基础……1

1.2　学会用数据回答问题……13

1.3　数据素养……21

第 2 章　普及数据应用：Tableau Server 应用基础……24

2.1　使用 Tableau Server 的先决条件……24

2.2　查找和定位内容……27

2.3　仪表板功能……35

2.4　安全管控……45

第 3 章　共享分析成果：发布到 Tableau Server……47

3.1　发布工作簿……47

3.2　发布数据源……59

3.3　数据提取刷新……67

3.4　数据流管理……74

3.5　用户筛选器……77

第 4 章　让数据更安全：内容组织和权限管理……85

4.1　站点还是项目？……85

4.2　服务器配置……94

4.3　权限管理……101

4.4　安全沙箱……107

第 5 章　数据分析文化推广：CoE 的赋能与管控职能……109

5.1　系统应用核心流程……109

5.2　赋能……114

5.2.1　促进使用……114

5.2.2　数据分析文化培育……120

5.2.3　业务价值……123

5.3　管控……124

第 6 章　让系统健康稳定运行：Tableau Server 管理和监控……127

6.1　站点设置……128

6.2　服务器设置……134

6.3　系统监控仪表板……137

6.4　TSM……153

第 7 章　让仪表板运作如飞：工作簿性能管理……164

7.1　Tableau 的误用场景……164

7.2　工作簿性能分析……173

7.3　设计高效的工作簿……176

第 8 章　在图表中发现不一样的 Tableau：图表最佳实践……183

8.1　条形图的 *N* 种玩法……184

8.2　线图的 *N* 种玩法……199

8.3　饼图的 *N* 种玩法……211

8.4 树图和热图的 N 种玩法 …… 214

8.5 散点图的 N 种玩法 …… 218

8.6 词云的玩法 …… 223

第 9 章 构建美观又好用的仪表板：仪表板设计最佳实践 …… 225

9.1 仪表板的分类和设计原则 …… 225

9.2 从动眼测试谈仪表板设计的最佳实践 …… 227

9.3 常用的几种仪表板布局 …… 235

9.4 色彩应用最佳实践 …… 238

9.5 仪表板交互最佳实践 …… 241

第 10 章 时间维度的玩法：高级时间序列分析 …… 246

10.1 时间序列分析的常用图表 …… 246

10.2 时间序列分析中的模式识别 …… 253

10.3 非标时间段分析 …… 259

10.4 节假日和工作日计算 …… 262

第 11 章 推广数据分析文化：Tableau Day …… 268

11.1 软件新功能 …… 268

11.2 Tableau 专家问诊 …… 280

11.3 Tableau 数据可视化峰会 …… 295

11.4 问“道”Tableau …… 296

第 1 章
数据素养：每个人都应该具备的技能

在企业中，让数据发挥最大价值的第一步是让管理人员和员工能够看得见、看得懂数据，所以会看、会用 Tableau 的仪表板才是最基本的入门课。本章教大家如何看懂 Tableau 的数据，以及如何使用 Tableau 仪表板。

1.1 数据可视化分析基础

CoE 部门在公司内推广自助分析文化，其首要任务是让业务部门的同事了解数据的重要性，能够接受自助式的数据可视化分析软件。大胡①组织了一次跨部门会议，邀请各部门经理和职员来了解全新的数据应用模式。大明②为大家做介绍。

大明 大家好！我是 CoE 的大明，在过去的一年中，与很多业务部门的同事打过交道，今天想和大家分享一下如何更加方便、快捷地查看和理解数据，如何用数据来回答问题。我想大家心里可能有一个问号，你给我报表，我就能看到数据了，我是搞业务的，当然能看得懂数据，这还用别人来教吗？我先不解释这个问题，先问一下财务的同事。刚好财务部门的小莫是我的老朋友，以前经常一起讨论数据方面的问题，我想请小莫介绍一下他平时看的数据是什么样的。小莫不是我请来的托儿，大家放心。

大家哄笑了一阵。

小莫 财务部门嘛，平时看的数据当然就是各种各样的报表。

大明 是什么格式的？

小莫 Excel 格式的文件居多，开会的时候或者汇报的时候也经常用 PPT 格式的。

---

① 大胡是公司的 CDO（首席数据官），领导 CoE 和信息系统部这两个部门。

② 大明是 CoE（Center of Excellence，卓越中心）的部门经理。

大明 那报表内容主要是图表还是数字？

小莫 数字型的报表为主吧，也会配一些图表，看着更直观，而且有图表的报告看着更美观一些。

大明 需要经常从数字中进行分析吗，比如说找到异常或者问题？

小莫 当然。

大明 你觉得用数字回答问题这个过程，是比较容易，还是比较困难？

小莫 这个嘛……我觉得还行吧，可能是看习惯了，我觉得分析起来还够用。当然，真正要回答问题的话，还是需要花一些时间的。

大明 那么，一般从一篇报表里面提炼出问题，要花多少时间呢？

小莫 这可就不一定了，简单的几分钟，复杂的一天甚至几天都有可能。

大明 理解。咱们现在一起来看一份业务上经常看的报表，试一下从中找到问题大概需要花多少时间。

说完，大明打开 Tableau Desktop，连接上数据源之后，把“类别”“子类别”维度拖放到“行”功能区，把“地区”维度拖放到“列”功能区，把“利润”“销售额”“折扣”这三个度量拖放到表格中，此时屏幕上就出现了这样一个表格。

	地区								
	东北			华北			华东		
子类别	利润	折扣	销售额	利润	折扣	销售额	利润	折扣	销售额
标签	¥3,819	0%	¥14,739	¥2,035	0%	¥9,271	¥7,634	0%	¥29,
电话	¥4,532	17%	¥255,181	¥33,463	7%	¥236,780	¥87,991	13%	¥550,
复印机	¥28,807	17%	¥324,456	¥57,893	3%	¥271,496	¥68,160	11%	¥579,
美术	-¥10,209	43%	¥26,156	¥5,693	10%	¥34,700	-¥3,401	29%	¥57,
配件	¥24,475	17%	¥168,095	¥21,054	3%	¥87,997	¥32,675	14%	¥205,
器具	¥16,356	17%	¥389,295	¥29,633	8%	¥309,068	¥51,574	14%	¥555,
设备	¥18,324	11%	¥123,272	¥22,295	10%	¥157,713	¥40,241	13%	¥239,
收纳具	¥42,184	0%	¥156,065	¥51,221	0%	¥182,254	¥91,330	0%	¥352,
书架	¥29,844	19%	¥286,709	¥99,784	3%	¥430,423	¥93,759	13%	¥706,
系固件	¥2,230	16%	¥22,635	¥3,194	10%	¥15,819	¥2,433	17%	¥32,
信封	¥12,727	0%	¥50,037	¥9,414	0%	¥37,364	¥20,930	0%	¥86,
椅子	¥41,003	16%	¥316,972	¥43,807	8%	¥220,863	¥109,423	12%	¥631,
用具	¥8,819	14%	¥74,727	¥17,130	5%	¥64,243	¥20,862	12%	¥138,
用品	¥4,898	15%	¥46,635	¥6,736	3%	¥37,094	¥7,650	15%	¥74,
纸张	¥11,267	0%	¥44,004	¥11,069	0%	¥44,157	¥17,297	0%	¥75,
装订机	¥3,898	19%	¥43,475	¥6,612	9%	¥42,969	¥13,348	13%	¥80,

用交叉表显示不同产品子类别、地区的销售额、利润和折扣

大明 这是产品子类别和地区的一个交叉表，这样的报表很常用吗？

小莫 很常用，有很多类似的交叉表。

大明 那么，请从这个表格中找出亏损的地区和产品子类别。大家可以一起来找一下，看大家把那些亏损的地区和子类别挑出来需要花多少时间。

于是大家都盯着屏幕，一边看，一边小声碎念：东北……美术……西北……美术……办公用品……不对……桌子……

过了一分钟，大明问："怎么样，大家都找全了吗？"

很多人摇头。

小莫 我找到一些，不过也不太肯定。

大明 这个表格中的数据不多，如果是一个复杂的表格，那肯定就更难找了。现在用可视化的方法处理一下这个表格，看一下能不能更容易找到那些亏损的产品子类别和地区。我们用不同颜色来表示利润值的高低。

大明把"利润"度量拖放到"标记"功能区的"颜色"按钮上，然后通过"标记"功能区的下拉框，把标记类型改为"方形"，于是屏幕上的表格变成了这样。

	地区																	
	东北			华北			华东			西北			西南			中南		
子类别	利润	折扣	销售额	利润	折扣	销售额	利润	折扣	销售额	利润	折扣	销售额	利润	折扣	销售额	利润	折扣	销售额
标签	¥3,975	0%	¥15,329	¥2,012	0%	¥9,365	¥7,533	0%	¥29,852	¥1,007	0%	¥4,913	¥2,423	0%	¥8,870	¥6,858	0%	¥28,385
电话	¥10,935	17%	¥280,638	¥36,160	6%	¥244,992	¥87,786	13%	¥550,773	¥6,236	18%	¥115,932	¥20,494	17%	¥177,131	¥59,478	12%	¥423,907
复印机	¥29,982	17%	¥337,993	¥60,595	3%	¥275,607	¥61,399	11%	¥577,345	¥10,777	10%	¥67,522	-¥19,831	28%	¥133,819	¥102,691	8%	¥573,741
美术	-¥10,557	43%	¥25,796	¥5,822	9%	¥36,092	-¥3,821	29%	¥58,445	-¥619	33%	¥7,270	-¥1,707	27%	¥20,608	-¥7,468	35%	¥47,684
配件	¥19,842	17%	¥180,784	¥20,929	3%	¥87,813	¥31,203	15%	¥204,439	¥3,659	11%	¥21,209	¥8,223	19%	¥66,340	¥46,660	9%	¥238,955
器具	¥13,372	18%	¥407,334	¥32,351	8%	¥312,760	¥50,175	14%	¥581,127	¥20,373	9%	¥138,797	¥8,647	15%	¥124,348	¥67,058	8%	¥564,002
设备	¥22,671	10%	¥136,781	¥25,238	9%	¥166,370	¥39,036	13%	¥235,967	¥3,343	8%	¥26,293	¥10,175	15%	¥76,608	¥42,659	11%	¥229,973
收纳具	¥42,941	0%	¥162,164	¥54,934	0%	¥190,570	¥91,216	0%	¥352,255	¥18,137	0%	¥58,249	¥22,061	0%	¥86,317	¥86,009	0%	¥298,161
书架	¥30,949	19%	¥295,175	¥96,521	4%	¥417,643	¥98,614	13%	¥723,636	¥6,803	18%	¥93,746	¥29,967	18%	¥228,510	¥93,797	7%	¥525,289
系固件	¥2,234	16%	¥23,674	¥3,089	11%	¥15,824	¥2,339	17%	¥32,650	¥776	11%	¥4,730	¥1,807	15%	¥10,902	¥8,163	9%	¥40,078
信封	¥12,847	0%	¥50,333	¥10,363	0%	¥40,309	¥21,752	0%	¥89,164	¥2,643	0%	¥8,529	¥8,591	0%	¥31,095	¥15,825	0%	¥66,013
椅子	¥48,774	15%	¥366,799	¥38,088	9%	¥203,387	¥111,083	12%	¥641,344	¥26,845	12%	¥153,884	¥8,462	21%	¥176,106	¥85,929	16%	¥522,912
用具	¥8,742	14%	¥74,156	¥16,411	5%	¥62,593	¥21,606	12%	¥141,316	¥5,191	12%	¥24,400	¥5,710	13%	¥40,768	¥26,475	8%	¥131,991
用品	¥4,970	16%	¥47,611	¥6,475	3%	¥36,868	¥8,377	15%	¥77,590	¥1,734	15%	¥16,616	¥2,731	15%	¥25,327	¥15,972	8%	¥83,086
纸张	¥12,167	0%	¥47,254	¥10,540	0%	¥43,064	¥17,921	0%	¥76,748	¥2,240	0%	¥11,072	¥3,731	0%	¥19,452	¥14,297	0%	¥63,193
装订机	¥4,119	18%	¥45,180	¥6,583	9%	¥43,000	¥14,239	13%	¥83,906	¥3,344	10%	¥17,695	¥988	19%	¥20,773	¥13,101	9%	¥80,289
桌子	-¥15,773	37%	¥184,568	-¥12,881	31%	¥193,424	¥69,536	48%	¥162,316	-¥13,935	45%	¥44,182	-¥14,837	50%	¥56,149	-¥6,618	33%	¥219,736

总和(利润)
-¥69,536 ¥111,083

工作表 1

用"突出显示表"显示不同产品子类别、地区的销售额、利润和折扣（另见彩插图 1）

会议室里传出了轻轻的"哦"的声音。

大明 在这个表格中，我们用利润渲染了底色，其中橙色为负值，蓝色为正值，颜色的深浅表示数值的高低。我们一眼就能看到"桌子"全线亏损；对于"美术"产品，除了华北，其他地区都亏损；而"复印机"在西南地区亏损。从这张表里，我们不仅能一眼看出哪些地方亏损，还能很轻松地回答哪些地方亏损最严重。大家可以验证一下自己刚才找的亏损值全不全。

小莫 我自以为看得很清楚，没想到还是有错漏。

大明 没什么，这很正常，我们从表格中发现问题本来就是一件困难的事。但是如果我们进一步追问，在这个表格中，有哪些销售额很高的地方亏损，以及亏损是否与折扣相关，这个表格还能回答吗？

小莫 这不可能了。

大明 其实数据就在这里，只要我们肯花时间慢慢比较和分析，还是能够回答出来的。只是通过数字型报表来回答这样的问题，真的需要花费不少时间。而我们进行数据可视化分析和展示的目的，就是让大家在 0.25 秒之内就能够回答这类问题。

小莫 为什么是 0.25 秒？

大明 因为在 0.25 秒之内回答的问题是“看”到的，大脑不需要经过分析、计算、排序和比较等思维过程，就只是“看”到。0.25 秒之内没“看”出来，大脑就要调用记忆和计算模块了。

小莫 哦。

小莫一脸疑惑，将信将疑，显然没太明白这个 0.25 秒是什么意思。

大明 一会儿我们再说 0.25 秒的原理。现在换一种数据呈现方法，大家再来回答这个问题。

大明新建了一个工作表，把“类别”“子类别”拖放到“行”功能区，把“地区”“销售额”拖放到“列”功能区，把“利润”拖放到“标记”功能区的“颜色”按钮上，把“折扣（平均值）”拖放到“标记”功能区的“大小”按钮上，此时屏幕上出现了一个全新的图表。

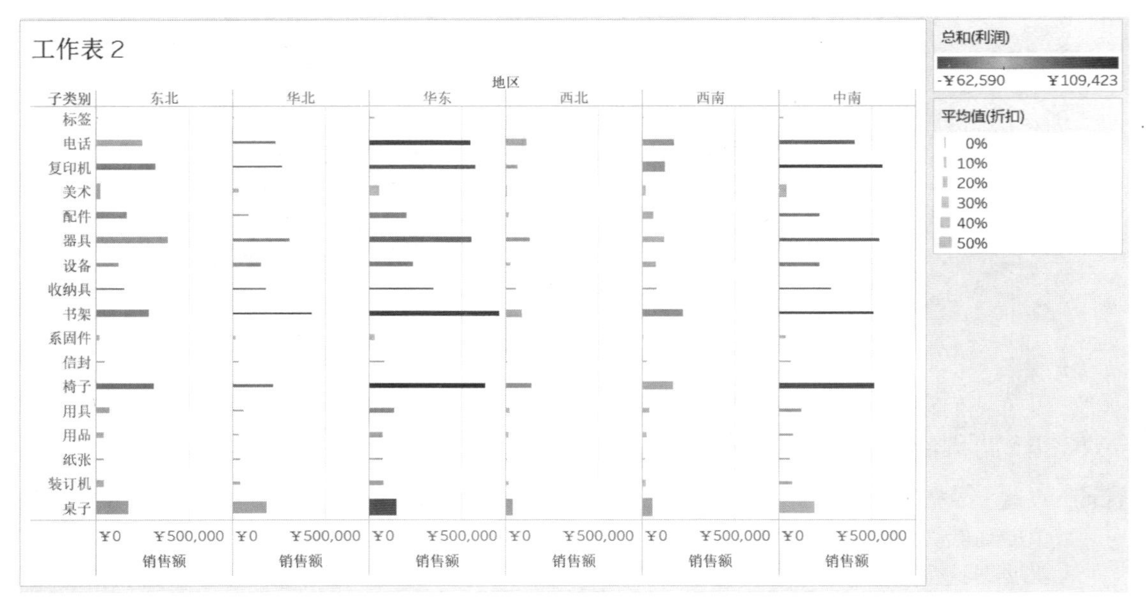

用条形图的长度、颜色和宽度分别表示销售额、利润和折扣（另见彩插图 2）

大明 大家能看懂这个图是什么意思吗？

小莫 似乎……看不太明白。

大明 这是一系列条形图，每个条形的长度表示销售额的高低，颜色表示利润的正负高低，宽窄表示平均折扣的大小。很显然，从这个图上看，销售额高的各个产品子类别还都是盈利的，桌子全线亏损，但桌子的销售额并不是很高。另外，大家观察一下，是不是亏损地方的条形图的宽度明显更宽？这说明亏损与折扣是存在相关性的。

会议室里的同事们纷纷点头。

大明 这个图比较复杂一点，因为条形的数量有点多，我们的视觉负担有点重。其实我们还可以这样看。

大明把“地区”维度从“列”功能区拖放到了“标记”功能区的“详细信息”上，条形图变成了另外一副样子。

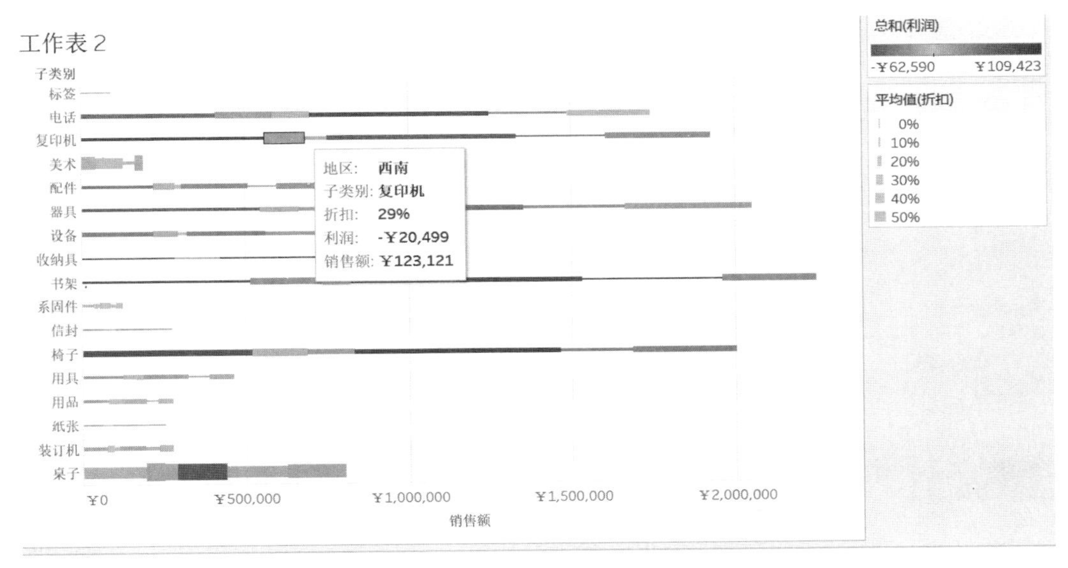

分地区、分产品子类别的销售额、利润和折扣（另见彩插图 3）

大明 这样我们只是把条形图切成了若干段，而每一段表示一个地区，用鼠标移到柱子上就可以看到详细信息。图形看起来更简约，但长度仍然表示销售额，颜色表示利润，宽窄表示折扣。这个图似乎比条形数量多的图更容易发现问题。

我们稍微总结一下，数据可视化就是用长度、宽度、大小、形状和位置等视觉属性来表示数据，这个过程也可以称为“对数据进行可视化编码”。在 Tableau 的图表中，我们常规认为的那些“装饰性”元素，都用来进行数据可视化表达，从而加速数据的理解过程，也就减少了业务分析时间。

但是如果我问另外一个问题，哪些产品的子类别是销售额和利润都高的优秀品类？似乎从这个图中又不太容易回答了。我们再来换一个展现方法。

于是大明又新建了一个工作表，把“利润”拖放到“行”功能区，把“销售额”拖放到“列”功能区，把“子类别”拖放到“标记”功能区的“标签”按钮上，把“利润”拖放到“标记”功能区的“颜色”按钮上，把“折扣（平均值）”拖放到“标记”功能区的“大小”按钮上，在“标记”功能区的下拉框里把标记类型改为“圆”。然后在“地区”维度上右击鼠标，选择“显示筛选器”，把筛选器的样式改为“单值列表”，此时屏幕上的图表变成了另一个样子。

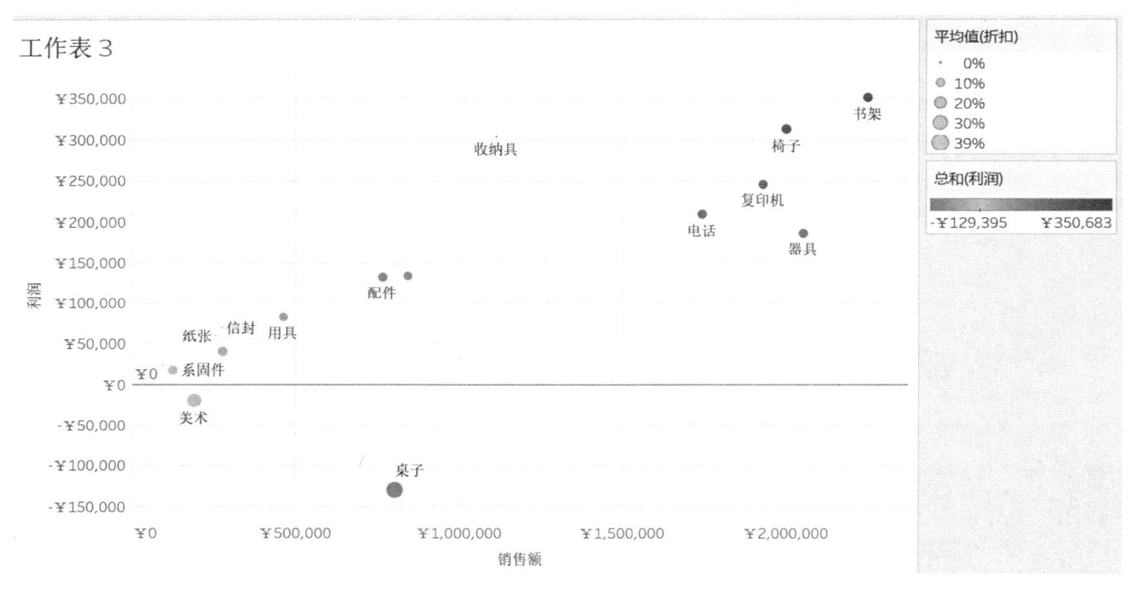

用散点图进行销售额、利润和折扣分析（另见彩插图 4）

大明 大家一定有点奇怪，这个图的数据与最开始我们看的那个表是一模一样的，但是呈现的效果完全不同。这个散点图的横坐标表示销售额，纵坐标表示利润，每个点代表一个产品子类别。点的大小表示平均折扣，颜色表示利润。由于横纵坐标构成了一个平面，那么每个子类别在平面上的位置就表示它的利润和销售额高低。显然，这个屏幕右上角的几个产品子类别是表现最好的子类别。并且我们也很容易发现，橙色的点表示亏损，而这些点明显大于蓝色的点，所以亏损和折扣是相关的。如果我们需要了解某个地区的子类别表现，那么可以在右侧的“筛选器”中选择“地区”进行观察。

在这个散点图中，我们使用的可视化属性包括位置、大小和颜色。我们可以发现，不同的可视化表现方法适用于回答不同的问题。所以当我们希望通过数据回答某些业务问题时，很可能需要尝试探索不同的数据可视化表现方法，找到最能够直观回答问题的那一种形式。

小莫 这种数据可视化图表看起来比较简约，表达的信息量却很大。

大明 没错。但我们还需要再深入了解一下这种可视化呈现方法。下面看另一个问题，我们有一张各省[1]最近 4 年的销售额和利润报表。

大明新建了一个工作表，把“省”维度拖放到“行”功能区，把“订单日期”拖放到“列”功能区，把“销售额”和“利润”拖放到表格中，然后把“行”功能区的“度量名称”胶囊拖放到“列”功能区，拖放到“年（订单日期）”后面，得到了一张报表。

	2015		2016		2017		2018	
省	利润	销售额	利润	销售额	利润	销售额	利润	销售额
安徽省	￥13,729	￥88,406	￥17,298	￥96,737	￥19,410	￥164,810	￥19,211	￥115,059
北京	￥6,472	￥28,904	￥4,076	￥63,029	￥504	￥55,370	￥5,657	￥58,242
福建省	￥11,918	￥102,118	￥12,492	￥124,479	￥8,051	￥120,016	￥21,659	￥172,902
甘肃省	-￥5,836	￥118,936	￥20,085	￥110,306	￥28,109	￥115,717	￥16,671	￥146,533
广东省	￥35,718	￥202,969	￥29,019	￥189,371	￥34,017	￥235,240	￥51,704	￥364,361
广西	￥46,136	￥185,013	￥19,852	￥103,441	￥8,221	￥170,183	￥43,988	￥219,386
贵州省	￥5,558	￥64,508	￥5,814	￥54,785	￥15,813	￥92,825	￥9,834	￥215,441
海南省	￥242	￥922			-￥688	￥16,241	￥3,952	￥14,237
河北省	￥16,089	￥94,353	￥20,383	￥88,291	￥24,308	￥122,196	￥5,758	￥206,567
河南省	￥12,587	￥139,295	￥16,252	￥207,719	￥39,280	￥224,369	￥25,435	￥191,361
黑龙江省	￥5,144	￥48,230	￥8,092	￥53,789	￥10,569	￥149,794	￥29,358	￥135,649
湖北省	￥13,360	￥70,389	-￥3,528	￥130,075	￥45,195	￥193,324	￥28,677	￥190,824
湖南省	￥8,548	￥120,922	￥14,264	￥158,246	￥11,369	￥140,203	￥33,759	￥210,565
吉林省	￥3,652	￥44,838	￥16,472	￥77,331	￥17,090	￥103,804	￥1,538	￥46,338
江苏省	￥14,253	￥103,087	￥26,634	￥247,648	￥26,906	￥139,027	￥19,409	￥267,561
江西省	￥14,818	￥130,642	￥22,802	￥166,554	￥39,897	￥247,308	￥11,217	￥241,052
辽宁省	￥13,477	￥156,094	￥29,433	￥156,268	￥33,145	￥217,046	￥32,014	￥218,526

用交叉表显示各省级市场最近 4 年经营情况（常规方法）

大明 大家看一下这张报表，我们能否知道哪些省是最好的市场？另外，哪些省是成长型市场，以及哪些省是衰落型市场？

会议室里大家一边认真地看着屏幕上的报表，一边皱着眉摇着头。

大明 小莫再帮我一个忙，你觉得这个问题容易回答吗？

小莫 当然不容易！这类问题应该要做时间序列分析，用折线图会好一些吧？

大明 那我们就试一下折线图。

大明新建了一个工作表，把“订单日期”拖放到“列”功能区，把“利润”和“销售额”拖放到“行”功能区，把“省”拖放到“标记”功能区的“颜色”按钮上。

① 本书中提及的省、省份，均指省级行政区，包括省、直辖市、自治区以及特别行政区。

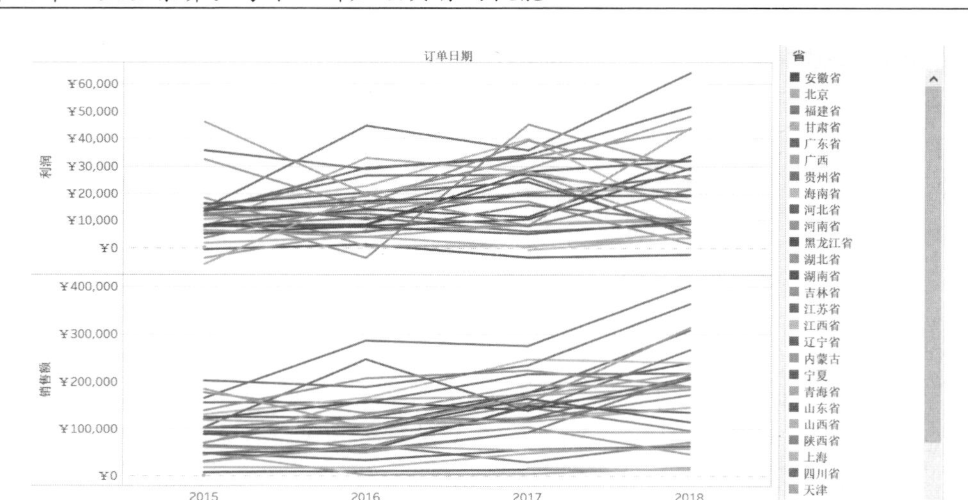

用堆叠折线图表示各省级市场的销售额和利润（最差实践）

小莫看着这个图有点傻眼。

大明 显然这个常用的折线图并不能方便地回答问题，我们还需要再换一种方法。

小莫 用刚才那种散点图？

大明 好主意。我们试一下。

大明新建一个工作表，把“利润”拖放到“行”功能区，把“销售额”拖放到“列”功能区，把“利润”拖放到“标记”功能区的“颜色”按钮上。把“省”拖放到“标记”功能区的标签按钮上，从下拉框中把标记类型改为“圆”。

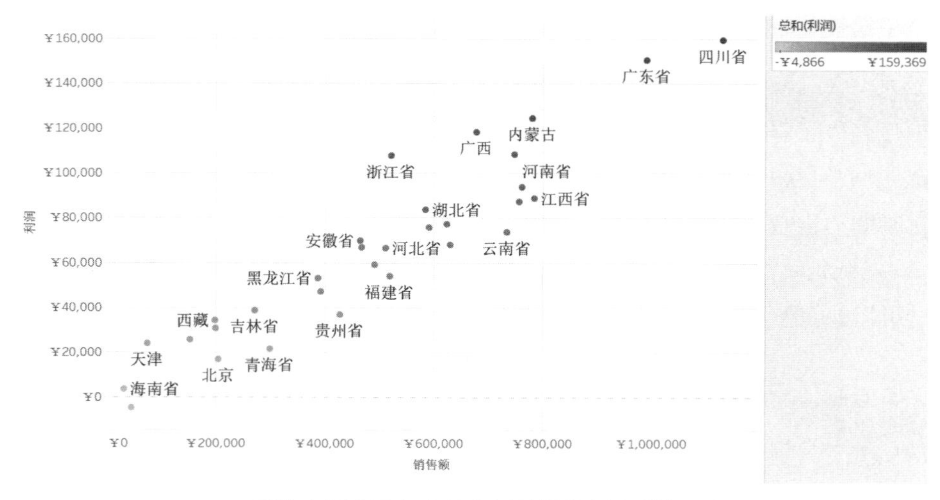

用散点图表示各省级市场的销售额和利润

大明 可是每年的数据怎么来看呢？

小莫 也用筛选器？

大明 虽然可以使用筛选器，但是我们要一年一年地选，要记住每年的画面也是非常困难的，所以也不适合。我们来试一下新方法，用轨迹来表示时间序列的变化。

大明把“订单日期”拖放到“页面”功能区，在屏幕右侧出现的播放控制器上勾选“显示历史记录”，并且把标记类型改为“两者”。然后点击“播放”按钮，画面开始逐年播放。

大明 我们选择一个目前最好的省——四川，此时画面出现一条轨迹线，表明过去几年四川的销售和利润情况。我们很容易看出，四川是成长型市场。

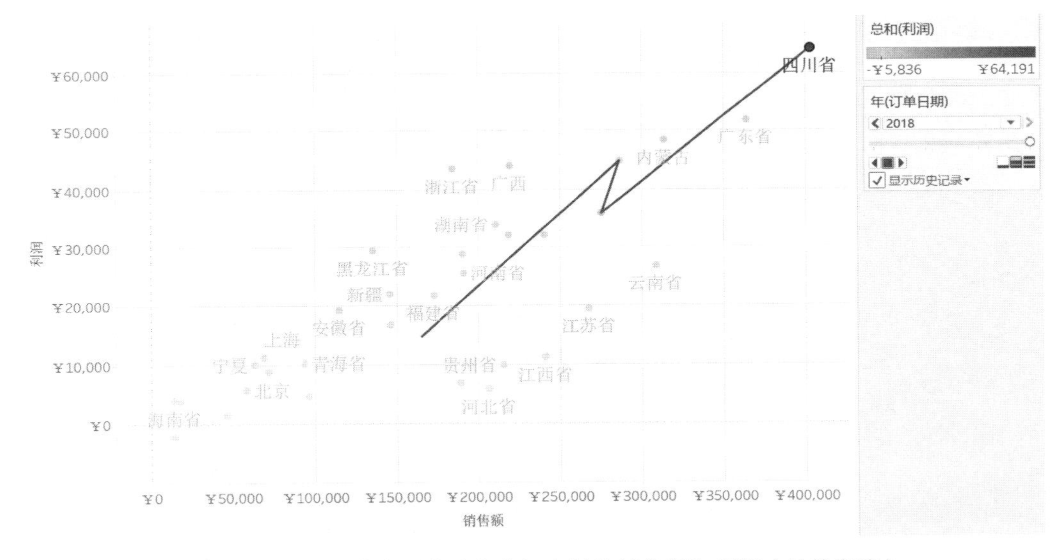

用带有时间轨迹的散点图表示各省级市场的销售额和利润（最佳实践）

大明 同理，我们可以看到其他成长的省，也能很方便地找到衰落的省。

会议室里，大家都投来惊奇的目光。

大明 实际上，在这个图表中，我们使用了位置、颜色和轨迹这三个可视化属性。现在我们可以对可视化属性做个总结。大家来看一下这个图，这里列举的可视化属性包括长度、宽度、方向、大小、形状、移动轨迹、包围、2D 位置、分组、色彩和深度。

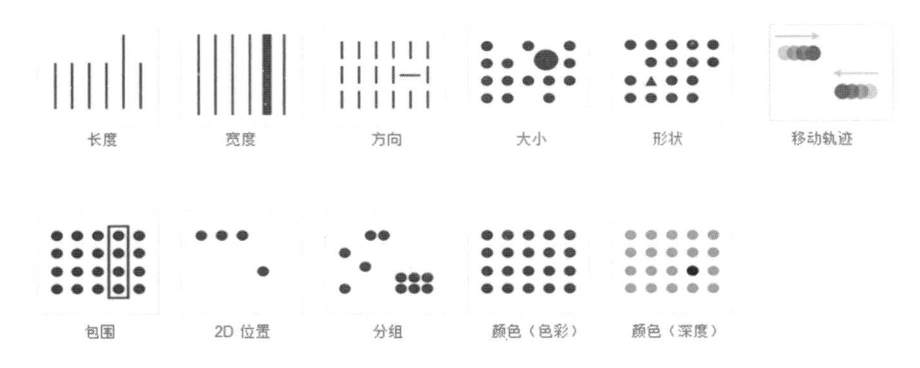

可视化属性汇总

这些视觉属性都可以用来表现数据，但人对这些视觉属性的敏感度却是不一样的。我们做个游戏，看一下我们对颜色更敏感，还是对形状更敏感。

画面中有 70 个不同的圆点，其中一个的颜色是不同的，画面即使只停留 0.1 秒，在 10 个画面中大家都能准确地指出哪些画面中出现了不同的圆点。

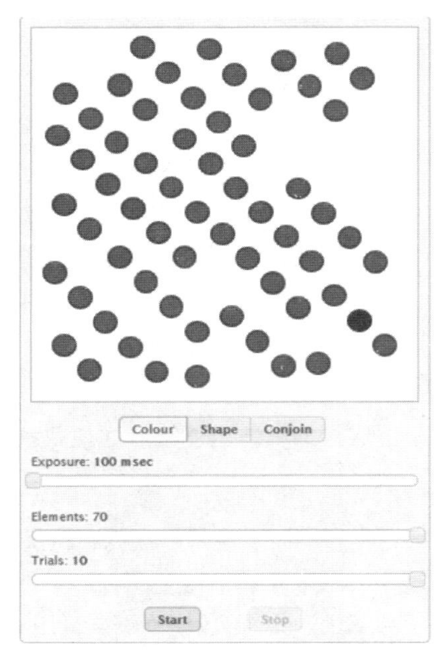

在 0.1 秒内识别出 70 个对象中颜色不同的那一个（另见彩插图 5）

大家一边看一边说“有”或者“没有”，会议室中传来一阵笑声。

大明 我们切换一下形状，每个画面 25 个标记，其中有一个形状是不同的，每个画面停留 0.1 秒，大家再试一下能否发现那个形状不同的标记。

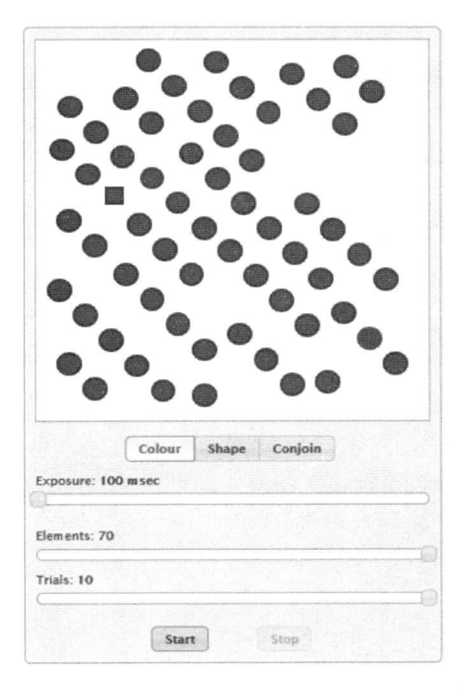

在 0.1 秒内识别出 70 个对象中形状不同的一个

这时大家一边看一边说，却只有少数人给出了正确答案。

大明 通过这个游戏，我们都感觉到自己对颜色的敏感度远高于对形状的敏感度。如果用这些视觉属性对数据进行编码的话，要先对数据进行分类，我们大致上把数据分为分类数据、次序数据（有顺序的分类数据）和量化数据 3 类。

与可视化相关的数据分类方法

分类数据	次序数据	量化数据
亚洲 欧洲 北美洲	金牌 银牌 铜牌	重量 10kg，25kg，100kg
丰田 宝马 法拉利	优秀 好 差	成本 10 美元，127 美元，345 美元
白酒 啤酒 水	关键 高优先级 低优先级	温度 –12℃，3℃，45℃

事实上，用不同的视觉属性编码不同的数据类型时，人的感官接受程度是有强弱之分的。科学家已经做过研究，我们直接把研究结论放在这里。

效果减弱	分类数据	次序数据	量化数据
↓	位置	位置	位置
	不同颜色	大小	长度
	形状	颜色（深浅）	大小
	聚集	不同颜色	颜色深浅
	包围	形状	不同颜色（最多2个颜色）
			方向（变化）

不同数据适用于不同的可视化表现方法

这个结论可能和大家想象的不太一样，不管哪种数据，位置都是最重要的可视化属性，所以在我们对数据进行排序时，给仪表板进行恰当的布局，才能让人们能够快速发现重点。另外，大家可能有疑问，排在最弱位置的可视化属性，比如形状和方向等，是不是人们对它们就很不敏感了？实际上不是，总的来说，我们对这些属性都很敏感。比如下面这幅图，我们就能通过方向属性迅速发现“躺着”的三角形。

迅速发现“躺着”的三角形

会议室中又是一片笑声。

大明 无论是颜色、形状还是大小，这些视觉属性都能够帮助我们迅速发现“不同”。事实上，我们在发现这些“不同”的过程中根本就不需要思考，甚至还没想起来为什么就发现了它。这就是可视化的神奇之处。

看了这么多，我想告诉大家的是，今后大家看系统中的图表时，对颜色、长度、宽度和形状这些属性要留意一些，通常这些都不是用来装饰画面的，而是用来表现数据的，分析员试图告诉你的观点，就在这些视觉属性里面。

我们再总结一下，什么是数据可视化？数据可视化就是利用人们的视觉感知能力去表现数据，从而放大对数据含义的认知。所以数据可视化的核心目的是放大人们对数据含义的认知，让人们更加方便地看到和理解数据，而不仅仅是做“漂亮的图表”。通常，人们会误认为数据可视化就是做漂亮的图表，但实际上这些漂亮的图表只是手段，是人们理解数据的工具。我们在试图用可视化方法呈现数据的时候，不要盲目地追求好看，不以数据理解为目的的可视化都是在做无用功。对于这一点，在以后有机会一起交流数据可视化设计最佳实践的时候，还会为大家再次展开介绍。

1.2　学会用数据回答问题

大明　不过今天我们坐在这里的目的并不仅仅是了解可视化的基础理论，还希望大家在今后的日常工作中能够通过数据可视化仪表板进行数据分析，回答业务问题。现在进入第二个环节，我们来看一下 Tableau 的仪表板，了解一下怎么看这些仪表板，怎么通过仪表板与数据进行互动。先来一个简单的，大家请看这个仪表板。

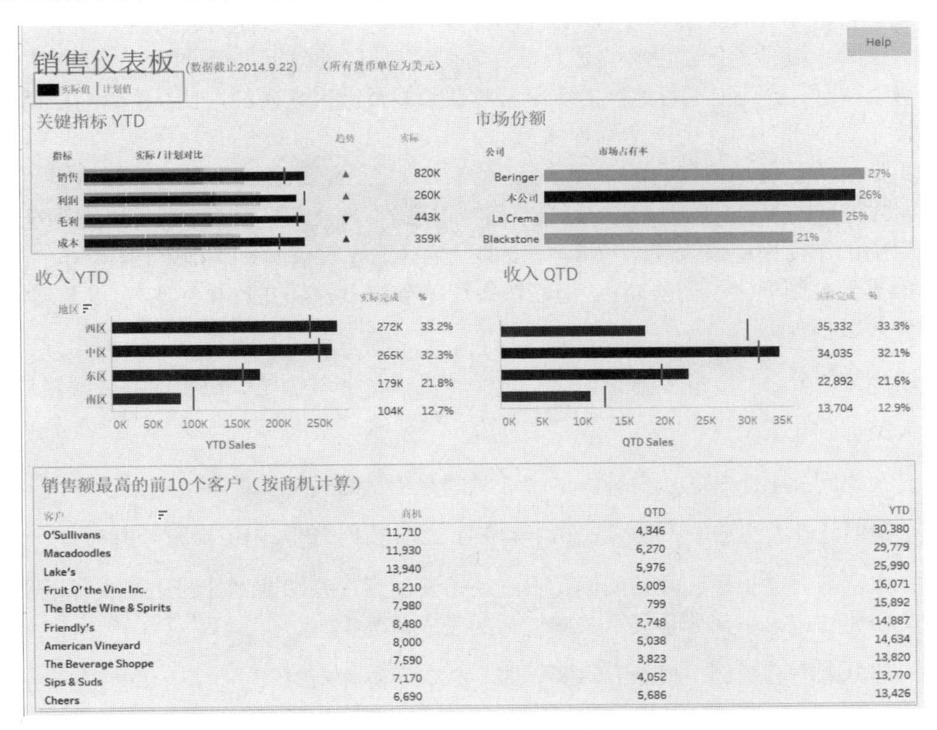

销售仪表板示例[①]（另见彩插图 6）

---

① Tableau 中的图表在显示较大数据时，可能会由于位置不够或为了简洁，将数据末尾的 000 简化为 k，此种表达为业界通用的千分位表示法。

这一次我给大家 3 分钟的时间阅读这个仪表板，然后给出一个解读说明，也就是通过 3 分钟的阅读告诉大家，你从这个仪表板中看到了什么。

3 分钟时间到了，哪位同事愿意分享一下自己的数据见解？请举手。好，有 3 位同事举手，我们请小林分享一下。

小林 这是一个销售分析的仪表板，分为五个部分。

- 第一部分是关键指标的年度累计（YTD，Year to Date）表现。它列出了本年至今为止的销售、利润、毛利和成本这 4 个关键指标的计划完成情况，其中"利润"指标应该是没完成，用红色标出来。另外，也列出了这些指标的变化趋势，看起来"销售"指标下降了，用灰色标出；而"成本"指标上升了，所以用红色标识出来，同时在旁边也列出了本期各个指标的实际值。
- 第二部分是市场占有率排名。"本公司"的市场占有率用黑色条形表示，而竞争对手用灰色条形表示，看起来市场竞争非常激烈，本公司目前排名第二，只比第一名低一个百分点，比第三名也只高了一个百分点。
- 第三部分是收入指标的 YTD 值。它列出了各个大区的目标完成情况。除了"南部"地区之外，其他地区都已经完成目标。"南部"地区的目标是最低的，但仍然未能完成任务。同时，也列出了各地区的实际营收数值以及地区之间的占比。这里同样用红色标识出了"南部"地区的未达标现状。
- 第四部分是各地区营收的季度累计（QTD，Quarter to Date）目标达成情况。虽然"西部"地区的 YTD 已经完成了任务，但本季度的 QTD 却还差很多，可以推测这个地区在以前的季度中应该表现非常好。"南部"地区的 YTD 和 QTD 都未达标。
- 第五部分则列出了当前商机（潜在销售订单金额）最高的前 10 个客户，以及它们的 QTD 营收数值。

大明 谢谢小林的分享！令我非常惊讶，小林给出了一个非常清楚、简明的数据解读！

会议室里大家都鼓起掌来。

大明 不过我想问一下小林，这份数据的统计时间是什么时候呢？

小林 这个我倒是没太注意……哦，是 2014 年 9 月 22 日！在销售仪表板标题旁边有一个文字说明！

大明 好，大家都习惯从标题开始阅读，不过还是要注意一些细微之处的注释或者说明。那么，你又如何知道第一部分是表示关键指标的完成情况呢？

小林 第一部分上面有图例，横条表示实际值，竖线表示计划值。

大明 OK，谢谢小林。实际上这种图和一般的条形图会有一点点差异，大家再仔细看一下。这种图叫作标靶图，在 Tableau 中是条形图的一种变种。标靶图中用竖线表示靶，通常用来表示目标值，大家可能还注意到横条的几条灰色背景，这个背景通常表示目标值的百分比，比如这个图中的灰色分别表示目标值的 50%和 80%，在图上没有数字显示的时候，我们就可以看出实际值大概占目标值的百分比区间。数据可视化分析会涉及各种各样的图表类型，有的图表类型大家比较熟悉，有些则比较陌生。看懂图表也是进行数据理解的重要基础之一，以后我们还会进一步交流商业分析中的常用图表类型、含义和适用场景。

小林 实际上这个仪表板里的数字不多，很多都是图形，究竟能不能看到实际的数字呢？

大明 当然是可以的，我们可以把鼠标指针移动到图表上，比如条形图或者地图上面，鼠标悬停时就会出现提示，显示实际的数值。这种通过鼠标悬停或者选择来展现更多细节信息的动作，就体现了仪表板的互动性。仪表板上究竟能够提供哪些互动性，是由仪表板的设计者决定的。当然，仪表板的互动性还有很多其他方式，我们再来看一个仪表板。

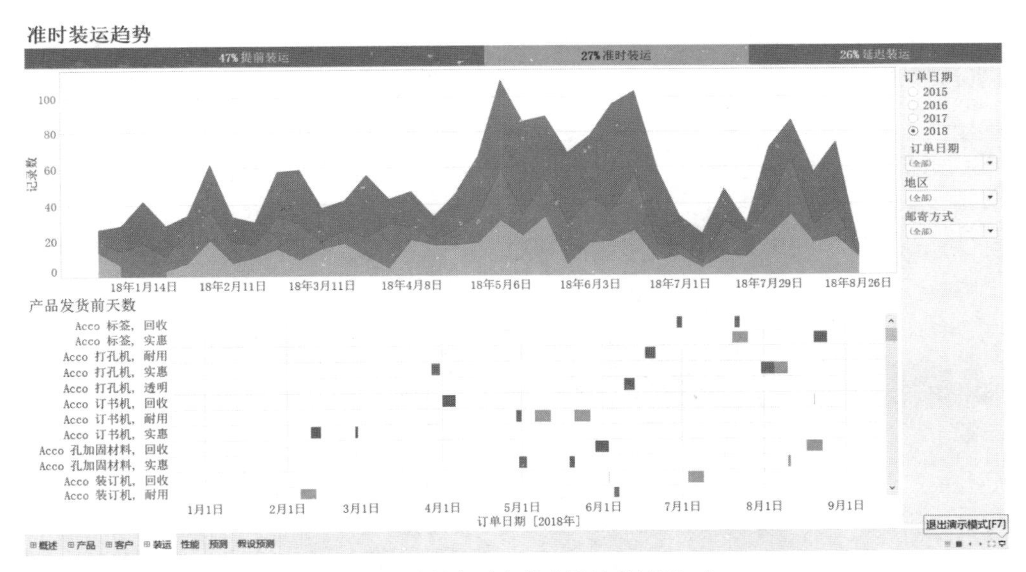

准时装运趋势仪表板[①]（另见彩插图 7）

这个仪表板是关于订单装运[②]准时率的，分为 3 个部分。

- 最上面一个简单的条形图显示了我们的订单提前装运、准时装运和延迟装运的比例。
- 中间一个河道图显示不同装运状态的时间趋势。
- 下面一个是甘特图，横轴也是时间，画面中的小方块表明每个产品在这段时间之内的订单，方块的长度表示装运间隔时间，也就是从订单日期与装运日期之间的间隔，方块的颜色表示的是装运状态。在这个仪表板中，颜色的运用也是一致的，蓝色表示提前装运，浅褐色表示准时装运，深褐色表示延迟装运。

① Tableau 软件在显示图表的时候，默认选择“自动”日期格式。因此本图中，右上角筛选器为 2018，左面图中为 18 年。

② 书中的“装运”就是指我们常说的发货，有了装运时间与订单日期，就可以算出发货前天数等我们分析中需要用到的关键数字。

大家看一下，这个仪表板与我们刚才看的那个仪表板还有什么不同？

小林 右边有一些选择器，可以选择不同的年、邮寄方式和地区？

大明 是的，这个仪表板具备更多的交互特性，我们用这些选择器可以改变整个仪表板中的数据查询条件，比如选择某个地区、某种邮寄方式或者某个特定年份。当前的选择条件是2018年、全部邮寄方式和全部地区的数据。小林，你看一下这个数据，你觉得我们的订单装运效率如何？

小林 提前装运率47%，延迟装运率26%……我觉得延迟装运率有点高，不过总体来说还好吧，毕竟我们的订单有接近一半是提前装运的。

大明 OK，谢谢小林。我不知道延迟装运率26%算不算很高，不过可以改变一下查询条件，比如选择“邮寄方式”为“一级”，看一下此时订单的装运情况。

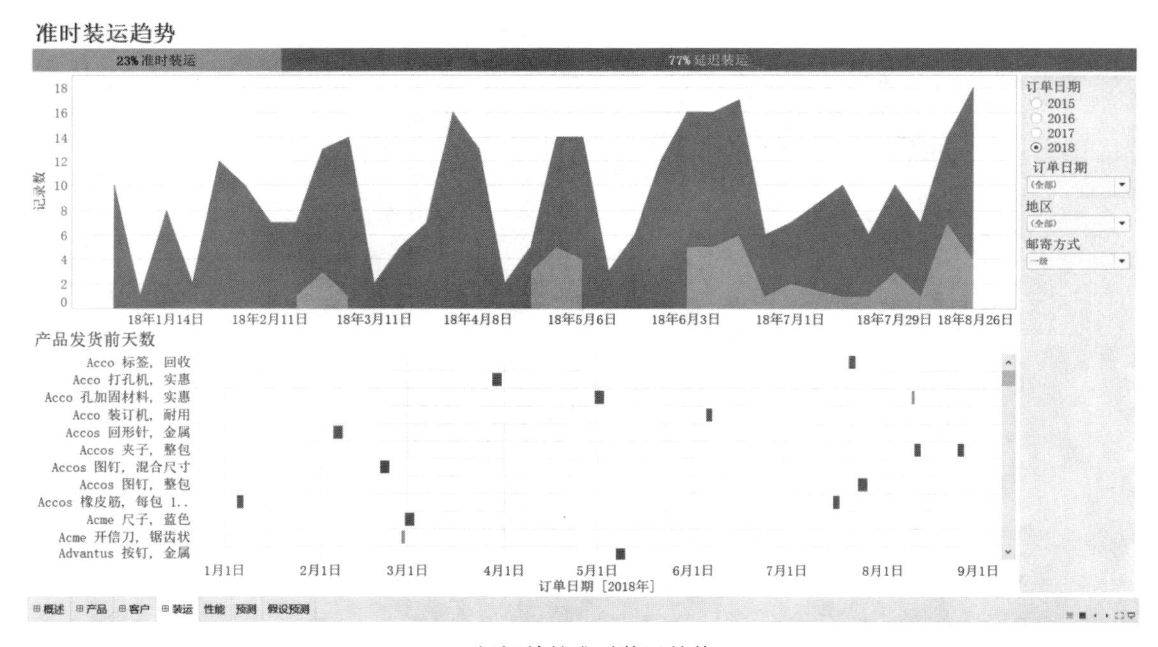

一级订单的准时装运趋势

小林 哇！一级订单的延迟装运率奇高无比啊，77%！而且没有提前装运。要不要再看一下二级订单的装运情况？

大明 可以，我们再选择二级订单看一下。

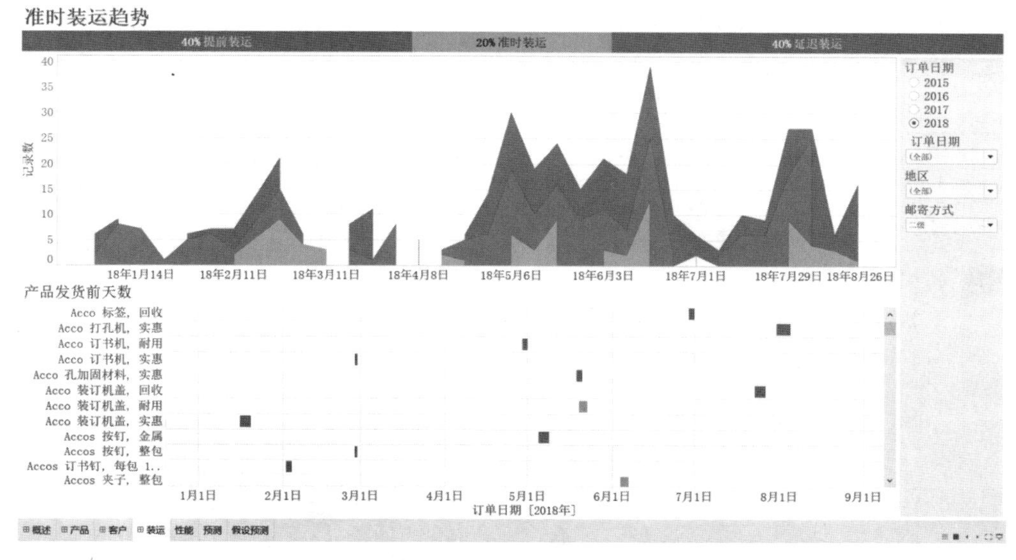

二级订单的准时装运趋势

小林 二级订单延迟装运率 40%……

大明 既然一级订单和二级订单的装运效率都很低，我们可以推测出提前装运主要都是当日订单或者标准级订单了。而当日订单是当天订货当天发出，没有可能提前装运，那么提前装运的订单主要都是标准级订单了。我们选择标准级订单验证一下推测。

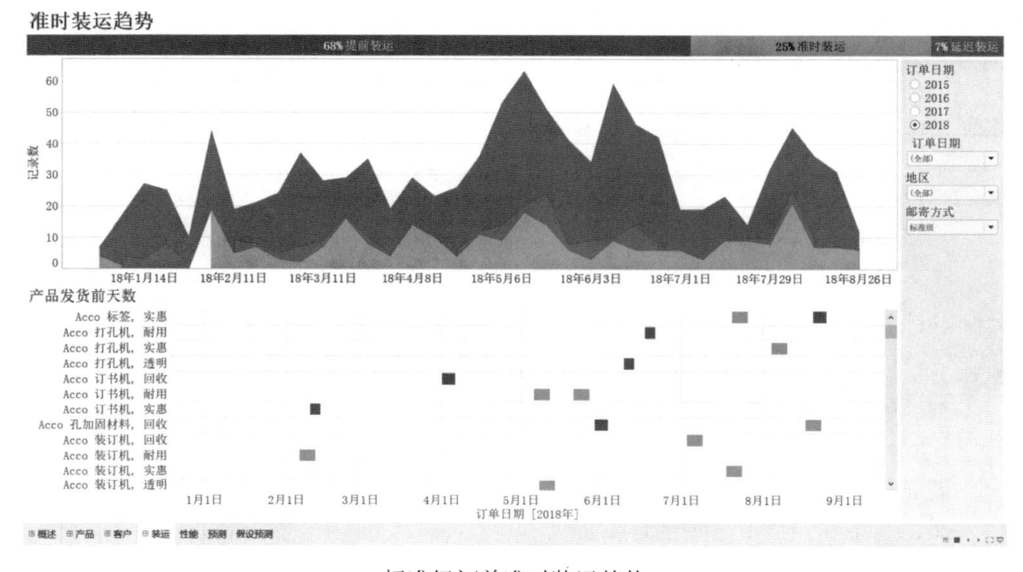

标准级订单准时装运趋势

显然我们的推测是对的，标准级订单的提前装运率非常高，达到了 68%。从这个数据来分析一下业务，我觉得有几种可能性：一种是我们对一级订单和二级订单的装运管理还不够严格，导致大量订单延迟装运；另一种是我们对一级订单、二级订单的装运时间设置得不够科学，我们可能已经很努力了，但仍然有大量的订单延迟装运；当然还有另外一种可能，我们对标准级订单的装运时间设置得过于宽松，导致标准级订单大部分都是提前装运。

大家点头，都非常认同大明的分析和解读。

大明 再继续说这个仪表板的互动性，我们仍然把"邮寄方式"选择为"全部"。如果只想在仪表板上看延迟装运的订单明细和趋势，我们可以用鼠标选择条形图上深褐色的延迟装运部分，时间趋势图和订单明细甘特图就被过滤成了只显示延迟装运订单。

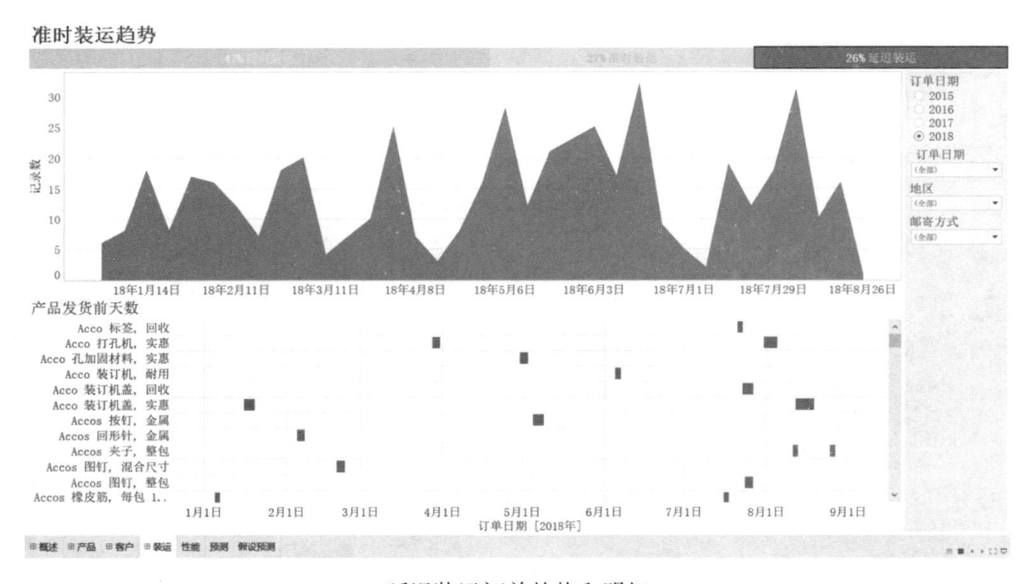

延迟装运订单趋势和明细

通过这种图表联动的互动性操作，能够在仪表板上展开查看我们关注的重点，或者突出显示关注的数据项。

小林 仪表板的互动性，就是公共筛选器和图表联动筛选对吗？看起来还挺简单的。

大明 是的，公共筛选器和图表联动筛选是仪表板的两个主要互动特性。我们在使用仪表板的时候，要知道通过筛选器去改变仪表板图表的数据范围，还要有一个习惯，把鼠标往图表上晃一晃，一般来说，鼠标悬停时会有一些详细数据的提示；同时还可以试着点一点图表，看是不是有图表联动的筛选效果。仪表板之所以能够展现比传统的报表更加丰富的信息量，也主要归功于这些互动特性。

小林 所有的仪表板都有这些互动特性吗？

大明 那不一定。我们刚才看的那个销售仪表板就没有公共筛选器，也没有图表联动，只有鼠标悬停时的详细信息展示。所以仪表板提供哪些互动性，是由仪表板的设计者决定的。当然，对于一个好的仪表板设计，作者会在仪表板的适当位置加入一些提示，告诉使用者如何与这个仪表板进行交互。

我们再看一个例子，请大家看一下屏幕。

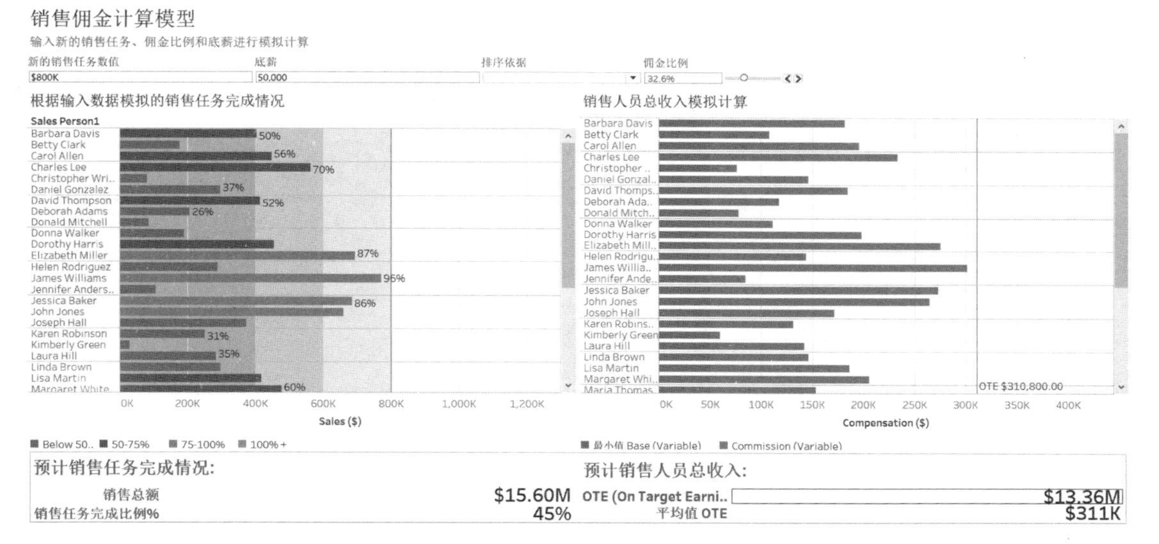

销售拥金计算模拟

这个仪表板是销售佣金计算模型。现在公司每个销售经理的销售任务是 80 万美元，底薪是 5 万美元，佣金比例是 32.6%，根据这组数据，全公司的总销售任务完成率是 45%，个人的平均值 OTE（即 On Target Earnings，目标收入）是 31.1 万美元。中间两个条形图则显示了每个销售经理的销售任务达成情况和收入情况。

这个仪表板与刚才看的两个仪表板有一些不同。这个仪表板中有一些可以输入和调整的参数，包括销售任务、底薪和佣金比例。我们可以手工输入或调整这些参数，模拟一下销售奖励方案。从现在的数据看，我们的销售任务完成情况不太理想，只有 45%，如果把销售任务降低为 50 万美元，我们的销售完成率会达到了 73%。销售任务降了，底薪也应该降一点，比如降到 3 万美元，这样个人平均总收入就降到了 19.3 万美元。如果希望员工收入保持原来的水平，就需要提高销售佣金比例。我们拖动 Commission Rate 滑杆，增大数值，大概到 56.1%的时候，平均 OTE 就达到了和原来一样的水平，即 31.1 万美元。

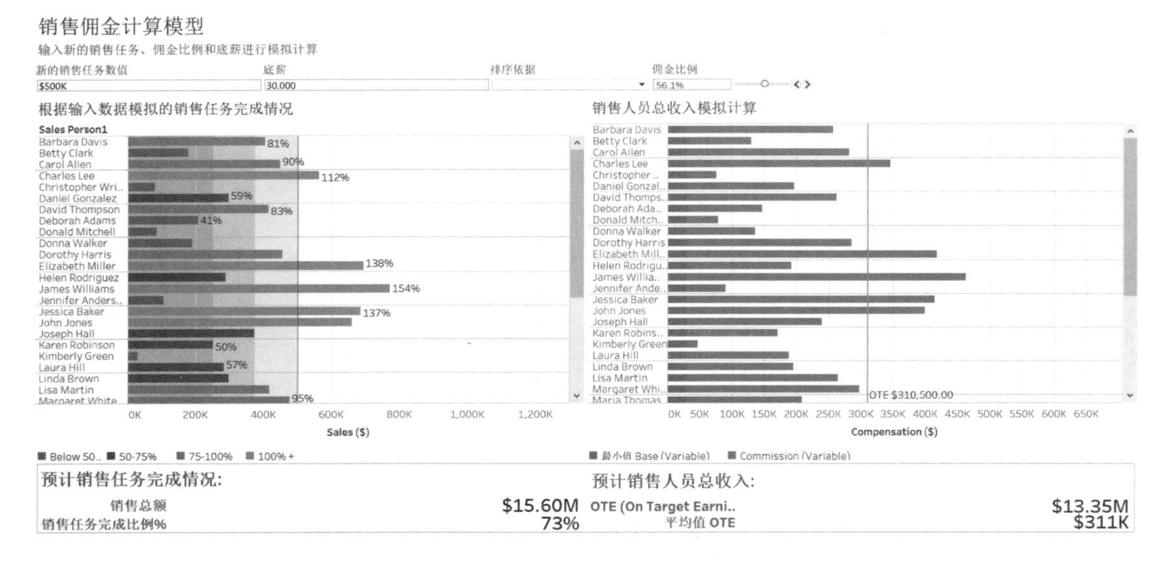

使用参数重新调整佣金方案

小宁 这种模拟分析我们经常用啊！只不过，我们没有这么方便的工具。这个数据看上去不是咱们公司的实际数据，能把我们工作中的分析模型做成这样的工具吗？

大明 没问题，我们会后一起讨论一下你们现在使用的模型。大家看了这几个仪表板，有什么想法？

小林 这就是传说中的“自助分析”呗？

大明 这算是“半自助分析”，用户可以使用仪表板的交互性进行一些分析。可能你能够通过仪表板发现一些业务问题，但是仪表板也可能只能呈现出问题，却给不出答案，所以这种“自助分析”还不彻底，我把通过仪表板进行的自助分析称为“半自助分析”。真正的自助式分析是我们的用户能够直接使用数据源来回答问题，而不是基于仪表板来回答问题。要使用数据源来回答问题，就需要使用 Tableau Desktop 或者 Tableau Server 提供的 Web Edit 功能。但是我们今天只讲如何看懂 Tableau 的图表，如何使用 Tableau 的仪表板，这是利用数据的第一步。之后我们会安排一些 Tableau Desktop 和 Web Edit 的培训，进行全自助分析。一口吃不成胖子，我们一步一步来。

小林 啥时候安排培训？虽然半自助分析已经令我大开眼界，但是全自助分析更加令我心驰神往啊！

大家都哄笑起来。

大明 哈哈！别着急，时间安排好了我们会发通知的。

1.3 数据素养

大明 通过刚才的几个例子，相信大家都对“通过数据看业务”有了一定的感性认识。但是我们为什么要通过数字看业务？为什么一定要具备这个技能呢？现在社会上很流行大数据的概念，好像到处都在谈论数据，说它是石油、是财富，就像水和空气一样重要，但是数据分析和解读对我们来说，究竟意味着什么呢？

大明停顿了一下，看着大家，这时小阳举手。

小阳 我觉得数据分析可以帮助我们更好地监控业务状况，随时掌握业务上的异常情况。公司大了，管理人员无法深入到每个一线业务单元，就要靠数据来掌握公司的销售情况了。过去我们每个月才能看到一次汇总的数据，一方面时效性不够，即使在月度数据中发现了问题，也已经是事后诸葛，能做的就是亡羊补牢了；另一方面数据是汇总好的，很难逐个查看每个门店的经营情况，因此即使某些门店的经营出现了问题，也很可能会淹没在全公司整体的绩效表现中未被发现。如果我们每天都能够看见数据，而且能够看到每个门店的经营情况，那么出现问题之后就能及时干预。这样一来，数据分析就能够帮助我们获得更好的经营绩效。

大明 谢谢小阳，我觉得很不错。大家还有其他看法吗？

小文 数据分析还可以帮助我们改善市场活动的执行效果，根据以往市场活动的响应情况，我们能够知道什么样的市场活动对什么样的客户或者潜在客户是更加有效的，避免我们宝贵的市场经费投放到无效的客户群体上面去。

大明 感谢小文。还有其他看法吗？

小江 数据分析能够帮助我们降低成本。我们如果能够对差旅成本进行细致分析的话，就能知道主要的成本项发生在哪里，比如酒店成本很高的话，我们就可以与一些旅行社或者酒店协调价格，花更少的钱，住更好的酒店。

大明 花更少的钱，住更好的酒店，这个主意我喜欢！还有吗？

小宁 我觉得数据分析能够帮助我们提高员工满意度。比如，我们分析员工关心的问题集中在哪些领域，重点改进。

大明 这个主意也很好，看来我们的 HR 还是很关心员工的嘛！我想如果专门组织一次头脑风暴来讨论数据价值的话，可能花一整天的时间都未必够。数据分析的确价值很大，它可以提升产品质量、客户满意度、物流效率，还可优化供应商和产品品类等。几乎在每个职能领域，数据分析都能够为我们创造实实在在的价值。我相信大家每天都在和各种数据打交道，但是大家觉得现在的数据真的创造了价值吗？

大家摇摇头，没人说话。

大明 可见理想和现实之间还是有巨大差异的，那么为什么数据还没能够创造我们普遍认同的业务价值呢？

小宁 我觉得原因好多，一方面现在的数据比较零散，分析起来并不容易，时间都用在整理数据上了，真正分析数据的时间不多。另外，现在的数据的确都是以一些报表为主，缺乏图形化的展现，看那一堆数字头都晕了，就像今天一开始说的，看半天也分析不出太多内容。

大明 嗯，这就是数据分析的现状，也是我们面临的实际问题。关于数据整理的问题，我们会集中起来统一处理，希望在未来大家都能够有效地使用公司的数据，用数据分析来创造实实在在的业务价值。数据分析要求我们每个人都要有看懂数据的能力，能够把数据分析与业务实践有效地结合起来。实际上，这要求我们每个人具备一项能力，叫作数据素养，英文叫作 Data Literacy。大家知道 literate 和 illiterate 两个词是什么意思吧？

小宁 识字，文盲……

大明 是的。那么 Data Literate 就是“识数”，Data Illiterate 就是不识数，数据盲。大家有谁认为自己是数据盲吗？

大家哄笑起来。

大明 听起来挺简单，是不是？但实际上，数据素养对我们使用数据提出了更高的要求，至少包括 5 个方面的维度：

- 对数据的敏感性；
- 数据的收集能力；
- 数据的分析、处理能力；
- 利用数据进行决策的能力；
- 对数据的批判性思维。

有人说，数据素养是 21 世纪最重要的技能之一。数据如此重要，大家都以为用数据回答问题并非难事，然而据 CMMI Institute 调查，52%的企业高管会由于不理解数据而放弃使用数据。这是不是一个非常令人惊讶的数据？

CMMI Institute 调查报告的链接
https://cmmiinstitute.com/products/dmm

我们今天一开始分享了很多例子，从传统的数字型报表中回答问题面临着很大的挑战。所以不理解数据并不是人的错误，也不是数据的错误，而是我们没有一种有效的手段把数据中的含义用最清晰直观的方式表现出来。所以大家可以想象一下，如果企业的高管每天拿着一大摞数字型报表的时候，究竟能够看懂多少？更不要说要从中找出问题、做出决策了。

大家有人摇头，有人点头。

大明 大家有人摇头，有人点头，认为数据的确难以理解的请点头。

大家都点头，然后一片哄笑。

大明 现在大家都点头。大家有相同的看法，却有截然不同的表达方式，这个例子也从侧面说明了数据表达方式上的巨大误差。对数据进行分析解读，从中提炼出信息和观点，从而促成决策和行动，这是数据素养的核心。我们很多部门的同事日常工作中制作的数据报告主要是呈现给管理层使用，而自己对数据报告的内容还缺乏分析和理解。数据加工整理的工作以后会越来越简单，那么从现在起，我希望大家改变一下工作习惯，我们每个人都需要真正地理解数据，从数据中提炼有价值的信息和观点，不要把自己定位成报表的制作人员，我们以后不再需要报表设计师，我们需要的是“平民数据科学家”，我们需要的是有能力利用数据服务于业务的人。所以希望大家以后多多利用我们的数据可视化分析工具和平台，加强自身的数据素养，真正兑现数据的价值。

小宁 我们有数据分析平台吗？怎么访问呢？

大明 我们使用 Tableau Server 建立了数据分析平台，大家日常工作中经常使用的数据分析仪表板会陆续上线，大家可以先采用这些仪表板进行半自助式的数据分析。日后我们会有步骤地组织培训 Tableau Desktop，让大家掌握全自助数据分析手段。数据分析平台的访问地址、账户和操作手册我在会后发给大家。今天我的介绍就到这里，谢谢大家！

第 2 章

普及数据应用：Tableau Server 应用基础

本章介绍 Tableau Server 的基本界面和操作。对于普通业务用户来说，在了解基本的 Tableau 图表和仪表板使用知识之后，下一步就是会使用 Tableau Server，找到自己关心的内容，在 Web 上进行互动分析，并且与其他人共享。

2.1 使用 Tableau Server 的先决条件

早上大明刚到办公室，电话就响起来，是销售部总监汤米打来的。

汤米 大明，早上好！我是销售部的汤米，我们部门的几个同事参加了昨天的数据可视化交流会，回来就和我喊着要工具、要平台，说是要进行可视化分析，号称以后再也不做报表了。你说的平台建好了吗？我也想让他们尽快用起来。

大明 现在 Tableau Server 已经部署起来了，但只是一个测试系统，正式的生产系统还没有建好。不过已经上传了部分数据源和业务分析仪表板。巧得很，现在系统里有几个仪表板是供销售部使用的，你们有空的时候可以过来一起看一下，也顺便提提意见？

汤米 我现在就有空，带几个同事去找你一起看一下。

大明 好的，第一会议室正好空着，咱们直接到会议室聊。

大明到会议室接好了投影，汤米带着几个同事也到了。

汤米 我们这个部门对数据的依赖度比较高，没有数据就像失去了眼睛和耳朵，所以我们几个可是迫不及待啊！怎样能尽快开始使用这个平台呢？

大明 我也希望咱们的业务部门尽快开始使用新的数据分析平台。现在这个平台是用 Tableau Server 2019.1 版本搭建的，业务用户直接通过浏览器访问服务器的网址就可以使用。

汤米 这很方便，对电脑或者浏览器有什么要求吗？

大明 的确有一些要求，能够在 Windows、Mac、Andriod 4.4 或更高版本上运行的 Chrome，在 Windows 上运行的 Microsoft Edge 或 Internet Explorer 11，在 Windows、Mac 上运行的 Mozilla Firefox 和 Firefox ESR，在 Mac 和 iOS 8.*x* 或更高版本上运行的 Apple Safari 都可以。咱们的电脑应该都没问题吧？

小林 我的电脑比较老，还是 Windows XP，IE 浏览器还是 6 版本，运行起来也比较慢……

汤米 你的电脑是很旧了，一直忘了给你换。你今天写个申请，马上换一台最新、最好、最高配置的。

小林 哈哈！太好了！

汤米 还需要什么条件才能开始使用这个平台？

大明 除了电脑、浏览器满足要求之外，还得知道 Tableau Server 的访问网址，另外还需要一个账户来登录系统。进入系统之后，就可以看到权限内的内容了，只要会用仪表板，就算是可以开始使用这个平台了。

汤米 我们都有账户了吗？

大明 已经为销售部门创建了几个账户。我来演示一下，先用汤米的账户登录。打开浏览器，在地址栏中输入 Tableau Server 的地址 tableau.book.com[①]，此时浏览器中会显示登录页面。输入汤米的账户和密码，就可以进入系统了。这里我先用默认密码登录。

Tableau Server 登录界面

汤米 咱们公司不是有统一身份验证吗？这个平台采用独立的账户和密码？

大明 咱们公司用的是 Windows AD 身份验证服务，Tableau Server 支持与 Windows AD 进行集成身份验证。现在看的是测试系统，Tableau Server 的正式生产系统上线时，我们会采用集

① tableau.book.com 是一个假定的公司内部可登录网址。

成认证，大家不用单独记忆账户和密码，与我们登录Windows域的账户是一样的。

登录系统之后，就进入系统首页，这里我们可以……

汤米 等一下大明，你这界面怎么是英文的呀？是没有中文版吗？我记得以前你用的Tableau Desktop都是中文版的。

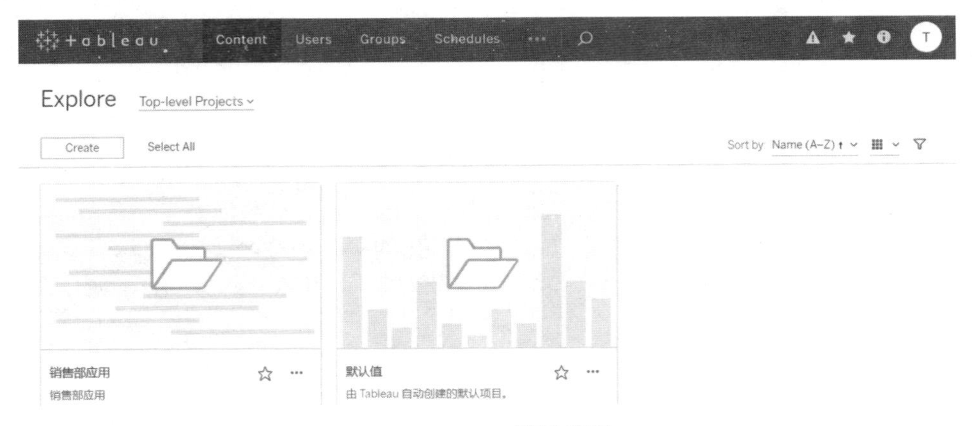

Tableau Server默认首页

大明 Tableau Desktop是国际版的，支持多种语言，每个用户都可以随时切换界面语言。同样，Tableau Server也是国际版的，页面的右上角有4个图标，分别是感叹号、星号、i字符以及最右边那个白色小圆圈。圆圈里的字母是你名字的首字母，点击这个圆圈，就能进入各账户的个人设置页面，我们可以在这里设置语言（界面语言）和区域设置（Locale），这里分别选择“中文（简体）”和“中文（中国）”，以后你再登录进来时，就是中文界面了。

将界面语言设置为中文

2.2 查找和定位内容

大明 接下来，我们认识一下 Tableau Server 的界面。首先说明一下，测试系统中，Tommy 的账户权限比较高，所以看到的内容比较多，甚至有一些系统管理的权限。在正式上线后的业务系统中，我们会对用户权限进行严格的管控，保证大家看到该看的内容之外，也确保大家看不见不该看的内容。看，这就是进入系统之后的默认首页。

2

中文语言下的默认首页

页面的最上方有一排文字链接，分别是内容、用户数、群组、计划、任务和状态，这里还有一个放大镜。除了内容之外，其他几个链接都是管理员使用的。

- “用户数”页面：可以创建、修改和删除账户。
- “群组”页面：可以创建、修改和删除用户组。
- “计划”页面：可以设定数据提取以及内容订阅的执行计划，例如每天执行一次的计划，或者每周执行一次的计划。
- “状态”页面：可以对 Tableau Server 进行管理，例如查阅系统运行报告等。

点击放大镜，会出现一个搜索框，然后输入关键字，就可以在系统中进行内容搜索。此外，右侧的 4 个按钮也各有含义。

- 感叹号表明系统有一些需要你注意的警告消息，例如你的订阅任务执行失败了，或者数据提取任务执行失败等。
- 星号是收藏夹，你可以直接点击它，快速导航到之前收藏的内容。
- i 字符是帮助信息的链接，点击它可以快速在 Tableau 帮助文档中搜索，或者跳转到 Tableau 官方网站的帮助文档。
- 最右边的那个圆圈我们刚才说过了，是个人设置链接。

Tableau Server 上的内容对象分为项目、工作簿、视图、数据源和允许流程这 5 种。在页面上的“浏览”旁边有一个下拉框，里面可以看到各种内容对象的数量。

Tableau Server 上的内容对象

此外，项目、工作簿、视图、数据源和允许流程之间的关系是这样的。

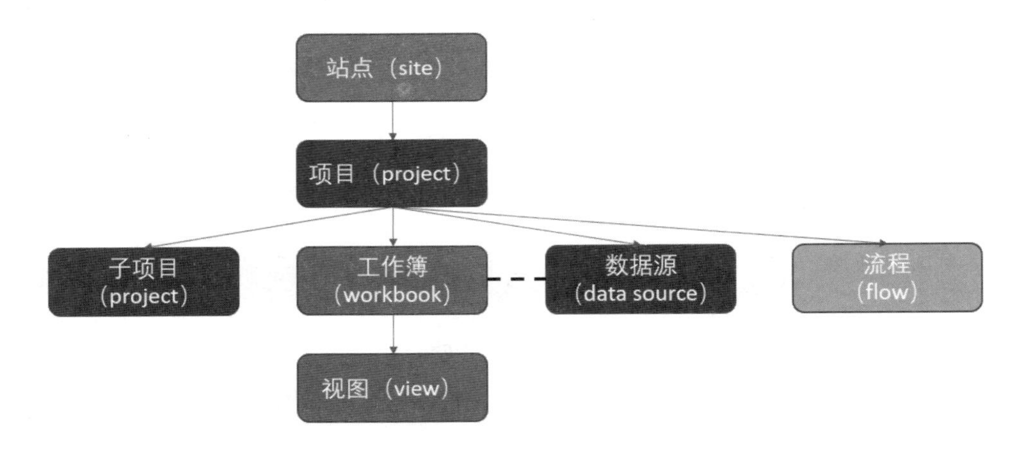

Tableau Server 上的对象关系图

实际上，Tableau Server 还有一个概念叫作站点（site），是 Tableau Server 的最顶层对象，一个 Tableau Server 可以有多个站点，每个站点都有独立的内容、用户和群组等，也就是每个站点可以独立进行管理和维护。如果某个用户具备多个站点的访问权限，那么他在登录系统的时候就可以选择进入哪个站点；进入系统之后，也可以随时切换到其他站点。目前，我们的系统中只有一个站点，所以直接登录时没有切换站点的选项。在这个图上，我们看到站点包含项目，项目包含子项目/工作簿/数据源，工作簿包含视图。数据源与工作簿存在对应关系，一个数据源可以供多个工作簿使用，一个工作簿也可以使用多个数据源。另外，数据源可以单独发布，也就是说，有些刚被独立发布的数据源没有被任何工作簿使用，所以我在图中用了一条虚线表示。

小宁 子项目之下也可以包含工作簿吧？是不是子项目下面还可以再创建子项目？

大明 当然，项目是层级结构，类似 Windows 里面的文件夹结构。项目是在 Tableau Server 的页面上创建出来的，但工作簿、视图和数据源主要都是由 Tableau Desktop 发布到 Tableau Server 上的。所以工作簿的概念与 Tableau Desktop 中的工作簿文件相对应，一个 Tableau Desktop 保存的一个文件可以简单理解为一个工作簿，而在 Tableau Desktop 工作簿中的工作表、仪表板和故事这三个对象发布到 Tableau Server 上之后，都统一被称为视图。

小宁 你刚才说工作簿、视图和数据源主要是由 Tableau Desktop 发布上来的，这个“主要”的意思是……并非全部？

大明 你很仔细，说得对。Tableau Server 上的工作簿、视图和数据源还有一些其他产生渠道。

- 不通过 Tableau Desktop，也可以通过 Tableau Server 提供的 REST API 写程序，完成发布和管理。
- 现在，通过 Tableau Server 的 Web Edit 也可以直接在网页中创建新的工作簿和数据源了，但是目前这个版本在网页中创建数据源的功能还很有限。它创建工作簿的方式与 Tableau Desktop 很相似，但功能方面也还没有达到与之同等的程度。

首页界面中的大方框就是项目……

小宁 这个大方框看上去有点太朴素了吧？

大明 默认的状态的确有一点朴素。我们可以在项目图标上加一些图片，让项目页面好看一些，还可以丰富一下文字说明。在借助这些可视化元素美化页面的同时，最好让它们能起到一些提示用户的作用，让用户通过名称、文字说明和图片就能直观了解这个项目中的内容。进行这个设置也非常简单，点击“销售部应用”项目，此时项目名称旁边有一个 i 图标，点击这个图标就可以查看项目的详细情况，还可以对详细信息进行编辑。

查看及编辑项目详细信息

项目详细信息中的“关于”选项就是对项目的说明，我们稍后介绍。后面有项目的“所有者”和“创建时间”，现在项目的所有者是 admin，也就是管理员，点击它右面的“更改所有者”按钮，可以修改项目的所有者。最底部有一个“删除项目”按钮，点击它可以把项目删掉。当然，做这个删除动作要小心再小心，被删掉的项目是没办法恢复的。

项目详细信息

关于　销售部应用　编辑

所有者　admin　更改所有者...

创建时间　2019年1月26日 下午10:47

删除项目

项目详细信息设置

小宁 项目所有者有什么特殊的权限吧？

大明 是的，项目所有者具备对这个项目的所有管理权限，有意思的是，项目所有者还可以把所有权“转让”给别人。

在刚才提到的“关于”旁边，有一个“编辑”按钮，点击这个按钮可以修改项目的说明文字，此时不仅可以控制文本的格式和样式，还可以插入 URL 和添加图片。

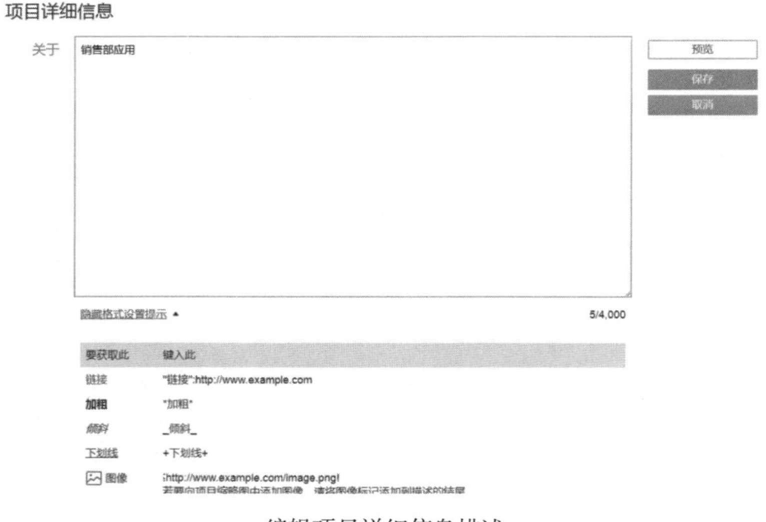

编辑项目详细信息描述

不过这不是重点，今天我们就不修改这些信息了。返回到首页，大家可以看到现在只有两个项目，但是如果将来我们有很多项目，这样的大方框就会分很多屏去展示，找起来会比较麻烦。默认首页也有一些小功能用于对内容的组织和查找，看右上部的这几个选项。

- 排序依据：可以按照名称进行升序或降序排序、按照创建时间排序、按照所有者排序或者按照包含的子项目、工作簿、视图和数据源的数量排序。

- 视图选项：它带有一个下拉框，当前是缩略图显示，还可以切换为列表显示模式，那样看起来会更加紧凑，可以节省屏幕空间。
- 筛选器开关：最右边像漏斗一样的按钮是内容筛选界面开关。打开筛选界面之后，可以输入关键字或者指定某些条件来对项目进行搜索，即使在项目很多的情况下，也能帮助我们快速找到自己所需的内容。

右侧筛选界面

我们可以直接通过“浏览”旁边的下拉框切换到工作簿页面、视图页面或者数据源页面。要注意，如果我们在这里直接切换到各个页面，那么就会显示系统中所有你有权限看到的内容。现在切换到工作簿页面，会发现这里有 4 个工作簿，其中还显示了这些工作簿分别属于哪些项目。由于我们保留了最右侧的内容筛选窗格，所以可以看到这个筛选窗格是上下文相关的，也就是随着当前页面的不同，这个内容筛选窗格中的功能也会随之变化。还要特别注意一点，这个列表中的“视图（所有时间）”列中的“视图”指的是查看次数，而不是指 Tableau Server 上的工作表、仪表板或故事。因为视图和查看次数在英文中都叫作 View，所以翻译成中文之后容易混淆，这里统一说明一下，在工作簿列表页面中的视图都是指查看次数，大家别搞错了。

查看次数统计

小宁 这个查看次数很有用啊！这样我就知道大家经常看哪些内容了。

大明 同理，如果我们直接切换到视图页面，就会列出当前用户权限下的所有视图了。而如果我们在首页上点击了某个项目，后续的页面就只显示当前选中的项目内容了。例如，选择进入“销售部应用”项目时，我们看到这个项目中包含 0 个项目、2 个工作簿、0 个数据源，通过“内容类型”右面的下拉框可以选择想要在当前页面上显示哪些类型的内容。

“销售部应用”项目内的内容

小宁 内容查找和定位就是从项目开始，逐层展开到工作簿和视图？或者直接在首页切换到工作簿、视图界面进行浏览或者筛选？我感觉……有点麻烦。

大明 你说的内容浏览和检索逻辑是对的，逐层展开或者直接在全部内容的列表中进行筛选。但是 Tableau Server 也提供了更加快捷的内容查找方式，就是搜索。在页面最上方有一个放大镜，点击它会出现一个搜索框，然后输入关键词，就能找到任何与关键词匹配的内容，包括项目、工作簿以及视图，这一点与屏幕最右边的筛选器有所不同。简单地说，放大镜搜索的是全局关键词检索，而屏幕右侧的筛选器只能搜索当前页面上的内容。我们试一下全局搜索，输入“sales”，此时就得到了与 sales 相关的内容列表，有 3 个视图与之匹配。

搜索功能

小宁 这个方便多了。不过看起来这几个视图的名称中并不包含 sales 关键词，那么这个搜索究竟搜的是什么呢？

大明 不要小看这个搜索框，它的后台使用了非常专业的搜索引擎，可以搜索整个站点内的项目、工作簿、视图和数据源，这些资源的名称、所有者、标签、标题、注释和其他信息都在搜索范围之内。搜索结果会按照文字匹配的相关性进行排序，相关性则根据页面查看次数、近期活动和收藏夹来评定；对于数据源，还会考虑连接的工作簿和视图的数量。

小宁 既然搜索功能如此强大，是不是可以使用一些范围关键词或者组合条件？

大明 很少有人深入使用复杂的搜索条件，不过 Tableau Server 提供的搜索功能的确支持范围关键词以及组合条件，大家可以看一下这个表。

搜索范围关键词

属　性	输入内容	返　回
Name:	搜索词	名称与搜索词匹配的项
title:	搜索词	标题与搜索词匹配的视图
caption:	搜索词	适用于包含标题的视图
owner:	用户名	由指定的用户拥有（发布）的项。注意，在 8.2 之前，所有者被列出为 Tableau Server 中的发布者。仍然支持发布者搜索属性，而且此属性返回与所有者属性相同的结果
publisher:	用户名	由指定的用户拥有（发布）的项。注意，在 8.2 之前，所有者被列出为 Tableau Server 中的发布者。仍然支持发布者搜索属性，而且此属性返回与所有者属性相同的结果
project:	搜索词	名称与搜索词匹配的项目中的项
comment:	搜索词	注释与搜索词匹配的视图
tag:	搜索词	标记与搜索词匹配的项
field:	搜索词	行、列、详细级别、页面或编码功能区中具有匹配字段的视图
sheettype:	视图、仪表板或故事	具有匹配工作表类型的视图
class:	数据源类型（例如，MySQL）	与数据源的匹配类型相关联的视图和数据源
dbname:	数据库名称	与匹配数据源相关联的已发布数据源
nviews:	数字	包含指定数目视图的工作簿

也就是说，你可以在搜索框中输入 field:sales 来指定搜索工作表中包含 sales 字段的内容，输入 comment:good 来搜索注释中包含 good 的内容。同时，搜索功能还支持 and、or、not 运算符和*通配符搜索，其使用方法可以看一下这个表格。

搜索运算关键词

运 算 符	定　义	示　例
and	返回与两个搜索词都匹配的项	sales and marketing pens and paper
or	返回与两个搜索词之一匹配的项	west or east soccer or football
not	排除与此运算符后的搜索词匹配的项	not sheettype:dashboard
*	作为后跟的任何字符或字词的替代字符或字词，或作为搜索词的一部分，此运算符可单独使用，或在搜索词开头或末尾处使用，当你不知道确切的搜索词时，此运算符非常有用	dev* sales*

小宁 的确很强大！有点超乎我的想象了，可是我又觉得……有必要把搜索功能弄得这么强大、这么复杂吗？毕竟我们平时很少会使用这么复杂的搜索条件。

大明 Tableau Server 是一款企业级应用软件，很多的功能设计都考虑到企业级大规模应用的场景和需求。现在我们的内容很少，这些功能看上去似乎画蛇添足，但如果将来有成千上万人使用这个系统，系统中的各种内容也成千上万的话，就必须具备如此强大的搜索功能了。另外，我觉得这与 Tableau 软件的设计理念也有一定关系，很多人喜欢用和 Windows 资源管理器一样的树形结构来查找内容，但实际上在内容很多的情况下，这种树形结构找起来并不方便，我相信大家在平时的工作中有过体会。所以 Tableau 软件在采用树形存储结构的前提下，允许用户为各种内容打标签，加评论，方便大家通过搜索功能来快速找到自己所需要的内容，大大简化了通过导航定位查找内容的过程。

2.3 仪表板功能

大明 总结一下，进入系统的第一件事就是找到自己所需的内容，这可以通过浏览和搜索功能来完成。比如“装运”仪表板就是我们要看的内容，点击名称，就打开了这个仪表板。大家对这个仪表板上的数据应该比较熟悉。关于仪表板的互动性，在上周的会议上也给大家讲过。充分使用仪表板的互动性，就可以观察和分析数据了。

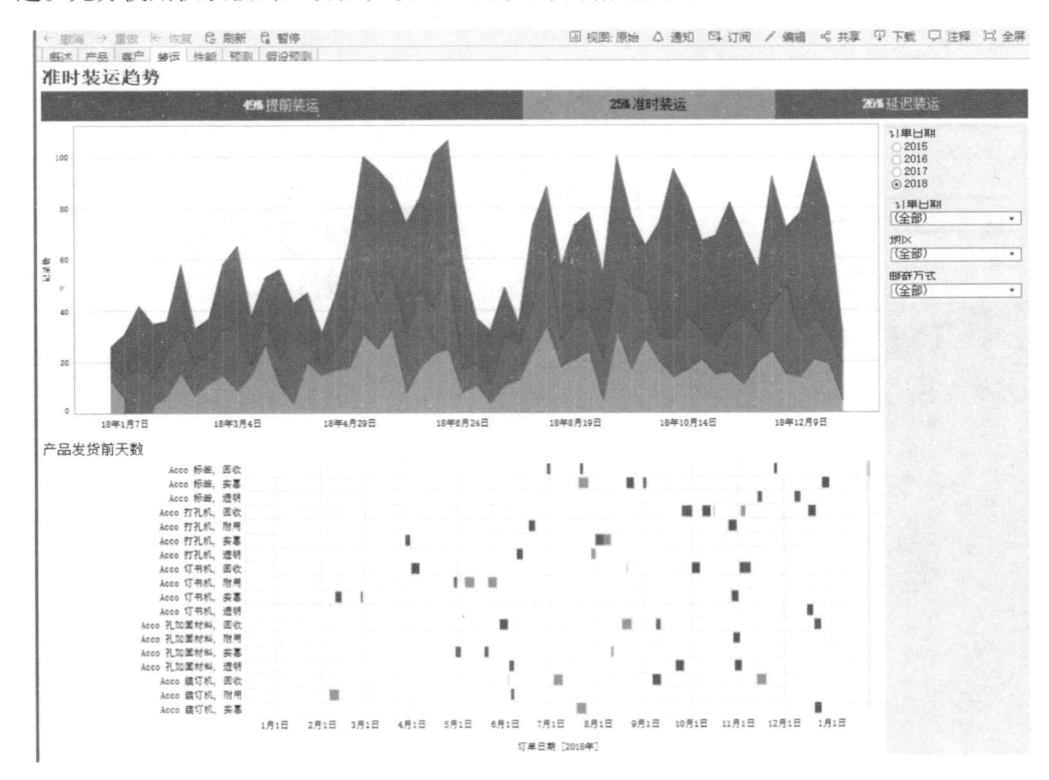

在浏览器中打开一个仪表板

小宁 我看一下这个仪表板……数字倒是好理解，不过上面有一排标签，概述、产品、客户、装运……这些是什么？

大明 这些是工作簿中的其他视图，在发布仪表板的时候可以把整个工作簿中的视图指定为显示标签。当然，也可以每个视图都独立，不显示标签。点击其他的标签页，就能切换到其他视图了。

小宁 OK。在这排标签上面还有一排按钮，撤销、重做、恢复、刷新……这些按钮都是干什么用的呢？

大明 我们一个一个说吧。大家可以看到，这个仪表板上有几个公共筛选器，现在我们做两个操作：

(1) 选择“订单日期”为2017年；

(2) 在“邮寄方式”列表中去掉“标准级”。

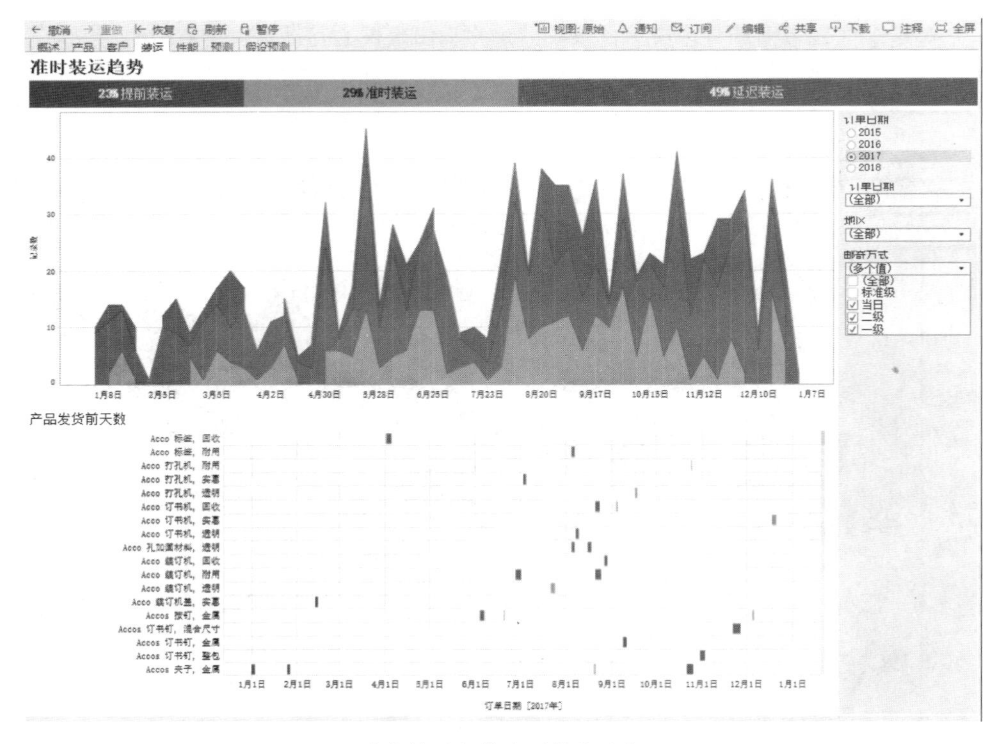

改变筛选条件之后的仪表板

进行这两步操作之后，大家可以看到“撤销”按钮的颜色变深，可以点击了。点击“撤销”按钮，可以逐步回退刚才的两个操作；点击“重做”按钮，则可以重做刚才撤销的操作，这与我们平时使用的Office里的撤销和重做是一个意思；使用工具栏中“刷新”按钮则可以将当前整个视图的数据重新从后台数据源中查询。比如你后台的数据源发生了变化，点击“刷新”按钮就可以获得最新的数据了。而“暂停”按钮则别有用处，大家认为是什么用处呢？

小宁 难道是页面数据刷新到中途的时候暂停？

大明 不是。有没有注意到刚才我在进行 3 步操作时，每一步操作之后页面的数据都实时地发生了变化？这说明每次进行查询条件的设定时，Tableau 都会查询数据并刷新页面。如果你点击了“暂停”按钮，那么在进行筛选条件的设定或者在图表上进行联动筛选时，数据不再发生变化，直到你重新点击这个按钮后，才令暂停期间所有的查询条件生效，统一去查询数据，然后刷新页面。

小宁 如果查询条件比较多，我想一次性设置好查询条件之后再统一刷新页面，这个按钮就派上用场了。

大明 是的。我们试一下，先点击“暂停”按钮，然后把“地区”改为东北，把“订单日期”改为 2016 年，这时候页面并没有发生变化，而整个页面上的图表颜色变浅，提示我们当前这个页面上的数据无效。接着再次点击这个按钮，页面数据就发生了变化，图表颜色也恢复了正常。

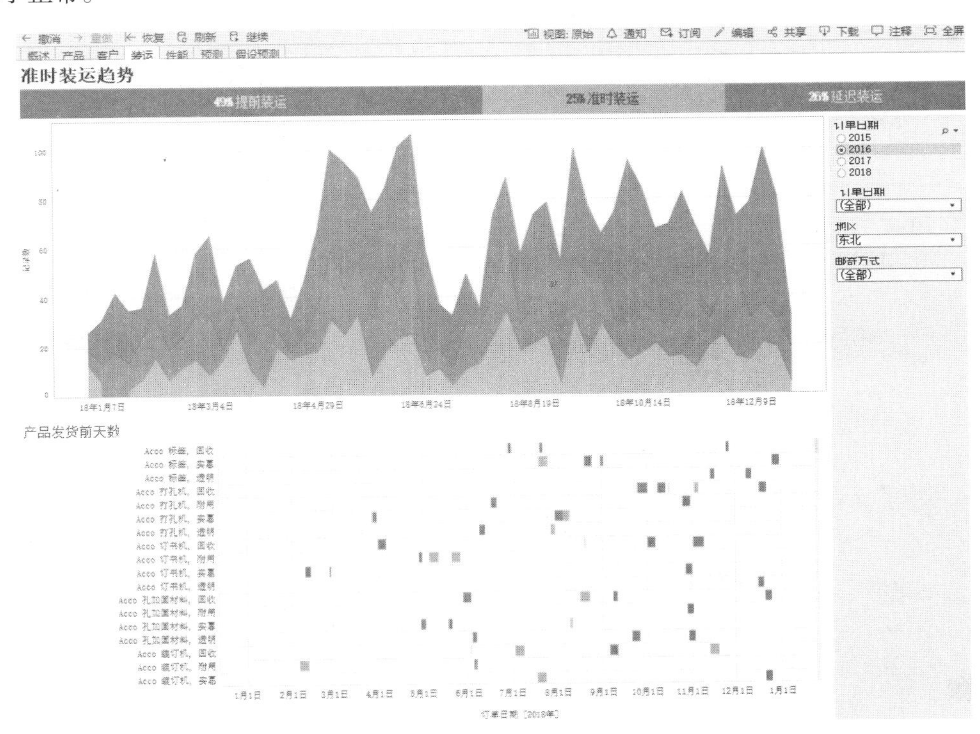

暂停刷新与恢复刷新

小宁 这个功能不错。我用过一段时间 Tableau Desktop，但没注意过类似功能，在 Tableau Desktop 中是不是也有这个暂停刷新的功能？

大明 是的，Tableau Desktop 中也有暂停按钮，可能之前没注意罢了。

小宁 如果我每次都要看西部地区盈利的州的情况，是不是每次都要重新选择这些查询条件呢？

大明 不是的。你说的这个需求实实在在，我们在日后的工作中估计会经常用到。一般来说，如果你是西部地区的经理，我们通常会直接设定权限，让你打开这个仪表板的时候只能看到西部地区的数据。但假如你的权限仍然可以看到所有地区的数据，而你只是特别关心西部地区的情况，还可以把这组选择条件选好之后，把当前的查询条件组合保存为个性化视图，甚至设置为你打开这个仪表板时的默认视图，避免每次重新选择设定。这就用到了靠右侧的视图按钮。当前，我们看到这个按钮的名字是“视图：原始”，前面还有一个小星号，这个小星号的意思是当前视图的选择条件已经不同于最初状态，被修改过了。点击这个按钮，会弹出一个小对话框，大家看一下。

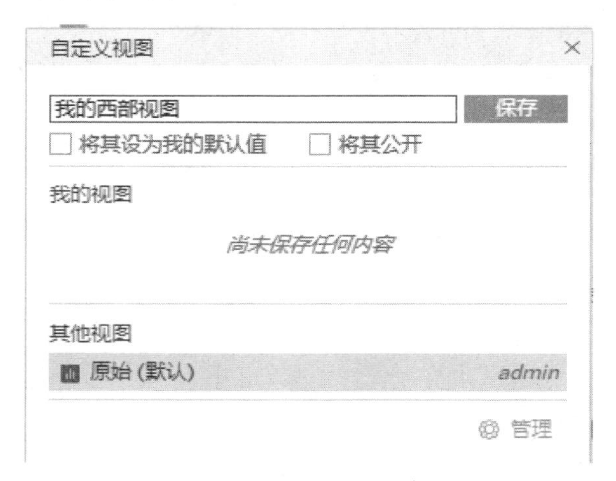

建立自定义视图

比如我把这个视图命名为“我的西部视图”，还可以勾选“将其设为我的默认值”和“将其公开”复选框。如果将其公开，其他人在使用这个仪表板的时候，也可以通过选择这个视图名称使用你定义的这组选择条件。同样，在这里你可以看到别人定义的视图。如果要删除视图，可以点击这个对话框底部的“管理”按钮。

小宁 假如我每天都要看这个仪表板的这个视图，那么每天登录系统之后先找到这个仪表板，然后再打开它。不过我经常不在办公室……

大明 我明白你的意思了。我们可以把这个过程简化，假如你登录系统之后希望直接进入这个仪表板，免去查找和打开的动作，可以直接将这个页面设置为你自己的开始页面。点击右上角的那个小圆圈按钮，从弹出菜单中选择“将此页作为我的开始页面”选项即可。

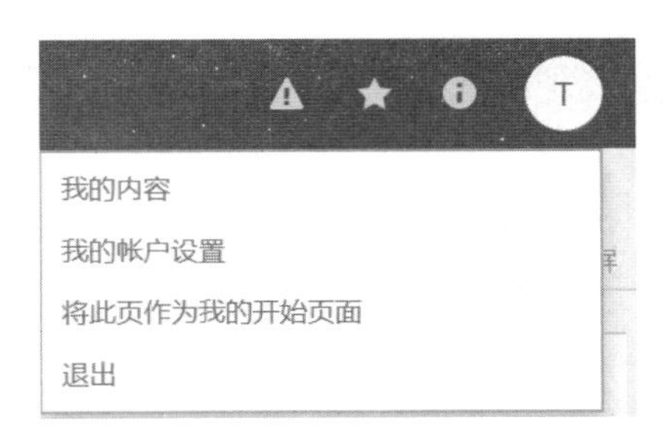

将某个视图设置为个人开始页面

如果你只是希望快速找到这个仪表板，也可以将其加入收藏夹中。要想加入收藏夹，需要返回到工作簿页面，在视图列表的前面有一个五角星图标，点击它就可以将视图加入收藏夹，以后你就可以直接点击收藏夹按钮来快速导航到这个仪表板了。

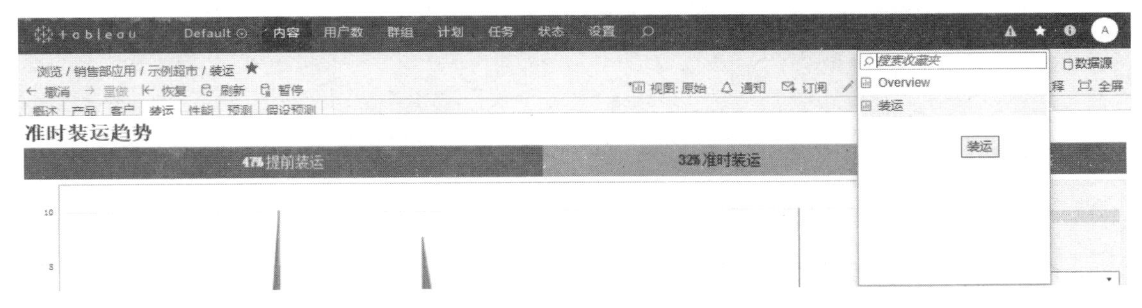

收藏内容

对于另外一个问题，假如你觉得登录系统本身就很麻烦，或者你经常不在办公室，而你只是希望看到这个仪表板当天的数据，还可以使用订阅功能。在仪表板界面上部的工具栏中有一个“订阅”按钮，点击它会弹出“订阅”对话框，你可以选择为自己订阅或者为别人订阅，还可以为某些用户组订阅。同时，你可以订阅当前视图页面，还可以订阅整个工作簿。在“计划”中，你可以选择系统预设的一些执行计划周期，比如每天下午一点订阅。使用订阅功能，要求订阅接收者的用户账户中已经设置了电子邮件地址，订阅会将仪表板中的内容以正文图片的方式发送邮件。当然，既然是发送电子邮件，你还可以设定邮件的“主题”和“消息”内容。在对话框的最底部，还可以选择“视图为空的情况下不发送”，也就是如果仪表板没有数据，则不发送邮件。想要删除过去的订阅，可以点击对话框最底部的“管理”按钮，进入管理界面删除订阅或者修改订阅设置。

特别需要注意的是，“订阅”是针对默认视图或者自定义视图的，例如想要订阅西部地区的数据，你需要选中西部地区之后，将当前视图保存为一个自定义视图。如果你在默认视图中选择了“全部”地区，而把筛选条件选为“西部”地区，那么这时候你进行的订阅仍然是针对“全部”地区的，而非针对“西部”地区的。这一点与“通知”功能完全不同，一会儿介绍“通知”功能的时候我再说明两者的差异。

订阅

为用户订阅

添加用户

为群组中的用户订阅

在群组中添加用户

包括

此视图 ▼

计划

Monday morning ▼

主题

总览

消息

添加自定义消息（可选）

☐ 视图为空的情况下不发送

☐ 为我订阅

管理

取消　订阅

为用户订阅

小宁 邮件的正文是静态图片，大部分情况下看一下就行了，但是如果发现了问题，还得登录系统才能进行交互式分析？

大明 邮件中的图片自带这个仪表板的地址链接，如果你发现了问题需要进一步分析，直接点击邮件中的图片即可跳转到系统中来，登录之后即可进入仪表板页面。

小宁 其实我也不是希望每天都看这个仪表板，而是在数据出现某些问题的时候收到邮件通知，比如销售额高于某个值的时候，我就希望能够及时知道，而不是必须进入系统查看后才知道。

大明 这个功能 Tableau Server 也支持，这就是通知功能。由于我们需要设置某个数值的告警规则条件，所以必须在视图中先选中某个数轴，才能点击“通知”按钮创建规则，直接点击“通知”按钮不会弹出规则设置对话框，而是显示一条提示信息，让你先去选择数轴。现在先选中“记录数”数轴，点击“订阅”按钮左边的“通知”按钮，就会进入通知设置界面，同时我选中的数轴标记为红色，提示我当前规则设置的是依据这个数轴创建的。

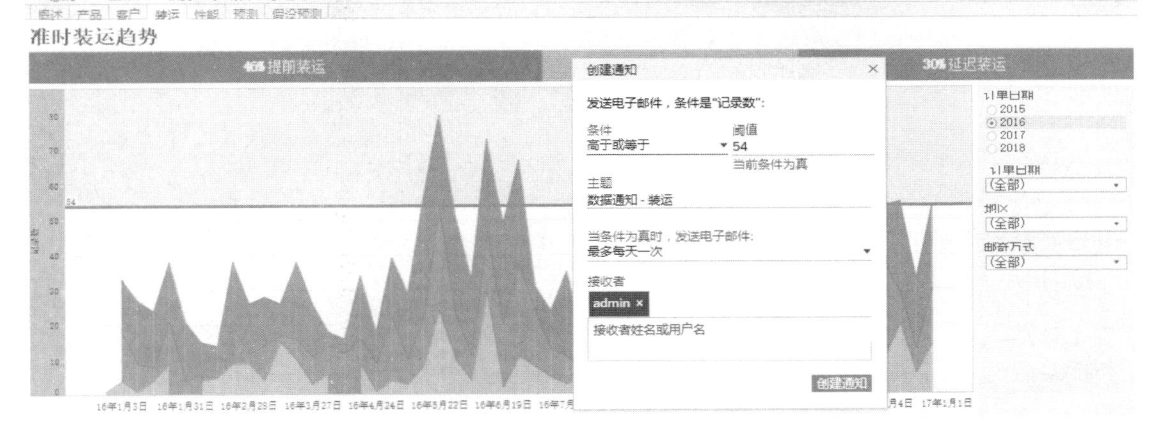

数据告警通知设置

这个界面比较简单。首先，选择这个数轴指标的阈值规则。先选择运算条件，例如“高于或等于”“低于或等于”，然后输入一个数字，当这个条件为真时，即可发送邮件通知；这里还可以选择邮件发送频率，例如“最多每天一次”“最多每小时一次”“尽可能频繁”。可以写一个邮件标题，但这里就不能编辑邮件正文内容了。下面是接收者列表，可以选择将通知发送给哪些人。

我刚才介绍“订阅”的时候告诉过大家，“订阅”是针对默认视图或者自定义视图的，不会因为当前仪表板界面上的筛选器选项而变化。“通知”功能则有所不同，假如你只是希望“西部”地区的销售额满足某个条件时发送告警信息，那么无论当前视图是默认视图，还是自定义视图，你都可以将地区筛选器改为“西部”地区，然后设置“通知”，此时通知的规则就是针对“西部”地区的销售额。

小宁 “接收者”那里可以直接输入电子邮件地址吗？

大明 不可以。“接收者”只能输入或选择系统中的账户，这些账户必须已经设置电子邮件地址并且在未被锁定的正常状态。如果接收人在这个系统中没有账户，是不可以直接输入他的电子邮件地址创建通知的。这一点其实与订阅的原理一样。

小宁 明白了。这个平台有没有一些协作功能？

大明 比如说？

小宁 比如说，当我看这个仪表板的时候发现一些问题，或者有一些想法，能不能发表评论？让别人在查看这个仪表板的时候能够看见我的评论内容，就与我们在新闻网站上看新闻发表评论一样？或者如果我发现有些问题，需要让其他同事知道，把当前页面通过电子邮件发送给其他同事？

大明 先说评论吧。Tableau Server 支持评论。在与“订阅”按钮同一排的按钮中，有一个叫作“注释”的按钮。点击该按钮，屏幕右侧会出现注释窗格，你可以输入文字评论信息，还可以@其他人。当然，被@的人也需要是系统内置的账户名称。此外，在注释窗格的左下角，有一个带曲别针的小图标，点击这个小图标，会生成当前页面状态的快照，然后点击“发布”按钮，你的文字评论和快照就会发布到评论区。这样，其他人在查看这个仪表板时，就可以看到你的评论了。当然，别人也可以发表评论。

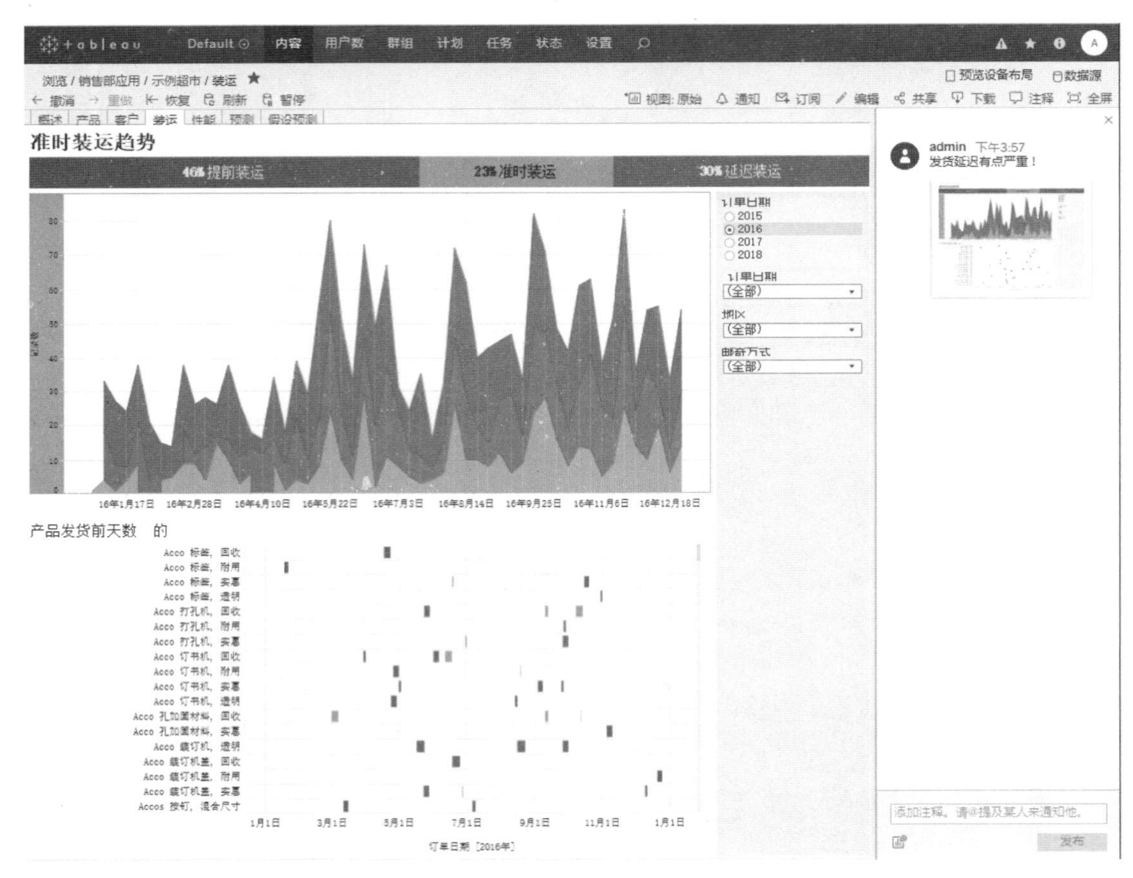

评论区

评论的好处是大家都可以看见，缺点是只能登录到系统中打开这个仪表板时才能看到。所以还有第二种分享方式，就是直接把当前页面的快照链接通过电子邮件发送给别人。在与“注释”同一排的按钮中，有一个“共享”按钮，点击它，屏幕上会出现一个小对话框，显示了当前页面的嵌入代码以及访问链接。嵌入代码在与其他系统集成时使用，需要在CRM系统中嵌入这个仪表板页面才可以使用嵌入代码，这是一段JSP代码，嵌入到CRM系统的网页后，即可实现第三方系统嵌入展现。而链接就比较简单了，直接点击“电子邮件”按钮，就可以启动本地的邮件客户端，自动创建一个新的邮件，这个 URL 地址已经自动添加到了正文中，我们输入收件人，修改邮件主题，在邮件中添加自己的说明，就可以把这个链接发给别人了。

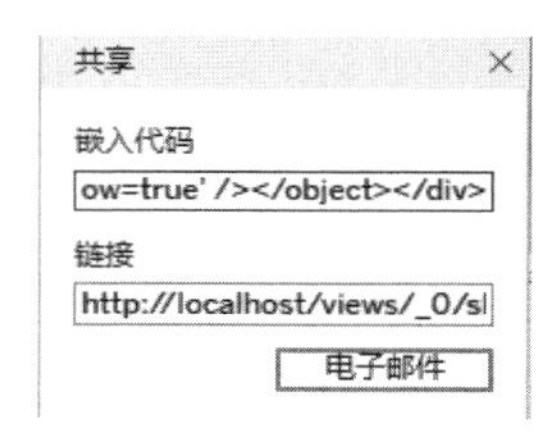

通过邮件分享链接给其他人

小宁 这个收件人也必须拥有系统账户吗?

大明 这个收件人可以是任何电子邮件地址，并不局限于 Tableau Server 用户，但是由于正文中附带的是 URL 链接，收到邮件的人需要点击链接才能查看仪表板内容，而点击链接还是需要登录 Tableau Server 的，也就需要 Tableau Server 的账户才行。如果你的收件人没有 Tableau Server 的账户，你又需要他看到数据，就只能在邮件中附带仪表板的图片了。

小宁 怎么附带仪表板的图片呢?

大明 最简单的方法是直接复制屏幕截图，但是屏幕截图只能截取当前的画面内容，如果你需要发送整个工作簿的话，就有点不方便了。如果你需要发送 PDF 文件、PPT 文件或者 Excel 交叉表给别人，这时可以使用下载功能，将仪表板或工作簿下载为我们需要的格式，再通过邮件发送给其他人。在“注释”按钮旁边，有一个“下载”按钮，点击该按钮，就会出现下载对话框。Tableau Server 支持的下载格式有图像、数据（文本格式）、交叉表（CSV 格式，可以用 Excel 打开）、PDF、PowerPoint[①]和 Tableau 工作簿。

下载仪表板、工作簿

① Tableau 软件从 2019.1 版本开始支持下载或导出为 PowerPoint 文件。

使用下载功能还有一些特别的注意事项。

- 下载是受权限控制的，如果你发现不能下载某种格式或者完全不能下载，首先需要确认你是否具有这个视图的下载权限。
- 下载图像是指下载当前屏幕上看到的完整的仪表板内容，会生成 PNG 格式图片；下载 PDF 可以选择生成 PDF 文件，其中可以包含当前视图页面的内容、当前工作簿中的某个工作表、当前仪表板上的某个工作表。大家知道，通常一个仪表板上会包含多个工作表，在下载为 PDF 文件时，可以选择只包含某个单独的工作表内容。
- 下载数据和交叉表时要特别注意一点，必须先选中仪表板上的某个工作表，然后才能下载。此外，在页面上点击某个工作表区域就完成了选中动作，但是页面上不会有任何提示告诉你当前选中了哪个工作表，所以这项操作要格外注意。
- 下载 Tableau 工作簿，会把当前整个工作簿下载为 TWBX 文件格式，也就是带有数据的 Tableau Desktop 文件格式，下载之后可以使用 Tableau Desktop 或者 Tableau Reader 打开查看。

小宁 细节还挺多。如果我在仪表板上发现了一些业务问题，但是当前仪表板不足以进行深入的原因分析，需要引入产品维度进行分析的话，就需要使用 Tableau Desktop 进一步分析了，对吗？

大明 用 Tableau Desktop 进一步分析当然是可以的。你可以下载 TWBX 文件，或者不下载，直接在 Tableau Desktop 中登录 Tableau Server，从 Tableau Server 上打开工作簿文件即可。但是，并不是必须用 Tableau Desktop，普通业务用户还可以直接在网页上做进一步分析。在“共享”按钮左边有一个“编辑”按钮，点击该按钮就会打开一个新的网页，进入 Web 编辑模式。这个界面与 Tableau Desktop 非常类似，使用方法也与 Tableau Desktop 一样，我们就不过多介绍了。需要注意的是，这个“编辑”也是受到权限控制的，不是每个用户都可以使用 Web 编辑功能。

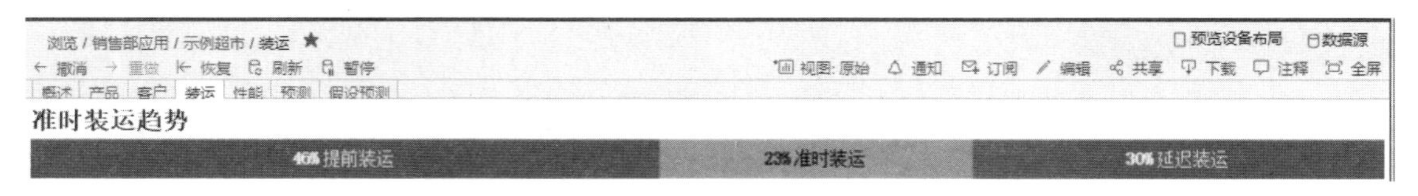

在 Web 上可以进行编辑（工作栏上有“编辑”按钮）

小宁 假如我有编辑的权限，在 Web 上编辑之后保存下来会覆盖原来的工作簿吗？

大明 直接保存会覆盖原来的工作簿。但是通常情况下，我们即使赋予用户编辑的权限，也不会给用户保存覆盖的权限，一般会让用户把自己编辑修改过的工作簿保存到一个特定的项目之下，避免覆盖原有工作簿。换句话说，即使原来的工作簿真的需要更新版本然后覆盖，也建议通过管理员进行先期的检查确认，再更新覆盖。此外，Tableau Server 有版本管理功能，覆盖原来的工作簿时，过去的历史版本也会保存下来，在需要的时候仍然可以调出或者恢复历史版本。我们把界面切换到工作簿的界面，在工作簿名称右边有一个“…”按钮，点击这个按钮，从弹出的快捷菜单中选择“修订历史记录”，就可以查看和管理历史版本。我们不仅可以对历史版本进行删除、预览和下载操作，还可以将历史版本“还原”，也就是将历史版本“还原”为当前版本，这里就不给大家演示了。

历史版本管理

小宁 OK。还有一个小问题，最上面几排按钮占据的空间有点大，仪表板被挤压得有点小……

大明 这个问题 Tableau Server 也有考虑，在“注释”按钮的旁边有一个“全屏”按钮，点击这个按钮可以让整个仪表板全屏展示。这回你满意了吧？

小宁 满意，满意。再有一个问题，系统里所有的仪表板大家都可以看吗？这样数据安全会不会有风险？

2.4 安全管控

大明 你想多了，系统里的内容都是严格分配权限的，你肯定是只能看到你该看的内容。简单地说，Tableau Server 的安全机制包括这几个方面。

- 认证安全：每个用户都需要系统账户，登录系统之后才能看到内容。
- 内容安全：登录后只能看见自己有权限的站点、项目、工作簿、视图和数据源。
- 功能安全：假如你能看见某个视图，但是与之相关的编辑和下载等权限也是受控的，很可能你只能看而不能改，也不能下载。
- 数据安全：比如刚才这个仪表板，如果我们有很多用户都可以查看这个仪表板，那么可以设置东区用户只能看见东区的数据，北区用户只能看北区数据，总部用户则可以看全国数据。

- 网络传输安全：从 Tableau Server 到你的客户端之间，还可以配置 HTTPS 加密传输，确保网络传输过程中的数据安全。

小宁 这么全面！普通业务用户需要自己管理和设置安全吗？

大明 一般情况下，各方面的安全问题都是统一管理的，普通业务用户只管正常使用就行，不必关心安全如何设置。但是如果我们赋予普通业务用户直接发布工作簿的权限，也可能需要发布者了解一些基本的安全知识，我们今天就不介绍了。

小宁 如果万一……我看到了不该看的数据呢？

大明 哈哈，如果发生这种情况，属于安全管理失误，你需要及时向我们部门报告，我们会尽快改正。

汤米 刚才大明给大家介绍了 Tableau Server 的基本用法，今后我们会经常使用这个数据分析平台开展工作了。大家还有其他问题吗？没有的话……我问个问题，正式系统什么时候上线？大家都已经迫不及待了。

大明 我们有工作计划，按步骤推进，正式系统上线之后，我们会逐部门地推广应用，销售部门是我们计划的第一个部门，等我们准备好了会及时通知大家的。

汤米 好，那我们就等你通知，谢谢大明！

大明 谢谢大家抽出宝贵的时间，谢谢大家的热情！大家的热情是我们的工作动力，再次感谢！

第 3 章

共享分析成果：发布到 Tableau Server

本章介绍如何将工作簿和数据源发布到 Tableau Server 上，在发布过程中如何控制内容权限，如何使用用户筛选器来控制数据权限。

3.1 发布工作簿

对于新的数据分析平台，从业务部门到 CoE，每个人都翘首企盼，希望这个系统能早日上线。眼前的工作仍然是千头万绪，应该怎样将过去工作中积累的大量仪表板放到服务器上，供相关的业务用户使用？今后新的仪表板如何发布到 Tableau Server 上？

今天大明和大家一起讨论这些问题。

小方 咱们的服务器装好了，今后谁来负责往服务器上发布内容呢？

大明 按道理说，谁都可以往服务器上发布内容，但最终还是取决于我们对这个平台的管控模式。

小方 管控模式？不是谁都可以发布内容吗？只是要决定一下具体是张三还是李四吧！

大明 不是的，“管控模式”这个词听起来可能比较“虚”，但是在了解它的含义之后，你就会发现和我们的工作非常贴近。简单地说，管控模式分为集中管控、代理管控和自管控 3 种类型，我们现在还没有完全决定采用哪一种管控类型，有待讨论……

小方 这么复杂？啥时候讨论？

大明 不急，我约了大麦[①]来跟咱们讨论一下，看一下他有没有一些经验和建议。今天先请大家了解一下如何向服务器上发布内容，无论我们采用哪种管控类型，都需要有人向服务器发布内容。先启动一下 Tableau Desktop 吧，然后我们打开软件自带的“示例-超市”工作簿。

① 大麦是该公司的外部 Tableau 顾问，为大明所在的公司提供技术支持和应用咨询。

向 Tableau Server 上发布内容需要具备两个基本条件：

- 知道服务器的地址，并且 Desktop 客户端与服务器之间能够正常通信；
- 发布者需要具有服务器账户，并且具有发布内容的权限。

现在这两个条件我们都具备。在发布之前，我们先来了解一下 Tableau Desktop 中的“服务器”菜单。

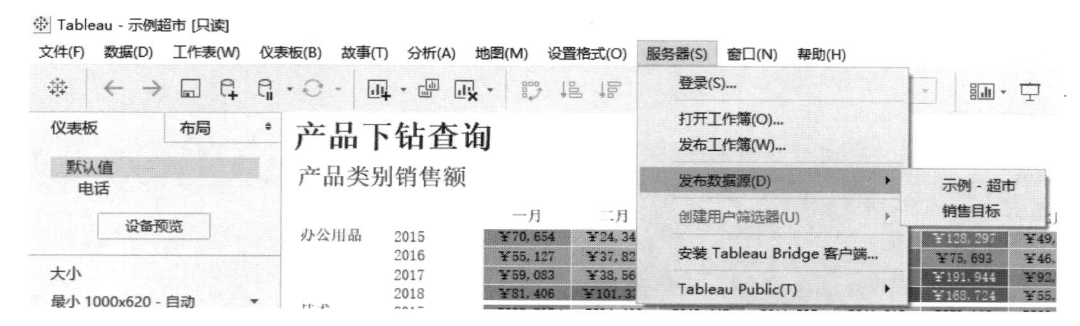

Tableau Desktop 中的“服务器”菜单

“服务器”菜单包括若干菜单项。“登录”指的就是登录 Tableau Server，点击它会弹出“Tableau Server 登录”对话框。需要说明的是，在你登录服务器之后，登录凭据会被保存下来。当你再次启动 Tableau Desktop 时，会使用保存好的登录凭据自动登录，免除每次启动后都要重新登录的麻烦。直到你手动退出，Tableau Desktop 才会断开与服务器的连接。我们现在可以用一个 Tableau Server 账户登录系统。

从 Tableau Desktop 中登录服务器

后面一项是“打开工作簿”，顾名思义，就是直接从 Tableau Desktop 中打开存储在 Tableau Server 上的工作簿，将其下载到 Tableau Desktop 中进行编辑修改。点击它会弹出“从 Tableau Server 中打开工作簿”对话框，里面会列出你有权下载的工作簿。此外，还可以切换为其他视图列表模式，比如“按标签”“按所有者”排列等。如果内容很多，还可以使用搜索功能输入关键词来检索工作簿名称。

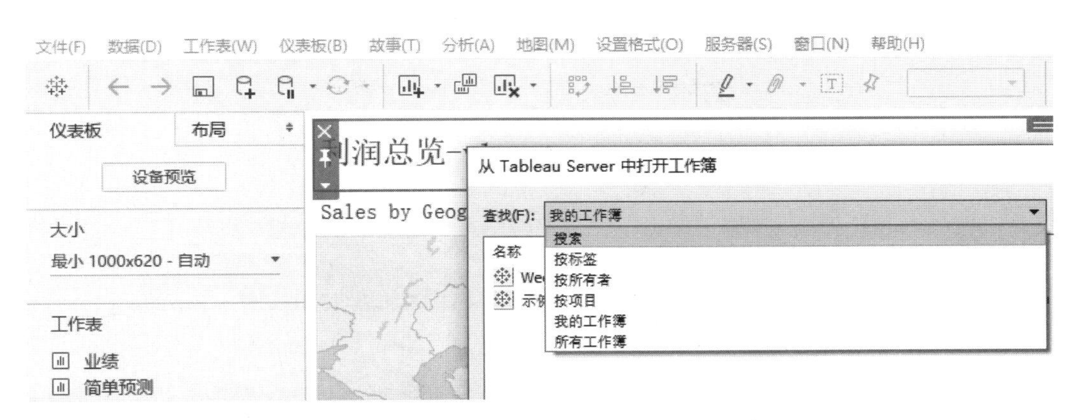

直接从 Tableau Server 上打开工作簿

小方 从 Tableau Server 上打开工作簿，就相当于把工作簿下载到本地吗？那应该要求当前的登录账户具备对工作簿的下载权限吧？

大明 当然，必须具备下载工作簿的权限才能从 Tableau Desktop 中打开该工作簿。

小方 如果当前我对 A 工作簿具有查看权限和编辑权限，但是就是没有下载权限，那么在 Tableau Desktop 中，我能不能看见工作簿 A 呢？还是说我能看见工作簿 A 的名称，但是不允许从服务器上打开？

大明 只要你的账户没有下载工作簿的权限，你在 Tableau Desktop 中就无法看到这个工作簿，也搜索不到。但因为你有查看权限，所以在 Web 页面中仍然可以查看工作簿。

我们看最底部的菜单项“Tableau Public(T)”，它是一个特殊的功能，你可以登录 Tableau Public（即 public.tableau.com）将工作簿发布到上面或者从 Tableau Public 上打开工作簿。

小方 在 Tableau Public 菜单项的上面，还有一项叫作“安装 Tableau Bridge 客户端”。这个是干什么用的？

大明 如果点击这一项，就会在本地安装一个客户端软件，叫作 Tableau Bridge。Tableau Bridge 是本地数据源与 Tableau Online 之间的一个通信工具。Tableau Online 是一个云上的 Tableau Server，它由 Tableau 公司维护，如果企业或者组织不愿意自己安装和维护管理 Tableau Server 的软件及硬件环境，就可以直接使用 Tableau Online 的全托管 Saas 模式，直接在 Online 上开通账户即可使用，日常运维也不需要自己操心，是个非常省心的部署方案。

小方 我们将来会用 Tableau Online 吗？

大明 将来有可能，但现在我们的服务器硬件在自己的机房里面，然后把 Tableau Server 部署上去，自己维护。

小方 那本地部署的 Tableau Server 和 Tableau Online 有什么区别呢？

大明 刚才说了，Tableau Online 系统的运维由 Tableau 负责，对于最终用户来说，维护和使用起来都更方便。但是对于公司来说，我们自己的 IT 团队完全有能力维护和管理这套系统，目前的数据都在机房里面，把 Tableau Server 部署在本地更方便访问数据源，而且我们的用户也主要在内网，访问性能当然也会更好。

小方 所以，如果使用 Tableau Online 作为服务器，但数据都在本地的话，就需要用 Tableau Bridge 作为服务器和数据源的通信工具？

大明 没错。如果 Tableau Online 在云端，数据源都在本地的公司内网中，而你这台电脑，既能够连接内网访问数据源，又能够连接外网访问 Tableau Online，那么通过 Tableau Bridge 就可以实现从 Tableau Online 访问本地数据源的功能了。有了 Bridge，Tableau Online 既可以通过提取连接执行定期的数据提取任务，也可以通过实时连接支持对数据源的实时查询。

小方 OK，不过……我们也用不上。

大明 现在用不上，但不意味着将来用不上啊！现在使用云是大趋势，未来我们公司的 IT 环境都迁移到云上是完全有可能的。当然，我们现在是基于当前的 IT 环境来制作方案，好在如果未来使用云，我们现在的应用内容也可以迁移上去，平滑过渡。下面我们开始重点看一下核心功能：发布工作簿、发布数据源和创建用户筛选器。点击“发布工作簿”，会弹出“将工作簿发布到 Tableau Server”对话框。

将工作簿发布到 Tableau Server

项目(P)
sandbox

名称(N)
示例超市

说明

标签(T)
添加

工作表
全部 编辑

权限(M)
与项目相同(sandbox) 编辑

数据源
2 嵌入工作簿中 编辑

更多选项
将工作表显示为标签(S)
显示选定内容(H)
包括外部文件(F)

发布

“将工作簿发布到 Tableau Server”对话框

在这个对话框中，第一项是选择发布的位置，也就是“项目”。特别需要注意的是，项目具有权限控制，也就是说假设服务器上有 10 个项目，你只可以向有权限的几个项目中发布工作簿。在实际工作中，你很有可能只拥有一个项目的发布权限，这也取决于我们的 Tableau Server 管控模式。点击项目右面的下拉框，可以看到具备权限的项目列表。

接下来是“名称”，默认为 Tableau Desktop 中工作簿的名称，你也可以改为其他名称，发布到 Tableau Server 后，这个工作簿的名字就是你新命名的名称。

再下面是“说明”，可以输入关于这个工作簿的说明信息，例如这个工作簿的目标用户、包含的维度和度量值、使用的分析方法、分析目的等，没有格式要求，可以任意填写。说明下面是“标签”，点击“添加”按钮可以为这个工作簿添加一些标签，这些标签是工作簿的一些额外属性，发布到 Tableau Server 之后更加便于用户检索。

发布工作簿时设置标签

接着是“工作表”选择。一个工作簿中通常包括一个或多个工作表、仪表板和故事。在 Tableau Desktop 中无论是工作表，还是仪表板、故事，发布到 Tableau Sever 上之后统一叫作视图。在发布工作簿时，可以发布全部的工作表，也可以发布一部分工作表。

下面一项是“权限”设定，这一项非常重要。现在我们看到的是与项目相同。点击“编辑”可以设定工作簿的权限、添加新的用户或组，也可以修改现有的权限。Tableau 对权限的控制很细致，包括 3 类权限。

- 查看相关权限
  - 视图（查看）
  - 下载图像/PDF
  - 下载摘要数据
  - 查看注释
  - 添加注释
- 交互相关权限
  - 筛选器
  - 下载完整数据
  - 共享自定义
  - Web 编辑
- 编辑相关权限
  - 保存
  - 下载/另存为
  - 移动
  - 删除
  - 设置权限

而权限状态可以是允许、拒绝或者未指定。同时为了简化权限设置操作，还可以直接选择角色来快速授权，分为查看者角色、交互者角色和编辑者角色，每种角色都有默认的权限设置，与我们刚才说的 3 类权限相对应。这 3 个权限有包含关系，交互者权限包含交互相关权限和查看相关权限；编辑者包含编辑相关权限以及交互相关权限。

小方 允许和拒绝容易理解，未指定是什么意思，究竟是允许还是拒绝呢？

大明 在未指定的状态下，用户的权限要从它所属的用户组权限中继承。例如某用户账户未指定其对某个工作簿的权限，而该用户属于用户组 A，如果用户组 A 具有对该工作簿的查看权限，那么该用户账户也具有查看权限。

小方 一个用户可以属于多个组吗？如果可以属于多个组，那么在同时隶属的多个权限不一致的组时，用户的权限又该如何继承呢？

大明 首先，在 Tableau Server 中，一个用户可以同时隶属多个组。例如用户甲可以同时属于用户组 A 和用户组 B，用户组 A 对工作簿 1 具有查看权限，而用户组 B 对工作簿 1 的查看权限为拒绝，那么用户甲对工作簿 1 不具有查看权限。换句话说，当用户同时属于多个组时，只要其中任何一个组对某工作簿的权限为拒绝，用户对某工作簿的权限就是拒绝。

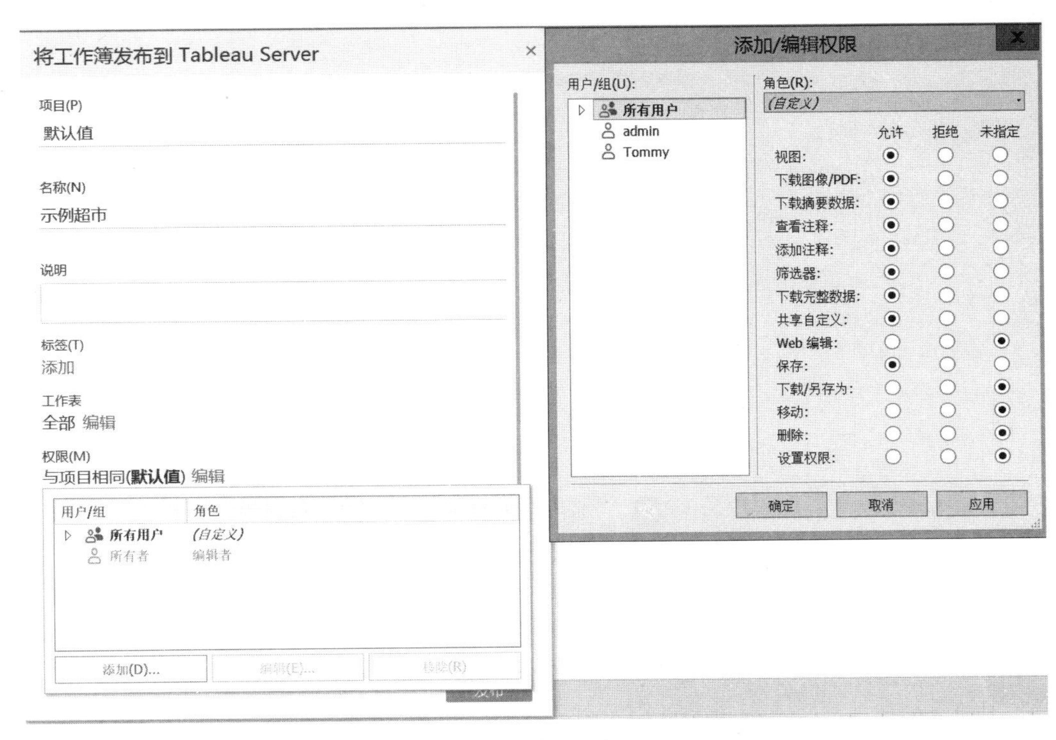

发布工作簿时的权限设置

小方 有一个极端情况。用户甲只在一个用户组中，比如在用户组 A 中，而用户组 A 对工作簿 1 的权限是未指定，那么甲从用户组 A 处继承过来的权限也是未指定。这时候，用户甲对工作簿 1 是否具有权限呢？

大明 这种情况的确比较极端。这时用户甲对工作簿 1 不具备权限。

小方 感觉权限相关的内容还是比较复杂一些，回头再仔细尝试体会一下。

大明 没错，了解权限配置的基本原理之后，可以推算用户的最终权限了，但多做实验，深入体会也是很重要的。

大明 还有一种情况，在发布工作簿时不可以设定权限。举个例子，我们将当前工作簿的发布位置选择为另一个项目，这时会发现不能设定权限了。提示信息是：权限被站点管理员或项目负责人锁定。

工作簿权限被锁定到项目级别时，发布工作簿时不能更改权限设置

这是因为在 Tableau Server 中，指定的某个项目的权限会锁定到项目级别，不允许对项目之下的子项目、工作簿、视图、数据源的权限进行单独设定，并且这些内容的权限保持与项目的权限相同。

小方 把项目权限锁定到项目级别，岂不是大大简化了内容的权限控制?

大明 没错，把权限锁定到项目级别，可以大大简化权限管理的复杂度；但不锁定到项目级别，则能提高权限控制的灵活性。我们再看一下发布过程中的“数据源”选项。当前显示为“2 嵌入工作簿中”，意思是当前这个工作簿使用了两个数据源，这两个数据源都将以嵌入的方式发布，旁边有一个“编辑”按钮，我们点击一下会弹出“管理数据源”对话框。

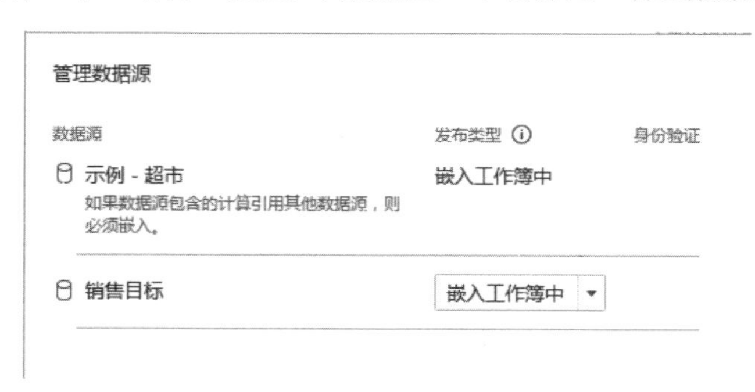

发布工作簿时将数据源嵌入工作簿中

小方 发布类型是可以选择的，不过似乎第一个数据源的发布类型不能选。

大明 发布类型分为两种，一种是“嵌入工作簿中”，另一种是“单独发布”。嵌入工作簿中的意思是这个数据源是工作簿的一部分，归工作簿私有，在工作簿之外的用户看不见这个数据源，也不能使用这个数据源。而单独发布的意思是这个数据源会独立发布到项目中，是个公共的数据源，其他工作簿或者其他人可以使用公开数据源。

小方 还是不太明白。

大明 我们看一下发布到 Tableau Server 上的状态就知道了。先看一下嵌入工作簿中的数据源。

浏览 / 销售部应用 / Superstore

Superstore

所有者 admin 修改时间 2019年2月2日 下午9:32

编辑工作簿

视图 10 数据源 3 订阅 1

全选 显示为: 数据源 排序依据: 名称 (A - Z) ↑

类型	↑名称	连接到	实时/上次数据提取时间
	Sales Commission	Sales Planning newleaf.hyper (extract/34/27/{4C1E3F9E-BE1A-...	实时
	Sales Target Extr...	hyper_0b9ww9a086u1d41dqjy2d0vs8f.hyper (extract/34/27/{4...	实时
	Sample - Superst...	dataengine_42019_618651678240lea.hyper (extract/34/27/{4C...	实时

嵌入工作簿中的数据源（私有）

这个数据源是在工作簿的界面中，而不是在项目界面中。再看一下公开数据源。

公开数据源列表

公开数据源在项目页面中，用户可以直接使用公开数据源来创建工作簿。一会儿我们还会介绍发布数据源，所以详细情况我们一会儿再说。在发布对话框的最底部，还有几个选项，一个是“将工作表显示为标签”，勾选这个选项后，如果同时发布多个工作表，这些工作表在 Tableau Server 上就是一组视图，打开其中某一个视图，所有视图会以 TAB 页的形式呈现，可以通过 TAB 页快速切换到其他视图界面。这样说还是比较抽象，我们从 Tableau Server 上打开一个工作簿看一下效果。

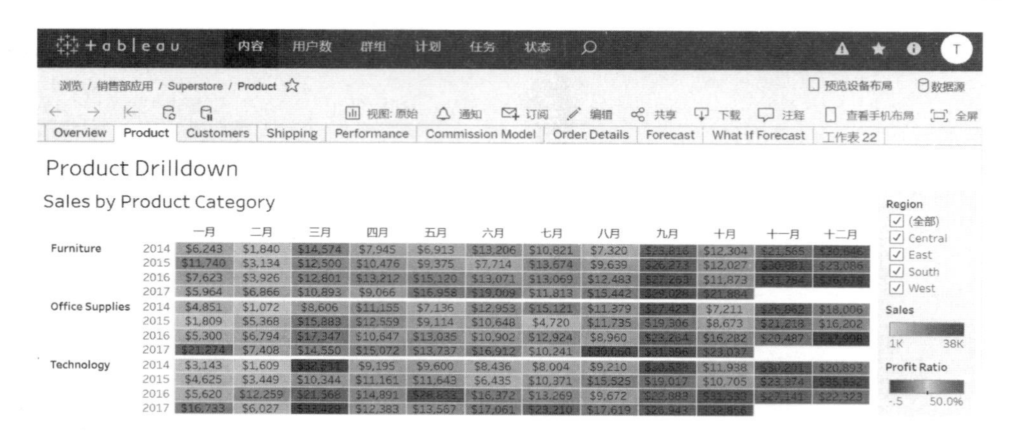

		一月	二月	三月	四月	五月	六月	七月	八月	九月	十月	十一月	十二月
Furniture	2014	$6,243	$1,840	$14,574	$7,945	$6,913	$13,206	$10,821	$7,320	[illegible]	$12,304	$21,565	[illegible]
	2015	$11,740	$3,134	$12,500	$10,476	$9,375	$7,714	$13,674	$9,639	$26,273	$12,027	$30,881	$23,086
	2016	$7,623	$3,926	$12,801	$13,212	$15,120	$13,071	$13,069	$12,483	$27,263	$11,873	$31,784	[illegible]
	2017	$5,964	$6,866	$10,893	$9,066	$16,958	$19,009	$11,813	$15,442	$29,028	$21,884		
Office Supplies	2014	$4,851	$1,072	$8,606	$11,155	$7,136	$12,953	$15,121	$11,379	$27,423	$7,211	$26,862	$18,006
	2015	$1,809	$5,368	$15,883	$12,559	$9,114	$10,648	$4,720	$11,735	$19,306	$8,673	$21,218	$16,202
	2016	$5,300	$6,794	$17,347	$10,647	$13,035	$10,902	$12,924	$8,960	$23,264	$16,282	$20,487	[illegible]
	2017	$21,274	$7,408	$14,550	$15,072	$13,737	$16,912	$10,241	[illegible]	[illegible]	$23,037		
Technology	2014	$3,143	$1,609	[illegible]	$9,195	$9,600	$8,436	$8,004	$9,210	[illegible]	$11,938	[illegible]	$20,893
	2015	$4,625	$3,449	$10,344	$11,161	$11,643	$6,435	$10,371	$15,525	$19,017	$10,705	$23,874	[illegible]
	2016	$5,620	$12,259	$21,568	$14,891	[illegible]	$16,372	$13,269	$9,672	$22,883	$31,533	$27,141	$22,323
	2017	$16,733	$6,027	[illegible]	$12,383	$13,567	$17,061	$23,210	$17,619	$26,943	$32,856		

视图以 TAB 页形式呈现，方便快速切换

特别说明，对于 Tableau Server 2019.1 之前的版本来说，“将工作表显示为标签”还有一个额外的功能：如果视图中存在跳转，在这种模式下可以实现跳转。比如说，A 视图内有一个条形图，点击这个条形图跳转到 B 视图，这种跳转需要将工作表显示为标签模式。

小方 这个应该是很常用的功能，如果发布时不选择显示为标签，就不能实现视图之间的跳转了？

大明 确切地说，当你使用 Tableau Server 2018.3 或者更早的版本时，如果希望通过筛选器操作实现视图之间的跳转，就必须选择显示为标签。没有选择显示为标签，又想实现从 A 视图跳转到 B 视图，就不能使用筛选器操作，而需要使用 URL 操作。同时强调一下，从 2019.1 版本开始，视图间的跳转不再有这个限制。

小方 还好我们用的是最新的 2019.1 版本。

大明 还有一个选项是“显示选定内容”。如果你在仪表板上用鼠标选中了某些数据，比如某个条形图中的部分横条，那么这种选中的状态在发布到 Tableau Server 上之后是否会保留，就是这个选项决定的。如果选择了“显示选定内容”，那么发布到 Tableau Server 上之后，其他人打开这个视图时就可以看到这些选定状态；反之其他人打开视图时只能看到未选中任何内容的仪表板。

Overview | Product | Customers | Shipping | Performance | Commission Model | Order Details | Forecast | What If Forecast | 工作表 22

What if Forecast Based on 全部 Sales (60% Growth, 6.40% Churn)

Order Date: (全部) / 2014 / 2015 / 2016 / 2017

New Business Growth: 60%

Churn Rate: 6.40%

Region	Segment		1季 一月	1季 二月	1季 三月	1季 合计	2季 四月	2季 五月
Central	Consumer	Sales	$16,479	$4,078	$24,791	$45,347	$13,723	$16,225
		Sales Forecast	$24,679	$6,107	$37,126	$67,912	$20,552	$24,299
	Corporate	Sales	$13,060	$1,712	$9,109	$23,880	$5,885	$15,102
		Sales Forecast	$19,558	$2,563	$13,641	$35,762	$8,813	$22,616
	Home Office	Sales	$2,145	$2,422	$7,317	$11,884	$6,592	$4,678
		Sales Forecast	$3,212	$3,627	$10,958	$17,797	$9,872	$7,006
	合计	Sales	$31,683	$8,211	$41,216	$81,111	$26,200	$36,005
		Sales Forecast	$47,449	$12,297	$61,725	$121,472	$39,237	$53,921
East	Consumer	Sales	$7,151	$8,932	$19,763	$35,846	$12,618	$32,946

发布时指定了显示选定内容（图中显示选中了某个单元格）

发布工作簿的最后一个选项为“包括外部文件”。如果我们即将发布的工作簿使用的数据源是一个（或者一组）文件数据源或者使用了自定义地理编码，那么一般来说我们需要使用“包括外部文件”选项。在这种情况下，发布工作簿时会将数据文件同时发布到 Tableau Server 上。由于数据在服务器上，所以后续用户在打开这个工作簿中的视图时，就能够正常地看到有数据的仪表板。而如果我们没有选择这个选项，那么发布之后用户打开这个视图时，服务器就会试图去连接数据源文件进行查询，可是数据源不在服务器上，并且服务器也无法访问本地的数据源文件，所以显然，这时候用户是看不见数据的。这种情况下，用户打开视图时会报出这样的错误。

数据源文件在本地，发布到 Tableau Server 后由于找不到数据文件而报错

小方 嗯，这个道理倒是不难理解。不过……如果选择了包括外部文件，意味着把数据也发布到了 Tableau Server 上，那么如果以后数据源文件中的数据发生了变化，是不是要重新发布？

大明 你理解得很对。如果我们的数据一直在本地，而且服务器访问不到，那么我们只能在每次数据更新时都重新发布一次。

小方 那有点太不方便了。假如我们把数据放到某个网络位置上，让服务器能够访问到呢？

大明 对于文件数据源来说，避免每次数据更新重新发布工作簿的最佳方法就是把数据文件放到 Tableau Server 能够访问到的网络位置上。这样，我们在发布工作簿时，就不用选择包含外部文件，指定数据文件的网络位置就可以了。方法是切换到数据源界面，在对应的数据上右击鼠标，从弹出的快捷菜单中选择“编辑连接”，然后在弹出的对话框中输入 UNC（通用命名规则）即可，也就是输入全网络都可以识别的位置路径，类似于 \\tableauserver\sharedfolder\demo.xlsx。

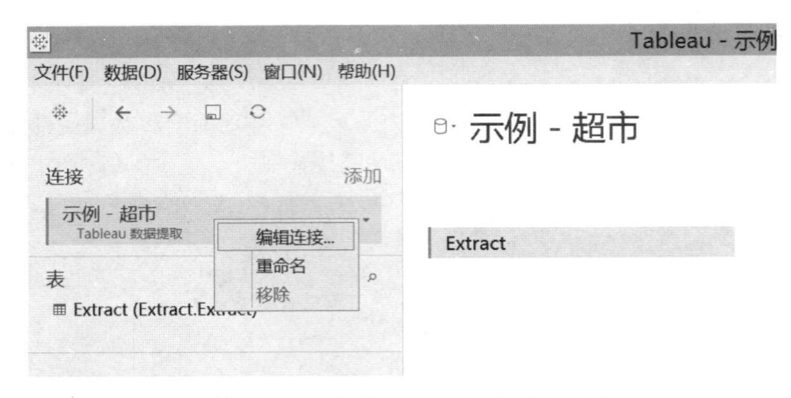

在数据源上右击鼠标，选择“编辑连接”

小方 没想到把每个发布选项都过一遍花了这么长时间。不过我还想试一下如果工作簿连接的是数据库，发布的时候会有什么不同。

大明 如果工作簿连接的是数据库，大部分的选项是一样的，在数据源选项中有一些不同，我们看一个实际的例子。

工作簿连接数据库时，发布工作簿界面中的“数据源”选项

具体来说，身份验证多了一些选项。

- 第一个选项是提示用户，表示每个用户在 Web 页面上打开视图的时候都需要输入访问数据库的用户名和密码。
- 第二个选项是嵌入式密码，表示发布工作簿的时候，当前工作簿连接到数据库使用的用户名和密码信息会随着工作簿一起发布到 Tableau Server 上，其他用户通过 Web 页面访问视图的时候不需要输入用户名和密码。
- 第三个选项是通过嵌入式密码进行模拟，特别注意这个选项只针对通过 Tableau Server 连接到 SQL Server 数据库的情况，这时要配合 Windows AD 集成认证来进行设置，基本原理是先用运行身份账户登录 SQL Server，然后模拟当前的 Tableau Server 账户登录 SQL Server 进行数据查询，目的是把数据行级安全控制推到数据库层面去处理，而不必再自定义数据行级控制规则。如果愿意详细研究模拟登录认证，可以参考下面的帮助文档。

帮助文档链接
https://onlinehelp.tableau.com/current/server/zh-cn/impers_runas.htm

小方 数据行级控制，就是北京用户只能看北京的数据，上海的用户只能看上海的数据，对吧？现在技术手段真是越来越先进了，竟然还有这种模拟登录的方式。

大明 现在越来越多的企业在采用这种数据库层级的数据安全控制层级技术，不过我们目前还不用这种方法。我们一会儿还要仔细研究数据行级控制的问题，在 Tableau 中设定这种数据的安全规则。还有一点需要说明，在连接不同类型的数据库时，这个发布对话框中有关数据源的选项可能有所不同，想要具体地了解某种数据库的发布连接选项，建议查阅文档，我们今天也不可能把所有数据库的连接选项都说一遍啦。

3.2 发布数据源

大明 下面我们来看发布数据源。在“服务器”菜单下，有一项叫作“发布数据源”，选中这一项，子菜单就会显示当前工作簿连接到的所有本地数据源，要发布哪个数据源，就点击哪个数据源，点击之后会弹出数据源发布对话框。

“发布数据源”菜单项

数据源发布对话框和工作簿发布对话框很类似，我们可以看一下。对话框中从上而下是项目、名称、说明和标签，这几项与工作簿发布没什么区别，但是权限选项有一些不一样。默认情况下，权限是与项目权限相同，点击权限旁边的“编辑”链接会弹出当前项目的权限配置情况，点击“添加”按钮可以选择用户或组，并且为用户或组分配具体的数据源权限。数据源权限的设置项比较少。

- 视图：查看权限，能在 Tableau Server 上看到这个数据源，但未必能够连接使用。

- ❑ 保存：能够覆盖发布，在 Tableau Server 上数据源也有历史版本管理，所以保存到服务器上覆盖原来的数据源时，会将原有数据源保存为一个历史版本。
- ❑ 下载/另存为：从 Tableau Desktop 中下载数据源，或者将数据源在服务器上另存为其他数据源。
- ❑ 删除：从服务器上删除数据源，删除时会同时删除所有历史版本，且一旦删除不能撤销。
- ❑ 设置权限：设置数据源的权限。
- ❑ 连接：使用该数据源连接数据，进行查询分析。

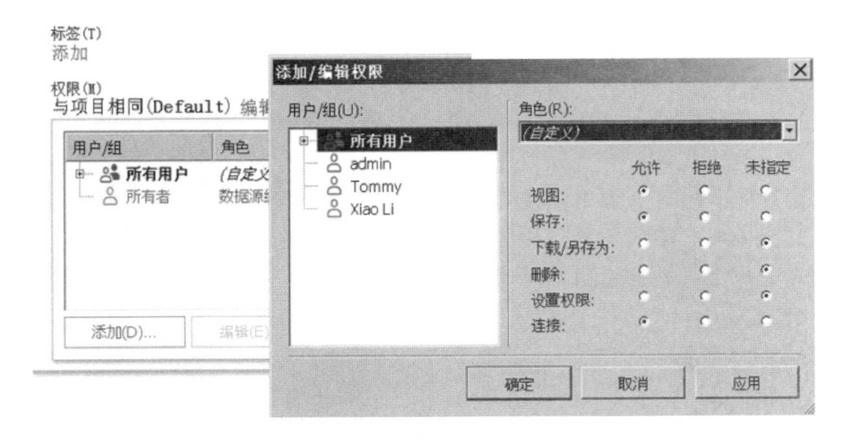

发布数据源时的权限控制

我们再看一下发布数据源时的身份验证选项，这里的身份验证方法包括 3 种。

- ❑ 提示用户：在用户使用该数据源时需要输入密码。
- ❑ 嵌入式密码：当前连接使用的密码同时发布，用户在使用服务器上的该数据源时，不再需要重新输入密码。
- ❑ 通过嵌入式密码进行模拟：仅在将 SQL Server 数据发布到 Tableau Server 时可用。用户可以嵌入凭据，通过这些凭据，SQL Server 将创建连接，然后模拟登录的 Tableau Server 用户。若要创建连接，可以指定服务器的运行身份账户或具有适当的模拟权限的不同数据库用户，细节原理参见下面的链接。

细节原理参考链接
https://onlinehelp.tableau.com/current/pro/desktop/zh-cn/publishing_sharing_authentication.htm

发布数据源对话框中的身份验证选项

发布数据源比较简单，就这些内容。

小方 可是，底部还有一项“更新工作簿以使用发布的数据源”呢？

将数据源发布到 Tableau Server ×

项目(P)

销售部应用

名称(N)

示例 - 超市

说明

标签(T)

添加

权限(M)

与项目相同(**销售部应用**) 编辑

更多选项

☑ 包括外部文件(F)

☐ 更新工作簿以使用发布的数据源(W)

发布

“发布数据源”对话框选项

大明 哦，还真有这一项。在数据源发布之前连接的数据源叫作本地数据源，所以在屏幕左上方的数据连接窗格中，数据源名称前面的图标是个小圆柱，表示当前数据源是本地数据源。我们把当前使用的数据源发布到服务器上之后，可以把本地数据源切换为刚才发布的服务器上的数据源。我们来试一下就知道了。选中这个选项，然后发布数据源，切换到数据源连接界面看一下。

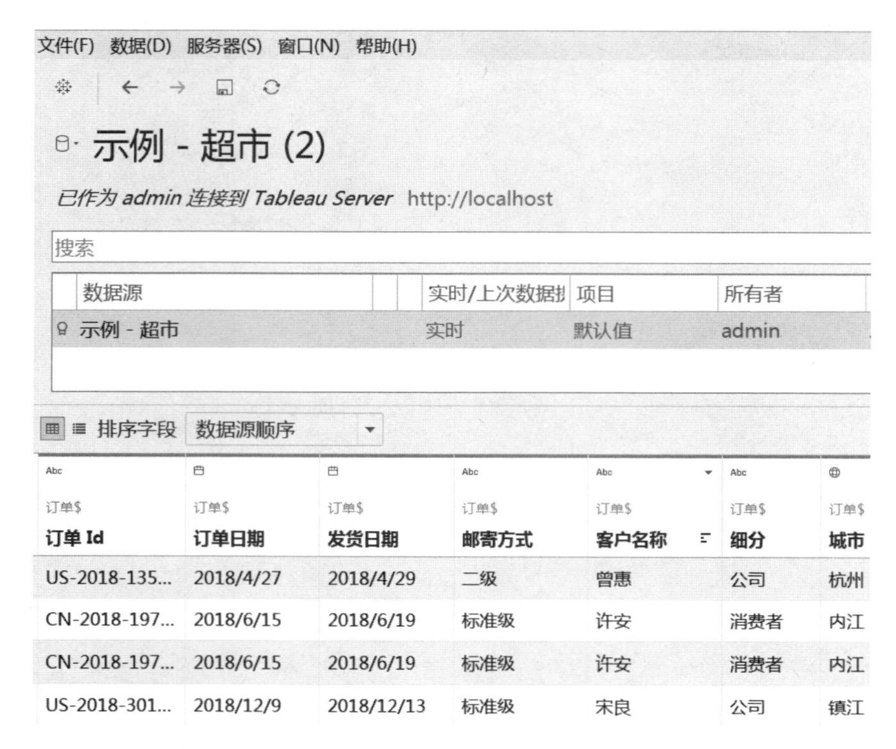

用 Tableau Desktop 连接到 Tableau Server 上的数据源

小方 刚才数据源连接界面是连接数据库的界面，现在变成了连接 Tableau Server 数据源的界面。不过我们以前没怎么使用过 Tableau Server 上的发布数据源，以后是不是要经常使用了？

大明 是的，无论我们如何决定系统平台的管控策略，数据源的发布和使用都要尽可能地受控。我们会尽量把数据源定义好并发布到 Tableau Server 上，其他分析用户使用发布的数据源，而不是直接连接数据库。你觉得这样做有什么好处呢？

小方 好处……不用重新定义数据源了？比如维度、度量、自定义字段等？

大明 这是好处之一，我们还是简单总结一下吧。让业务用户使用发布到 Tableau Server 上的数据源，而不是通过 Desktop 再直接去连数据库，好处多多。

- 避免重复定义数据源：发布的数据源已经定义好了数据表之间的关联关系，维度、度量、自定义字段等，无须从头开始定义。
- 避免为每个用户安装数据库驱动软件：通过 Tableau Desktop 连接数据库，需要 Desktop 本地安装相应的数据库驱动，而通过 Tableau Server 连接，用户端不再需要安装数据库驱动，只需要在 Tableau Server 上安装驱动即可。
- 避免为每个用户提供访问数据库的账户：发布数据源时如果指定了使用嵌入式密码，则用户在使用发布的数据源时，就不再需要输入数据库的账户密码。

- 性能可以更好：Tableau Server 有缓存技术，如果多人同时使用某个发布数据源工作，缓存技术可以提供更好的性能。

小方 我记得数据源分为实时连接和提取连接两种方式，我们将数据源发布到 Tableau Server 的时候，是不是可以修改这两种连接方式？

大明 不可以修改。你在发布之前使用的提取连接，发布到 Tableau Server 上就是提取连接；发布之前是实时连接，发布到 Tableau Server 上就是实时连接。并且发布之后不可修改。

小方 哦，那发布之后是否可以修改嵌入的密码呢？

大明 有时候账户密码会发生变化，因此嵌入的账户密码是可以修改的，直接在 Web 网页上修改即可。进入 Tableau Server 的数据源页面，点击数据源名称右边的三个点“…”按钮，在弹出的菜单中选择“编辑连接”即可进入“编辑连接”对话框。

在 Web 上编辑数据源，编辑连接信息

实际上，不仅是用户名和密码可以修改，数据库名和数据库服务器的连接信息也都可以修改。比如开始的工作簿是基于一台测试数据库服务器的，发布之后希望将数据切换到实际的生产环境数据库，就可以直接修改数据库服务器的连接信息。

编辑连接

编辑 1 个选定数据连接。

服务器名称 tableau-server\demodb

服务器端口

用户名 tableau

密码 ○ 如有必要提示用户输入密码 ◉ 连接中的嵌入式密码

更改密码

测试连接

取消 保存

编辑连接界面示例

小方 还有一种情况，如果我连接的数据库的数据结构变了，我想修改一下整个数据源的元数据定义，比如表关联之类的。这时候数据源已经发布到 Tableau Server 上了，我该怎么修改？

大明 这种情况也很常见，我们需要使用数据源下载功能。Tableau Desktop 用户虽然可以直接连接数据文件、数据库，但在企业中最常用的还是连接 Tableau Server 数据源，在 Tableau Desktop 数据源列表中有一项就是 Tableau Server。

在 Tableau Desktop 中连接 Tableau Server 上的数据源

选择连接 Tableau Server 之后，如果你没有登录过服务器，那么会弹出 Tableau Server 的登录页面。不过我们刚才在发布工作簿的时候已经登录过服务器，这时候就会直接进入 Tableau Server 的数据源列表界面。

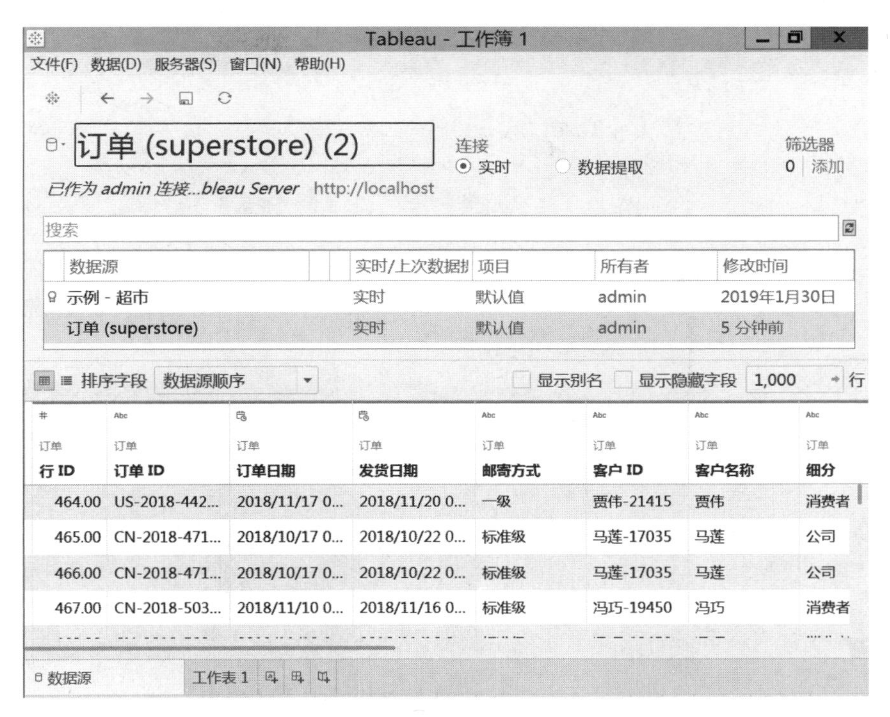

Tableau Server 上的数据源列表

在这个界面中，可以选择要使用的数据源。当然你能选择哪些数据源也是受到权限控制的，你只能看到权限范围内的数据源。假如你具有下载某些数据源的权限，在数据源名称旁边有一个小小的图标（鼠标悬停在这里才会显示），这就是下载数据源副本，下载的数据源副本是一个格式为 TDSX 的文件。我们知道，保存 Tableau 工作簿的时候可以选择 TWB 或 TWBX 格式，其中 TWBX 这个带 X 的格式会把数据打包进来；同样，Tableau 的数据源文件也有 TDS 和 TDSX 两种格式，TDSX 这个带 X 的格式也是把数据打包进来。所以我们如果在这里下载数据源副本，实际上是把数据也打包下载下来了。

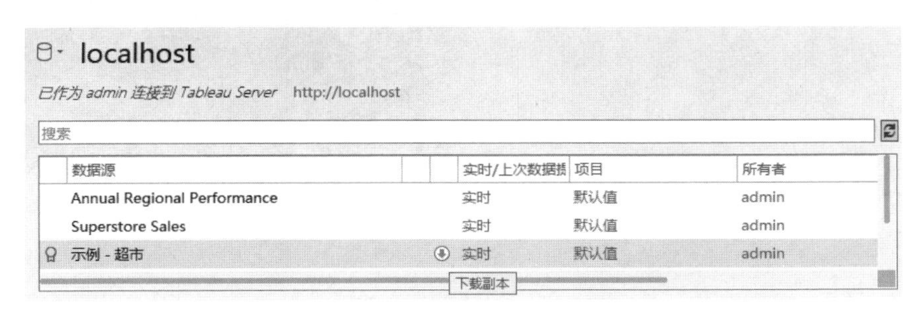

“下载数据源”选项按钮

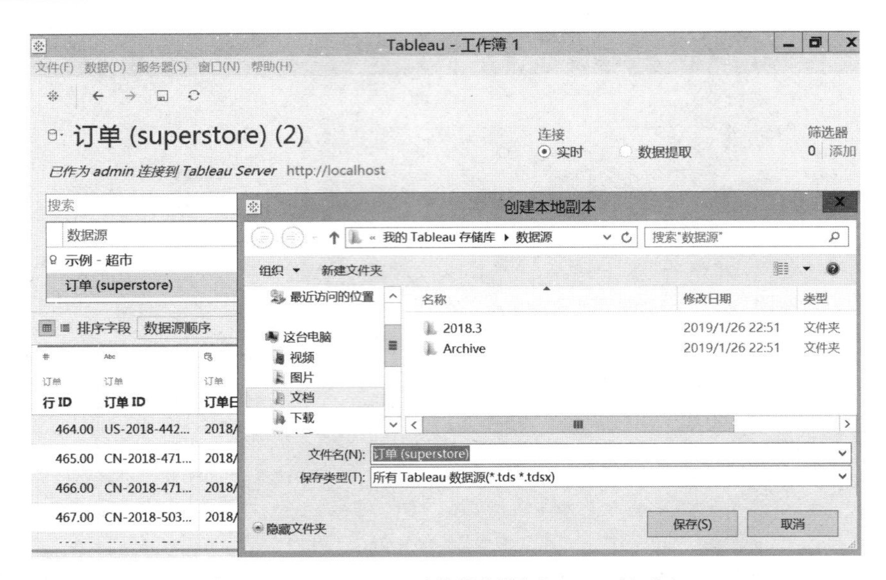

从 Tableau Server 上下载数据源（TDSX 格式）

小方 可是这样有些问题，我并不希望下载数据，只想修改一下数据源定义，所以其实是需要下载 TDS 文件格式，而不是 TDSX 格式。

大明 也可以。切换到工作表，用鼠标右键点击数据连接窗格左上角的数据源名称，会弹出数据源快捷菜单。

将服务器上的数据源保存到本地（TDS/TDSX 格式）

在这个菜单中有两项与下载相关，“创建本地副本”就是保存一份 TDSX 格式的文件到本地；“添加到已保存的数据源”则是保存 TDS 格式的文件到本地。

小方 我来总结一下，发布工作簿的时候，要先发布工作簿，再发布数据源，工作簿和数据源都发布到 Tableau Server 上之后，才能在 Web 网页中正常浏览查看仪表板，对吧？

大明 不太准确。如果你直接发布了工作簿，没有单独发布数据源，那么被发布的仪表板、工作表、故事使用的数据源实际上也以嵌入的方式发布到了 Tableau Server 上，是工作簿私有的，其他人无法使用这个数据源，用户仍然可以在 Web 页面上正常使用这些内容。单独发布数据源会将数据发布到项目中，是公用状态，可以独立控制权限供所有用户使用。

3.3 数据提取刷新

小方 我还有一个问题，如果数据源是提取的，发布到 Tableau Server 上之后，怎么管理这些数据提取的刷新？

大明 首先，我们之前说过，在数据源发布之前可以切换实时连接或者提取连接，一旦发布到 Tableau Server 上，就不能修改连接类型了，在其他用户通过连接到 Tableau Server 使用这个数据源的时候，也不能修改连接类型。

其次，提取类型的数据连接在 Tableau Server 上可以设置定期作业来刷新提取。我们先看一下服务器上的数据源列表，这个列表中显示了数据源的连接类型，如果是提取连接，还会显示最近一次提取刷新的时间。

+ableau　内容　用户数　群组　计划　任务　状态

浏览　所有数据源

创建　全选　显示为 数据源　排序依据 视图(所有时间)

类型	名称	↓视图(所有时间)	工作簿	连接到	项目	所有者	实时/上次数据提取时
	示例 - 超市	0	0	示例 - 超市.xls	默认值	admin	实时
	订单 (superstore)	0	0	localhost\sqlex...	默认值	admin	实时
	订单-提取	0	0	localhost\sqlex...	默认值	admin	数据提取 2019年

服务器上的数据源列表信息

对提取任务进行定时调度的方法也很简单，点击数据源名称旁边的三个点的按钮，在弹出的快捷菜单中选择“刷新数据提取”，会进入刷新数据提取的设置界面，可以立即刷新，也可以计划刷新，即定期执行。

刷新数据提取

立即刷新　计划刷新

为数据源“订单-提取”选择刷新计划。

搜索

End of the month

Saturday night

Weekday early mornings

刷新类型

完全刷新

增量刷新

取消　计划刷新

刷新数据提取的设置界面

计划刷新中有一个列表，这个列表就是定期执行的计划。特别注意，这个列表中的条目只有服务器管理员才能添加，站点管理员和普通用户都不能添加，只可以使用。这些定期计划的名称最好明明白白地写明计划执行的时间，比如“每天下午一点”“每月 1 日 0 点”等，便于用户使用。选择一个计划之后，点击“计划刷新”，这个数据提取就会按照既定时间定期去刷新了。

小方 比如我选了每天下午一点定期执行，我从哪里知道“每天下午一点”这个计划挂了多少刷新任务呢？

大明 在“计划”页面可以看到这些计划下面挂了多少个任务，以及具体是哪些任务。点击任务名称，可以看到这个计划下面挂的具体任务列表；点击计划旁边的三个点按钮，可以让这个计划立刻执行。

tableau　内容　用户数　群组　计划　任务　状态　设置

计划 5

新建计划　0 个选定项目

名称	频率	任务类型	任务	执行	下次运行时间
End of the month	每月	数据提取刷新	1	并行	2019年2月28日 下午11:00
Monday morning	每周	订阅		并行	2019年2月4日 上午6:00
Saturday night	每周	数据提取刷新	0	并行	2019年2月9日 下午11:00
Weekday early mornings	每周	数据提取刷新	1	并行	2019年2月4日 上午4:00
Weekday mornings	每周	订阅		并行	2019年2月4日 上午6:00

计划列表

小方 这个列表里有一列是“执行”，里面都是“并行”，这是什么意思？

大明 等一会儿再看这个问题，我们先切换到任务页面看一下当前站点中有多少个任务在调度中。

数据提取任务列表

这个列表中有几列信息需要了解，第一个是刷新类型，大家还记得完全刷新和增量刷新是在哪里设置的吗？

小方 在 Tableau Desktop 中建立数据连接的时候，选择提取连接，选项中有完全刷新或者增量刷新，发布到 Tableau Server 之后就不能修改了。

大明 小方记得这么清楚，很不错！忘了的同事建议拿出《大话数据分析——Tableau 数据可视化实战》再好好看一下相关章节，咱们现在都在研究 Tableau 企业应用了，如果大家觉得还欠缺一些基础，建议抽空复习一下 Tableau Desktop 的基础应用内容。我问个问题，有没有一种情况，原始数据会被更新或者删除？而更新或删除之后在增量中体现不出来？

小方 的确有这种情况！那怎么办啊？难道每次都完全刷新，那岂不是很消耗计算资源？

大明 如果系统计算资源够用，刷新执行时间也能满足要求，每次都完全刷新也不成问题。但是如果追求执行效率，对于启用了增量提取的数据源，在发布的时候可以指定“刷新计划（增量数据提取）”和“刷新计划（完全数据提取）”，这样同一个数据源发布到 Tableau Server 之后，就会出现既有增量刷新计划，又有完全刷新计划了。

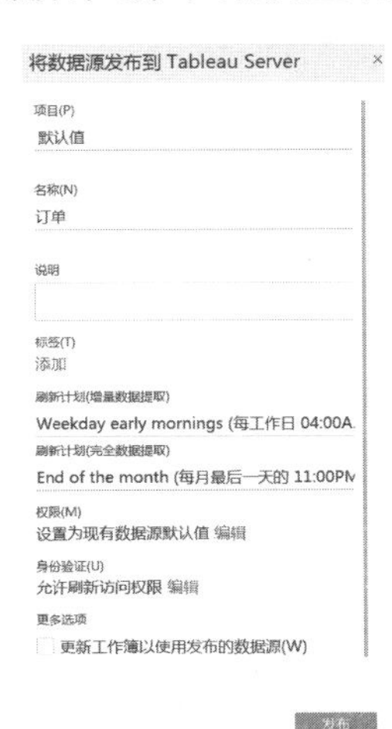

发布数据源时指定刷新计划

你也可以在 Tableau Server 上重新配置刷新计划。启用了“增量刷新”选项的数据源的计划设置界面与没有这个选项的数据源计划设置界面有所不同。现在回到数据提取任务列表上来，列表中有一列是“上次更新时间”，还有一列是“下次更新时间”，这两列很好理解，放在一边。左面有一列是“优先级”，这一列要说明一下。如果一个计划下面挂了好几个任务，那么这几个任务启动的先后次序就由优先级决定，如果优先级一样，那就同时启动。优先级可以修改，在数据源名称旁边的三个点按钮上点击调出快捷菜单，就可以设置优先级。

如果这个提取数据源启用了“增量刷新”选项，那么在刷新数据提取设置界面的底部出就会出现刷新类型选项：完全刷新和增量刷新。有一些比较好的实践，比如每天运行一次增量刷新，每周末运行一次完全刷新；或者每小时运行一次增量刷新，每天晚上运行一次完全刷新。

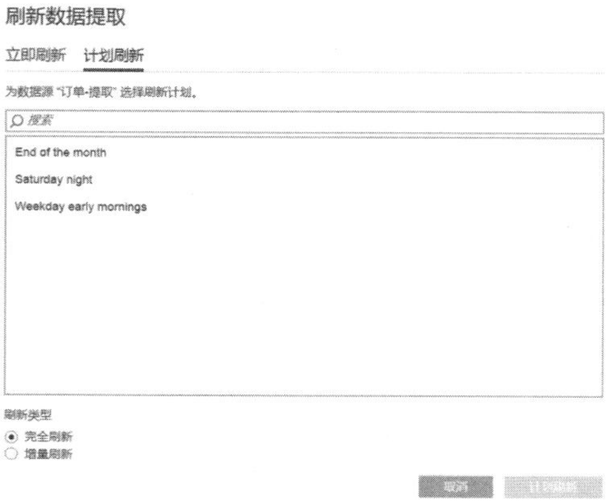

完全刷新和增量刷新选项

小方 这个界面上还有订阅任务和通知任务的汇总？

大明 是的，我们切换到订阅任务列表看一下，在这一页大家注意一下“已订阅”一列，这一列是视图名称。用户在使用仪表板的时候可以把一组筛选条件的组合保存成一个视图，我们要知道，订阅的内容是基于一组特定的筛选器条件的，而不是仪表板筛选器的默认状态，这一点需要特别注意一下。另外，“计划”一列中列举的计划名称和数据提取刷新中的计划看上去是一样的，我们稍后再说为什么这两边可能是一样的。

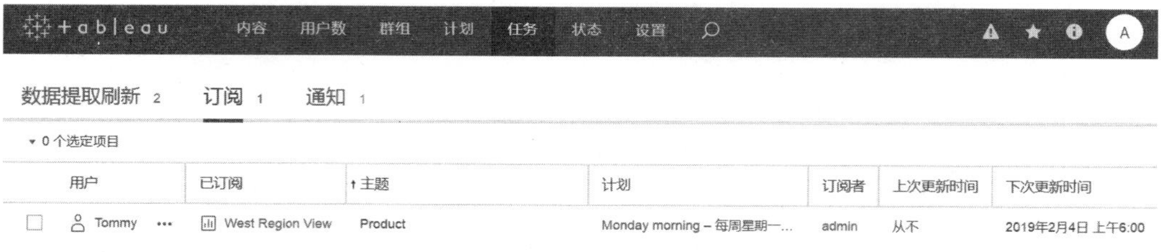

订阅任务列表

我们再切换到通知列表看一下，请大家回顾一下数据预警通知的设置方法，预警需要设定计划吗？

通知任务列表

预警是由事件驱动的，而事件的检查频率是固定的，大家看一下这个图。

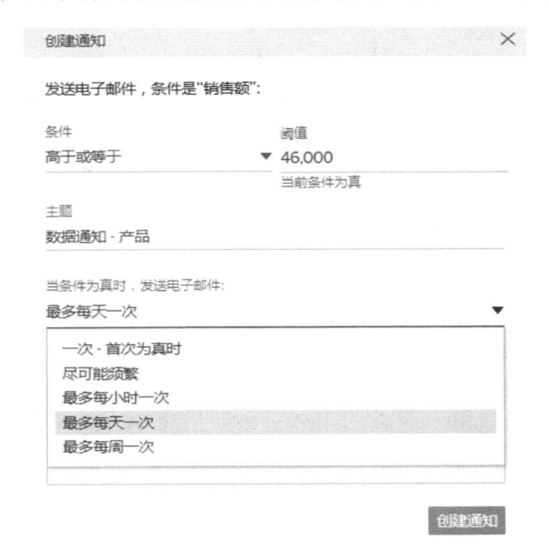

创建预警通知

小方 那些计划是在哪里创建的呢？

大明 我们来看一下这些计划在哪里创建的。首先需要退出 Tableau Server，用 Tableau Server 的服务器管理员账户登录，选择一个站点进入首页之后，把管理范围从某个站点切换为“管理所有站点”。

创建计划（服务器管理员）

然后进入“计划”页面，这里我们就可以新建计划、修改或删除现有的计划了。我们新建一个计划看一下。点击“新建计划”按钮，进入“新建计划”对话框。

“新建计划”界面

界面不复杂，给计划命名，选择任务类型是用于“数据提取刷新”，还是用于“订阅”。默认优先级是 50，可以修改。然后选择并行或者串行执行，Tableau Server 处理后台任务的服务组件可以同时运行多个进程，并行就是所有进程都用，挂在这个计划下面的几个任务可以同时执行；串行是只用一个进程，挂在这个计划下面的任务一个接一个排队执行。再下面是执行频率设置，规则很灵活，根据界面提示选择即可。关于数据提取刷新就这些内容啦，顺便也介绍了订阅任务。

小方 等一下，等一下，我还有问题。如果一个订阅或者通知发送给多个人，或者为组订阅，那么在后台，这个任务是一个任务还是多个任务？

大明 是多个任务，每个账户算作一个任务，因为每个人的数据权限有可能是不一样的，所以需要每个人一个独立任务。

小方 OK。还有任务执行的成功与否从哪里能够看到呢？

大明 哦，我竟然忘了介绍这个。不过也不复杂，如果数据刷新失败，或者订阅任务失败，Tableau Server 会给管理员推送通知。比如我们看当前账户登录进来就有一条告警消息，点开会看到详情。此外，管理员也可以在 Tableau Server 的状态报表中看到发生错误的任务以及详细信息。

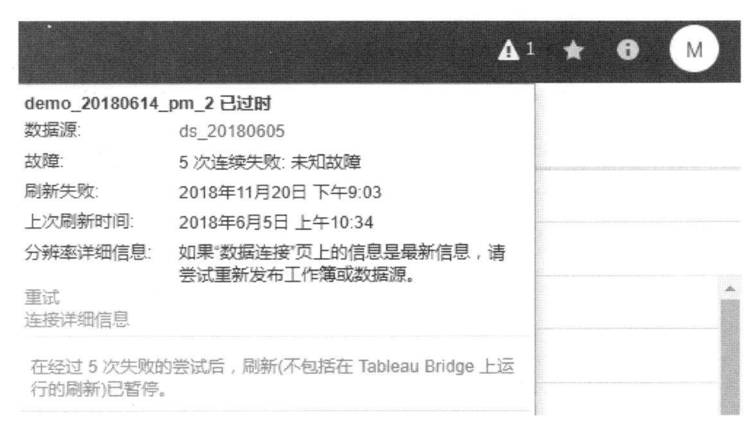

错误通知

小方 如果一次执行失败，不会重试吗？

大明 小方问得可够细的啊！如果执行失败会重试 5 次，5 次都失败就不再重试了。

小方 那如果到了下次计划执行时间，还再试 5 次吗？

大明 小方咋这么刨根问底呢……如果重试 5 次都失败，到下次计划执行时间也不再重试了，一定要等到人为干预之后才会继续按计划执行。小方还有别的问题吗？

小方 不好意思……还真的有。在 Tableau Desktop 中选择连接方式时，如果选择了“提取连接”，第一次提取是在 Tableau Desktop 中执行的。

大明 对，第一次提取是在 Tableau Desktop 中执行的。问题是啥？

小方 如果我后台的数据量很大，比如要提取个几个小时甚至一天，那我的电脑岂不是啥也干不成了？况且，如果我打算把数据源发布到服务器，这种本地提取没有任何用处啊！所以问题是，如何避免在本地进行提取？

大明 好问题！你说得非常有道理！如果打算把提取数据源发布到服务器上，那么在本地的提取过程就毫无用处。但是本地的初次提取又不可避免，所以我们需要一个变通的技巧。方法就是让第一次本地提取只执行一次空提取，也就是说不提取任何数据，然后把数据源发布到 Tableau Server 上，接着在 Tableau Server 上执行正常的提取过程。

小方 这个空提取该如何创建呢？

大明 在 Tableau Desktop 中有一个函数叫作 `now()`，用来获取当前的时间。我们写一个计算字段，叫作 `empty_extract_time_window`，比如现在时间是 2018 年 3 月 21 日 15:07:00，现在我们创建一个数据源让它在本地执行一次空提取，这个计算字段就可以写成这样：

```
Abs(Datediff('minute',now(),#2018-3-21 15:07:00#))>10
```

小方 看明白了，把这个字段加到数据源筛选器中，10 分钟之内这个条件都不会为真，所以在此期间执行提取时得到的结果就是空的，趁此机会发布到 Tableau Server 上，10 分钟之后这个条件变成真，就可以执行正常提取了。

大明 对，就这意思！千万记住，提取的数据源放到 Tableau Server 上执行刷新就好了，以前我见过有人在 Tableau Desktop 中每天执行一次数据完全提取，提取完成之后再发布到 Tableau Server 上。

小方 啊？这也太奇葩了吧？

大明 别惊讶，你不奇葩就好。

3.4　数据流管理

小方 突然想起一个问题。我们刚才说的提取都是在 Tableau Desktop 中创建的提取，如果我们使用 Tableau Prep 创建数据流程，生成数据提取文件，能不能发布到 Tableau Server 上由 Tableau Server 进行调度？

大明 这个问题好！在去年大麦来给咱们介绍 Tableau Prep 的时候，Tableau Prep 创建的数据流还不能发布到 Tableau Server 上。但从 Tableau 2019.1 版本开始，Tableau Prep 创建的数据流已经能够发布到 Tableau Server 上，由 Tableau Server 进行调度运行了！

小方 哇！我们翘首企盼的功能终于有了，赶紧看一下怎么用？

大明 咱们现在就看一下。首先，Tableau Prep 软件从 2019.1 版本改名为 Tableau Prep Builder，表明它是用来创建数据处理流程的。其次，在 Tableau Prep Builder 中创建的数据流输出环节可以选择“作为数据源发布”到 Tableau Server 上，发布选项与 Tableau Desktop 中发布数据源有点相似，要登录服务器、选择发布位置、为发布到 Tableau Server 上的输出单独命名，还可以添加一些说明。大家看一下这个画面。

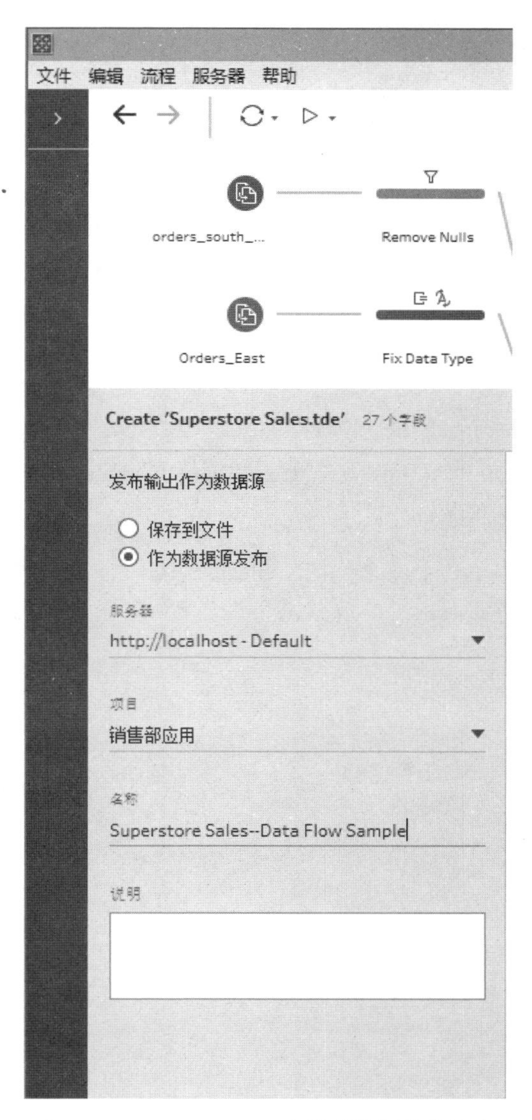

在 Tableau Prep Builder 中配置数据流的输出

小方 如果一个数据流中有多个输出，是不是要为每个输出进行这个配置？

大明 对，要分别设置每个输出。然后我们就可以通过 Tableau Prep Builder 中的“服务器”菜单发布数据流了。

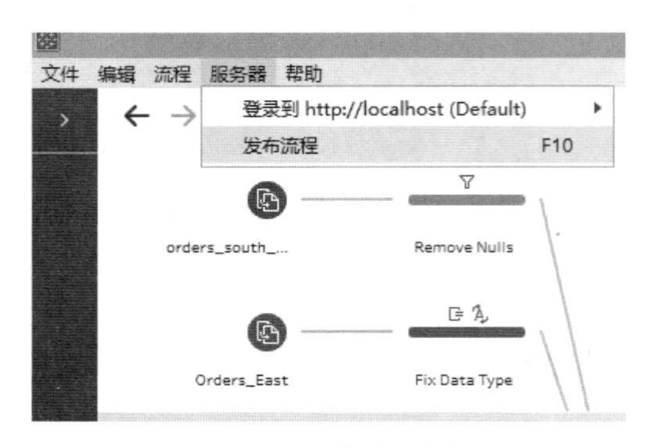

通过“服务器”菜单发布数据流

大明 发布数据流的界面比较简单。在这个对话框中也要选择发布位置，小方知道这里设置的位置和刚才在 Tableau Prep Builder 中配置数据流的输出界面中选择的位置有什么不同吗？

小方 我想想。输出配置指的是“数据源”，而这里指的是“数据流”，对吗？

大明 没错。大家要搞清楚两个概念，在 Tableau Server 上有 5 种对象：项目、工作簿、视图、数据源和流程。不要混淆了“数据源”和“流程”两个概念。

“发布流程”对话框

小方 发布到 Tableau Server 上之后是啥样呢？

大明 别急，我们现在就来看一下。

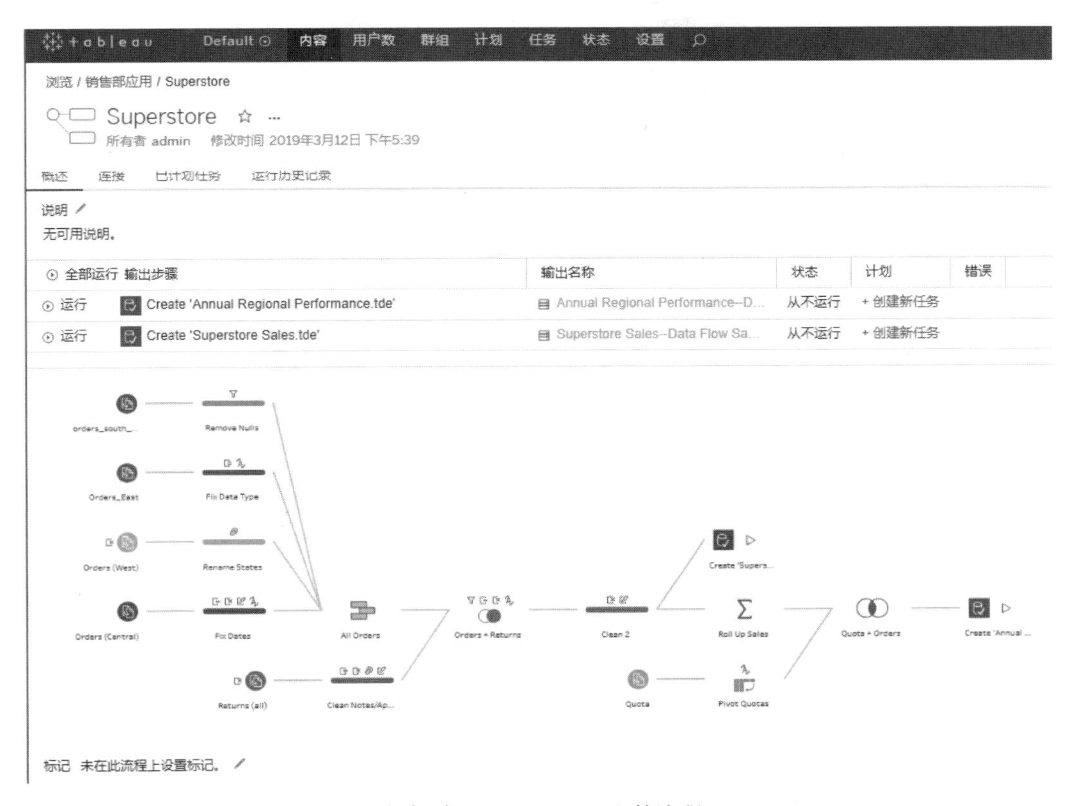

发布到 Tableau Server 上的流程

大明 概述页面中有数据流程的预览图片，在列表中有该流程中的输出步骤。可以点击“运行”按钮立即执行某个输出步骤，也可以点击“创建新任务”来定时调度任务。在“概述”旁边的还有“连接”“已计划任务”和“运行历史记录”，可以查看这个流程的数据连接信息、已经创建的任务列表以及运行历史记录。使用起来比较简单，咱们就不一一展开了。

3.5 用户筛选器

小方 以前创建的流程只能在客户端软件里手工执行，现在终于可以自动化了！咱们好像还漏了一些内容没说，就是 Tableau Desktop 软件中“服务器”菜单下面的“创建用户筛选器”，这是干什么用的？

大明 竟然忘了这么重要的内容！“创建用户筛选器”是用来进行数据的行级控制的，比如我们有一个关于各个地区销售额的工作表，发布到 Tableau Server 上之后，希望东北地区的销售经理只看东北地区的数据，华北地区的销售经理只看华北地区的数据，而总部的销售总监可以看所有地区的数据。这就是数据行级安全控制，确保在同一个视图中，不同的人看到不同的数据范围。其实，在 Tableau 中实现这个控制也很容易，我们把鼠标移到“创建用户筛选器”菜单项上面，发现子菜单其实就是维度列表。我们要使用哪个维度作为行级控制字段就选择哪个维度，比如我们使用“地区”维度。

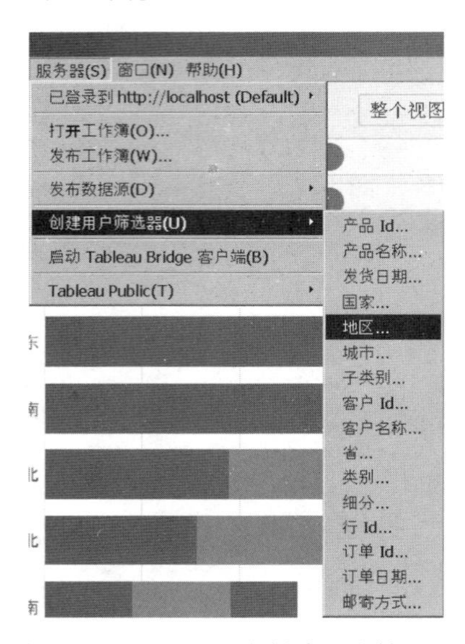

在 Tableau Desktop 中创建用户筛选器

选择“地区”之后，会弹出一个用户筛选器的对话框，左边是用户/组的列表，右边是这个维度的值，我们从左边选择用户或组，然后在右边选择这个户或组能够看到的地区范围就可以了。逐个设置完成之后，点击“确定”按钮就可以了。比如我们设置 Tommy 可以看除了东北之外所有地区的数据，而 Xiao Li 只能看两个地区数据；其他未设置权限的用户则不能看见任何数据，然后我们把筛选器名称改为“地区筛选器”。

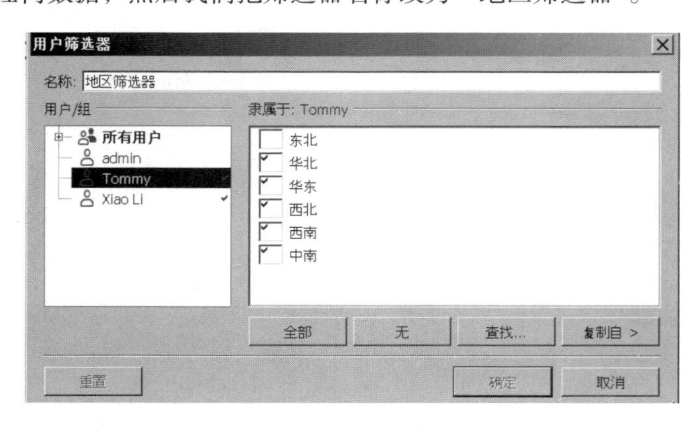

基于地区的用户筛选器

不过点击“确定”按钮之后，我们当前的工作表视图并没有发生变化，而在屏幕左侧的集窗格中出现了一个集，名字叫作地区筛选器，这就是我们刚才创建的用户筛选器了。我们知道，集可以用作筛选器，所以我们可以把这个集拖放到筛选器窗格，让它发挥作用。我们在 Tableau Desktop 最下方的状态栏上可以看到目前登录到 Tableau Server 的用户账户是 Tommy，而 Tommy 可以看到除了东北之外所有地区的数据，所以现在界面上的数据中地区就缺了东北。

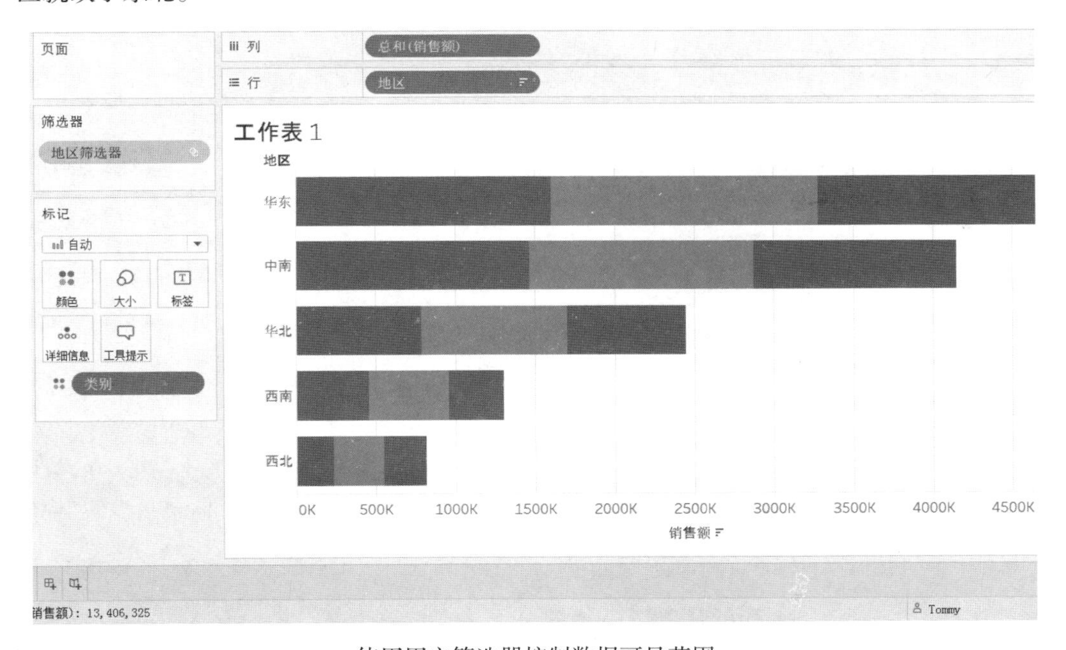

使用用户筛选器控制数据可见范围

小方 这个权限控制的方法不错！不过我有一个问题，假如我们的工作表的“行”“列”和“标记”功能区中并没有出现“地区”维度，那么这个基于“地区”维度的用户筛选器还能发挥作用吗？

大明 当然一样能够发挥作用，你可以试一下，由于视图中没有“地区”维度，应用用户筛选器之后，维度标签不会发生变化，但是数据值会发生变化。

小方 那我还有别的问题……这个筛选器的作用范围是的当前工作表？如果我有很多工作簿，岂不是每个工作簿都要设置一遍？似乎工作量有点大……

大明 这个问题很实际，用户筛选器的好处是简便易懂，缺点也有好几个，比如：

- 有工作簿编辑权限的用户可以把它从筛选器窗格中移走，使控制规则失效；
- 每个工作簿单独设置，工作量很大；
- 如果用户变更，修改起来工作量也很大。

所以这种方式有它的适用范围。要想更加灵活地进行数据行级控制，我们还有其他的方法，最常用的是采用权限控制表的方法。比如我们切换到数据源，我们知道 orders 表就是业务交易明细表，另一个 people 表就是权限控制表，这个表中记录了每个地区对应的销售经理。

权限控制表与数据表的关联

如果把 orders 表和 people 表相关联，就能够把地区经理这一列跟当前登录 Tableau Server 的用户名对应起来，间接完成了 Tableau Server 的用户与实际业务交易表中的数据行的规则。这就要求我们在 Tableau Server 中创建的用户账户名称与权限控制表中的用户名一致。我们先在 Tableau Server 上创建几个用户账户。

＋ 添加用户　▾ 0 个选定项目

↑显示名称	用户名	站点角色	群组	上次登录时间
Tommy	tommy	Site Administrator Creator	1	2018年11月12日 下午
Xiao Li	xiaoli	Explorer	1	2018年11月7日 下午
杨健	杨健	Explorer	1	
楚杰	楚杰	Explorer	1	
殷莲	殷莲	Explorer	1	
洪光	洪光	Explorer	1	
白德伟	白德伟	Explorer	1	
范彩	范彩	Explorer	1	

Tableau Server 上的用户列表

然后我们在 Tableau Desktop 中创建一个自定义字段 USERNAME()=[地区经理]。

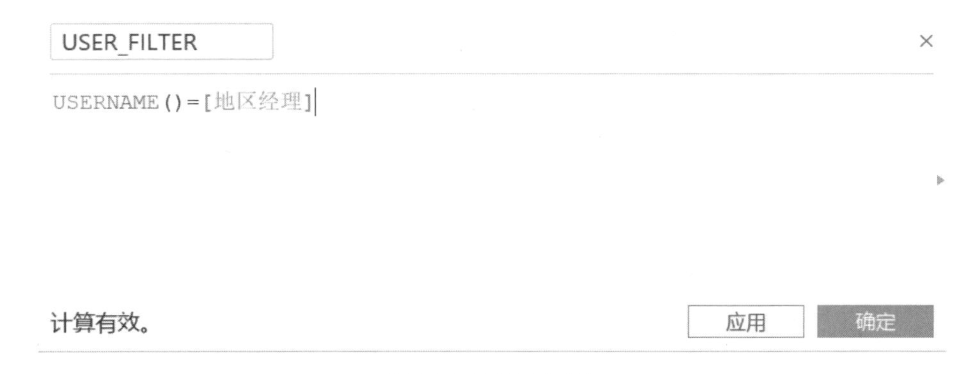

用户筛选器计算字段

接着我们要把这个 USER_FILTER 添加到数据源上，方法是右击数据源名称，在弹出的快捷菜单中选择“编辑数据源筛选器”。

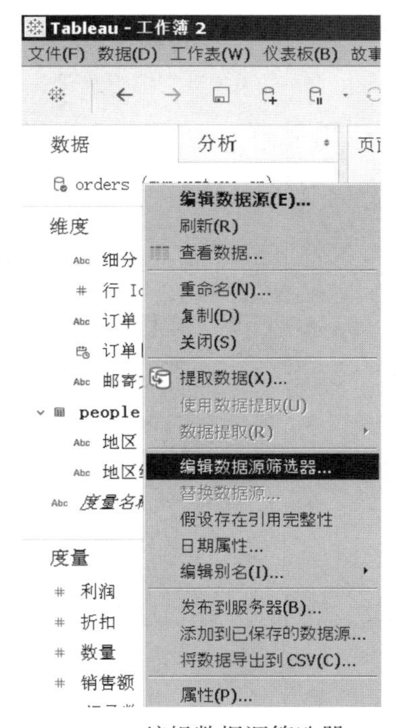

编辑数据源筛选器

在“编辑数据源筛选器”对话框中选择 USER_FILTER 字段，在弹出的取值中选择“真”，点击“确定”按钮即可。

添加数据源筛选器

我们点击“确定”按钮之后发现视图变为空白了，这是因为我们当前登录 Tableau Server 的用户是 Tommy，而 Tommy 用户不在权限控制表中，所以没有任何数据权限。

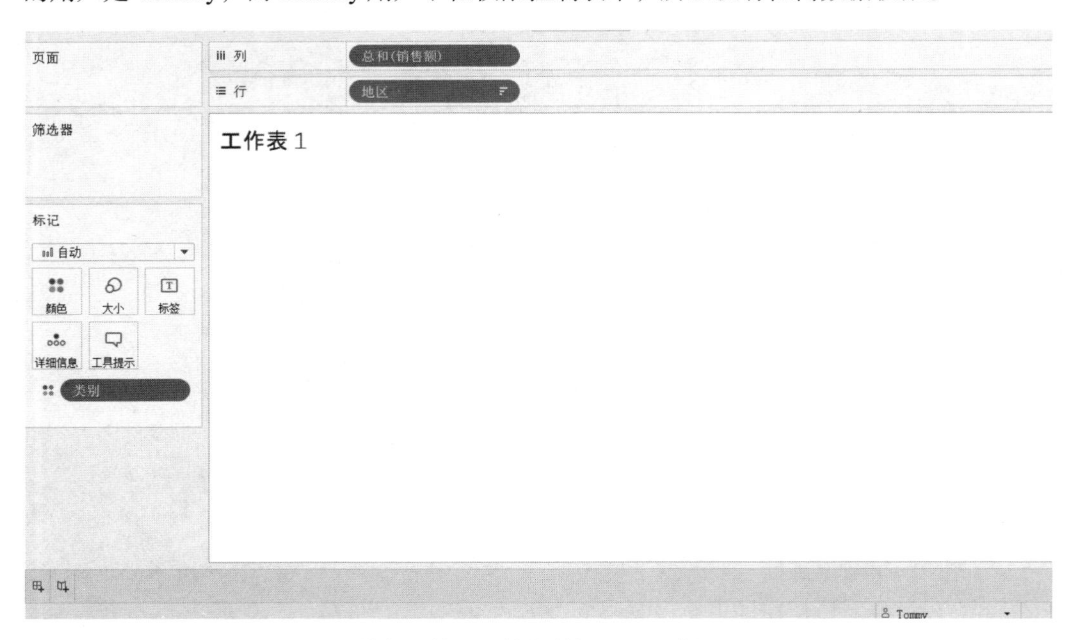

数据源筛选器控制数据的可见范围

我们切换用户为“范彩”，依据权限控制表，就可以看到中南地区的数据了。

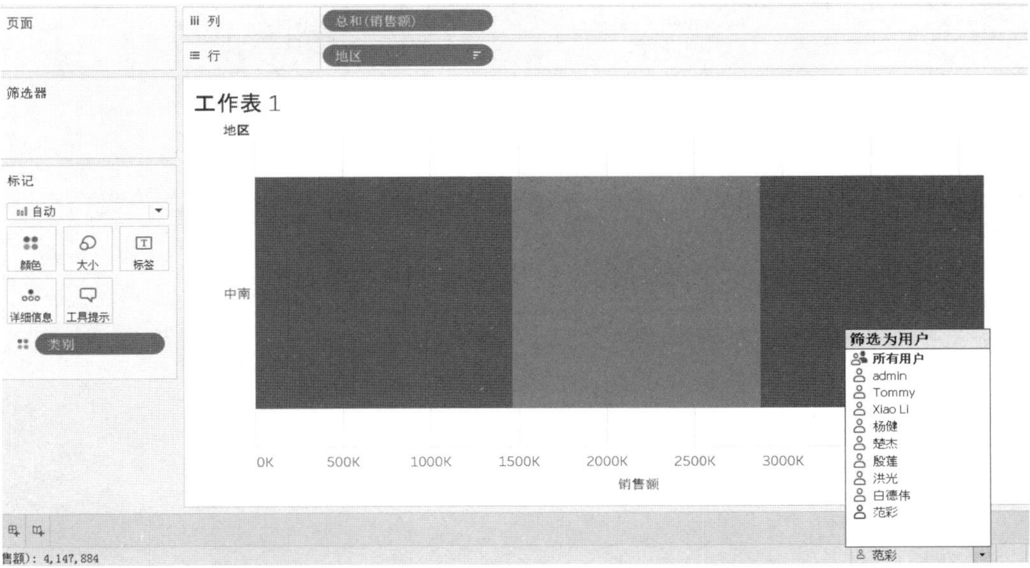

切换到其他用户

小方 这个控制是在数据源级别上？也就是说任何使用这个数据源的工作簿，都会收到这个权限规则的约束？

大明 孺子可教！这样就极大简化了权限管理的复杂度，用户变更或者权限变更都只需要维护那张权限控制表即可。此外，还有另外一个好处，知道是啥？

小方 用户如果不具备编辑修改数据源的权限，而只具有编辑工作簿的权限，他就不能去掉这个权限规则！

大明 对！所以权限控制表是个通用的方法。另外，假如原来的数据库中并没有权限控制表，那么这个权限控制表可以在另外一个数据库中，甚至在一个独立的 Excel 文件中。Tableau 从 v10 版本开始支持跨数据库连接，这种情况下可以将公共的 Excel 的权限控制表与不同数据库中的业务数据相关联。跨数据库连接也叫 cross database join，要是忘了怎么用，可以查看帮助文档。

小方 这样就更加方便通用了！但是用 Excel 表作为权限控制表，是不是有点低级？

大明 的确有点低级，不过以解决问题为目的，这种方法是比较简单的。当然有些系统做得比较完善，是把权限控制表放到某个数据库里面，并且用一套单独的程序界面来维护权限控制表。

小方 咱们就先省去这些开发的东西吧，先用简单方法，以后不够用了再想复杂的方法。光是发布工作簿发布数据源，研究了一下午，头都大了。怎么样，喝杯咖啡去？

大明 别忙，还有一点点没说完。点击工作簿上应用了用户筛选器，在发布工作簿的对话框里就会多出一个选项“当用户执行以下操作时生成缩略图”。

发布工作簿时选择用户缩略图

实际上，在我们通过 Web 页面访问 Tableau Server 上的某个视图时，如果是大图标模式，是可以看到视图的缩略图的，而这个缩略图是根据实际的数据生成的。当一个视图受到了用户筛选器的控制，使用哪个用户的权限生成缩略图就变成了一个选项，当然也可以选择一个没有权限的人，生成一个空的缩略图。我们选择“杨健”作为缩略图生成用户，点击“发布”，我们再到 Web 页面上，就可以看到这个视图的缩略图就只有一个地区了。

小方 细枝末节的东西还真多！现在可以去喝咖啡了吧？

大明 斯达巴克斯大杯拿铁走起，哈哈！

第 4 章

让数据更安全：内容组织和权限管理

4

本章介绍 Tableau Server 的内容组织和权限管理，包括站点的适用场景、服务器基本硬件配置、内容权限管理以及如何建立安全沙箱。

公司的同事们纷纷尝试了 Tableau Server 测试环境，大家基本熟悉了软件的使用方法和数据的发布方式，但是目前还没有定下来如何配置生产环境。目标用户分布在不同的业务部门，究竟是建立多个站点？还是建立一个站点多个项目？究竟是按照组来划分权限，还是按照用户来设置权限？这些问题表面看起来不复杂，怎么做都可以，但是怎样做才是最合理的呢？思来想去，大明还是决定邀请大麦来一起探讨一下。

4.1 站点还是项目？

大明 咱们也算老朋友了，直接说正事吧。我们已经搭建好了 Tableau Server，现在不知道怎么配置比较合适，想从你这里讨点经验。

大麦 先别着急，咱们先看一下系统环境吧。你们现在的 Tableau Server 用户有多少？

大明 我们现在有 60 个 Creator License（创建者许可证），200 个 Explorer License（探索者许可证）和 500 个 Viewer License（查看者许可证），所以算下来的话，Tableau Server 上最多可以创建 760 个账户，也就是目前的 Tableau Server 用户最多有 760 个。

小方 啊？咱们有这么多种 License？Creator、Explorer、Viewer……这都有什么区别呀？

大麦 其实 Tableau 官网（www.tableau.com）上有完整的介绍，说明了这 3 种 License 的区别，咱们再简要说明一下，大家可以看一下这个表。

角色与功能映射关系

功能分类	主要功能	Creator	Explorer	Viewer
访问	Web 和移动设备	√	√	√
	嵌入内容	√	√	√
交互	与可视化和仪表板交互	√	√	√
	将可视化下载为图像（.pdf/.png）	√	√	√
	下载摘要数据	√	√	√
	下载完整数据	√	√	×
	创建和共享自定义视图	√	√	×
协作	评论仪表板和可视化	√	√	√
	为自己创建订阅	√	√	√
	接收数据驱动型通知	√	√	√
	为其他人创建订阅	√	√	×
	创建数据驱动型通知	√	√	×
制作	编辑现有工作簿和可视化	√	√	×
	从现有已发布数据源创建并发布工作簿	√	√	×
	使用新数据源创建并发布新工作簿	√	×	×
	创建并发布新数据源	√	×	×
	根据预先构建的 Dashboard Starter 创建新工作簿（Tableau Online）	√	×	×
准备	创建新数据流（.tfl）	√	×	×
	编辑和修改数据流（.tfl）	√	×	×
	导出数据（.tde/hyper 或 csv）	√	×	×
	发布和运行数据流	√	×	×
	计划数据流	√	√	×
	监视数据流性能和运行状况	√	×	×
管控	管理用户和权限	√	√	×
	管理内容和认证数据源	√	√	×
	管理 Tableau Server	√	×	×

这个表里面列出了 3 个角色的功能范围，但并没有直接映射到产品。所以从产品角度，我们再映射以下几个角色。

- Creator License：包含一个 Tableau Desktop License，一个 Tableau Prep License，以及一个 Tableau Server 的账户 License。
- Explorer License：包含一个 Tableau Server 账户 License，可以使用 Tableau Server 上的 Web Edit 功能以及仪表板的查看、交互、协作相关功能，同时，可以担任站点管理员，但是不可以担任服务器管理员；不能使用 Tableau Desktop 和 Tableau Prep。

- Viewer License：包含一个 Tableau Server 账户 License，可以使用 Tableau Server 上的查看、交互和协作功能；但有一些限制，比如不能创建自定义视图、不能使用 Web Edit，不能下载完整数据，不能为其他人订阅，也不能使用 Tableau Desktop 和 Tableau Prep。

小方 Explorer 和 Viewer 不能使用 Tableau Desktop 和 Tableau Prep，这一点好理解，但是 Viewer 不能使用某些服务器的功能，具体是怎样的一些功能呢？

大麦 我们可以看一些例子。我现在用一个 Tableau Server 的服务器管理员账户登录到 Tableau Server 上，看一下哪些功能对 Explorer 和 Viewer 有所限制。我们先说这几种角色类型在 Tableau Server 上会映射到哪些服务器角色。在 Tableau Server 上创建一个新用户的时候，需要指定该用户的站点角色，大家可以看一下。

站点角色

我们可以看到有 3 类 8 种站点角色。

- Server Administrator：服务器管理员账户，占用一个 Creator License。
- Site Administrator Creator：站点管理员账户，占用一个 Creator License。
- Creator：普通 Creator 账户，具备除服务器管理员、站点管理员之外的所有功能，占用一个 Creator License。
- Site Administrator Explorer：站点管理员账户，占用一个 Explorer License。
- Explorer(can publish)：Explorer 账户，可以发布工作簿，占用一个 Explorer License。
- Explorer：普通 Explorer 账户，不能发布工作簿，其他与 Explorer(can publish)角色相同。
- 只读：只有基本查看和交互权限，占用一个 Explorer License。
- Viewer：查看账户，占用一个 Viewer License。

小方 我有一些地方不太明白。如果站点角色决定了一个用户具备哪些权限，那么我们还需要再为每个项目、工作簿、视图、数据源等单独授予权限吗？

大麦 这个问题很好，还真的需要特别说明一下。站点角色决定了一个账户能够具有的最大的权限，注意是“能够”具备的最大权限，这有几层意思。首先，你可以在内容授权时降低他的权限，例如一个 Explorer(can publish)账户，你可以指定他不允许发布到某些项目中。

其次，你不可以授予一个用户超越站点角色的功能，例如一个普通 Explorer 账户（不能发布），无论如何指定权限，也不可能分配给他发布工作簿的权限；再比如，你无法授予一个 Viewer 角色的账户编辑工作簿、发布工作簿之类的权限；同样的道理，一个站点管理员无论如何也无法具备服务器管理的特定功能。

小方 那服务器管理员和站点管理员有什么区别呢？不都是管理员吗？

大麦 一个 Tableau Server 上可以配置多个站点，服务器管理员可以创建新的站点、管理所有站点以及监控管理整个服务器的运行状态。

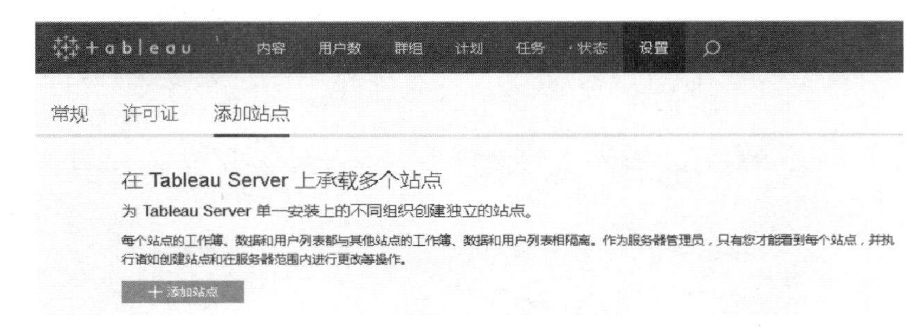

添加站点（服务器管理员）

另外，服务器管理员可以监控整个服务器的后台服务运行状态，他的状态页面与站点管理员有所不同。

后台服务运行状态

小方 那么一个站点管理员就只能管理一个站点，还是可以管理所有站点？

大麦 要回答你的问题，首先要搞清楚一个很重要的问题：一个用户账户在不同的站点中可以有不同的站点角色。我们要看一个实例才好理解。首先，我们创建一个叫作 demo 的新站点。

新建站点

名称

网站名: demo

站点 ID: demo

URL: http://localhost/#/site/demo

存储

为用户发布的内容保留多少空间。

服务器限制

GB

修订历史记录

修订是以前发布到服务器的工作簿和数据源的版本。

保存修订历史纪录

无限制

25 修订版

新建站点设置

注意在这个页面下，有很多关于新站点的管理选项，比如谁可以在这个站点上创建用户，这个站点允许创建多少个账户等。我们暂且将所有选项都保留为默认值。站点创建完成之后，就出现了站点列表页面。

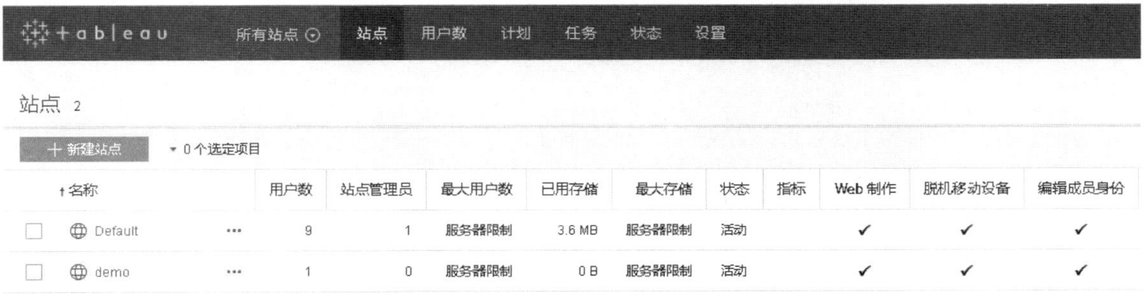

+ableau 所有站点 站点 用户数 计划 任务 状态 设置

站点 2

+ 新建站点 0 个选定项目

名称	用户数	站点管理员	最大用户数	已用存储	最大存储	状态	指标	Web 制作	脱机移动设备	编辑成员身份
Default	9	1	服务器限制	3.6 MB	服务器限制	活动		✓	✓	✓
demo	1	0	服务器限制	0 B	服务器限制	活动		✓	✓	✓

站点列表

我们点击 demo 站点名字，就跳转到 demo 站点的首页。

demo 站点首页

大家可以看到，demo 站点中有一个默认项目叫作“默认值”，事实上每个站点都有这个叫作“默认值”的项目，并且它不可以改名，后续自己创建的项目则可以重命名。我们进入这个站点的“用户数”页面，可以发现这个站点中没有用户。

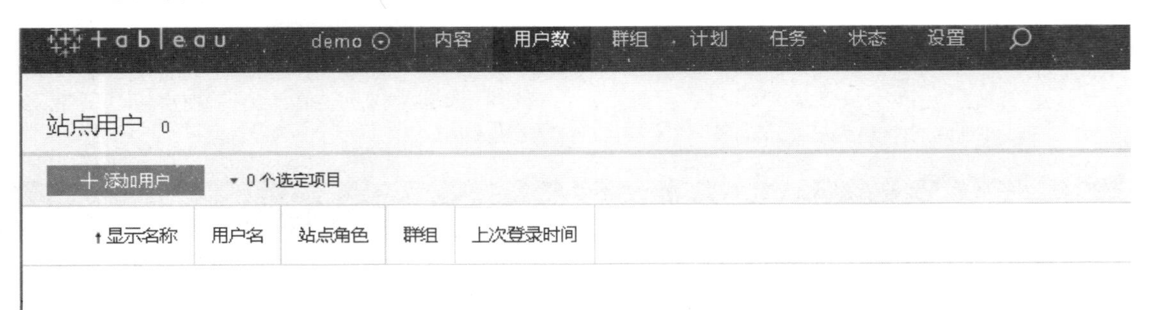

新站点的用户列表

而如果我们切换到服务器的用户数，这里就显示了所有站点的用户，所以大家可以知道，一个新站点创建起来的时候，站点中是没有用户的；某个用户账户在 A 站点中是否拥有权限与他在 B 站点中是否拥有权限毫无关系。

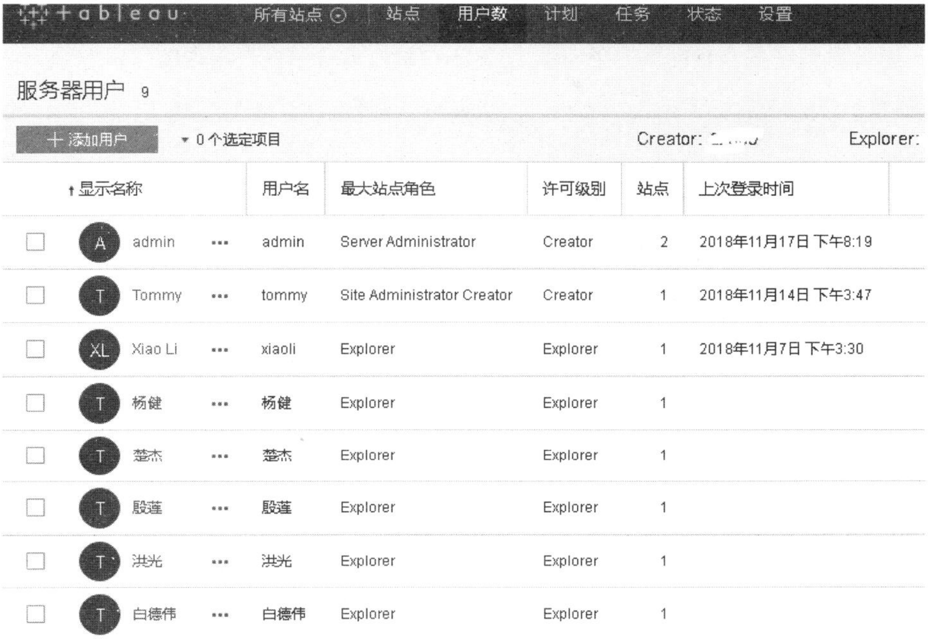

+ableau 所有站点 站点 用户数 计划 任务 状态 设置

服务器用户 9

＋添加用户 0 个选定项目 Creator: Explorer:

显示名称	用户名	最大站点角色	许可级别	站点	上次登录时间
admin	admin	Server Administrator	Creator	2	2018年11月17日 下午8:19
Tommy	tommy	Site Administrator Creator	Creator	1	2018年11月14日 下午3:47
Xiao Li	xiaoli	Explorer	Explorer	1	2018年11月7日 下午3:30
杨健	杨健	Explorer	Explorer	1	
楚杰	楚杰	Explorer	Explorer	1	
殷莲	殷莲	Explorer	Explorer	1	
洪光	洪光	Explorer	Explorer	1	
白德伟	白德伟	Explorer	Explorer	1	

所有站点的用户列表

然后我们让一个用户同时具备两个站点的访问权，比如我们想让 Tommy 这个账户能够访问两个站点，在 Tommy 账户名旁边三个点的按钮，在弹出的快捷菜单中，选择“站点成员身份”。

+ableau 所有站点 站点 用户数 计划 任务 状态 设置

服务器用户 9

＋添加用户 1 个选定项目 操作 Creator Explorer

显示名称	用户名	最大站点角色	许可级别	站点	上次登录时间
admin	admin	Server Administrator	Creator	2	2018年11月17日 下午8:19
Tommy	tommy	Site Administrator Creator	Creator	1	2018年11月14日 下午3:47
Xiao Li			Explorer	1	2018年11月7日 下午3:30
杨健	杨健	Explorer	Explorer	1	
楚杰	楚杰	Explorer	Explorer	1	

站点成员身份...
删除...

站点成员身份设置

在弹出的站点角色对话框中，选择他在不同站点中的角色，现在大家看到是的 Tommy 在默认站点中的角色是站点管理员 Creator，而在 demo 站点中的角色只是 Explorer。

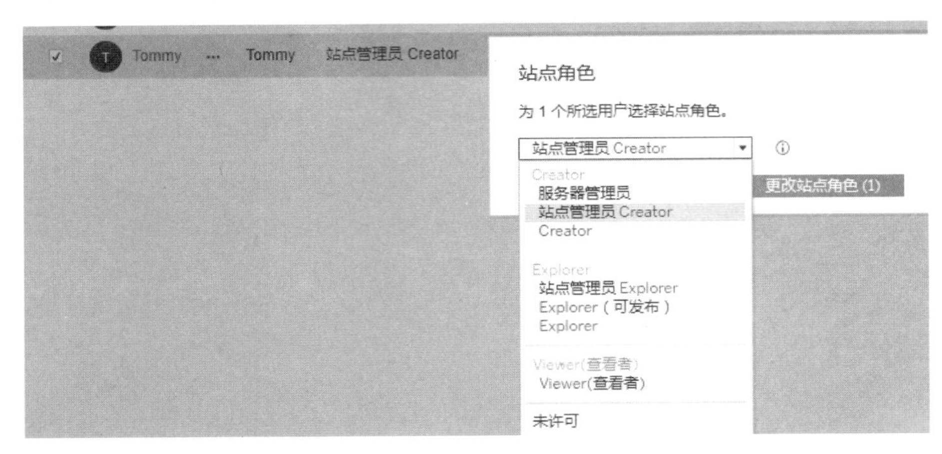

用户的“站点角色”分配

小方 每个用户账户都占用一个 Tableau Server 的 License，如果一个账户对多个站点具有访问权，会占用多个 License 吗？另外，如果一个账户在 A 站点中的角色是 Creator，在 B 站点中是 Explorer，假如这个账户只占用了一个 License，那这个账户占用的是什么类型的 License？

大麦 首先，即使一个账户可以同时访问多个站点，这个账户也只占用一个 Tableau Server License，而不是多个 License。究竟占用那种类型的 License，就取决于站点角色权限最高的那个角色，例如一个账户在 A 站点中是 Creator，B 站点中是 Explorer，那么这个账户占用的是一个 Tableau Server 的 Creator License；又加入一个用户账户在 A 站点中是 Explorer，在 B 站点中是 Viewer，那么这个账户占用的是 Explorer License。

小方 Tableau Server 如何限制用户账户的数量呢？

大麦 Tableau Server 在安装完毕进行软件激活的时候，需要输入一个软件序列号，用序列号激活软件之后，在 Tableau Server 中就能够创建相应数量的用户账户了。比如说，你们这里采购了 60 个 Creator，200 个 Explorer，500 个 Viewer，那么你们激活软件之后，在 Tableau Server 上就只能创建相应数量的用户账户数量。如果创建多于 760 个的账户，那么额外的这些账户的站点角色状态将是“未许可”。

小方 明白了。站点管理员也可以创建用户账户吗？

大麦 站点管理员是否能够在所管理的站点上创建账户，取决于服务器管理员的设置，服务器管理可以允许站点管理员创建用户账户，也可以不允许站点管理员创建账户。

大明 那咱们就接着这个站点的问题继续说咱们的正事儿。我们还没决定好究竟是采用多站点模式，还是单站点模式。

大麦 多站点或者单站点模式之间并没有一个严格的准则，并没有说某种情况下必须用多站点，或者单站点。但是需要搞清楚多站点和单站点之间的一些差异。首先，在多站点情况下，每个站点的管理是独立的，并且内容是不能跨站点复制或者移动的。

大明 怎么理解？

大麦 每个站点独立管理，指的是每个站点都可以设置独立的站点管理员，他负责本站点的内容、用户和权限的管理，例如创建用户账户、进行权限管控、对本站点的性能和访问行为进行分析等。采用多站点模式意味着整个 Tableau Server 系统的管控权被部分下放到了站点级别，分担了服务器管理员的一些职责，在某种意义上说叫作代理管控。另外一个重要的特性是，一个站点上的内容，包括项目、工作簿、视图、数据源，都绝不可能被移动或者复制到另外一个站点中去，所以在内容上是彻底隔离的。

大明 隔离倒是不错，但是代理管控……我们还没想好。

大麦 基于这两个特点，有一些情况下是比较推荐用多站点模式的，比如用户量非常大，必须把用户管理之类的管理职责分出去，否则服务器管理员会不堪重负。

大明 我们有 760 个用户账户，也算大的了吧？

大麦 还行吧……不过，我刚才说用户量非常大的时候，脑海里浮现的是我们那一大堆 Tableau Server 用户超过 1 万的客户名单。

大明 哦，咳咳，好吧。

大麦 当然也有基于内容隔离原因而建立多站点的，比如一个集团公司，下属分公司之间的内容是不允许被复制或移动的；或者公司的财务、人力资源部门认为自己的数据内容高度机密，绝对不容易流失，也会要求使用独立站点。

大明 我们这里目前倒还没有部门有这么强烈的要求，不过财务和人力的数据权限管控的确需要额外小心的。有没有混合模式的呢？比如财务、人力分别建立各自站点，而其他部门共享另一个站点？

大麦 你把这个叫作混合模式，可是这不就是多站点吗？

大明 也是，其实就是多站点。看起来多站点好处也多多啊。

大麦 虽然有好处，但是也有弊端。比如在用户规模没有那么大的情况下，还要设置站点管理员，有点画蛇添足的感觉，管理流程上也会变得复杂多余。

大明 那么，这两种模式是需要一开始就决定吗？还是可以在使用过程中转换？

大麦 一般来说，可以先从单站点模式开始，待用户规模扩大到一定程度，再切分成多站点模式，这时需要把每个站点的内容重新发布一遍。如果想要从多站点模式切换回单站点模式，虽然理论上也可以，实践中却很少见。除非……一开始你就把问题弄复杂了，没几个人，也没多少内容，却放了多站点，用着用着嫌麻烦，再换成单站点。我没说你们哦，别多心……

4

大明 哦，咳咳，好吧。我大概了解了，我们还是从单站点模式开始吧，以后用户也达到成千上万，再考虑多站点部署。另外，你看一下我们这个服务器硬件该怎么配？

4.2 服务器配置

大麦 你们现在的服务器什么配置？

大明 我们准备了三台服务器，一台生产，一个备份，一台开发。

大麦 硬件上是什么配置呢？

大明 三台机器配置相同，都是 16 核 CPU，CPU 型号忘记了，是比较新的型号，主频 3.0GHz 以上，128GB 内存，2TB 硬盘。操作系统是 Windows Server 2012 R2。支持我们目前这些用户，够用吗？

大麦 我觉得配置不错。你们可以在 Tableau 官网上查找有关服务器硬件的一般性要求，网址是 https://www.tableau.com/zh-cn/products/techspecs#server（见二维码 1）。此外，根据 Tableau 公司自己的测试报告看，一个 8 核 CPU 的服务器硬件，在常规应用模式下，大约支持 60 到 80 个并发用户访问。这个测试报告大家可以自己找来看，网址是 https://www.tableau.com/zh-cn/learn/whitepapers/tableau-server-90-scalability-powering-self-service-analytics-scale（见二维码 2）。这个测试是基于 Tableau Server v9.0 进行测试的，不过鉴于后续版本的 Tableau Server 性能会更好，所以这个报告仍然具备参考价值。

二维码 1

二维码 2

大明 并发用户访问？

大麦 就是同时在线进行操作的用户数量。比如你们有 760 个用户账户，但并不意味着任何时刻都有 760 个人同时登录服务器进行数据浏览和分析对吧？所以会有一个并发率，比如 10% 并发率就是 76 个并发用户。

大明 明白了，虽然我们现在还不知道会有多少并发率，但是现在业务部门用户的表现也非常积极踊跃，但具体到系统上线之后，同时登录系统的用户数量大概也不会超过 10%，所以我们现在这个配置应该能满足需求了。

大麦 没关系，即使到时候用户并发太多或者系统扩容，增加到了几千或者上万个用户，这个系统也可以进行同步的扩容升级。

大明 硬件升级？不会影响到我们的软件和应用吧？

大麦 硬件扩容通常也叫作系统扩展，分为纵向扩展和横向扩展两种。纵向扩展就是不增加服务器的数量，只在现有的服务器上增加 CPU、内存的数量等；横向扩展指的是增加服务器台数，例如从单台机器扩展为 3 节点集群，或者从 3 节点集群扩展到 5 节点集群。其实横向扩展和纵向扩展可以一起进行，Tableau Server 软件需要根据硬件规模的变化进行一些配置调整，但不会影响现有系统的内容。这些你们暂时都还用不上，以后真有需要的时候咱们再详谈。如果有人对 Tableau Server 的集群架构感兴趣，也可以先到 Tableau 官网上了解一下。

Tableau Server 集群架构介绍
https://onlinehelp.tableau.com/current/server/zh-cn/distrib_ha.htm

大明 行，我们有空先找文档学习一下。虽然我们的用户数不算很多，但大家都认为这个系统非常重要，如果从“高可用”的角度来看，是不是部署成集群会更好？

大麦 “高可用”是个相对的词，很多人都说自己需要一个高可用的系统，但其实什么才是高可用？这本来就是个模糊的说法，大家都追求尽可能少的宕机时间，张口就说我要 6 个“9”的可靠性，但很少有人真的去想，我能够接受多少宕机时间。我们来看一下不同的可靠性级别与系统每年宕机时间的对应关系。

高可用性目标

9 的数量	可用性百分比	每年宕机时间	每月宕机时间
1	90%	36 天 12 小时	3 天 1 小时
2	99%	3 天 15 小时	7 小时 12 分钟
3	99.9%	8 小时 45 分钟	43 分钟 48 秒
4	99.99%	52 分钟 34 秒	4 分钟 19 秒
5	99.999%	5 分钟 15 秒	27 秒

所以要理性地看待高可用性需求，并非一定要追求更多的“9”，要知道你要求的“9”越多，投入的成本也会越高。

大明 那么我们用“1”生产环境，“1”备份环境。现在的想法是如果生产环境宕机，就启动备份环境，把用户访问地址也切换到备份环境上去。就是不知道这个切换过程要花多少时间，会不会对用户访问造成明显的影响。

大麦 实际上，“1主1备”的环境也可以构成可用性比较高的系统架构，我们来看一个架构图。

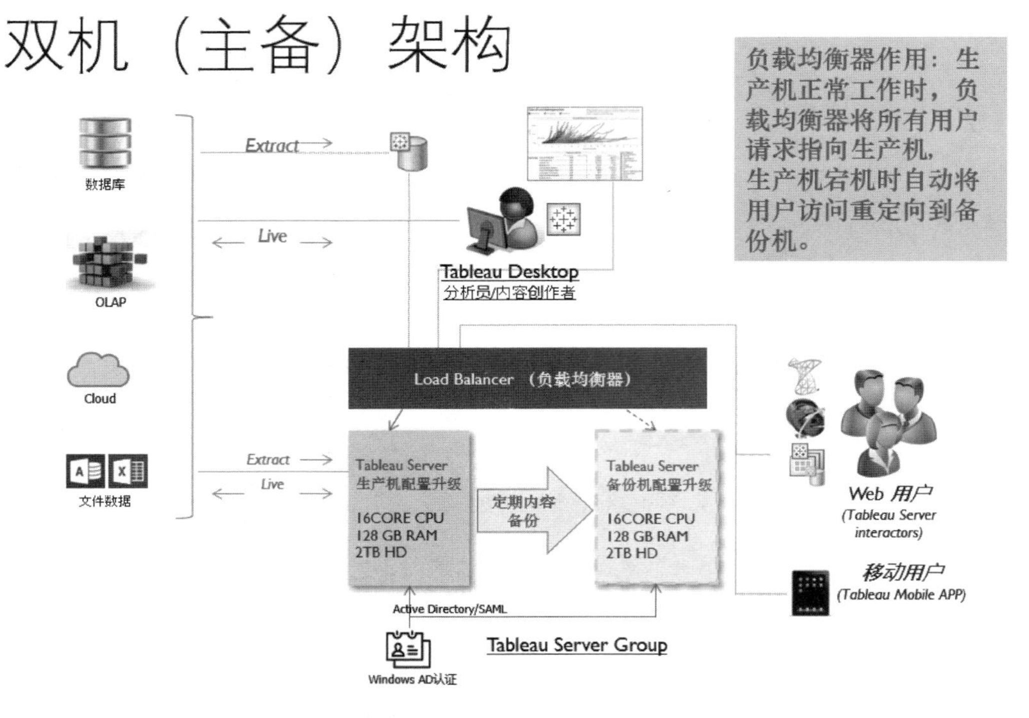

双机架构

大明你看一下这个架构，跟你们现在的部署计划有什么不同？

大明 还真有一些不同。一是负载均衡器，为什么在生产机和备份机之上有一个负载均衡器？二是定期内容备份，这个我们没考虑清楚，这个过程能不能自动化？三是集成认证，你这里面是用Windows AD认证，我们的生产系统会采用集成认证。

大麦 提升系统架构可用性的关键就在于负载均衡器，假如生产机和备份机都处于开机状态，备份机上的内容与生产机也保持一致，那么当生产机正常运行时，负载均衡器将所有的用户访问请求指向生产机；当生产机宕机时，负载均衡器将所有用户请求指向备份机。

大明 那怎样保证备份环境和生产环境中的内容是一致的呢？

大麦 完全一致可能并不现实，所以有自动同步过程，你们可以写一个脚本，定时从生产环境中把内容备份出来，然后恢复到备份环境中去，这样就实现了备份环境与生产环境的一致。

大明 这个过程不是实时的?

大麦 不是实时的，通常每天晚上进行一次同步就可以了。注意备份环境只是临时启用，当生产环境宕机时，还需要运维人员尽快修复生产环境。

大明 这个脚本又该怎么写呢?

大麦 可以参考 Tableau Server 的帮助手册，任务定时调度和生产机宕机监测脚本等可以请你们的 IT 来做，作为系统运维规范和工具的一部分。

大明 好吧，看来我们还需要增加一个负载均衡器。我们现在的服务器能够支持的并发访问用户数量，除了看你说的那个文档之外，有没有可能做个性能测试来确定一个比较准确的范围?

大麦 可以的。Tableau 开源社区提供了一个 Tableau Server 性能测试工具：Tabjolt。它用起来比较简单，按照操作手册即可自行完成性能和压力测试。这个工具可以在 GitHub 上进行下载，它是开源软件，并不属于 Tableau 销售的软件的一部分，因此 Tableau 也不负责这个工具的技术支持，在使用这个工具的过程中如果出现问题，可以通过社区与其他的用户讨论。

Tabjolt 下载地址
https://github.com/tableau/tabjolt

大明 OK，我们有空也研究研究。咱们还是继续讨论权限问题吧。

大麦 先别着急。权限问题咱们一会儿再讨论，现在还得再看一下你们的服务组件配置。

大明 服务组件配置?

大麦 对，Tableau Server 后台有一系列的服务组件，在 Tableau Server 正常运行期间，这些服务组件是协同工作的，一起为用户提供服务。这些服务组件体现为一个个独立的进程，有的是多进程服务，也就是可以在一台机器上启动多个进程，所以合理地配置各个服务组件的数量可以充分利用系统的硬件资源，使得系统发挥最大的性能。

大明 从哪儿可以看见这些进程?

大麦 其实咱们刚才看过，用服务器管理员账户登录，在状态页面就可以看到后台服务组件的运行状态。可以发现，现在这台服务器为每个服务组件都配置了一个。

+ a b l e a u 所有站点 站点 用户数 计划 任务 状态 设置

服务器状态

进程状态

Tableau Server 中正在运行的进程的实时状态。

进程	WIN-GI7FORLJLT1
网关	✓
应用程序服务器	✓
VizQL Server	✓
缓存服务器	✓
搜索和浏览	✓
后台程序	✓
Data Server	✓
数据引擎	✓
文件存储	✓
存储库	✓
Tableau Prep Conductor	✓

刷新状态 主动 忙 被动 未许可 不可用 状态不可用

后台服务运行状态

大明 你的意思是说，这些服务组件都可以配置为多个？

大麦 大部分都可以配置为多个，但不是全部。大家看一下 Tableau Server 的配置管理工具——TSM[①]，在拓扑选项下，可以修改每个服务的进程数量。

① TSM（Tableau Services Manager）是 Tableau Server 的一个服务组件，用于进行服务器配置。TSM 有 Web 界面，在界面上可以配置拓扑、安全性、通知、许可等。当前这个界面是 TSM 中配置拓扑的界面。

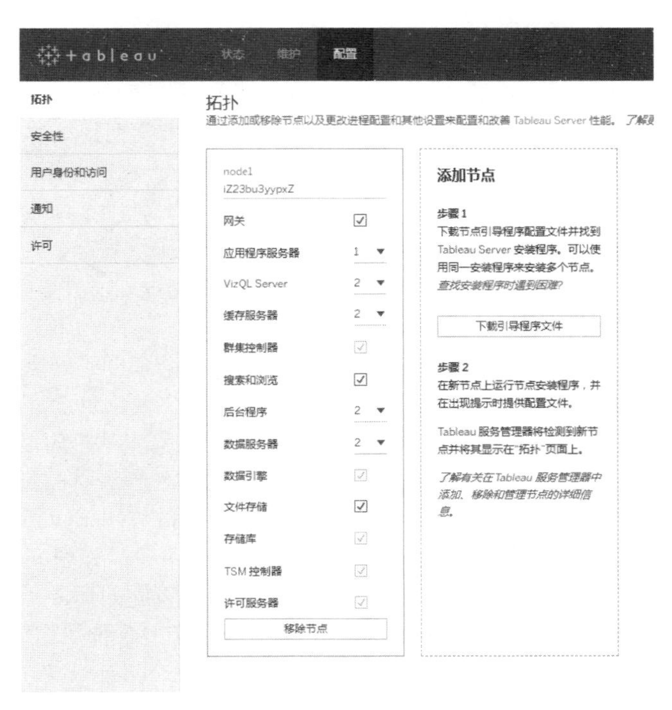

添加后台服务数量

大明 这个配置有什么计算依据吗？

大麦 了解计算方法之前需要先了解每个服务的作用，我们看一张图，这张图表明了 Tableau Server 服务组件的架构关系、用途和进程名称。

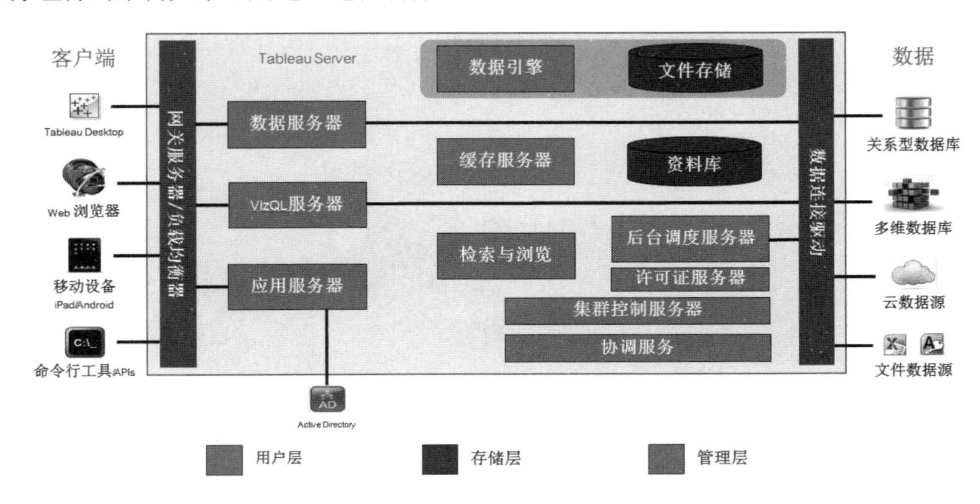

Tableau Server 后台服务架构图（另见彩插图 8）

为了大家看得更清晰，我们再说明一下。

- 网关服务器/负载均衡器（Gateway/Load Balancer）：网关服务器用 Apache Tomcat 构建，处理 Web 请求；负载均衡器[①]用于将用户访问请求分配到集群中的不同节点上。
- 数据服务器（Data Server）：管理发布到服务器上的数据连接以及实时连接。
- VizQL 服务器（VizQL Server）：用于加载工作簿，渲染视图，响应用户交互。
- 应用服务器（Application Server）：提供认证、权限、发布、API 调用等服务。
- 数据引擎（Data Engine）：用于创建、管理、查询提取文件。
- 文件存储（File Store）：用于管理数据提取文件。
- 缓存服务器（Cache Server）：用于管理数据查询结果形成的系统缓存。
- 资料库（Repository）：用于存储系统元数据信息（使用 PostgreSQL）。
- 检索与浏览（Search and Browse）：用于提供服务器上的搜索功能。
- 后台调度服务器（Backgrounder）：用于数据提取任务和订阅任务的调度执行。
- 许可证服务（Licensing）：用于检查 Tableau 软件的许可证可用状态。
- 集群控制器（Cluster Controller）：管理集群的可用性，处理失效转移。
- 协调服务（Coordination Service）：协调分布式环境中的任务（使用 Zookeeper）。
- 数据连接驱动（Data Connection Driver）：用于连接各种数据源的驱动程序，例如通过 Tableau Server 连接 Oracle 数据库，则需要在 Tableau Server 上安装 Oracle 数据库的驱动程序。

集群控制器和协调服务两个组件也被称为基础安装（Base Install），无论你是单机安装还是集群安装，都必备这两个服务组件。在集群环境中，除了基础安装的两个服务之外，每个节点上运行什么服务器组件是可以选择的。每个服务器组件的进程数量也是可以设定的，我们现在可以看一下进程数量设置的一些基本依据。

其实这些依据在 Tableau Server 的帮助文档中都有，请大家看一下这个网址：https://onlinehelp.tableau.com/current/server/zh-cn/perf_extracts_view.htm，这里第一段列举了一个单机部署环境的后台服务器组件的配置数量。

帮助文档链接

①负载均衡器并不是 Tableau 软件的一部分，用户可自由选择任何支持的负载均衡器。

Process	Initial Node
Gateway	✓
Application Server	✓
VizQL Server	✓ ✓
Cache Server	✓ ✓
Search & Browse	✓
Backgrounder	✓ ✓
Data Server	✓ ✓
Data Engine	✓
File Store	✓
Repository	✓

典型的单机服务器配置

配置说明

- 服务器运行两个 VizQL Server 进程、两个 Cache Server 进程和两个 Data Server 进程。这些是推荐值，并且是安装中的默认值。
- 一般情况下，为节点上的每个 VizQL Server 进程运行一个缓存服务器进程。
- 将计算机的物理内核总数除以 4，计算要运行的 Backgrounder 的最少数量。若要计算最大数量，请将计算机的物理内核总数除以 2。
- Backgrounder 和 Data Engine 进程都会大量占用 CPU。
- 将数据提取刷新安排在非高峰时段执行，这样 VizQL Server、Application Server、Data Engine 和 Backgrounder 进程就不会争用系统资源。

当然，如果是双机系统或者集群系统，在这篇文档里面也都有推荐的配置，在日后需要的时候，记得到这里面来查阅。

大明 看来我们的 Tableau Server 在这方面配置有待进一步优化。现在我们可以开始看一下 Tableau Server 的授权？假如我们现在使用单站点多项目模式，系统权限配置有没有什么最佳实践？

4.3 权限管理

大麦 不同的组织在这方面都有一些自己的实践，是不是最佳要看具体情况。但是不管如何实践，我们都要了解一下 Tableau Server 的基本授权模式。下面这张图是 Tableau Server 的权限管理模型。

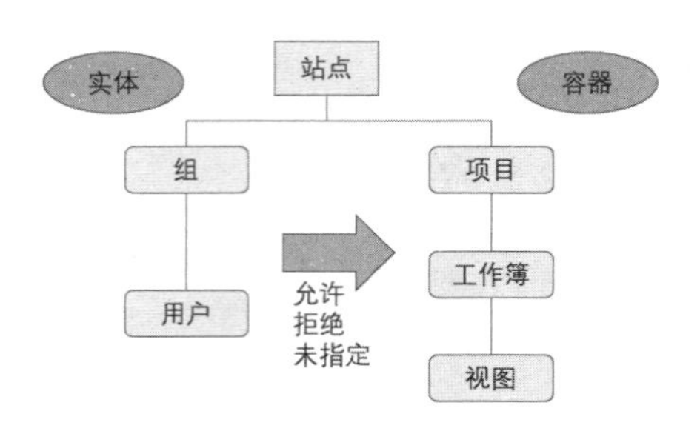

权限管理模型

在一个站点中，将实体（组/用户）与容器（项目/工作簿/视图）进行权限映射即可，这个映射包括允许、拒绝和未指定 3 种。

大明 问题就在这里了，是用户对视图进行授权，还是组对项目进行授权，这两者的工作量可是差太多了。

大麦 你说得对，从原理上看，组/用户与容器之间的权限映射关系还是可以很“热闹”的，就像这样。

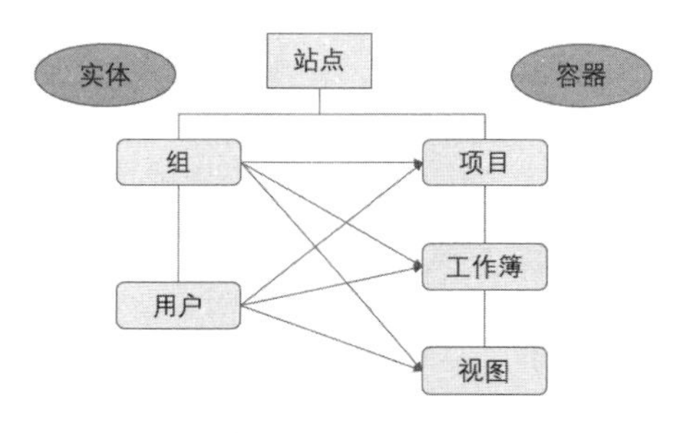

复杂的权限管理模式

但是这样管起来不但工作量大，还会造成权限计算复杂，很难推断一个用户对于某个视图是否具有权限。所以，比较建议的方法是简化的权限模型，也就是以组为单位对项目进行授权，并将工作簿和视图的权限锁定到项目级别。变成下面这个图所表达的样子。

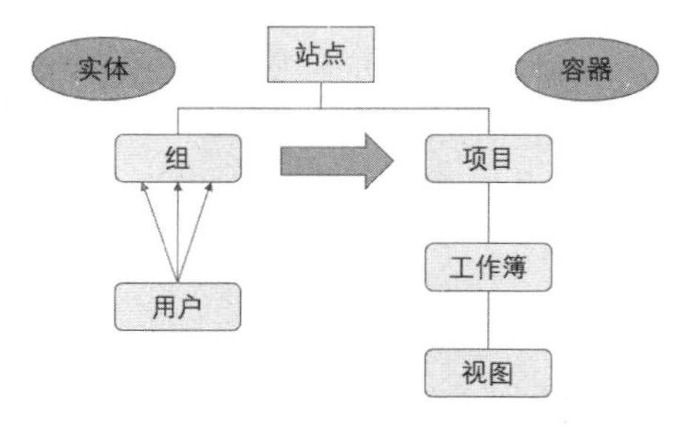

简化的权限管理模式

这样，只要两个步骤就能完成授权，第一步将用户添加到组中，第二步为组分配项目权限。用户组通常可以根据部门进行分组，例如销售组、HR组和财务组等。在服务器上创建分组比较简单，我们创建几个分组示例看一下。

创建分组

大明 那个“所有用户”组是什么意思？

大麦 “所有用户”组是系统默认创建的一个组，所有用户都必须属于这个组。因此针对这个组的授权特别重要，对于这个组中的所有项目，权限最好都设为“未指定”，这样用户和组的授权就不会受到干扰。

大明 受到干扰……又是怎么一回事？

大麦 Tableau 中的授权体系是这样的，对用户的授权优先级高于从组中继承的权限，而一个用户属于多个组的情况下，拒绝权限优先于允许权限。我们举个例子来看一下，假设用户甲属于组 A 及组 B，那么可能有这样的授权情况。

- 直接授权用户甲对项目 1 的权限为允许或拒绝：用户甲对项目 1 的最终权限就是允许或拒绝，而不考虑组 A、组 B 对项目 1 的权限如何。
- 未对用户甲直接授予项目 1 的任何权限：用户甲对项目 1 的权限会从组 A 及组 B 继承，如果组 A 对项目 1 权限为允许，组 B 对项目 1 的权限为拒绝，那么用户甲对项目 1 的最终权限为拒绝；如果组 A 对项目权限为未指定，那么用户甲对项目 1 的权限与组 B 相同。

上面的例子中，把组 A 替换成为“所有用户”组，就可以知道所有用户组的授权对用户最终权限的影响了。

大明 有点绕，不过能理解。

大麦 所以不要直接对“所有用户”组授予权限，我们需要把用户加到组里面，以自己建立的组为单位进行授权。在用户数界面，可以将用户加到组中，点击用户名旁边的三个点，从弹出的菜单中选择“组成员身份”，此时会弹出“组成员身份”界面。

组成员身份

另外一方面，把项目内的工作簿、视图权限锁定到项目级别，不要对工作簿和项目授权，直接对项目授权。也就是说，最终采用“组↔项目”的授权模式。

大明 怎么把工作簿和视图的权限锁定到项目？

大麦 我们还是看一下实际的工作界面。在项目列表页，点击项目名称旁边的三个点，从弹出的快捷菜单中选择“权限”。

项目权限设置

然后在项目权限设置界面中可以看到，当前项目权限未锁定，点击右上角的“编辑内容权限”按钮，即可将内容权限锁定到项目级别，而当前的默认值为“由所有者管理”。

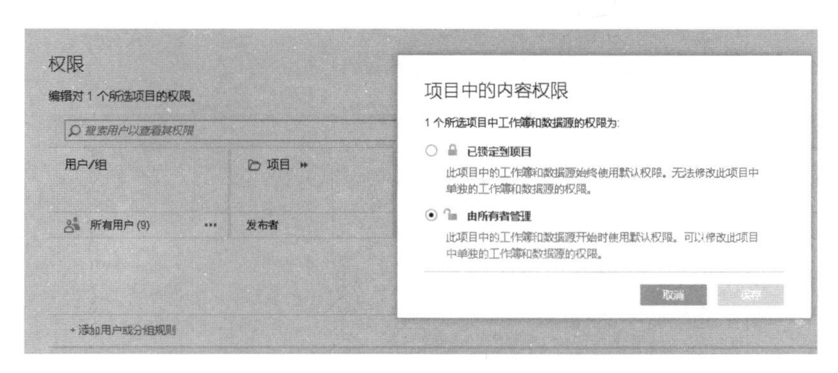

将权限锁定到项目

大明 锁定的话就是项目中的工作簿和视图权限都与项目相同，这个好理解。但是如果不锁定会有什么问题？

大麦 不锁定除了增加授权的复杂性和工作量之外，还容易给人带来一些困惑。比如很多人以为我设定了项目1对用户甲不可见，就以为项目1中的工作簿和视图就都对用户甲不可见了，而实际上，用户甲还能看见项目1中的工作簿，如果你又将用户甲对工作簿1的权限设为拒绝，你会发现用户甲仍能看见工作簿1中的视图，想想这会不会让人抓狂？

大明 还真有点热闹。

大麦 所以了解这些基本原理很重要。我们再来看一下实际的设置效果，把项目权限锁定到项目级别之后，编辑权限，我们要进行两个主要的设置。

- 把所有用户/组的权限设置为无，注意项目、工作簿、视图的权限都设置为无。
- 向特定的用户/组分配项目权限，将项目、工作簿、视图权限都设置好，无须再单独对这个项目中的所有工作簿权限和视图权限进行设置了。

权限分配界面

怎么样？管理权限是不是简单多了？

大明 我还有一个问题不太明白。假如我们将一个项目的权限锁定到项目级别，那么谁有权限去管理这个项目的权限呢？

大麦 好问题！实际上还有4个角色的用户能够管理项目的权限。

- 服务器管理员：可以管理所有项目。
- 站点管理员：可以管理本站点内的所有项目。
- 项目主管：可以管理本项目的权限。
- 项目所有者：可以管理本项目权限。

大明 项目主管是什么？

大麦 项目主管是一种权限类型，我们看一下这个画面。我们授予某个用户或者组项目主管权限，那么这个用户或者组内的成员就拥有管理项目的权限。另外，默认的项目所有者就是创建项目的人，系统管理员、站点管理员、项目主管可以更换项目所有者。特别补充一点，工作簿也有所有者，默认为工作簿的发布者，为了统一管理权限，有时候也需要修改工作簿的所有者哦！

项目主管权限设置

我倒是有另外一个问题想问你，现在你们公司的工作簿发布模式是怎样的？是每个 Creator 用户都可以直接发布？还是所有工作簿都要通过某个人单独发布？

大明 发布模式我们还没有完全确定，但是目前感觉如果放开让所有用户自己发布，担心项目权限会失控，毕竟很多人对系统的权限控制并不了解，或者并不重视，把自己的仪表板发布后，如果让所有人都看见的话，会有很大的数据安全隐患。

大麦 嗯，这个顾虑很实在。不过，有一种方法可以让发布工作簿的业务用户只能看到自己发布的工作簿，其他人看不到；如果想让别人看到的话，需要管理员去移动这个工作簿或者去重新配置工作簿权限。

4.4 安全沙箱

大明 有这么神奇的功能？

大麦 神奇吗？这其实不是一个功能，而是一个最佳实践，叫作 Sandbox（沙箱），意思是每个人都可以把自己的工作簿发布到沙箱中，沙箱中的工作簿只能被发布者和管理员看到。而管理员有权将工作簿移动到其他项目中，分配适当权限供更多用户查看和使用。

大明 如何建立一个沙箱呢？

大麦 主要分为几个步骤。

- 创建一个项目，暂时命名为“Sandbox”。
- 设置这个沙箱的权限，将所有用户的权限设置为无，同时将权限锁定到项目。
- 添加用户或者组，让这些用户或组能够将工作簿发布到这个项目中，但是对这个项目中的工作簿和视图的权限都是无。简要看一下权限配置的结果。

权限

编辑对 1 个所选项目的权限。

搜索用户以查看其权限

用户/组	项目	工作簿 由所有者管理	数据源 由所有者管理
所有用户 (9)	无	无	无
财务组 (0)	发布者	无	无
销售组 (0)	发布者	无	无

+添加用户或分组规则

用户权限 销售组 (0)

创建一个沙箱项目

这样，用户可以向这个项目中发布工作簿，但没有查看这个项目中的工作簿和视图的权限；由于自己就是自己发布的工作簿的所有者，所以可以看到。

大明 非常有用！还有一个问题，如何查看某个用户共创建了哪些内容呢？

大麦 这个也简单，我们回到用户数页面，看到这个用户名列表了吧？直接点击用户名，进入这样一个界面。

查看用户拥有的内容

大明 我看一下，用户、站点角色、上次登录时间、电子邮箱、用户有权限的项目、工作簿、视图、数据源、流程、通知、订阅、设置，这都很直白，不用解释……嗯？设置什么？

大麦 那就点击一下“设置”给你再瞧瞧。

用户设置界面

大明 嗯！这个好，可以给用户改密码，如果哪个用户忘了密码可以由管理员为他重置，设置默认语言为中文……好了，明白了！这一不小心聊了这么久了，脑袋都快炸了，咱休息一会儿，去楼下喝杯咖啡吧！

大麦 好！跟你蹭一杯斯达巴克斯大杯拿铁，哈哈！

第 5 章

数据分析文化推广：CoE 的赋能与管控职能

本章讨论 CoE 的职责，包括赋能、数据分析文化培训、业务价值收集、管控模式和规则等。

与会议室的紧张节奏相反，咖啡馆里温暖惬意，空气中咖啡的香气让人很快放松了下来。

5.1 系统应用核心流程

大麦 看样子你们的系统推广工作还真是热火朝天啊！不过我还有一个问题想问你，作为一个系统平台，你们是怎么设计它的整体应用流程的？

大明 你说的整体应用流程是什么意思？

大麦 就是有哪些用户角色在这个平台上协同工作，分别做什么事，彼此之间的工作衔接关系如何？

大明 你说这个啊！我们这有一个大概的工作模式，不过还没总结整体的流程。你有什么最佳实践没有？别卖关子，赶紧分享一下！

大麦 哈哈，我这里的东西全都掏给你们了。我这有一个图，你看一下。不过要特别强调的是，虽然这个图看起来很简单，但却是 Tableau 企业应用的核心流程。有些公司将 Tableau 软件作为一个企业级数据分析平台应用的时候，没有遵守这个流程，于是应用过程中出现诸多问题！

大明 这么重要？

大麦 你先看一下流程图，咱们再讨论。

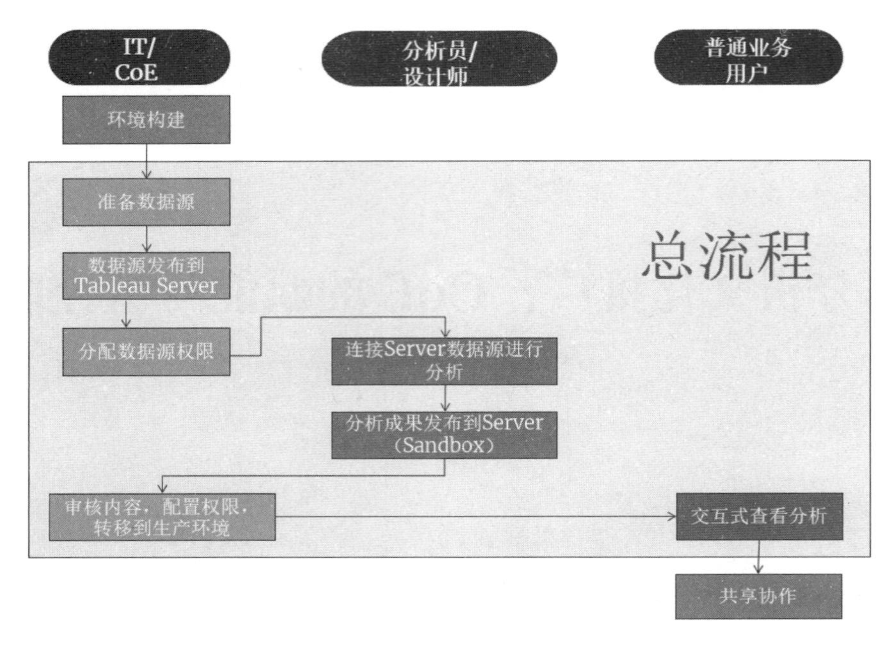

系统应用核心流程图

大明 这个流程图里划分的 3 类角色和我们的定义是一样的，大致流程基本上也是一样的。你说有的公司没有遵守流程，那么在应用过程中有哪些问题？

大麦 不遵守流程大概包括这么几种情况。

- 没有明确的用户角色定义，尤其是不区分“IT/CoE”和“分析员/设计师”角色。这种情况下，如果普通分析员有权限直接连接数据库，可能会访问到所有数据，造成数据安全隐患。
- 流程中缺失了发布数据源环节，大量的工作簿都使用了私有数据源，而不是 Tableau Server 上的公共数据源，可能造成很多数据源定义相似但又不完全一致，进而带来数据呈现结果不一致的问题。提取私有的数据源还可能带来重复提取的问题，严重拖累服务器性能。
- 流程中缺失了数据源权限配置，包括数据行级安全控制和数据源对象权限控制，无论缺失了哪个步骤，都会在企业范围内带来严重的数据安全隐患。

所以遵守这个流程是使用 Tableau 软件构建企业级数据分析平台的基础，如果你们还没有明确这样的流程，今天正好也向你建议一下。

大明 嗯，我能理解。如果最初没有定义和遵守统一规范的流程，在应用过程中的确会出现各种问题。这个流程图我们会仔细研究，不过每个步骤中具体做哪些事，有没有详细一点的说明？

大麦 有，除了这个图，我还有一个表。

序号	角　色	步　骤	任　务
1	IT/CoE	环境搭建	(1) 安装 Tableau Server 和 Tableau Desktop (2) 建立站点/Project 框架 (3) 创建用户，分配站点角色 (4) 创建用户组，将用户加入用户组
2	CoE	准备数据源	(1) 连接数据库 (2) 选择表/关联 (3) 重命名字段 (4) 建立维度/度量/层次/地理角色 (5) 创建计算字段 (6) 设定数据权限规则
3	CoE	将数据源发布到 Tableau Server	(1) 将数据源发布到 Tableau Server (2) 在 Tableau Server 上添加数据源认证标识
4	CoE	分配数据源权限	对数据源分配权限，确保正确的用户/组能够使用数据源
5	分析员/设计师	连接 Tableau Server 数据源并进行分析	(1) 在 Tableau Desktop 中登录到 Tableau Server，并通过 Tableau Server 连接数据源 (2) 选择认证数据源 (3) 分析数据，生成仪表板
6	分析员/设计师	分析成果发布到 Tableau Server 上（Sandbox——沙箱项目中）	(1) 在 Tableau Desktop 中登录到 Tableau Server (2) 将仪表板发布到 Sandbox 项目，只有发布者本人和管理员才能看到发布内容
7	CoE	审核内容，配置权限，转移到生产环境	(1) 通过浏览器登录到 Tableau Server，进入 Sandbox 项目 (2) 审核仪表板，并将合格的仪表板移动到生产环境（上线） (3) 对新上线的仪表板进行授权
8	普通业务用户	交互式查看分析	(1) 通过浏览器登录 Tableau Server (2) 搜索内容 (3) 打开仪表板，查看数据 (4) 进行订阅、评论、分享
9	普通业务用户	共享协作	(1) 基于数据进行讨论 (2) 将数据与他人共享

大明 我看一下……设定数据权限规则，是在数据源上添加用户筛选器来控制数据的行级安全性吗？

大麦 对！你们用了吗？

大明 用了，数据安全非常重要，所以我们一开始就在数据源层面上定义了数据行级访问控制规则。另外，添加数据源认证标识是啥意思？

大麦 一般来说，一个开放的 Tableau Server 平台可能有很多人向上面发布数据源，管理员需要对数据源进行审核和检查，对于审核过的数据源，可以加上一个标识，这样用户在选择数据源的时候就可以优先使用认证过的数据源。具体操作是点击数据源名称，打开数据源页面，在这个页面中数据源名称旁边有个“i”图标，点击这个图标进入数据源详细信息页面。

数据源页面，点击“i”图标打开数据源详细信息设置页面

在数据源详细信息页面中，有一个按钮叫作“编辑认证状态”，点击它就可以对这个数据源进行认证了。

数据源详细信息页面，点击“编辑认证状态”按钮，对数据源进行认证

用户连接到 Tableau Server 之后，在“数据源”列表中就能够看到认证过的数据源，数据源名称前面的小灯泡就是认证标识。

已作为 admin 连接到 Tableau Server http://localhost

	数据源
	示例 - 超市

在 Tableau Desktop 中查看认证过的数据源（小灯泡图标）

大明 这个功能不错，我们回头也对数据源认证一下。其他我再看一下……审核 Sandbox 项目里的内容，将审核通过的内容移动到生产项目中……这些我们都可以参考。我没其他问题了。

大麦 好。我想了解一下你们的 CoE 部门的工作打算怎么开展？

大明 千头万绪，还没完全理清楚，有一个大概的方向，一是赋能，二是管控。就我们这段时间开展的工作来说，这两方面都已经有所覆盖。

- 一是向普通业务用户赋能，导入数据素养的概念，让他们能够与仪表板互动，能够通过仪表板回答业务问题，这是最基础的赋能工作。
- 二是为业务一线用户培训 Tableau Server 平台的基本用法，让他们未来能够在平台上找到自己需要的内容，能够利用这个平台提升日常工作效率，充分利用数据指导业务实践。
- 三是为我们的分析员用户培训如何发布和共享分析成果，让他们知道如何将分析成果发布到 Tableau Server 上，同时培养他们的分享意识，让他们能够认识到分析成果只有最大限度地被别人所用，数据才能创造最大的价值。
- 四是 Tableau Server 的内容组织和权限管理，也就是今天和你一起探讨过的这部分内容，这一部分工作应该属于管控领域。

大明 当然，这些工作目前还只是开展了第一轮，后续还要持续推进，内容方面会更加深入、贴近实际业务，也会覆盖更多的业务部门。虽然已经开展了这么多工作，但是我仍然觉得 CoE 的详细职能还没有系统化的界定，今天正好想跟你讨论讨论。

大麦 你是谦虚了，已经做了这么多工作，竟然还说不系统。我觉得赋能和管控的大方向很对，具体实施和执行的细节可以逐渐完善。你们的 CoE 的工作目标是什么？

大明 我们定义的工作目标是推动企业数据价值最大化。我认为工作目标其实才是工作的根本出发点，它决定了工作方向，也定义了未来希望达成的成果。

大麦 推动企业数据价值最大化，这是个很好的命题，可做的文章很多。我同意你的看法，目标决定方向、决定内容、定义未来。

大明 但是目前，我们对赋能和管控还没有细致的规则，例如就赋能来说，我觉得赋能应该并不简单等同于培训吧，但究竟除了培训还有哪些内容，我们还不是很清晰。

5.2 赋能

大麦 赋能当然不仅是培训，实际上赋能领域分为三部分内容。

- 促进使用
- 数据分析文化培育
- 业务价值评估

5.2.1 促进使用

大麦 咱们先聊聊这个促进使用。其实很多企业都有美好的愿景，希望从上到下每一个员工都能够使用数据，换句话说，希望员工采用 BI（Business Intelligence，商业智能）工具来进行日常工作。事实上，有很多传统的老牌大企业在若干年前就已经建设过传统的 BI 系统，使用 BI 工具应该说是由来已久。相比前些年，现在的各种新业务模式层出不穷，在业务操作中产生的数据量比过去要大很多，并且现在的商业环境瞬息万变，企业对数据分析的依赖程度更高。照理说，在这种情况下，企业员工采用 BI 工具的比例应该很高吧？然而并不是，如今企业员工采用 BI 工具的比例仍然很低。

大明 这一点可以理解。以我们自己为例，我们算是互联网化的新兴零售企业，目前的第一批计划是将 Tableau 推广到 760 个用户，这与员工总数比起来，也还不到 30%。当然，我们未来的计划是全员使用 Tableau，只是这需要一步一步来。根据你的经验来看，企业员工采用 BI 工具的比例这么低，都有哪些原因呢？

大麦 原因主要有两个，一是技术工具有点难，自己不会用；二是找不到足够多的掌握工具的人，资源匮乏。如果员工认为 BI 工具简单易用，则会有更高的采用率。另外，移动 BI 和嵌入式 BI 应用也有更高的采用率。其实，如果企业想让 BI 在组织内广泛采用，那么应该部署现代 BI 平台。

大明 还好我们没有历史的旧账，一开始就采用了 Tableau 这样的现代 BI 平台。估计历史悠久一点的公司都会有传统的 BI 部署，我在自己过去的工作经历中也有体会，采用传统 BI 平台的确是阻碍用户广泛采用的主要因素之一。

大麦 的确如此。从我个人的工作经验来看，采用现代 BI 工具的客户与采用传统 BI 工具的客户相比，他们之中有更多的用户创建内容、分析数据。不过话说回来，即使采用了 Tableau 软件，赋能的工作仍然非常重要，毕竟再简单的工具也要有计划地去推广，才能更快地被别人了解和接受。

大明 是啊，我们做了一些初步的培训工作，但是赋能还没成体系。

大麦 其实 CoE 组织的存在，非常方便企业组织集中化学习和分散式执行，你们对于现在的内部培训工作，有没有明确的计划？

大明 目前每两周进行一轮内部培训，内容是根据目标听众来划分的。对于普通业务用户来说，也就是那些 Viewer 用户，只教他们如何看懂 Tableau 的图表和使用 Tableau 仪表板就可以了。我觉得这是提高数据素养的基础工作，让大家看得懂数据，能够用数据回答问题，参考数据进行决策。这个工作我现在只做了一场，讲解一些可视化的基本原理，通过仪表板交互回答业务问题，效果不错，等正式系统上线之后，我打算逐部门开展这个级别的培训。

大麦 这是你的最佳实践，我非常赞同，对于普通业务用户来说，不用讲解具体的数据分析操作，能够用仪表板进行半自助式分析就可以了，这个级别可以认为是 Level 0 的培训。

大明 另外一部分培训要针对 Creator 用户，也就是散落在各个业务部门的分析员，他们要做真正的数据分析，还要负责支持本部门日常的一些仪表板的设计工作，以前只有 Excel 基础，现在要切换到 Tableau Desktop 上来。

大麦 大家的学习热情高吗？

大明 目前接触到的用户都很积极，但目标有 60 个人，并且在不同的部门，我暂时不能排除不积极的用户存在。

大麦 有时候环境很重要，有的人不愿意改变，不愿意接受新生事物，这其实也很正常。但当周围所有的人都在使用 Tableau 之后，这部分人也就不得不跟着改变了。

大明 明白你的意思。我们现在分发许可证的时候都会和业务部门的经理们沟通，要找出有热情、有需求的用户，找对人总比改变人容易一些。

大麦 这也是个好方法。那 200 个 Explorer 用户你打算怎么培养？

大明 其实 Explorer 用户和 Creator 用户在相同的业务部门，但他们只是偶尔使用 Web Edit 功能进行一些简单的数据查询分析，所以我们计划单独培训，难度介于 Viewer 和 Creator 之间。除了看懂图表、会用仪表板之外，教会他们用 Wed Edit 做一些基本的查询分析。就具体的培训方式来说，由于人数较多并且比较分散，全部组织教室培训难度比较大，我在考虑用 E-Learning[①]的方式进行培训。如果有些 Explorer 用户的分析需求接近 Creator，我们就会把他们转成 Creator 用户。

大麦 的确是 Creator 用户最重要，这 60 个人就是“种子选手”了，你们怎么设计这个培训的体系呢？

大明 目前的计划是将这 60 个人分成 3 个班培训，连续 6 周，每周选择 3 个下午来进行，这样的话，如果有人错过第一场，还可以参加下一场。

- 第一周：产品入门级培训
  - 连接数据源
  - 管理元数据

① E-Learning 指 Electronic Learning，中文常译作数字学习、电子学习、网络学习等，这里指电子学习。

  - 时间序列分析基础
  - 地图基础
  - 多指标分析基础（条形图、散点图）
  - 仪表板基础
  - 故事基础
- 第二周：Tableau 计算
  - 日期计算（Datediff、Dateadd、日期和时间转换及函数应用）
  - 字符串函数（字符串拼接和字符串拆分）
  - 聚合计算和非聚合计算原理及应用
  - 表计算基础
  - 快速表计算应用
  - 表计算函数应用
- 第三周：地图和 LOD 表达式
  - LOD 表达式基础
  - FIXED 表达式应用
  - INCLUDE 表达式应用
  - EXCLUDE 表达式应用
  - 双轴地图应用
  - 地图的线和多边形展现
  - 背景地图应用
- 第四周：组、集、仪表板操作
  - 组的应用
  - 集的应用
  - 仪表板操作概述
  - 突出显示操作应用
  - 筛选应用
  - URL 应用
  - 集操作应用
- 第五周：可视化设计最佳实践
  - 可视化基础
  - 图表应用最佳实践
  - 仪表板设计最佳实践
  - 用数据讲故事
- 第六周：数据分析模拟演练
  - 使用同一组数据，分组进行分析、呈现和介绍

在前五周，每周的课后会留作业，并将学员参加培训情况汇总发给学员所在部门的经

理。将学习 Tableau 这件事列为各位学员的 MBO（Management By Objectives，落实目标管理）。

大麦 听起来内容很丰富啊！为什么不集中三天时间来培训，而是要拆成好几周呢？

大明 首先是时间问题，现在公司业务处于成长期，各个部门都忙得不可开交，我们调研了一下，集中三天进行脱产学习很难安排。另一个原因是从学习效果考虑，我们希望每个人学了就用，通过连续几周的学习，就可以对学员展开学习和应用跟踪，确保学到的内容在实际工作中得以运用。

大明 也有道理。你们自己编教材吗？

大明 没有编制教材，编制教材工作量太大了，现在人手不够。我们培训课上的每个知识点都会用一些业务上的实例来讲解，而不是使用软件自带的“示例数据”来讲，我们的目标是培训与业务应用相结合，争取学完就能在工作中用上。

大麦 有没有要求通过什么考试之类的？

大明 没有强制要求通过 Tableau Desktop QA 考试，但鼓励参加考试，学员通过考试的话，会报销考试费，也会通知所在部门的经理。我觉得学员的主动性更重要，如果本人不愿意学习，再多的强制性要求也没用，即使勉强参加完培训，在工作中也不会有使用的积极性，更别说带动其他人了。

大麦 我同意你的看法。这 60 个人培训出来，以后再推广就比较容易了。用户在使用过程中的问题最终都是由你们来支持吗？

大明 由我们来支持。一般来说，用户在使用仪表板时遇到的问题分为两类。第一类是业务相关的问题，比如某些指标看上去不大对，需要进一步了解数据计算规则或者是否存在数据异常之类的问题。第二类与 Tableau 软件有关，主要都是关于“怎么用”的问题，比如不知道用 Tableau 怎么算某个指标，或者某些格式怎么调整之类的。当然，与软件相关的问题还有另一个类别，即软件工作不正常的问题，这类问题需要通过我们去联系 Tableau 技术支持了。

大麦 很清楚，也很合理。有考虑过建立内部的 Tableau 社区吗？

大明 现在的应用规模还比较小，所以不打算建立正式的社区，一般来说社区的具体形式包括用户小组、知识库和论坛等，以我们目前的规模，搞这些有点小题大作了。公司内部与 Tableau 相关的培训、学习、交流活动都由我们部门来组织，这是我们日常工作的一部分。类似于知识库和论坛，我们打算合并起来做一个 FAQ（Frequently Asked Questions，常见问题解答），把使用过程中遇到的问题都汇总到这里并放到系统上，方便大家查阅。如果未来有上千用户的话，可能会在公司内部建立用户小组，培训工作就交给业务部门自己去做了。

大麦 的确，有些大公司的 CoE 培训对象都是内部讲师，而不是最终用户。在这个过程中需要 Tableau 配合做什么吗？

大明 哈哈，当然需要，不过这还得看 Tableau 能提供什么支持。

大麦 Tableau 提供的支持其实还真不少。首先你要了解 Tableau 的服务体系，实际上，Tableau 有一个客户服务和支持的体系，这个体系包括以下这些。

- 客户经理。总负责人，协调 Tableau 内部各团队资源与客户对接。
- 售前技术支持。客户采购软件之前评估阶段的技术交流，产品演示/导入，方案咨询。
- Support 技术支持。产品报错问题，License 激活/反激活问题，备份/迁移/安装部署问题，新功能建议问题，服务内容详情可以到官网查看。其中，Support 技术支持分为标准支持、扩展支持和高级支持，它们的服务时限和范围有所不同，其中高级支持可视为 VIP 服务，服务范围广，响应时间快。
- Customer Success Team（客户成功团队）。确保客户真正充分使用了 Tableau 软件并从中获得收益和价值，客户成功团队的经理会与客户有定期沟通。
- Professional Service（专业服务）。包括可视化设计咨询、DRIVE 方法论导入、企业级应用推广顾问、集成及开发咨询、系统性能优化、系统部署与升级。
- 推广支持。销售/售前可提供配合客户内部的 Tableau Day，具体形式包括答疑、技能分享、产品入门和 Test Drive 等。

技术支持详情
https://www.tableau.com/zh-cn/support/services#targeted-response-times

客户成功团队的计划内容
https://www.tableau.com/zh-cn/support/customer-success

专业服务的支持范围
https://www.tableau.com/zh-cn/support/consulting

其实换句话来说，一般有这些注意事项。

- 如果遇到系统运行中的问题（宕机、报错、无法启动和软件工作异常等），请在第一时间联系 Support Team，填报 CASE。
- 如果需要升级 CASE，请联系 Tableau 客户经理或销售顾问。
- 充分利用 Tableau 官网上的知识库和论坛，这是自助分析、解决问题的好手段。
- 如果希望在公司范围内进一步推广 Tableau 的应用，请联系 Tableau 客户经理或客户成功经理，共同制定推广计划，Tableau 的多个部门会配合执行该推广计划。
- 现场技术服务需求，建议采购 Tableau 专业服务和培训，或采购高级技术支持（Premium Support，相当于 VIP 绿色通道）。

所以最重要的两点如下。

- 遇到产品报错和功能异常问题，请第一时间寻求官方支持，也就是创建 Support CASE。

创建 Support CASE
https://www.tableau.com/zh-cn/support/case#create_case

- 任何问题都可以到 Tableau 官网论坛上发帖讨论。

官网论坛
https://community.tableau.com/groups/beijing/content

我本人也经常在论坛上回复问题，参与讨论。除此之外，Tableau 还提供了丰富的自学资源供用户使用，我觉得你们的 Tableau 用户也应该多利用这些资源，将它作为你们内部培训的补充。

大明 都有哪些自学资源？

大麦 主要的自学资源都在 Tableau 官网上，包括这些。

- 免费培训视频。在官网的学习频道上，大约有 80 多个培训视频，内容涵盖 Tableau Prep、Tableau Desktop 以及 Tableau Server 等各方面知识要点，并且随着版本更新，旧版本产品的培训视频也可以在页面下方的链接中找到。在免费注册 Tableau 官网的账户之后，登录就可以观看在线培训视频。每个培训视频都有配套的数据集、工作簿、讲解文稿甚至是视频的下载链接，以及相关的推荐学习资源。Tableau 的培训视频内容丰富、由浅入深，学完之后至少能达到中级水平，是难得的学习资料！

- 免费在线培训。中国这边，基本上每周二和每周四的下午两点到三点都会有在线培训，每次一个专题，比如产品入门、计算、地图应用和 LOD 等，参加这个在线培训需要提前注册，注册后会收到网络会议的链接。
- 行业案例库。在 Tableau 官网的解决方案频道，有分行业的案例集（比如交通运输、医药卫生和制造等），也有分业务部门的案例集（比如财务、人力和销售等），还有可视化库，在那里能够找到很多经典的商业应用仪表板的样例。
- Tableau 中国组织的各类用户分享的沙龙、workshop、市场活动和可视化竞赛等。它们都是学习和交流的好机会。可以关注 Tableau 中国的官方微信公众号（tableauchina），获取活动通知。
- Tableau Public 网站。public.tableau.com，这里有丰富的可视化作品可供学习和参考。

除此之外，还有收费的学习资源。

- 教室培训。Tableau 会不定期在北京和上海等地举办收费的教室培训，由专业的讲师主讲，并提供系统化的教材和课件，帮助学员迅速提升应用水平。培训课程分为 Tableau Desktop 课程和 Tableau Server 课程，可以根据需要报名参加。
- 定制化培训。Tableau 可以根据客户需要派讲师来客户现场进行培训，具体安排方式可以咨询客户经理。
- E-Learning 课程。在线的学习资源，现在已经有一些课程提供中文版。具体销售政策可以咨询客户经理。

5.2.2　数据分析文化培育

大明　看来 Tableau 能帮我们做的事情还真不少，以后还需要加强和 Tableau 的联系。我们也会适时引入 Tableau 的专业服务和定制培训。你刚才介绍的这些学习资源我会在内部分享一下，鼓励大家多参与、多学习。另外，你刚才说的数据分析文化培育又有哪些内容？

大麦　数据分析文化是一种基于数据开展的日常业务，是全员的行为。过去，我们的很多客户一直是报表文化，大部分人只是负责提供数据和报表，基本不使用这些数据，只给少数决策者看数据、看报表，其实这也是一种官僚文化的体现。而对于现代的数据驱动型的企业来说，公司上上下下都要基于数据做决策以及开展业务，因此也是一种民主文化的体现。

大明　现在想要成为数据驱动的企业越来越多了，不过从概念上讲，有点雾里看花的感觉，朦朦胧胧似乎很美，又模模糊糊地说不清楚究竟什么才是数据分析的文化。

大麦 我们举个例子吧。在很多业务部门，不管有没有 BI 工具，业务部门一直以来都是要出一些日报、周报和月报的，甚至很多部门都有专门的人生成这些报表，但是究竟有几个人在看或者使用这些报表呢？又有多少业务决策是根据报表的数据做出来的呢？

大明 没错啊，现实就是这些固定的报表消耗了很多的人力，却又说不清有多大用处。还有很多人都理所当然地认为报表这个东西就是给领导看的，别人不需要，决策也都是领导的事，至于有没有依据报表中的数据进行决策，谁在乎啊？

大麦 你对现状理解得很透彻嘛！你再想想，如果制作报表的人仅仅是制作报表而不去理解数据，报表也只是给少数几个领导看，这样的企业能说是数据驱动的吗？

大明 当然不是！那么怎样的企业才是数据驱动的呢？我们似乎也很难看到非常具体的案例。

大麦 数据驱动的公司上至 CEO，下至一线的客户经理，横向至所有的职能部门，都使用数据并且依据数据分析开展日常工作。

大明 管理层需要看数据也还好理解，一线业务用户依据数据开展日常工作我就很感兴趣了，举个例子？

大麦 比如一线的销售，他们要分析自己在每个客户上面花费的时间以及时间类别；同时也会分析客户方与公司的互动以及客户对公司官网的访问情况，包括浏览了哪些页面、观看了哪些培训视频、有多少人下载软件等；此外，还可以分析客户的采购历史。把员工的时间投入、客户的活动以及采购行为这 3 个部分的数据结合起来进行分析，这样就可以很清楚地了解哪些是我们的重点客户，工作才会有的放矢，才能提高工作效率。

大明 分析细致的数据？生意肯定做得好，哈哈。

大麦 再说 Tableau 公司，Tableau 的财务、人力、研发、IT、市场和运营等各个部门都在日常工作中使用数据进行分析，甚至把每个部门如何使用 Tableau 软件进行数据分析都做成了一个个的专题讲座，让客户了解 Tableau 公司是怎么进行数据分析的，也让客户更直观地了解一个数据驱动的公司是怎样运作的。

大明 哦？还有这样的讲座？

大麦 当然有。我给你一组链接地址吧，是 Tableau on Tableau 系列讲座。上面都是各个业务部门的总监们录制的讲座，内容很实在，除了对数据进行了脱敏处理之外，所有分析的内容都是真实的。

- Tableau on Tableau Finance：https://www.tableau.com/learn/webinars/tableau-tableau-finance
- Tableau on Tableau HR：https://www.tableau.com/learn/webinars/tableau-tableau-human-resources
- Tableau on Tableau Marketing：https://www.tableau.com/learn/webinars/tableau-tableau-marketing-analytics-EMEA
- Tableau on Tableau IT：https://www.tableau.com/learn/webinars/tableau-tableau-it-user

5

- ❑ Tableau on Tableau Development：https://www.tableau.com/learn/webinars/tableau-tableau-dev
- ❑ Tableau on Tableau Sales：https://www.tableau.com/learn/webinars/tableau-on-tableau-sales-analytics-EMEA

Tableau on Tableau Finance

Tableau on Tableau HR

Tableau on Tableau Marketing

Tableau on Tableau IT

Tableau on Tableau Development

Tableau on Tableau Sales

大明 好，有时间我把这些讲座都看一下，也作为我们公司应用的参考。不过说实话，我觉得一般的公司都很难做到这么彻底。

大麦 那你觉得向数据驱动的组织转型主要有什么障碍呢？

大明 最重要的障碍应该还是业务用户缺乏数据分析的思维习惯，大家都习惯了 Excel，只是习惯性地“看一下数据”，而不是“探究到底发生了什么”。另一方面，业务用户没接触过真正的自助式工具，还是习惯向别人要数据，要报表，甚至要分析报告。当然，可能还有一些别的原因，比如有些系统的扩展性不够，根本无法支撑大规模的用户进行数据分析。

大麦 看来你把这个问题想得挺清楚，那你认为怎么消除这些障碍呢？

大明 哈哈，这对我们来说就简单了，用 Tableau 就可以解决了。有了 Tableau，教会用户看懂数据，教会用户做自助分析并且逐步扩展应用规模，直至全员覆盖。

大麦 哈哈，真希望其他的客户都像你一样想得这么清楚！其实企业里面也不是每个人都需要掌握相同的自助分析技能，这中间是有若干层级的。咱们可以列举一下。

- ❑ 在报表上进行交互，改变一些报表参数，改变报表中的数据。
- ❑ 使用仪表板进行业务监控，对数据进行上钻和下钻。
- ❑ 浏览数据，并对某个数据子集进行可视化呈现。
- ❑ 分析数据中的规律和模式。
- ❑ 访问任何数据源。

大麦 显然在这些技能层级中，从上向下要求越来越高，只使用简单的报表几乎人人都会，但要使用任意数据源进行综合分析，就可能需要经过专业的培训才行。

大明 嗯，这个层次切分得不错，技能要求可以映射到刚才我们谈到的 Creator、Explorer 和 Viewer 三种角色的人。

5.2.3 业务价值

大麦 其实数据驱动的组织也还不是目的，你们定义的那个“推动企业数据价值最大化”才是终极目的，就是要把数据的价值兑现出来。

大明 是的，但是这很有挑战，数据价值如何衡量是个很大的问题。

大麦 没错，业界有一个价值评估模型，你可以参考一下。

- 找到干系人，聚焦数据的价值回报
- 选择价值评估指标
- 对选定指标进行基线评估
- 定义指标改进方案
- 商讨指标改进的预期目标及实际改进效果
- 将指标改进转化为财务收益
- 计算指标改进方案的总成本（TCO）
- 计算投资回报率（ROI）

对你们来说，哪个环节是最具挑战性的？

大明 我觉得应该是选择评价指标和对选定指标进行基线[①]评估。找到利益干系人不难，可以找 CEO，也可以找 CDO 大胡，但指标定义范围很宽，具体选哪一个倒是有些困难。另外就是基线比较难以定义，而后续环境的一些计算和改进衡量我觉得相对还可操作。

大麦 从其他企业的情况来看，也是这两个环节比较难一点，不同的企业选择方法不同，但大致分为两类。

- 以数据分析工作本身的人力成本节约为指标。当前每个月要花多少个人天（man day）来处理数据和生成报表。这个人力成本节约指标相对来说比较容易收集基线，也容易衡量改进，而且把人天成本转换为财务成本也比较简单。
- 以业务改进作为评价指标。例如销售额增长指标、利润增长指标、成本节约指标、员工满意度或者客户满意度指标、市场活动响应率指标等。数据分析的根本目的是改进业务，如果在日常工作中使用了数据作为决策依据，那么就可以认为数据分析对业务的改进产生了效果。比如，数据分析平台上线运行一年，销售工作中广泛采用数据分析平台进行

① 英文 baseline，指比较基准。

业务监控和决策支持，当年销售同比增长率为 10%，而往年的销售同比为 4%。那么我可以说高出来的 6%中就是数据分析平台的贡献。只是这一点容易有人跳出来抬杠，说那 6%是因为市场变好了的，而不是因为数据分析平台的功劳。

大明 哈哈，可以想象这种抬杠肯定存在！不过，如果公司的决策者认可这 6%是数据分析带来的额外收益，抬杠的就可以闭嘴了。

大麦 你说得对，所以价值评估模型中的第一个环节就是找到正确的干系人。找不到干系人，你说的改进价值就没有人认可，后续工作就难以开展。实际上，Tableau 有很多客户从这两方面评估 Tableau 数据分析平台的价值，我们看两个典型案例。

- 联想将报表效率提升 95%：https://www.tableau.com/zh-cn/solutions/customer/lenovo-increases-reporting-efficiency-across-enterprise
- 东方航空公司利用 Tableau 实现营收提升 2%：https://www.tableau.com/zh-cn/solutions/customer/china-eastern-airlines-increases-revenue-tableau

联想案例

东方航空案例

除了这两个案例之外，我记得在 Tableau 市场峰会上有一个快消品的客户做了一个专题分享，介绍他们在实现数据价值方面的实践，他们用数据分析来支持一线的销售业务员的日常工作，在市场环境发生巨大变化的时候，让一线的销售人员仍然能够很好地完成销售业绩指标。所以数据分析并不仅仅用来支持公司的宏观决策，也能用来支持一线的具体日常工作。毕竟在一个企业中，每个一线员工的业绩好了，汇总到整个公司级别，就是巨大的效益。

大明 你谈到的这几个例子都很好，对我们也很有启发。那么大的公司都这么重视数据利用，我们这种小公司一直自诩灵活、高效，但从数据利用角度看，还得向大企业多学习！不过说实话，推动数据利用还不是我最担心的问题，只要我们踏踏实实推进，实现数据分析全员覆盖只是时间长短问题而已。在这个过程中的数据治理和管控才是我比较担心的，因为没有经验，不知道该怎么管这些数据，管太多会抑制数据价值的释放；管少了又担心失控带来数据安全风险。

5.3　管控

大麦 这种担心虽然并不必要，但在系统建设之初，考虑管控模式是很有必要的。管控的目的其实很简单：让正确的人访问正确的数据，阻止错误的人访问数据。虽然目标说起来很简单，但管起来并非易事。我们先看一下管控的 3 种模式。

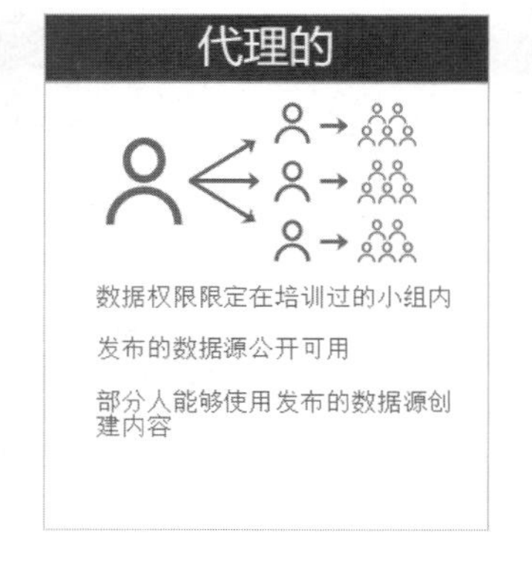

不同的管控模式

大明 这几种管控模式倒是很清楚，我们比较倾向于自管控模式，只有让用户最大限度地使用数据，发布内容，这个系统才能有生命力，数据也才能真正释放价值。我想到了一些事项，列在餐巾纸上了，你看一下我在纸上列出的这些条目够不够完整？

- 数据源由 CoE 统一定义和发布。
- 发布的数据源对 Creator 和 Explorer 用户可见、可用。
- 仪表板的创建由 CoE 和业务部门的 Creator 共同创建，参考刚才介绍的 Sandbox 项目的最佳实践，可以让每个 Creator 自行发布内容到 Tableau Server 上，但发布上来的内容要经过管理员审核才能开放给其他用户使用。
- 采用单站点、多项目模式，服务器管理员和站点管理员都在 CoE 部门内部。
- 所有权限的分配和管理由 CoE 负责，如果用户请求某些内容权限，需要进行线下的申请流程，部门经理和 CoE 批准之后再开通相应权限。员工离职或转岗带来的权限变更和账户收回也由 CoE 负责。
- Tableau License 的分配和管理由 CoE 负责，新的 License 申请由业务部门走流程报给 CoE，由 CoE 负责采购。
- 用户的培训和赋能由 CoE 负责。
- 内部的 Tableau 相关技术支持由 CoE 负责。
- 与 Tableau 厂商对接的技术支持由 CoE 负责。
- 服务器性能监控和行为审计由 CoE 负责。
- 系统的备份、恢复和安全由 IT 负责。
- 业务价值衡量也由 CoE 负责，与业务部门一起来完成。

大麦 我都看呆了，一张餐巾纸都让你写满了！再说你写这么全面，也没留给我补充发挥的余地啊！不过……我还是忍不住要给你看一个图。

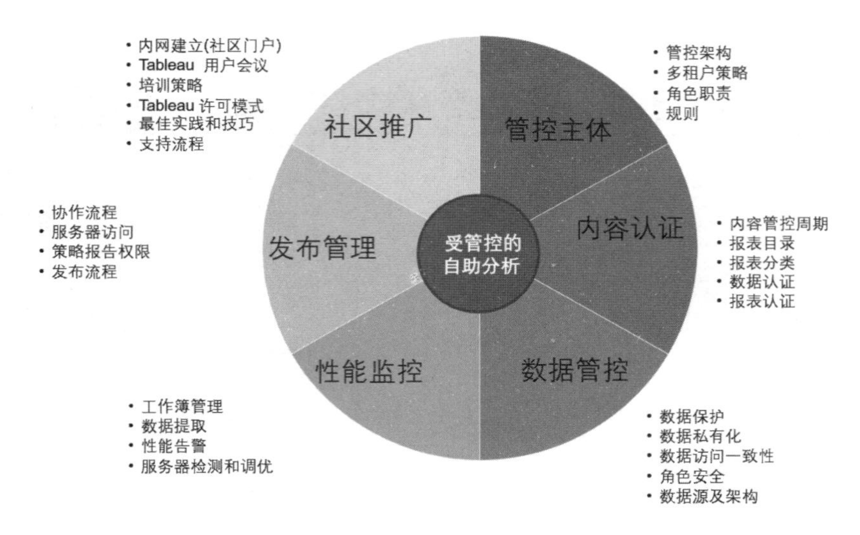

受管控的自助分析模型

大明 大麦兄！你这还叫没有发挥的余地？你这个管控模型可比我刚才列举的那些零散条目丰富多了，而且分门别类、有条有理。不过……似乎在内容上跟我写的也不完全一样，我参考一下再进行整理，形成我们自己的管控规范。

大麦 嗯，很有必要，赋能和管控模型不可能放之四海皆准，每家公司都应该根据自己的实际情况来建立规范体系。你们团队的几个人还负责别的事吗？

大明 除了这些，我们还得做点真正的数据分析，当好公司高层的决策智囊团呢！

大麦 不过这赋能和管控的事儿还不够你忙的？还要继续做数据分析？

大明 有的公司的 CoE 是从 IT 转型过来的，可能只关注赋能和管控；我们这个 CoE 却是从数据分析团队转型过来的，原本就和业务的关系更紧密一点。如果我们都去做产品技能培训推广和 Tableau Server 的运维管控，时间长了，我们这几个人数据分析的武功不就都废了？为了大家的长远职业发展，也不能自废武功啊！况且，懂数据、懂业务是我们的立身之本，做好这些才能更好地赋能，否则不就成了空中楼阁？

大麦 你这可是大格局啊！不过我觉得系统管理还真挺耗时的，管理账户、管理权限、系统审计这些内容，只要应用规模大，可都有不少工作量。

大明 你这一说，我想起一件事儿，上次我进行内部培训的时候，小方的问题特别多、特别细，我还有点烦他问题太多。莫非……他是想做这个管理员？嘿，很有可能，我脑袋不开窍，回头找他聊聊这事儿！

大麦 哈哈，你这思路真够跳脱的，我都有点跟不上了。

大明 哈哈，聊天开阔思路，看来以后还要多找你聊聊天！

第 6 章

让系统健康稳定运行：Tableau Server 管理和监控

本章介绍 Tableau Server 管理的基本概念，以及如何通过 Tableau Server 监控仪表板进行健康检查。

早上，大明刚进办公室，就遇到小方端着一杯咖啡笑眯眯地从后面跑过来。

大明 今天咋这么开心？要是知道你去买咖啡，顺便帮我带一杯就好了。

小方 下次，下次。我昨天在测试系统上发布的几个仪表板，今天早晨看了一下，已经有几个访问量了！

大明 哦，看来内容很受欢迎嘛！知道谁看过吗？

小方 不知道。对了，从哪儿能看见一个仪表板被谁看过呢？

大明 那咱正好一起瞧瞧！看一下谁浏览过这个视图。

说着，大明打开电脑，登录了 Tableau Server 页面。

大明 在“视图”列表页面，点击视图名称旁边的三个点按钮，在弹出的快捷菜单中有一项“谁看过此视图？”。

谁看过此视图？

小方 别忙着点击，我再看一下其他菜单项都是啥。“编辑视图”就是使用 Web Edit 进行编辑；“标记”就是标签 Tag，在这里可以为视图添加标签；“权限”就是视图的权限；“删除”就是删除视图。嗯，行了，你点吧。

大明 其实很简单，就是个列表，你瞧。

视图访问记录

小方 不错，不错，挺清楚的。不过这样查看有点零散，如果我想看所有视图被访问的总体情况，这样一个个点开看也不是个好办法啊！

大明 Tableau 这么智能的软件，怎么可能让你用这种笨办法去统计访问行为？Tableau Server 也是一个数据驱动的软件平台，会在运行过程中收集用户的访问行为、工作簿的性能信息、后台任务的执行信息，并内置了一系列分析仪表板。通过这些仪表板，可以对整个服务器系统的运行情况进行分析，并采取有效措施进行系统优化。

6.1　站点设置

小方 哦，我说呢，不过还没学过，今天给我讲讲呗？

大明 这不正在讲呢么？首先，只有站点管理员或者服务器管理员才能够查看这些管理仪表板。站点管理员只能看到本站点的管理仪表板；而服务器管理员既可以看到某个单独站点的管理仪表板，也可以汇总来看所有站点的管理仪表板，这取决于服务器管理员当前是处在某个站点的页面下，还是在“管理所有站点”的页面下。如果服务器管理员选择的是“所有站点”，而不是某个特定站点，就会看到站点列表页面，而不是内容页面。

+ableau 所有站点 站点 用户数 计划 任务 状态 设置

站点 2

＋新建站点 ▾ 0 个选定项目

	↑名称		用户数	站点管理员	最大用户数	已用存储	最大存储	状态	指标	Web 制作	脱机移动设备	编辑成员身份
☐	Default	···	9	1	服务器限制	3.6 MB	服务器限制	活动		✔	✔	✔
☐	demo	···	1	0	服务器限制	0 B	服务器限制	活动		✔	✔	✔

站点列表

小方 这个页面没见过，信息挺丰富，有用户数、站点管理员、最大用户数、已用存储、最大存储、状态、指标、Web 制作、脱机移动设备、编辑成员身份等。有一些信息不太明白，比如状态、指标、Web 制作、脱机移动设备、编辑成员身份……

大明 这些都是站点的设置信息，要想了解这些信息，需要切换到某个具体的站点。切换后点击“设置”，就能看到这些字段的相关设置了。

站点设置 1

小方 这个页面上有说明，“可用性”可以选择“活动”或者“已挂起”。如果选择“已挂起”的话，站点对于用户不可用。为什么要有挂起状态呢？或者我们在什么时候需要把站点挂起呢？

大明 比如，某个站点上的内容正在进行大规模的重新部署或者权限调整，就可以暂时让站点处于挂起状态，这时候用户就访问不到这个站点了，等你都调整完了，再让站点上线。

小方 等一下，不是说挂起的时候用户就不能访问站点了吗？那还怎么部署内容、调整权限？

大明 挂起的站点对于普通用户来说是不可访问的，但对于站点管理员和服务器管理员来说，还是正常可用的，不然怎么进行管理？

小方 明白了。还有其他情况下需要挂起站点吗？

大明 有，如果某个站点的工作簿访问性能变得很差或者数据提取性能很差，影响了本站点的用户使用体验或拖累了整个服务器的性能，那么就应该暂时挂起站点，待优化之后再上线。这也算是一个最佳实践吧。

小方 “存储”显示的模式是服务器限制，不过这个服务器限制又指多少空间？在哪里设置大小呢？

大明 这个服务器限制指的是这台机器的可用磁盘空间限制。比如，现在机器的存储空间还剩 10TB，那么这个服务器限制就是指 10TB。这里“服务器”指的是这台服务器硬件，而不是 Tableau Server 软件。

小方 我经常分不清楚“服务器”这个词究竟说的是硬件还是软件。

大明 我们继续往下看。

小方 这一页里面的内容也都比较直白，只是“来宾访问”是什么？

站点设置 2

大明 “来宾”也就是 Guest，有一种特殊的账户叫作来宾账户。如果授权给某些视图“来宾访问”的权限，那么直接将这个视图的 URL 地址粘贴到浏览器地址栏中就能打开视图页面，而不需要登录系统。

小方 还有这种操作?

大明 注意，不是所有的服务器都可以启用来宾访问的，只有 Tableau Server 的许可证不是按照用户数量授权，而是按照 CPU 内核授权的时候，才能够启用“来宾访问”。

小方 那这个选项就跟咱们没啥关系了，继续下一页。

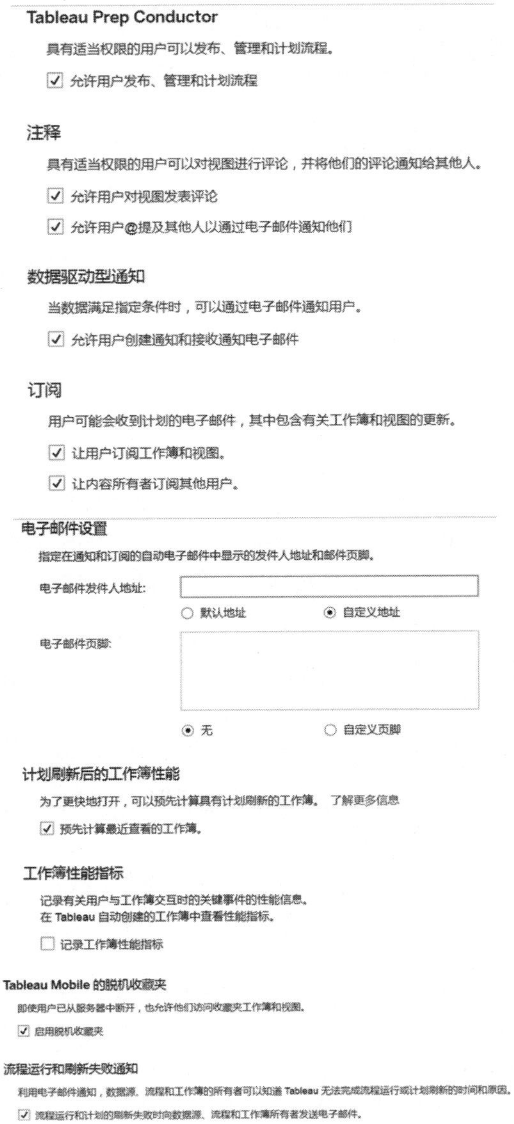

Tableau Prep Conductor

具有适当权限的用户可以发布、管理和计划流程。

☑ 允许用户发布、管理和计划流程

注释

具有适当权限的用户可以对视图进行评论，并将他们的评论通知给其他人。

☑ 允许用户对视图发表评论

☑ 允许用户@提及其他人以通过电子邮件通知他们

数据驱动型通知

当数据满足指定条件时，可以通过电子邮件通知用户。

☑ 允许用户创建通知和接收通知电子邮件

订阅

用户可能会收到计划的电子邮件，其中包含有关工作簿和视图的更新。

☑ 让用户订阅工作簿和视图。

☑ 让内容所有者订阅其他用户。

电子邮件设置

指定在通知和订阅的自动电子邮件中显示的发件人地址和邮件页脚。

电子邮件发件人地址:

○ 默认地址 ◉ 自定义地址

电子邮件页脚:

◉ 无 ○ 自定义页脚

计划刷新后的工作簿性能

为了更快地打开，可以预先计算具有计划刷新的工作簿。 了解更多信息

☑ 预先计算最近查看的工作簿。

工作簿性能指标

记录有关用户与工作簿交互时的关键事件的性能信息。
在 Tableau 自动创建的工作簿中查看性能指标。

☐ 记录工作簿性能指标

Tableau Mobile 的脱机收藏夹

即使用户已从服务器中断开，也允许他们访问收藏夹工作簿和视图。

☑ 启用脱机收藏夹

流程运行和刷新失败通知

利用电子邮件通知，数据源、流程和工作簿的所有者可以知道 Tableau 无法完成流程运行或计划刷新的时间和原因。

☑ 流程运行和计划的刷新失败时向数据源、流程和工作簿所有者发送电子邮件。

站点设置 3

大明 这一页里面有几项需要注意。第一个是“计划刷新后的工作簿性能”，我们知道，有的工作簿使用了提取类型的数据源，而这个数据源既可能被单独发布出来了，也可能没有单独发布而保持了工作簿的私有状态。我们在配置数据提取的定时计划时，其实也可以配置工作簿刷新，找一个使用了提取类型的工作簿，点击工作簿名称旁边的“…”按钮，在弹出的快捷菜单中选择“刷新数据提取”菜单项。

配置数据提取的定时计划时，也可以配置工作簿刷新

小方 也就是说，如果在站点设置中选择了“预先计算最近查看的工作簿”复选框，那么数据提取任务完成之后，Tableau Server就顺便把工作簿也算一遍，这样最终用户在打开工作簿的时候就省去了计算过程，直接展现，也就更快了，对吧？

大明 对。不过这个选项有利有弊，如果有过多的工作簿进行了预先计划缓存，就可能会拖累整个服务器的性能，所以要斟酌使用。如果想要了解详细的工作原理，可以点击这个选项旁边的“了解更多信息”，跳转到帮助文档。下面还有一个选项是“记录工作簿性能指标”，这个选项很有用，可以帮助我们分析究竟是什么原因导致打开某些工作簿很慢。

小方 我知道Tableau Desktop里面有一个启用性能记录，Tableau Server上的这个记录工作簿性能指标是不是就是类似的功能？

大明 没错，就是类似的功能。

小方 那具体怎样分析一个工作簿的各项性能指标呢？

大明 这个不着急，等我们真遇到性能问题之后再研究怎么用。下面还有一个“启用脱机收藏夹”复选框，这是和Tableau Mobile App有关的功能。简单地说，在Tableau Mobile中有一个收藏夹，其中收集了一些常用的视图。在用户通过Tableau Mobile连接到Tableau Server时，Tableau Server会计算收藏夹里面的视图，并且把离线图片推送到App中。这样，即使在用户断开了与Tableau Server的连接时，也能够查看收藏夹中视图的最新快照。这个“最新”就是指上一次登录的时候。

小方 咱们还买 Tableau Mobile 吧？

大明 买？Tableau Mobile App 是免费的，但是使用 Tableau Mobile 要登录 Tableau Server，登录 Tableau Server 是需要账户的，这是收费的。所以也可以说，我们也买了 Tableau Mobile 的使用权。

小方 下面那个“流程运行和刷新失败通知”选项我看明白了。以前一直没弄清楚刷新任务执行失败之后，这个通知究竟发给谁，这里说是发给数据源所有者、流程所有者和工作簿所有者。

大明 特别要注意“流程运行”是 2019.1 版本的新功能，从这个版本开始，Tableau Prep 的数据处理流程就可以发布到 Tableau Server 上调度执行了。去年大麦来给大家介绍 Tableau Prep 的时候，还不具备这个功能哦！大家以后用到 Tableau Prep 的时候，要记住有这项新功能。在站点设置中的“常规”页面之后，还有一个“扩展”页面。这个页面是对 Extensions API 来进行设置的。

小方 Extensions API？我怎么感觉很陌生呢？

大明 Extensions API 是 2018.2 增加的新功能，你感觉陌生是正常的。咱们以前用的 Tableau Desktop 版本里没有，等升级之后就有这项功能了。

小方 那正好趁着这会儿有空，赶紧介绍一下？

大明 咱们还是换个时间吧，把大家召集到一起，集中了解 Tableau 软件的一些新功能。话说 Tableau 软件更新也太快了，几乎每个季度都发布一个小的新版本，知识不更新还真的跟不上趟。

小方 咱们一直跟着升级到最新版本不就行了？

大明 你想得简单，现在的用户不仅是咱们这几个人，而是包括了各个业务部门的人，而且还有 Tableau Server，升级软件涉及的人多，又同时涉及 Tableau Desktop 和 Tableau Server 两个产品，如果每个季度跟着升级，那咱们这一年到头就别干别的，只顾升级了。所以咱们也没必要追新，一年升级一次就可以了。

小方 有道理。我在本子上记下了，找个时间跟大家一起更新一下 Tableau 软件的新功能，这可是你答应的哦。

大明 行，我说话算话。简单地说，Extensions API 就是在 Tableau 仪表板中嵌入的 Extensions 组件。在 Extensions 组件中可以运行一些自己开发的程序，那么 Tableau Desktop 把含有 Extensions 组件的仪表板发布到 Tableau Server 之后，Tableau Server 的网页是否允许运行这些 Extensions 组件内自己开发的程序，就需要在这里设定。由于这些自己开发的程序可能会访问当前页面上的数据并进行进一步的加工处理和计算，所以为了安全起见，可以只把信任的、安全的扩展程序加到列表中，这样不在这个列表中的扩展程序就不能运行了。

仪表板扩展设置

小方 我是真好奇这个 Extensions API 究竟能干什么。

大明 先把好奇心收收，你还记得咱们为什么要看这个站点设置界面吗？

小方 我……还真忘了，感觉是说一个别的什么事儿，然后岔过来的，没想到聊了这么多。

大明 咱们是从服务器管理员管理所有站点时的站点列表页切换过来的，现在你再回头看一下那个站点列表中每一列的含义，基本都搞清楚了吧？

小方 对，是从那里切换过来的，那些列的含义也都搞清楚了，咱赶紧返回去。不过，咱们在那之前要看什么来着？

6.2　服务器设置

大明 现在切回到管理所有站点，然后点击上面的“设置”。现在进入的不再是站点设置界面，而是服务器设置界面。虽然页面名称都叫“设置”，内容却完全不同。

常规 许可证 扩展

恢复 保存

嵌入式凭据

发布者可将凭据附加到工作簿或数据源。系统将自动验证访问该工作簿或数据源的用户的身份以连接到数据。

☑ 允许发布者将凭据嵌入工作簿或数据源中

发布者可为其工作簿和数据源安排数据提取刷新，以使其数据提取保持最新。

☑ 允许发布者安排数据提取刷新

保存的凭据

用户可保存其密码，这样他们就可在不被提示进行身份验证的情况下连接到数据源。

☐ 允许用户保存数据源密码

用户可保存其 OAuth 访问令牌，这样他们就可在不被提示进行身份验证的情况下连接到云端数据源 (例如 Salesforce 和 Google BigQuery)。

☑ 允许用户保存数据源的 OAuth 访问令牌

清除所有已保存的凭据...

连接的客户端

客户端可在进行一次身份验证后自动连接到 Tableau Server。禁用此选项以要求用户每次都进行身份验证。

☑ 允许客户端自动连接到 Tableau Server

来宾访问

未登录 Tableau Server 帐户的用户可以查看具有来宾访问权限的视图。启用 Tableau Server 的来宾访问权限后，您可以在站点个别站点启用或禁用来宾访问。

☐ 启用来宾访问权限

默认开始页面

要更改默认开始页面，请导航到该页面，然后从页面右上角的菜单中选择"将此页作为所有用户的开始页面"。

当前默认开始页面:

语言和区域设置

语言 English

区域设置 英文 (美国)

建议训练器

管理建议引擎训练计划。

上次训练时间: 2019年1月26日 下午10:46

查看训练活动

立即启动训练

频率 ◉ 每天 ○ 每周 ○ 每月 时间 2 : 00 AM

重置为默认设置... 恢复 保存

服务器常规设置

小方 这一页的设置选项都比较好理解，但是最后一项“建议训练器”是什么意思呢?

大明 这个功能是向 Tableau Desktop 用户推荐的服务器内容，例如数据源和表。当一个用户从 Tableau Desktop 中登录了 Tableau Server，并且连接数据库创建一个新的数据源时，Tableau Desktop 的数据源界面会出现“建议”和“建议的数据源”两项。“建议”选项是根据用户当前的表，推荐给他与这个表相关的其他数据库表；“建议的数据源”则向用户推荐其他用户使用过的、基于当前数据库创建的 Tableau 数据源。建议的内容会基于内容的受欢迎程度，或者是与当前用户相似的其他用户常用的内容。我们可以通过“频率”选项设定训练活动的频率。新内容包括新数据源以及更新的数据源。新使用情况信息包括诸如“小李使用了超市数据源”和“小方使用了百货数据源”等。

“建议”及“建议的数据源”界面

小方 这感觉有点像 AI，不像 BI……

大明 以后，Tableau 软件里面的 AI 成分会越来越多。此外，服务器设置中还有一个“许可证”页面，里面说明了服务器许可证的数量以及相关情况。注意，Tableau Prep Conductor 需要一个单独的 Key 来激活。将 Conductor 激活之后，才能将 Tableau Prep 的数据流发布到 Tableau Server 上来。

服务器的“许可证”管理界面

小方 还有一个“扩展”页面，这与站点设置里的 Extensions API 很像。但是这里要求列出阻止的扩展程序，不被列出的程序都会被允许。可是我有一个问题，如果服务器上阻止了某个扩展程序，站点上却允许了这个扩展程序，那么这个扩展程序在被允许站点上的最终状态是什么?

服务器级别的仪表板扩展设置

大明 最终会阻止这个扩展程序，因为服务器全局设置会覆盖站点设置。也就是说，你在服务器上设置了阻止某扩展程序，那么这个程序在所有站点上都会被阻止。

小方 明白了。不过我好像又有点迷糊，咱们好像仍在岔道上，好像一开始是说想知道谁看了我的工作簿，后来说要看所有工作簿的访问情况，接着你说 Tableau Server 提供管理仪表板做这些访问行为分析，然后咱们就一路岔到这里来了。是不是该往回走了?

6.3 系统监控仪表板

大明 现在就返回来看 Tableau Server 的管理仪表板。我们保持服务器管理员登录状态，保持所有站点的管理状态，然后切换到状态页面，可以看到这个页面分为两个部分。上半部分是服务器上的进程状态。注意，在单站点的状态页面中，是看不到这个后台服务运行状态的。页面下半部分就是 Tableau Server 管理仪表板列表。

进程状态

Tableau Server 中正在运行的进程的实时状态。

进程	
网关	✓
应用程序服务器	✓
VizQL Server	✓
缓存服务器	✓
搜索和浏览	✓
后台程序	✓
Data Server	✓
数据引擎	✓
文件存储	✓
存储库	✓
Tableau Prep Conductor	✓

刷新状态　主动　忙　被动　未许可　不可用　状态不可用

分析

仪表板	分析
到视图的流量	已发布视图的使用量和用户。
到数据源的流量	已发布数据源的使用量和用户。
所有用户的操作	所有用户的操作。
特定用户的操作	特定用户的操作，包括使用的项。
最近用户的操作	用户最近执行的操作，包括上次操作时间和空闲时间。
数据提取的后台任务	已完成的和待处理的数据提取任务详细信息。
非数据提取的后台任务	已完成的和待处理的后台任务详细信息 (非数据提取)。
加载时间统计数据	查看加载时间和性能历史记录。
空间使用情况统计数据	已发布的工作簿和数据源使用的空间，包括数据提取和实时连接。
后台任务延迟	后台任务的计划开始时间和实际开始时间存在差异。
视图性能	视图加载时间以及给定时段内最慢的视图的总体分布。
服务器磁盘空间	服务器节点的当前和历史磁盘空间使用量。
Tableau Desktop 许可证使用量	Tableau Desktop 许可证使用量汇总
Tableau Desktop 许可证过期	Tableau Desktop 许可证过期通知

系统监控仪表板列表

大明 在这个页面中，详细说明了每个仪表板的用途。下面我们进入每个仪表板，看一下细节。

1. 到视图的流量

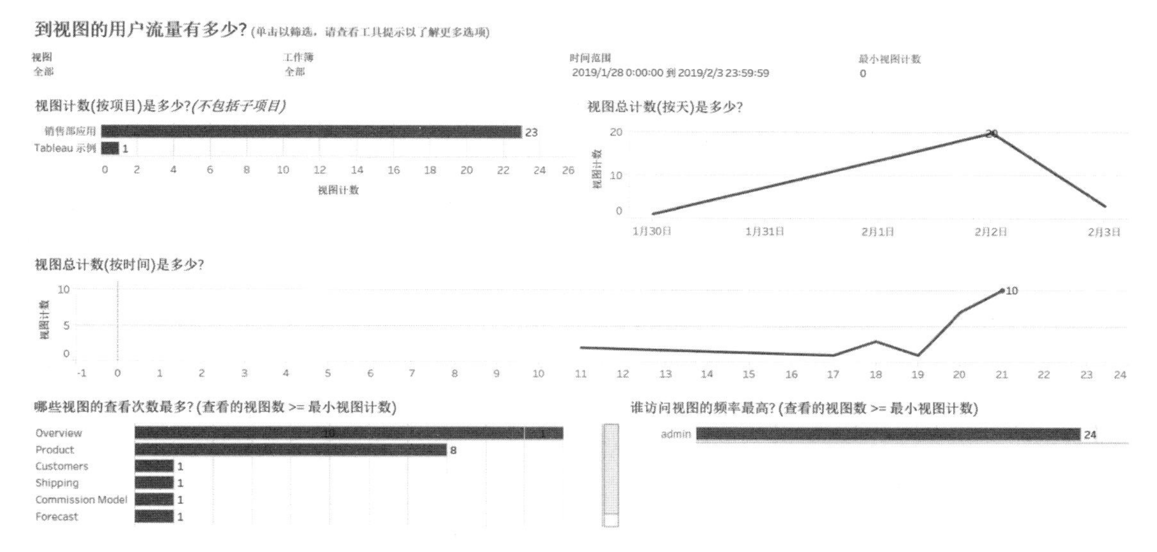

“到视图的流量”仪表板

大明 先说明一下，在这个仪表板中，有一些翻译是不准确的[①]。所有的“视图计数”和“视图总计数”其实都应该是“查看次数计数”及“查看次数总计数”，其他“视图”的地方才是真正的“视图”。一个视图指的是一个工作表、一个仪表板或者一个故事。

小方 但是什么才是一次“查看”呢?

大明 我逐个测试过，得到的结论是这样的。

- 用户点击视图，打开“视图”页面，被认为是一次查看。
- 已经打开的视图页面，点击一次“刷新”按钮，被认为是一次查看。
- 用 URL 粘贴到浏览器地址栏中打开，也被认为是一次查看。

小方 那还有没有其他的仪表板操作，不被认为是一次查看呢?

大明 也是有的。根据我另一番逐个测试，得到的结论是这样的。

- 在仪表板内部进行过滤器筛选，使用仪表板动作（图表联动筛选），不被当作一次查看。
- 在仪表板中点击“数据刷新”按钮，仪表板的数据会刷新，但不被当作一次查看。
- 从 Tableau Desktop 上连接到服务器，打开该工作簿，不被当作一次查看。

① 在英文表达中，View 既可以指“视图”，也可以指“查看次数”，Tableau 软件在这个界面中把英文的 View 统一翻译成了“视图”，特此说明。

- ❑ 用命令 `tabcmd get URL` 下载一个工作簿，不被当作一次查看。

简而言之，只有在浏览器中的刷新页面操作才被视为一次查看。

小方 我来看一下仪表板里的具体内容。一共有 5 个公共筛选器，5 个图表。

- ❑ 左上：按项目统计查看次数（不包含子项目），其中列出每个项目被查看的次数，可以观察哪些是热门项目，哪些是冷门项目。
- ❑ 右上：按天统计所有视图的查看次数，可以看到哪些天是访问高峰。
- ❑ 中间：按时间统计视图的查看次数，可以看到哪些时间是访问高峰。
- ❑ 左下：按视图统计查看次数。
- ❑ 右下：按用户统计查看次数。

图表之间没有联动筛选关系。通过这个仪表板，我们能够找得到热门项目、热门视图，以及某些用户关心的内容。

2. 到数据源的流量

大明 下一个是“到数据源的流量”仪表板，在这里可以分析每个数据源的使用频率。

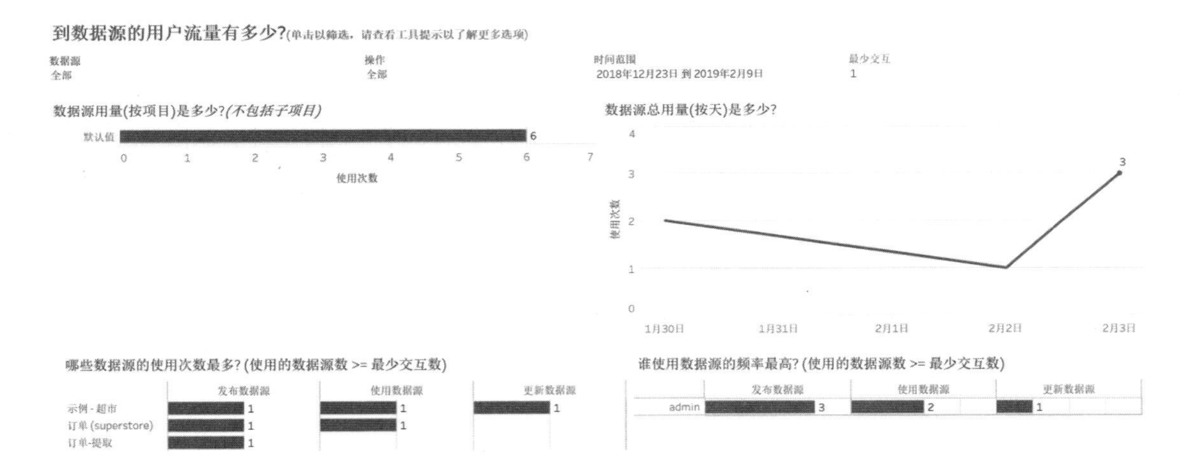

“到数据源的流量”仪表板

小方 对于数据源来说，如何算作一次使用呢？

大明 经过我的一番研究，得到的结论如下。

- ❑ 在 Web 上直接用某数据源新建一个工作簿，视为一次使用。
- ❑ 用 Tableau Desktop 连接到 Server，然后连接到该数据源新建一个工作簿，视为一次使用。
- ❑ 在 Tableau Desktop 中直接刷新数据，视为一次使用。

小方 那么有没有一些数据源操作，某些情况不算一次使用？

大明 就知道你要问这个。

- ❑ 在浏览器中打开某个工作簿，刷新某个工作簿页面，不算一次使用。
- ❑ 在浏览器中的某个工作簿页面，点击页面内的“刷新数据”，不算一次使用。
- ❑ 在浏览器的地址栏中粘贴视图 URL 时，在 URL 中附带参数`?:refresh=yes`，不算作一次使用。

小方 我再看一下这个仪表板。公共筛选器中的“操作”有不同类型，包括“使用数据源”以及“下载数据源”。其他筛选器包括站点选择、数据源选择、时间范围选择，最少交互数选择。这个仪表板中有 4 个工作表：按照数据源用量排名的项目列表、数据源总用量时间趋势、按照使用次数排名的数据源列表、按照使用量排名的用户列表。这些都还好，比较容易理解。

3. 所有用户的操作

大明 下面一个仪表板是“所有用户的操作”，其中记录了用户在 Tableau Server 上的各种操作趋势，包括登录、发布数据源、发布工作簿、访问视图和使用数据源等。

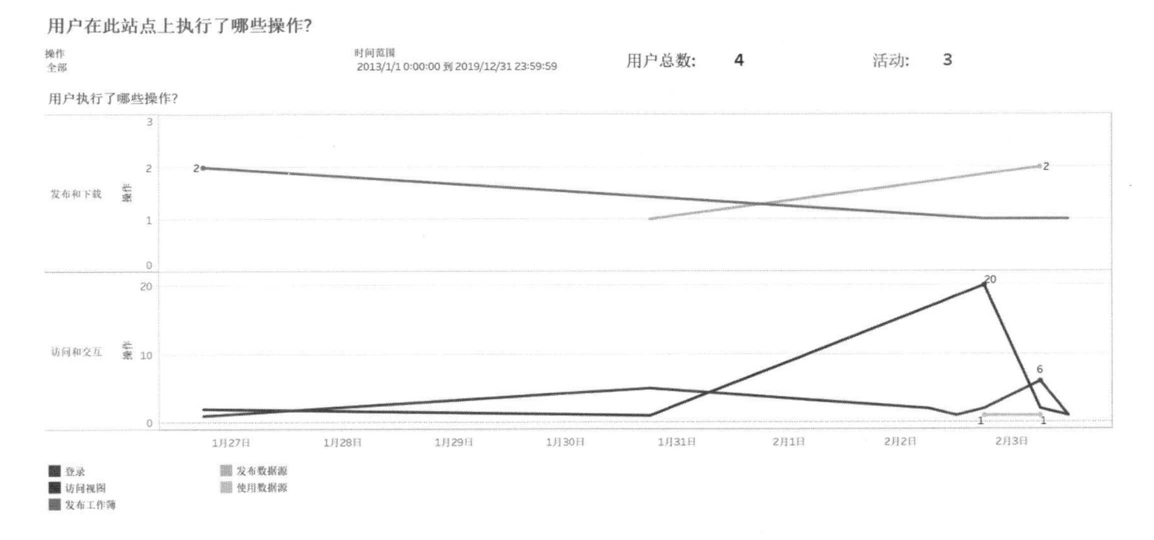

“所有用户的操作”仪表板（另见彩插图 9）

小方 等一下，我怎么看这个图有点别扭呢？线条看着不够圆润……横轴似乎不是小时……也不是分钟……也不是天[①]，这个横轴是啥？

大明 你说得没错，这个图上的时间轴与实际时间有偏差！

① 也许你会觉得这里就是“天”，但实际上对每天进行了分段，从图上可以看到 2 月 2 日和 2 月 3 日之间有多个数据点。

小方 果然！为什么？

大明 选中一个数据点，在悬浮的工具栏中选择“查看数据”，然后选择“查看完整数据”，你看一下这个界面。

摘要　完整数据

显示前 6 行。
将所有行下载为文本文件
☐ 显示所有列

action_user	created_at_local	created_at_local_6_hour	l10n_accessinteract	l10n_publishdownload	l10n_subs	创建时间	操作	用户操作组	站点	tz_offset_days	记录数
Access View	2018/10/8 10:19:58	2018/10/8 6:00:00	访问和交互	发布和下载	订阅	2018/10/8 2:19:58	访问视图	访问和交互	Default	0.333333	1
Access View	2018/10/8 10:20:49	2018/10/8 6:00:00	访问和交互	发布和下载	订阅	2018/10/8 2:20:49	访问视图	访问和交互	Default	0.333333	1
Access View	2018/10/8 10:21:57	2018/10/8 6:00:00	访问和交互	发布和下载	订阅	2018/10/8 2:21:57	访问视图	访问和交互	Default	0.333333	1
Access View	2018/10/8 10:59:01	2018/10/8 6:00:00	访问和交互	发布和下载	订阅	2018/10/8 2:59:01	访问视图	访问和交互	Default	0.333333	1
Access View	2018/10/8 10:59:19	2018/10/8 6:00:00	访问和交互	发布和下载	订阅	2018/10/8 2:59:19	访问视图	访问和交互	Default	0.333333	1
Access View	2018/10/8 11:31:00	2018/10/8 6:00:00	访问和交互	发布和下载	订阅	2018/10/8 3:31:00	访问视图	访问和交互	Default	0.333333	1

显示前 6 行。
将所有行下载为文本文件

查看完整数据

小方 我看一下，好像有所发现！

- 系统内有一个内部时间列，叫作创建时间，它与本地时间（`created_at_local`）的差是 8 小时。`tz_offset_days` 记录内部时间与本地时间的差，0.333 333 天约为 8 小时。
- `created_at_local` 是正确的本地创建时间。
- `created_at_local_6_hour` 是每 6 小时一段的时间范围。
- 视图内工具提示中显示的时间是 `created_at_local` 字段。
- 视图中的横轴时间用的是 `created_at_local_6_hour`，所以横轴是把正常的操作时间切分成 6 小时一段来显示的。虽然我不知道为什么，但是我知道它的逻辑了。

大明 不错，不错，你很聪明，这么快就看出来了，我可是研究了很久才搞清楚，也不知道这么设计的原因何在。

小方 说不定在用的过程中就知道为啥了，先不管它了。我再看一下页面，发布操作就是发布一个新的工作簿吧？

大明 错！不是发布一个新的工作簿，用 Tableau Desktop 发布一次，无论是新发布，还是覆盖原版本，都算一次发布。

小方 哦，那么在 Web 上用 Web Edit 创建工作簿或者保存工作簿就不算一次发布了吧？

大明 还是错！在 Web 上创建工作簿并保存，无论是新保存，还是覆盖原版本保存，都算作一次发布。

小方 好吧，既然都是错，不如咱们看下一个仪表板吧。

4. 特定用户的操作

大明 好，下一个仪表板是特定用户的操作，我们可以选择某个或者某些具体用户，查看他们在 Tableau Server 上的操作。

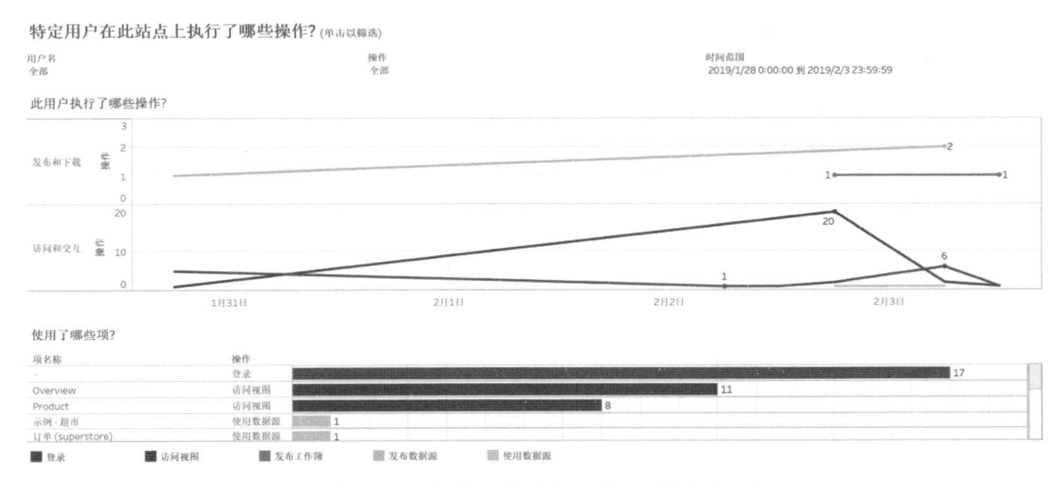

“特定用户的操作”仪表板（另见彩插图 10）

小方 也就是说，我们可以通过这个仪表板知道总经理经常看什么数据?

大明 你说得对！这个视图的时间轴与“所有用户的操作”中的时间轴一样，都是 6 小时分段的，真是看着不太习惯。

5. 最近用户的操作

大明 下一个仪表板是最近用户的操作。通过这个仪表板，我们可以看到哪些用户最近使用了 Tableau Server。下面这个散点图中的每个点都是用户的一次操作。

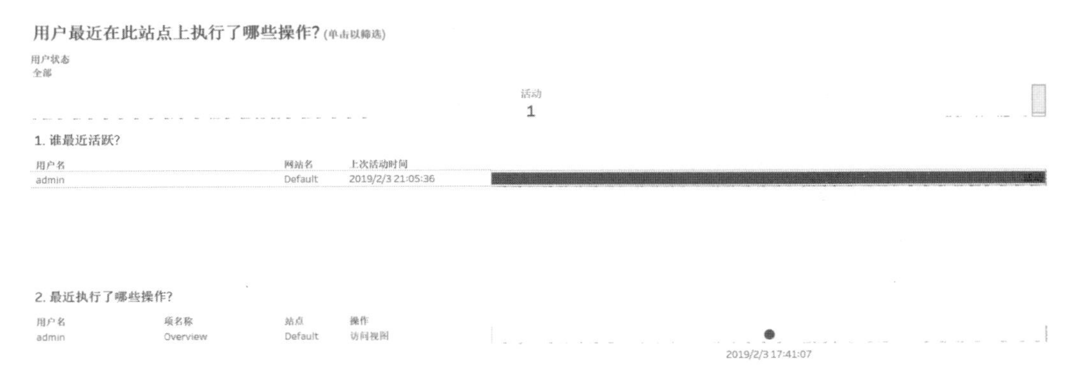

“最近用户的操作”仪表板

小方 这两个工作表还好理解，我不理解什么叫作最近活跃呢？

大明 经过我的一番研究，结论是：

- 5 分钟内有操作，视为活跃；
- 30 分钟内有操作，视为最近活跃；
- 30 分钟内没有操作（上次操作距离给定时间超过 30 分钟），视为空闲。

小方 我好奇你是怎么研究出来的？

大明 你有空好好看一下这个仪表板，答案就在里面，现在保密。

6. 数据提取的后台任务

大明 下一个仪表板是数据提取的后台任务。

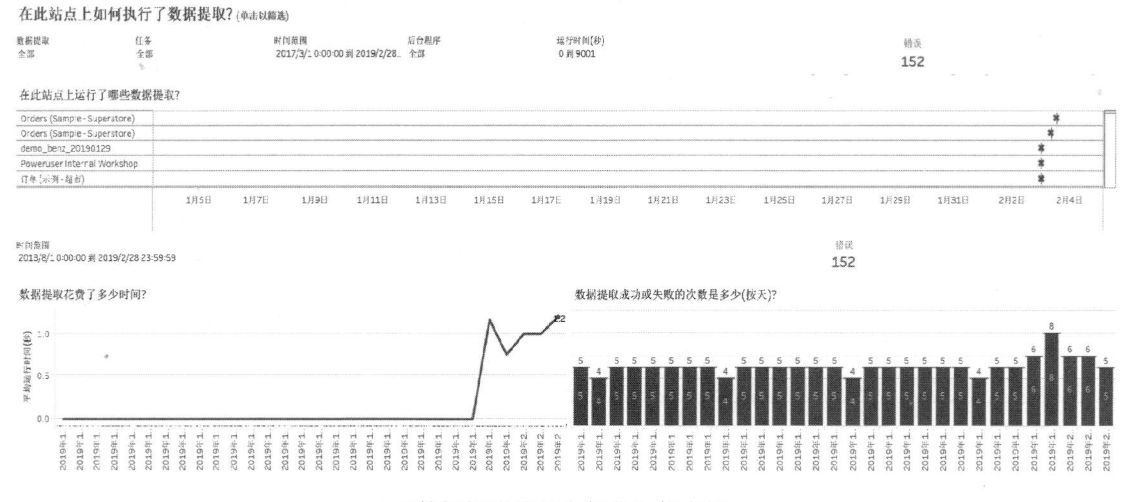

“数据提取的后台任务”仪表板

小方 这个仪表板有点不同，分为上下两部分，最上面的一排筛选器只控制上半部分的“在此站点上如何执行了数据提取”工作表，而下半部分的两个工作表单独被一个日期范围筛选器控制。继续下一个吧。

7. 非数据提取的后台任务

大明 我们现在看下一个仪表板：非数据提取的后台任务。

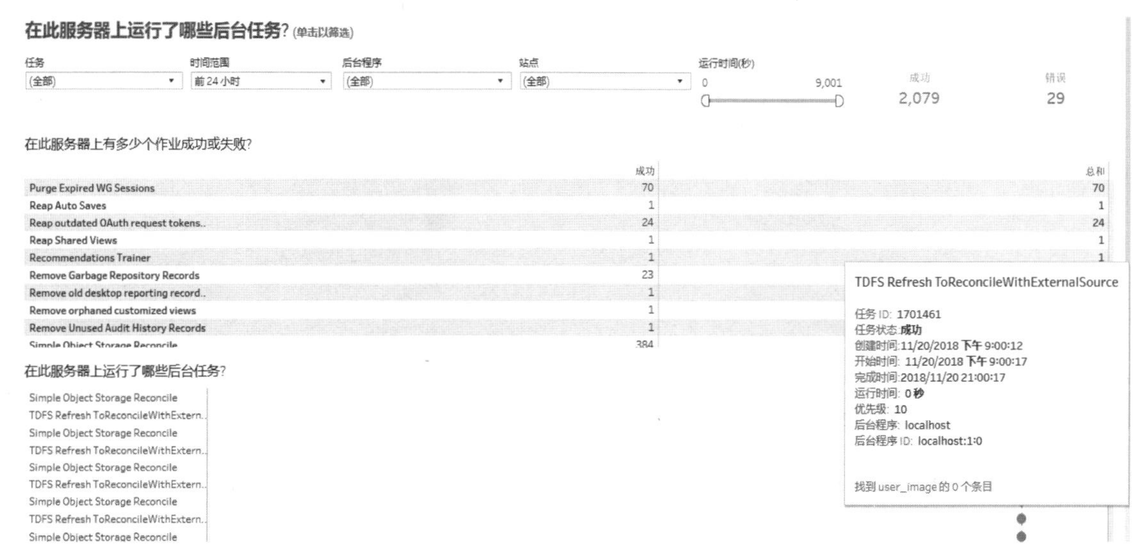

后台任务执行状况统计

小方 我研究一下，筛选器里面竟然可以选择后台程序（backgrounder program）？

大明 对，如果 Tableau Server 上有多个后台程序进程，可以单看某个进程的。

小方 成功或失败的汇总统计数据也可以用作筛选器，让仪表板的工作表只显示成功的任务或者失败的任务。Nice!

8. 加载时间统计数据

大明 下一个是“加载时间统计数据”仪表板。这个仪表板很有意思，有两个工作表：上面是视图的平均加载时间，这是选中的一个视图、多个视图或者全部视图在一定时间段内的平均加载时间，表现了综合性能情况；下面的工作表是确切加载时间，图中的每个点表示一次加载，也就是一次访问。我们可以看到，一个视图有可能被访问或加载过很多次，而每次的加载时间都不同，甚至可能相差很大。

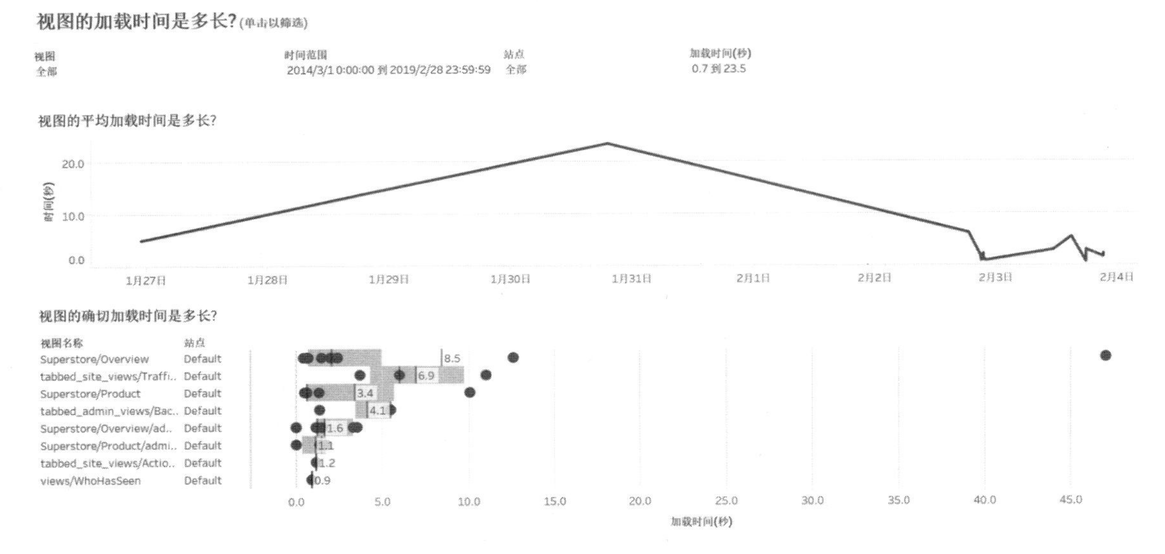

“加载时间统计数据”仪表板

小方 同一个视图的多次加载，为什么加载时间会有很大差别呢?

大明 比如我第一次打开某个仪表板，数据刷新花了比较长的时间，而过了一会儿我再查看这个仪表板的时候，就可以使用缓存里的数据，而不需要再重新查询了，因此可能会很快。再比如早上 9:30 我访问某个视图时，系统可能正处于繁忙时期，大量用户并发操作，导致加载时间很长；而下午 3:00 左右系统空闲，加载就会很快。

小方 哦，这么说视图加载快慢有点……靠运气?

大明 这话说的，什么叫靠运气啊！评价一个系统的性能并不是某一次单独的访问，而是看总体平均水平，使用这个系统的人越多，缓存命中的概率就越大，整体性能也会越好。别在这儿点头了，你也未必真懂，先知道有这么回事儿就行了，以后你会明白的。

小方 嗯嗯，我点头的意思是同意你说的。咱们继续看下一个。

9. 空间使用情况统计数据

大明 这个仪表板是空间使用情况统计数据，其中分别列出了使用空间最多的用户、项目、工作簿和数据源。

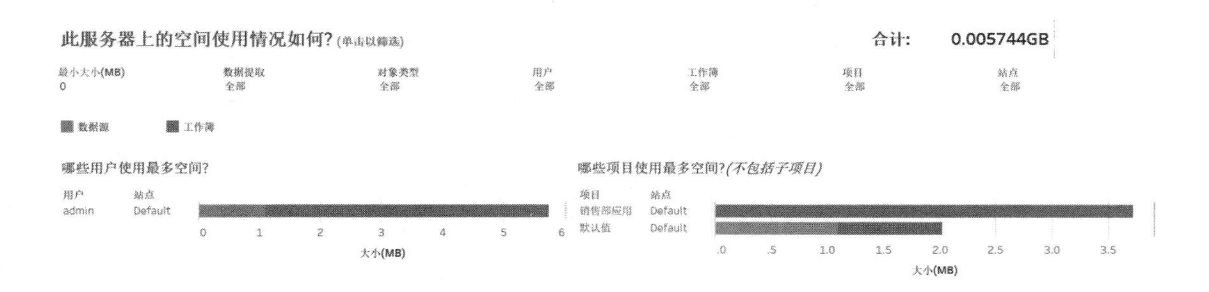

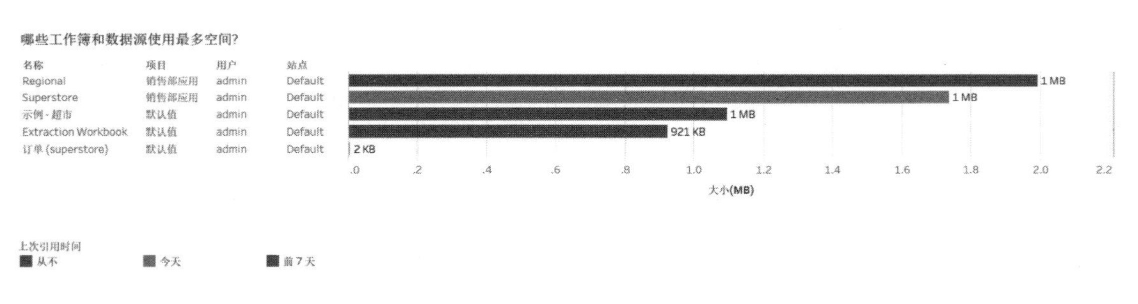

"空间使用情况统计数据"仪表板(另见彩插图 11)

小方 等一下，我看到最底部有一个图例"上次引用时间"，其中蓝色是"从不"，黄色是"今天"，红色是"前 7 天"。也就是说，有的工作簿占用了大量的空间，但最近 1 年以来都没人看过？这样的工作簿不就是僵尸工作簿？

大明 对呀，管理仪表板的用处不仅是发现那些热门的内容，也要发现那些冷门的内容。有些工作簿和数据源每天都刷新，还占用大量空间，却没有人使用，这样的内容就该及时清理，为服务器瘦身。我们继续看下一个吧。

10. 后台任务延迟

大明 "后台任务延迟"仪表板显示数据提取刷新任务和订阅任务的延迟，也就是说这些任务的计划运行时间和实际运行时间所相差的时间。有了这个仪表板，就可以通过分配任务计划和优化任务来帮助你找到服务器性能可以改进的地方。

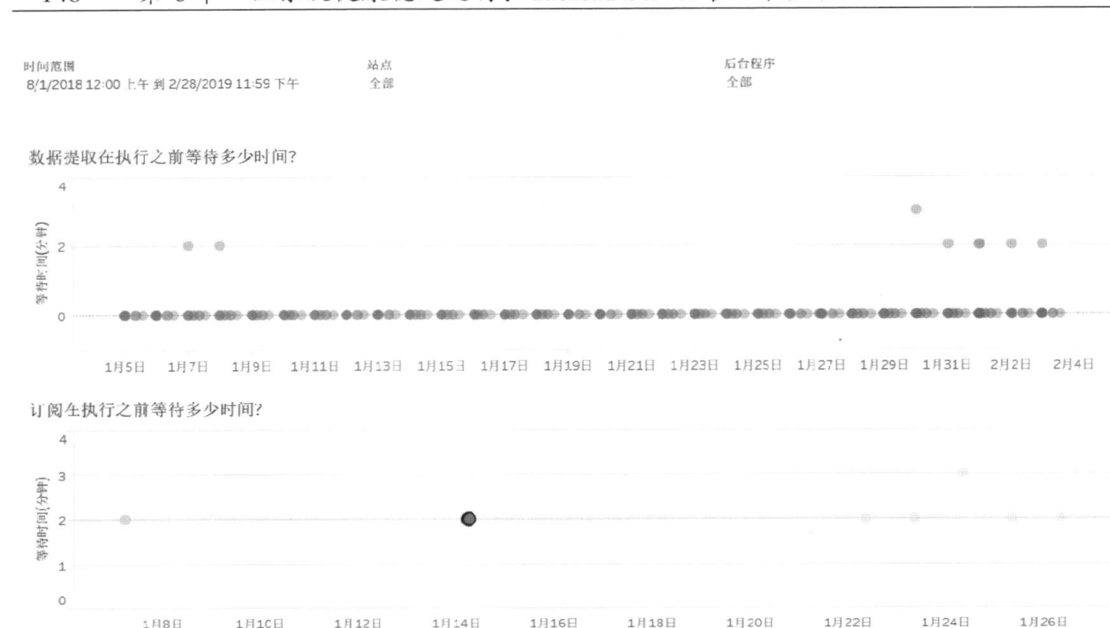

“后台任务延迟”仪表板

小方 为什么会有任务延迟呢？难道不是按照计划时间执行吗？

大明 有好多种原因，比如下面这些。

- 同时计划了多项任务。如果长时间延迟的任务集中出现在每天的同一时段，就会在等待时间中造成峰值，此时可以将任务分摊到非高峰时段来降低服务器上的负载。
- 特定任务长时间运行，并使其他任务无法运行。例如，可能会存在连接到慢速数据源或处理大量数据的数据提取刷新作业的情况。使用“数据提取的后台任务”仪表板，可以确定哪些数据提取刷新任务运行缓慢。我们可以通过筛选数据、聚合数据或为数据源中的某个表创建多个数据源来优化数据提取刷新任务。
- 其他服务器进程会同时运行，消耗服务器资源并拖慢性能。监视服务器进程的 CPU 和内存使用情况，查看哪些进程消耗的资源最多，然后在服务器上调整进程的配置。

小方 这么多门道，只好等实际用到的时候再仔细研究了。

11. 视图性能

大明 下一个是视图统计，这是一个是非常综合的统计，它能够告诉我们，选中站点中平均加载时间在 3 秒以下的视图有多少个，3~5 秒的有多少个，5~10 秒的有多少个，10 秒以上的有多少个。这个仪表板下面的一个工作表是分时段的会话数统计。

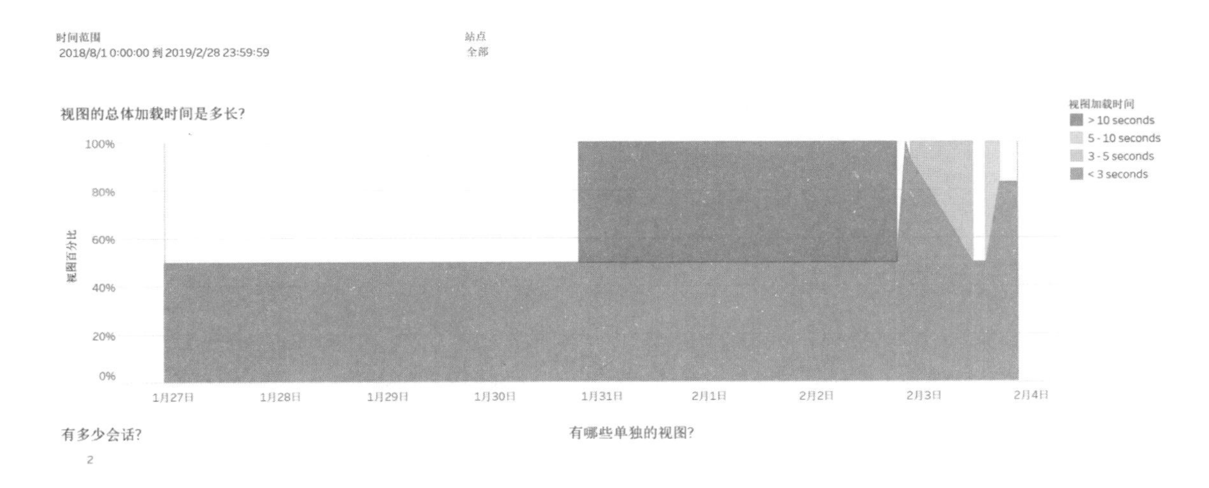

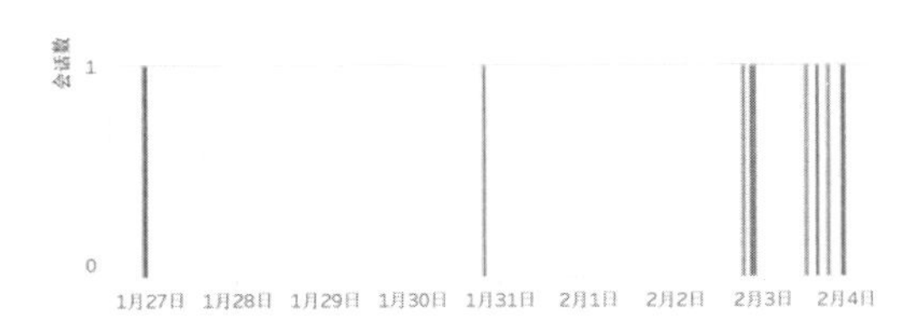

“视图性能”仪表板（另见彩插图 12）

小方 这个统计很有用啊，如果在一个站点中加载时间超过 10 秒的视图占比过高，那么说明这个站点的整体性能出了问题。

大明 是的，如果问题严重，可能需要暂时挂起站点。看下一个仪表板吧。

12. 服务器磁盘空间

大明 这是“服务器磁盘空间”仪表板。比较简单，你有什么问题没？

“服务器磁盘空间”仪表板

小方 这是服务器级别的吧？站点管理员能看吗？

大明 是服务器级别的，只有服务器管理员才能看。继续看下一个，也是服务器管理员才能看的。

13. Tableau Desktop 许可证使用量

大明 这是“Tableau Desktop 许可证使用量”仪表板。“谁在最近 60 天中使用过 Tableau”工作表显示 3 种类型的 Tableau Desktop 许可证（永久、试用和短期）的条形图，以及指定时间期内使用每种许可证类型的用户数目。查看详细数据时查看许可证类型的说明，Term 表示该许可证是短期类型的许可证，即订阅类型的许可证。

谁在最近 60 天中使用过 Tableau?

Product_Key	部门	用户名	主机名称	Registered User Na..	应用软件版..
	IT				2018.3.0
	Sales				2018.3.0
	Analytics				2018.2.0
					2018.3.0
	IT				2018.3.0
	Sales				2018.3.0
					2018.3.0

10月31日 11月6日

注册的用户名:
产品密钥:
电子邮件地址:
操作: Activate
日期: 2018/10/31

60 多天中未使用哪些许可证?

Tableau Desktop 使用状况仪表板

Product_Key	主机名称	名	天(最近使用)	姓	应用软件版本	操作	用户名	部门	属性(产品密钥)	属性(最近使用)	属性(电子邮件)	属性(类型)
			2019/1/9		2018.3.0	Use		Analytics		2019/1/9		Term
			2018/11/20		2018.3.0	Use		IT		2018/11/20		Term
			2019/3/8		2019.1.0	Use		Sales		2019/3/8		Term
			2019/2/17		2019.1.0	Use		Sales		2019/2/17		Term
			2018/12/20		2019.1.0	Use		Sales		2018/12/20		Term

查看许可证的类型

小方 我有问题。

大明 是不是想问服务器怎么收集 Tableau Desktop 使用信息?

小方 嗯！你咋知道?

大明 这个说起来有点绕，你有空还是自己看一下文档吧，我说的恐怕也没有帮助文档清楚。现在咱们看下一个。

帮助文档

https://onlinehelp.tableau.com/current/desktopdeploy/zh-cn/desktop_deploy_reporting_admin.htm

14. Tableau Desktop 许可证过期

大明 “Tableau Desktop 许可证过期”仪表板分为 3 个部分。

- 最近 183 天中哪些永久许可证已过了维护期？
- 接下来的 183 天中我的永久许可证的维护计划是什么？
- 最近 183 天哪些试用许可证和短期许可证已过期？

产品密钥　时间窗口 183　部门 (全部)

最近183天中哪些永久许可证已过了维护期?

接下来的183天中我的永久许可证的维护计划是什么?

最近183天哪些试用许可证和短期许可证已过期?

“Tableau Desktop 许可证过期”汇总统计

小方 咱们的许可证没有要过期的……所以都是空的。没问题，继续下一个吧。

大明 不好意思，这是最后一个了，没了。

小方 没啦？

大明 嫌少吗？这半天我可是感觉岁月漫长，光这几个管理仪表板就说得口干舌燥了。

小方 Tableau Server 管理的全部内容就是这些了？

大明 当然不是，咱们只是说个大概，工作中你还得多查阅帮助文档。

小方 你说的不就等同于看帮助文档了？

大明 少贫。Tableau Server 帮助文档有一千多页，里面有很多很多的细节内容，咱们只是挑重点的说说。

小方 一千多页！当参考书看吧，当教材仿佛不太合适。

大明 所以你也不能指望我给你讲的内容和帮助文档一样细致、全面，否则我拿一本帮助文档给你念不就行了？我说的是最核心的概要信息以及对帮助文档的补充说明。哎呀，差点忘了一块很重要的内容，Tableau 服务器管理器（Tableau Services Manager，TSM）。

小方 啥？

6.4 TSM

大明 早期版本的 Tableau Server Windows 版安装之后，会有一个客户端程序来配置 Tableau Server 的一些参数，Linux 版本则提供一些命令行工具进行配置。从 2018.2 版本开始，改为了 TSM，提供一个基于 Web 界面的工具来进行服务器配置。

小方 刚才我们不是一直看的都是 Web 界面吗？

大明 可是刚才看的界面不是 TSM。登录 TSM 要使用另外一个独立的链接地址，通常是 https://server-name:8850，默认端口号是 8850。然后进入 TSM 的登录界面。

TSM 登录界面

小方 这里需要用服务器管理员账户登录吧？

大明 你说的服务器指的是操作系统还是 Tableau Server 软件？

小方 当然是 Tableau Server Admin 啊。

大明 错！这里要用操作系统的管理员账户登录。登录之后会看到 TSM 主界面包括“状态”“维护”和“配置”3个子界面。在状态界面中可以监控服务器运行状态，维护界面用来管理服务器日志，配置界面则用来配置服务器的拓扑结构、安全性、用户身份和访问、通知和许可。咱们逐个看一下。

1. 状态监控

大明 登录之后的第一个界面是“状态”，其中显示了服务器各组件进程的实时运行状态，这和我们在服务器应用界面里看到的一样。

状态监控

2. 服务器维护

大明 接着，我们到服务器的“维护”界面来看一下。这里主要是服务器日志文件的设置，可以生成日志文件快照、下载日志文件、删除过期的日志文件等。

+tableau 状态 维护 配置

服务器维护

通过生成和分析日志文件并执行其他维护任务来维护和改进 Tableau Server 的性能。

日志文件

创建自定义日志文件快照。生成日志文件快照可能需要几分钟时间。Tableau Server 生成快照之后，您可以下载快照或将其上载到 Tableau 技术支持。请确保您有一个未完成的 *支持案例*，然后再上载日志。*了解更多信息*

生成日志文件快照 上载到技术支持案例 下载 删除

说明	已创建	范围	大小	存储位置	状态

服务器崩溃报告程序

在 Tableau Server 遇到导致崩溃的问题时将日志和相关文件发送到 Tableau。如果您组织的数据受任何隐私法规的约束，请勿启用此功能。

了解更多信息

启用崩溃报告 每天于

使用 tsm 命令行实用程序安排备份并执行其他高级维护操作。*了解更多信息*

服务器维护界面

小方 什么时候需要看日志文件呢?

大明 平时日志文件没什么用，但当系统出问题的时候，它就很有用了。联系 Tableau Support 时，通常需要提供系统的日志文件信息以便分析问题。由于 Tableau Server 后台的各个服务组件进程都会产生独立的日志文件，所以生成日志文件快照会把所有日志文件打包压缩，然后下载并存档。

小方 可以直接到服务器上去复制日志文件吗?

大明 当然，你可以查一下帮助文档，找到日志文件存放的位置。另外提示一下，Tableau Server 的日志分为不同的级别，最详细的级别是 Trace 级别，非常细，日志文件的体量也会很惊人。即使正常情况下的 Info 级别，日志文件的增长也是很迅速的，所以要定期归档日志文件并进行清理，腾出磁盘空间，切记切记。这个页面还有一个选项是“服务器崩溃报告程序”，可以自动将系统崩溃报告发送给 Tableau，咱们的服务器部署在内网，就不选“启用崩溃报告”复选框了。

3. 配置服务器

下面来说“配置”页面，也就是 TSM 最核心的功能——配置服务器。

- **拓扑配置**

大明 “配置”界面里分为几个部分，第一个部分是拓扑，这里不仅可以增加每个节点上的 Tableau Server 后台服务组件进程的数量，还可以添加新的节点。

服务器拓扑结构修改

小方 我记得大麦来的时候讲过，这里不能轻易修改吧，需要优化扩展的时候，咱们还是请 Tableau Support 来支持一下吧，我可不敢贸然自己动手改这些东西。

大明 你是对的，生产系统不是玩具，不能随便配着玩，需要的时候找 Tableau Support。

- **安全性配置**

大明 下一个页面是“安全性”配置。首先是运行身份服务账户。Tableau Server 是操作系统上的后台服务，这些服务需要以某个操作系统账户的身份来运行，这里说的就是这个意思。

安全性设置

小方 NT AUTHORITY\NetworkService 是什么账户？看着陌生呢。

大明 这是一个系统账户，默认情况下后台服务都用这个账户身份运行。下一个配置是外部 SSL。

外部 SSL 设置界面

大明 这个配置是为了实现数据的网络传输加密，也就是 HTTPS 协议。现在咱们的用户都在内网，这个问题还不太突出，不过长远看也是需要配置 SSL 的。配置这个需要 SSL 证书文件。

小方 在 Tableau 安装文件程序里，没见哪儿有这个证书文件啊？

大明 你买个电脑上网，难道还让电脑厂家送你“猫”[①]不成？这个 SSL 证书文件不是 Tableau 公司的。市面上有很多公司提供这个证书，有的免费，有的收费，咱们需要的时候买个证书就行了，我印象中也很便宜。

小方 去哪儿买证书啊？

大明 是不是还得让我替你搜一搜啊？

小方 不敢不敢，我自己搜……自己搜。

大明 下一个是存储库 SSL。Tableau Server 使用的资料库是 PostgreSQL，这个页面是说 PostgreSQL 与其他服务器组件之间的通信是否需要使用 SSL。默认是禁用的，我觉得咱们这个服务器就保持默认就好了。

① Modem，调制解调器，俗称为“猫”。

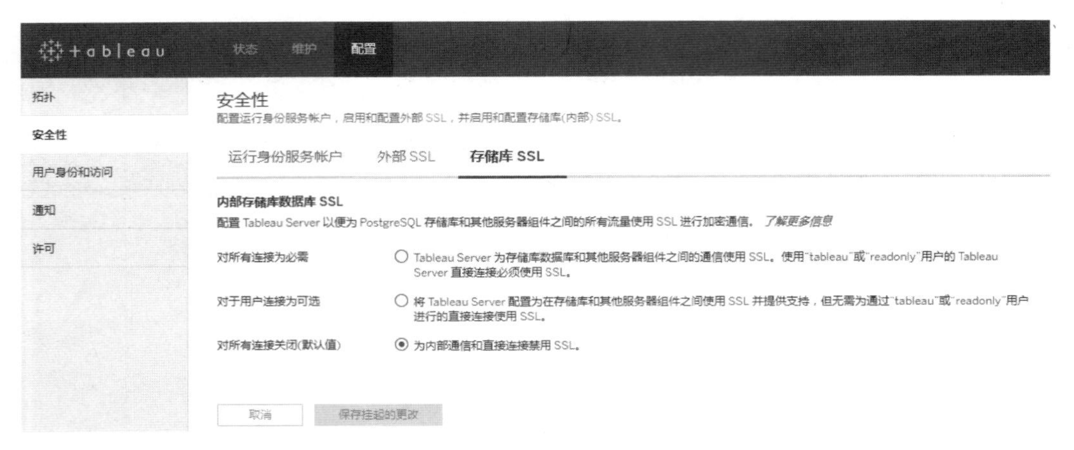

存储库 SSL 设置

- **用户身份和访问配置**

大明 下一个是用户身份和访问。身份存储指的是认证方式是 Tableau 本地证还是通过第三方认证系统进行集成认证，这个选项一旦决定就不能再修改。这个测试系统用的是本地验证，也就是由 Tableau Server 自己来管理用户名和密码信息并且自己提供身份验证。

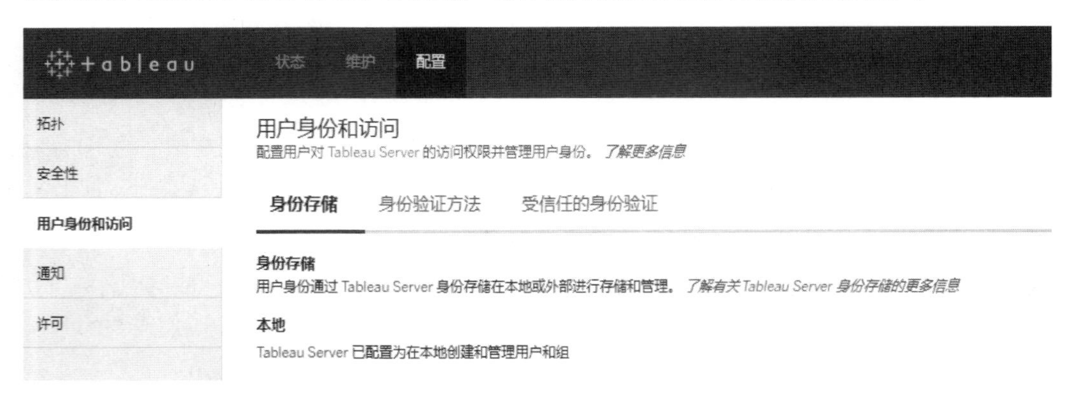

“用户身份和访问”设置

小方 Tableau Server 还支持第三方集成认证？

大明 当然。Tableau Server 支持 SAML、LDAP、Windows AD、OpenID、Kerberos 集成认证。详细信息你还是去阅读帮助文档吧。下一个页面是身份验证方法，这里咱们用了本地身份验证，所以使用用户名和密码进行身份验证。

拓扑
安全性
用户身份和访问
通知
许可

用户身份和访问
配置用户对 Tableau Server 的访问权限并管理用户身份。 *了解更多信息*

身份存储 **身份验证方法** 受信任的身份验证

身份验证方法

指定 Active Directory 如何管理用户身份验证和访问 Tableau Server。

用户名和密码

用户名和密码

默认情况下，本地身份验证将使用用户名和密码来验证用户访问权限。 *了解更多信息*

取消 保存挂起的更改

身份验证方法

大明 下一个是受信任的身份验证，这个配置很有用。如果需要把 Tableau Server 上的仪表板嵌入到我们的 CRM 系统中进行展现，是不是需要登录 Tableau Server 才能看到仪表板？

小方 对！不过用户已经登录了 CRM，再登录一次 Tableau Server 才能看仪表板？那用户体验多不好！

大明 所以我们就需要进行系统集成，实现单点登录。我们需要把 CRM 服务器加入到 Tableau Server 的受信任主机列表中，当用户请求仪表板时，Tableau Server 就通过 CRM 服务器向用户发送一个令牌，用户拿着这个令牌就可以到 Tableau Server 上兑换一个仪表板了。

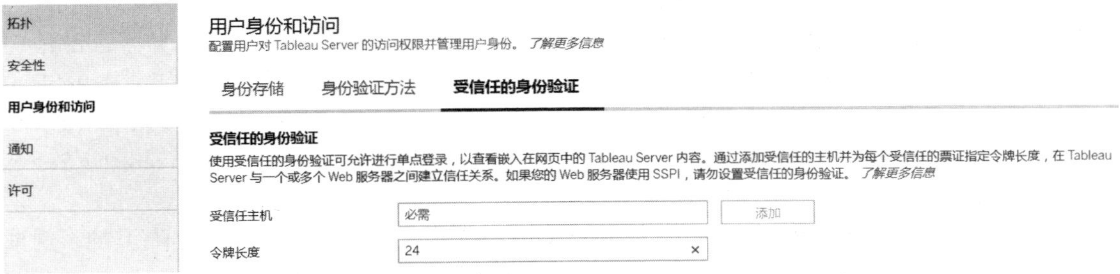

拓扑
安全性
用户身份和访问
通知
许可

用户身份和访问
配置用户对 Tableau Server 的访问权限并管理用户身份。 *了解更多信息*

身份存储 身份验证方法 **受信任的身份验证**

受信任的身份验证

使用受信任的身份验证可允许进行单点登录，以查看嵌入在网页中的 Tableau Server 内容。通过添加受信任的主机并为每个受信任的票证指定令牌长度，在 Tableau Server 与一个或多个 Web 服务器之间建立信任关系。如果您的 Web 服务器使用 SSPI，请勿设置受信任的身份验证。 *了解更多信息*

受信任主机 必需 添加

令牌长度 24

“受信任的身份验证”设置

小方 不太明白……

大明 给你看个图说明一下吧。下面这个图说明了受信任的身份验证在客户端的 Web 浏览器、第三方应用 Web 服务器和 Tableau Server 之间是如何工作的。按照图里的标号解释一下。

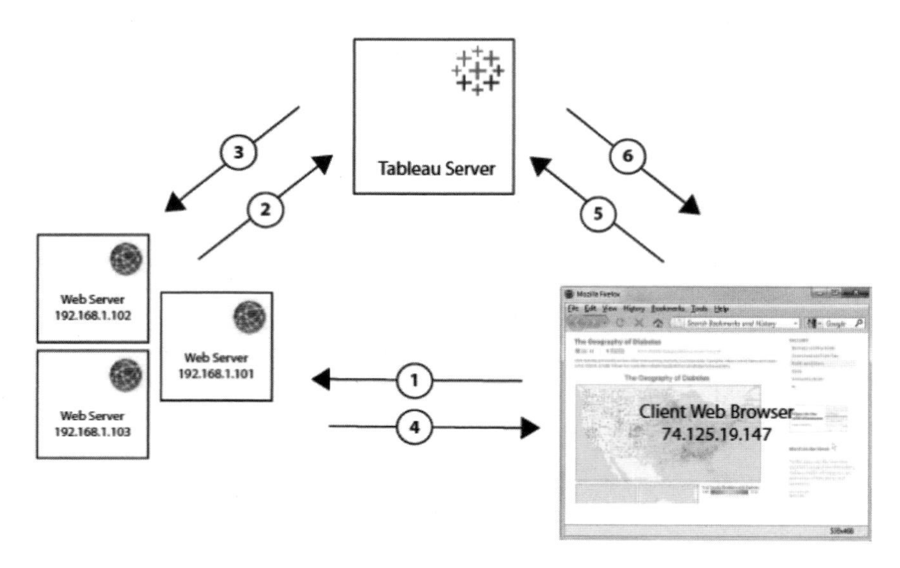

受信任的身份验证工作原理

① 用户访问网页：当用户访问具有嵌入式 Tableau Server 视图的网页时，该网页会向你的 Web 服务器发送一个 GET 请求，要求提供该网页的 HTML。

② Web 服务器 POST[①]到 Tableau Server：Web 服务器向受信任的 Tableau Server（例如 https://tabserver/trusted，而非 https://tabserver）发送 POST 请求。该 POST 请求必须有一个 `username` 参数。`username` 的值必须是 Tableau Server 许可用户的用户名。如果 Tableau Server 承载多个站点，且视图在默认站点之外的其他站点上，则 POST 请求还必须包含 `target_site` 参数。

③ Tableau Server 创建票证：Tableau Server 检查发送 POST 请求的 Web 服务器的 IP 地址或主机名（上图中的 192.168.1.*xxx*）。如果 Web 服务器作为受信任主机列出，则 Tableau Server 将以唯一字符串的形式创建一个票证。票证必须在发出后 3 分钟内兑换。Tableau Server 使用该票证来响应 POST 请求。如果存在错误或无法创建票证，Tableau Server 将使用值`-1` 进行响应。

④ Web 服务器将 URL 传递给浏览器：Web 服务器将为视图构建 URL，并将其插入网页的 HTML 中。包括票证（如 https://tabserver/trusted/<ticket>/views/requested_view_name）。Web 服务器将 HTML 传递回客户端的 Web 浏览器。

⑤ 浏览器从 Tableau Server 请求视图：客户端 Web 浏览器将向 Tableau Server 发送一个 GET 请求，该请求包括带有票证的 URL。

⑥ Tableau Server 兑换票证：Tableau Server 兑换票证、创建会话、完成用户登录并从 URL 中移除票证，最后将嵌入视图的最终 URL 发送到客户端。

① 意思是 Web 服务器向受信任的 Tableau Server 发送 POST 请求。

大明 会话允许用户访问其登录到服务器后具有的任何视图。在默认配置中，使用受信任票证进行身份验证的用户的访问权限受限，因此只有视图可用。他们无法访问工作簿、项目页面或服务器上的其他内容。大家明白了么？

小方 明白了。不过要进行系统集成展现的话，是不是还得写代码？

大明 没错，要用 Tableau Server JavaScript API 写点儿代码。

小方 如果咱们以后真的与 CRM 集成，咱们自己的 IT 部门能搞定吗？

大明 有什么搞不定的？Tableau 提供了全套集成代码样例，你有兴趣的话也可以研究一下。还有别的问题吗？

Tableau 全套集成代码样例
https://community.tableau.com/community/developers

小方 还有一个问题，你知识咋这么渊博，啥都知道？

大明 我只是比你多看了一些 Tableau Server 帮助文档而已。下一个页面是“通知”配置。

- **通知**

大明 要想使用通知/订阅功能，就需要配置邮件服务器，该邮件地址代表 Tableau Server 对外发送电子邮件。

电子邮件配置

小方 这不是和配置一个邮件客户端类似吗？

大明 对啦！就是一样的。只不过配好了邮件服务器信息并不意味着就可以使用订阅和通知功能，还要进入“事件”界面打勾，让 Tableau Server 在某些情况下自动发送邮件，允许用户使用通知和订阅功能。如果这里不打勾，最终用户登录到 Tableau Server 界面后，最上面的一排按钮里面就没有“订阅”按钮。

拓扑
安全性
用户身份和访问
通知
许可

通知
将 Tableau Server 配置为发送有关重要事件、进程和服务器运行状况的电子邮件通知。电子邮件通知必须通过电子邮件(SMTP)服务器发送。*了解更多信息*

电子邮件服务器　**事件**

事件
您可以指定哪些服务器事件将触发电子邮件通知。我们建议启用所有通知。*了解更多信息。*

内容更新
☑ 发送关于数据提取刷新失败的电子邮件
☑ 允许用户接收他们已订阅的视图的电子邮件

服务器运行状况监视
☑ 发送关于 Tableau Server 进程事件(启动、停止和故障转移)的电子邮件
☑ 发送电子邮件以报告 Tableau Server 许可证

驱动器空间
☐ 当未使用的驱动器空间降到阈值以下时发送电子邮件
警告阈值　20　%
严重阈值　10　%
阈值通知的发送频率　60　分钟
☑ 记录磁盘空间使用信息和阈值违规以在自定义管理视图中使用

取消　保存挂起的更改

“事件”设置

小方 OK，记下了。我看这里的文字说明中说建议全部启用，咱们就全部启用呗。

● **许可证管理**

大明 还有一个界面是“许可”，这里管理的是 Tableau Server 自己的许可证密钥，如果有更新的密钥，也可以在这里输入并激活。

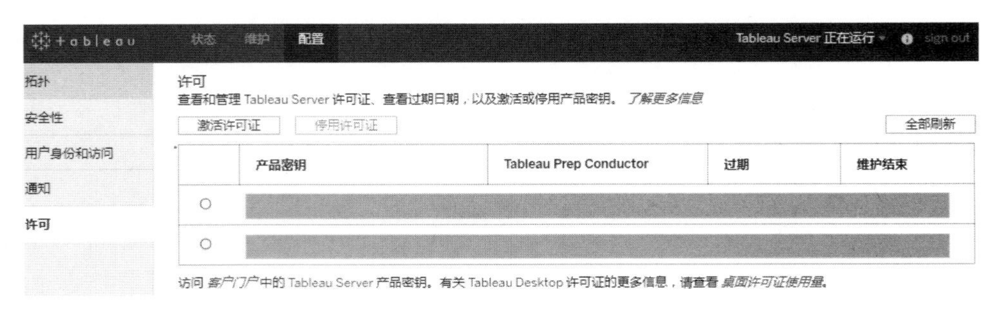

“许可”配置界面

小方 我脑袋不转了，咱休息会儿行不？休息会儿再继续？

大明 继续啥？这是 TSM 的最后一个界面了。

小方 耶！太好了，我看一下时间……这一不小心一上午都过去了！赶紧下楼喝咖啡！

大明 哈哈，斯达巴克斯大杯拿铁走起！

第 7 章

让仪表板运作如飞：工作簿性能管理

本章首先介绍几种 Tableau 的误用场景，然后重点讨论如何分析仪表板的性能瓶颈，以及在设计中如何提升仪表板的性能。

7.1 Tableau 的误用场景

系统开始试运行了，业务分析仪表板陆续上线了，大家因为系统开始启用都很兴奋，同时有一些忐忑，不知道未来的推广之路会遇到什么问题。

然而没等太久，问题就来了。

小方看着屏幕上的仪表板发呆，屏幕上的一个小圆圈转啊转，两分钟过去了，仪表板页面也没打开。于是小方尝试重启浏览器后再打开这个仪表板，还是转啊转，过了三分钟，页面终于显示出来了。界面上有很简单的一个图，工作簿中还有另外一个仪表板，是一个表格。小方心里嘀咕："打开这么慢，要是发布到正式环境中，这个仪表板要等这么半天，会不会产生负能量？想想都觉得这对新系统来说很不利。还是跟大明讨论一下吧。"

大明 你说这个工作簿只有两个仪表板，一个图和一个表，打开很慢？我看一下……工作表里还有一个页面……一整页筛选器？1、2、3…20 多个筛选器，我眼花了吗？看来这个工作簿真的有 20 多个筛选器，我说那个图的页面和表格的页面为什么没有筛选器，原来是筛选器太多，单独放了一整页。

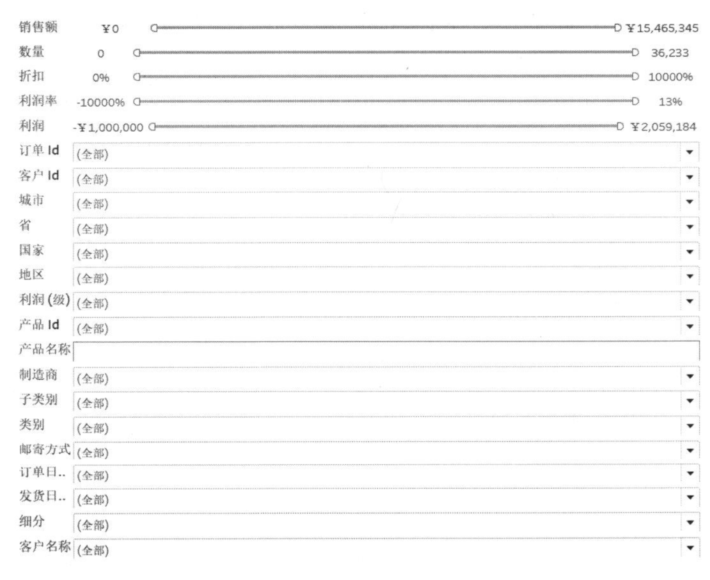

一整页筛选器

小方 看来是把数据源中所有的维度和度量都做成筛选器了，还好这个数据源的维度不是很多。如果数据源中有上百个字段，那……不过，一整页筛选器会对性能有影响吗？可是这张图很简单啊！

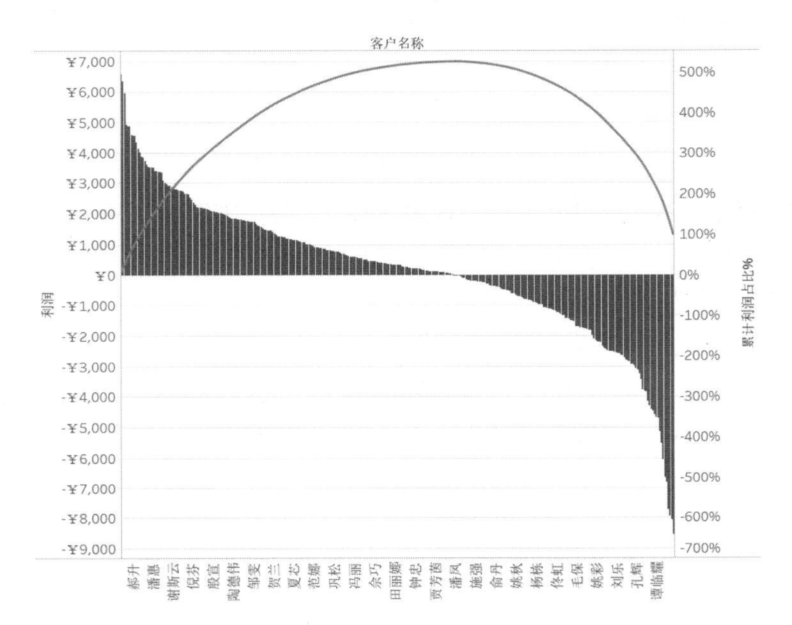

简易帕累托图

后面还有一个表也很简单，图和表都是靠那一整页筛选器控制的。

客户名称	利润	累计客户数量占比%	累计利润占比%
刘婵	¥6,593	.30%	11.27%
黄磊	¥6,341	.61%	22.10%
康丽	¥5,962	.91%	32.29%
牛黎明	¥4,934	1.22%	40.72%
白忠	¥4,893	1.52%	49.08%
邹涛	¥4,870	1.82%	57.40%
郝升	¥4,593	2.13%	65.24%
范雯	¥4,575	2.43%	73.06%
巩关茵	¥4,562	2.74%	80.86%
佘虢	¥4,347	3.04%	88.29%
韩莞颖	¥4,149	3.34%	95.37%
韦实	¥4,022	3.65%	102.25%
郭莲	¥3,872	3.95%	108.86%
邓保	¥3,858	4.26%	115.46%
贾媛	¥3,730	4.56%	121.83%
巩光	¥3,615	4.86%	128.01%
金诚	¥3,546	5.17%	134.07%
彭雯	¥3,519	5.47%	140.08%
潘惠	¥3,509	5.78%	146.07%
郝婷	¥3,507	6.08%	152.07%
龚松	¥3,406	6.38%	157.89%
柯强	¥3,394	6.69%	163.69%
邓达侠	¥3,362	6.99%	169.43%
贺恒	¥3,362	7.29%	175.17%
袁栋	¥3,358	7.60%	180.91%
刘斯云	¥3,085	7.90%	186.18%
郭刚	¥3,001	8.21%	191.31%
林青	¥2,952	8.51%	196.36%
施丽丽	¥2,919	8.81%	201.34%
徐谙	¥2,905	9.12%	206.31%

简易帕累托表

大明 虽然现在还不能肯定性能问题与这些筛选器有关，但看着很可疑，可以作为我们分析排查的一个线索。当然，我们还要做一下具体分析。先不着急，正好看一下大家还有没有其他有关性能方面的问题。

果然不出大明所料，其他同事也遇到一些问题。

小董 我这有一个销售部提交的分析仪表板，是一个大表格，如果不加筛选条件，估计要展现上百万条记录，可是加了筛选条件之后，也有几十万条记录，慢……头疼。

行Id	订单Id	产品名称	客户名称	细分	邮寄方式	类别	类别	子类别	国家	地区	省	城市	订单日期	日(发货..	利润	利润率	折扣	数量
1	US-201..	Fiskars..	曾惠	公司	二级	办公用品	办公用品	用品	中国	华东	山东省	Laifu Shi	2018/4..	2018年4..	-¥61	-47%	40%	2
2	CN-201..	Globe..	许安	消费者	标准级	办公用品	办公用品	信封	中国	西南	安徽省	Fuyang..	2018/6..	2018年6..	¥43	34%	0%	2
3	CN-201..	Cardin..	许安	消费者	标准级	办公用品	办公用品	装订机	中国	西南	安徽省	Fuyang..	2018/6..	2018年6..	¥4	13%	40%	2
4	US-201..	Kleenc..	宋良	公司	标准级	办公用品	办公用品	用品	中国	华东	河南省	Zhuma..	2018/1..	2018年1..	-¥27	-8%	40%	4
5	CN-201..	Kitchen..	万兰	消费者	二级	办公用品	办公用品	器具	中国	中南	吉林省	Siping ..	2017/5..	2017年6..	¥550	40%	0%	3
6	CN-201..	柯尼卡 ..	俞明	消费者	标准级	技术	技术	设备	中国	华东	广东省	Shanto..	2016/1..	2016年1..	¥3,784	34%	0%	9
7	CN-201..	Ibico 订..	俞明	消费者	标准级	办公用品	办公用品	装订机	中国	华东	广东省	Shanto..	2016/1..	2016年1..	¥173	36%	0%	2
8	CN-201..	SAFCO ..	俞明	消费者	标准级	家具	家具	椅子	中国	华东	广东省	Shanto..	2016/1..	2016年1..	¥2,684	31%	0%	4
9	CN-201..	Green ..	俞明	消费者	标准级	办公用品	办公用品	纸张	中国	华东	广东省	Shanto..	2016/1..	2016年1..	¥47	8%	0%	5
10	CN-201..	Stockw..	俞明	消费者	标准级	办公用品	办公用品	系固件	中国	华东	广东省	Shanto..	2016/1..	2016年1..	¥34	22%	0%	2
11	CN-201..	爱普生 ..	谢雯	小型企业	二级	技术	技术	设备	中国	西北	四川省	Leshan ..	2015/1..	2015年1..	¥4	1%	0%	2
12	CN-201..	惠普 墨..	康青	消费者	标准级	技术	技术	复印机	中国	东北	山东省	Dongyi..	2018/6..	2018年6..	¥640	27%	0%	4
13	CN-201..	Jiffy 局..	赵婵	消费者	标准级	办公用品	办公用品	信封	中国	华东	河北省	Cangzh..	2016/6..	2016年6..	¥89	13%	0%	3
14	CN-201..	SanDis..	赵婵	消费者	标准级	技术	技术	配件	中国	华东	河北省	Cangzh..	2016/6..	2016年6..	¥344	26%	0%	5
15	CN-201..	诺基亚 ..	赵婵	消费者	标准级	技术	技术	电话	中国	华东	河北省	Cangzh..	2016/6..	2016年6..	¥2,849	48%	0%	2
16	US-201..	Kitchen..	刘斯云	公司	一级	办公用品	办公用品	器具	中国	华东	黑龙江省	Mudanj..	2017/1..	2017年1..	-¥3,963	-38%	40%	7
17	US-201..	Novim..	刘斯云	公司	一级	办公用品	办公用品	标签	中国	华东	黑龙江省	Mudanj..	2017/1..	2017年1..	¥38	45%	0%	3
18	CN-201..	Memor..	白鹃	消费者	二级	技术	技术	配件	中国	华东	新疆	Baying..	2018/1..	2018年1..	¥1,071	46%	0%	7
19	CN-201..	Acme ..	白鹃	消费者	二级	办公用品	办公用品	用品	中国	华东	新疆	Baying..	2018/1..	2018年1..	¥24	28%	0%	1
20	CN-201..	Avery ..	白鹃	消费者	二级	办公用品	办公用品	装订机	中国	华东	新疆	Baying..	2018/1..	2018年1..	¥2	2%	0%	5
21	CN-201..	Cardin..	白鹃	消费者	二级	办公用品	办公用品	装订机	中国	华东	新疆	Baying..	2018/1..	2018年1..	¥127	32%	0%	6
22	CN-201..	三星 办..	白鹃	消费者	二级	技术	技术	电话	中国	华东	新疆	Baying..	2018/1..	2018年1..	¥959	45%	0%	7
23	CN-201..	Hewlet..	白鹃	消费者	二级	技术	技术	复印机	中国	华东	新疆	Baying..	2018/1..	2018年1..	¥1,163	26%	0%	3
24	CN-201..	Elite 开..	白鹃	消费者	二级	办公用品	办公用品	用品	中国	华东	新疆	Baying..	2018/1..	2018年1..	¥119	44%	0%	2

城市 (全部)
省 (全部)
地区 (全部)
产品名称
制造商 (全部)
子类别 (全部)
类别 (全部)
邮寄方式 (全部)
年(订单日期) (全部)
年(发货日期) (全部)
细分 (全部)

明细表查询

大明 这是把数据源里面所有的维度和度量都展现在表格里了，还把所有维度都当作筛选器列在旁边了。要是把所有的度量值也都做成筛选器放在边上就完整了，哎！

小丁 我这也遇到一个事，产品部的同事发给我一套 PPT，问我怎样把这个做成仪表板，我看着一堆 PPT 格式的图表，费了好大劲才做出一个来，感觉也很慢……

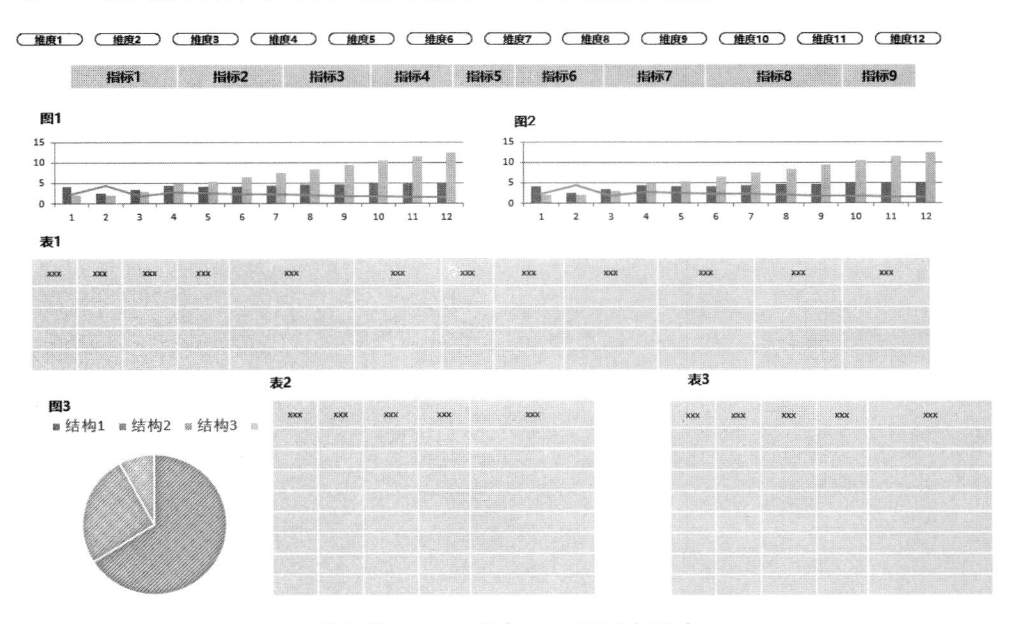

计划用 Tableau 重复 PPT 的图表设计

大明 这是想把 Tableau 当作 PPT 用啊……他咋不继续用 PPT 呢？

几个人无辜地望着大明，等着大明说解决方法。

大明 这几个问题都很典型，表面上看是性能问题，实际上却是 Tableau 适用场景的问题。咱们就把这两个问题分开说吧，先谈谈 Tableau 的适用性和设计问题，再谈性能问题。现在先请大家把刚才看的这几个仪表板忘掉。

小方 为什么要忘掉仪表板？咱们不是要分析这些仪表板的性能问题吗？

大明 回答你的问题之前，我先问一下大家，Tableau 软件有什么优点呢？

小方 当然首先是形象直观，Tableau 用图表对数据进行可视化展现，能够帮助人们快速理解数据。另外就是美观，Tableau 通常给人们的第一印象就是颜色赏心悦目，看到这样美观的图表，人们就不禁想多看一会儿数据。

小丁 我觉得“快”也是一个重要特点吧，从软件安装到连接数据源，再到可视化分析，整个过程用起来都很简单，通常的业务问题很快就能得到答案，可以说立等可取，不需要复杂的开发流程。

小董 我觉得交互性也是 Tableau 的一个重要特点，无论是在分析界面上拖放，还是在仪表板上进行互动，都比传统静态报表呈现的信息更丰富。

大明 看来大家都很了解 Tableau 的特点和优势，比如形象直观、美观、交互性强、快、简单。可是业务部门的用户们未必能够理解这些，或者模模糊糊地知道这些特点，而在实际应用的过程中往往就忘了 Tableau 适合干什么。有人把它当作传统报表开发工具、可视化设计工具、导出数据的简易 ETL①工具甚至一个万能工具来使用，偏偏就不知道其实 Tableau 真正的定位是分析工具。大家再总结一下，Tableau 具备这些优势的同时，又有哪些局限性呢，或者说有哪些不适合的应用场景？

小方 我觉得有些情况下用起来很别扭，比如打印报表，就是那种要做纸张和页面控制的，可能会有页眉页脚、分节或者多页的报表，业务部门曾经拿一些这样的报表和我讨论，我看着就头大，感觉做起来费时费力，这似乎就不太适合用 Tableau 软件。

小董 也有业务用户给我看过一些复杂格式的报表，表头套表头，大表套小表，表格内单元格之间有不少的交叉引用和计算，其实就是过去 Excel 里面那一套报表，我现在习惯了用 Tableau，感觉这种报表也很头大。

小丁 我这还遇到过用户问我怎么把数据导出去，导成 Excel、TXT 文件……我们说的这些，感觉似乎都不太适合用 Tableau 来做，又不敢确定，万一 Tableau 都能做，而是我们的技能不够呢？

---

① ETL 是英文 Extract-Transform-Load 的缩写，指将数据从来源端提取（Extract）、转换（Transform）、加载（Load）至目的端的过程。

然后大家又无辜地望着大明，等着大明回答。

大明 现在大家的角色跟原来有什么不同？

大家又面面相觑，不知如何作答。

大明 以前大家是数据分析师，直接为业务部门分析数据；现在我们是 CoE，大家的角色是数据分析导师，任务是培养业务部门自己的数据分析师。要想当好导师，不仅要教业务用户一些产品的使用技能，更重要的是转变业务用户的传统思维，把一批报表用户转变成分析用户。换句话说，是教业务用户使用 Tableau 做分析员该做的事，而不是教大家用 Tableau 做过去 Excel+PPT 做的事。从某种意义上讲，Tableau 不仅是一个可视化分析软件，它带给我们的是一种全新的数据分析思维，一种查看和理解数据的方法。

Tableau 有 3 种主要的应用场景，大家来看一下这个表格。

场　景	业务用户	CoE	业务目标	特　点
自助分析	自助分析，浏览和探索数据	定义数据源，维护系统性能和运行状况	支持业务发展和决策，随时对数据进行多角度探索，试图从数据中发现问题，找到原因，或者验证想法，具有高度的灵活性要求	业务化的数据模型，简单易用的工具，让分析人员随着思路进行数据操作和交互
管理类报告/仪表板	专业分析员：设计实现报告并发布，使用 Tableau Desktop。 普通业务用户：在网页或移动设备上查阅仪表板，使用 Tableau Server	管理权限、数据刷新、订阅分发，Tableau Server 系统管理	常规的管理类报告，通常以仪表板方式呈现，内容和样式固定，定期刷新数据	一次性设计、发布；自动刷新并支持订阅和推送；可作为系统建设的初始化内容
专题分析	作为决策支持者，对某一特定问题进行深入研究，通过数据进行业务模拟和预测或者进行分析，结果常以报告或故事的方式呈现；专题分析通常需要跨部门、跨数据源进行综合分析	提供良好的数据基础和查询性能	为某些特定的业务决策问题进行系统化分析，例如模拟在三线城市开展业务的成本与机会	综合的数据，全面的分析，有逻辑的呈现，高度的可视化

大家对这几种应用场景都明白吧？

小方 虽然以前没这样总结过，但是这几种场景我想我们还是明白的。

大明 明白就好。我们再来看一下大家刚才提供的几个仪表板，显然并不符合 Tableau 的风格，既无法看出 Tableau 的特点，又看不出用户拿到这个东西之后怎样分析。谁能告诉我业务用户为什么要把仪表板做成这个样子？小方你能告诉我业务用户为什么要把仪表板做成这个样子吗？

小方 这个……我问一下销售部的小范，这是他发给我的仪表板。

这时候小董的电话响了，是销售部的小张。

小董 嗨，小张，我正要找你呢。

小张 找我？等会儿再说，先说我的事儿，我那个数据查询的报表能不能尽快帮我优化一下啊？我们部门的俩同事在我旁边，都眼巴巴等着要用呢。

小董 我要找你说的也是这个事儿，你的这份报表就是一堆明细数据查询，而且数据量很大，这个表是用来做分析的吗？

小张 哦，不是，我的俩同事说这个表就是为了查询的，查询完成之后就把数据导出来，下载到本地Excel里面再做分析。

小董 啊？Tableau本来就是一个非常强大的分析工具，为什么还要再导出到Excel里面做分析呢？这不是把Tableau当作数据下载或者简易的ETL工具了吗？

小张 这样用有啥不妥吗？我以前在其他公司工作的时候，都是做一些基本的报表，加上各种过滤条件，生成明细数据给业务用户下载的啊？

小董 你以前……用过什么工具？我怎么想不出来还有这样的工具？

小张 我以前用的BI工具叫“业务对象”，都是这样用的。咱先不说以前，现在我们这边的同事也不知道怎么用Tableau做分析啊，他们都习惯了使用Excel自己加工，我就是帮他们弄出这些明细数据来。

小董 我明白了。这样吧，我现在开个会，开完会我跟你约个时间，与你们部门的几个同事一起交流一下，看以后咱们怎么把工作模式切换到Tableau上来。我可以非常肯定地告诉大家，用Tableau做分析绝对要比Excel方便一百倍！哦对了，你用Tableau多久了？

小张 我用了一个星期左右，自己学了学就开始用了，这不也想尽快给大家做点事儿。

小董 难怪呢，我们近期会组织Tableau的学习培训，你来参加吧。Tableau软件不同于过去你用的其他工具，你也需要多了解一些Tableau的使用技能。

小张 OK，你开完会给我打电话吧，拜拜！

小董挂了电话，发现其他几个人在偷着笑，自己也忍不住笑起来。

大明 大家都听到了你刚才的电话，咱们刚刚开始启动数据分析的普及推广工作，还有很多业务部门的同事不了解Tableau，对数据分析不了解，所以才会出现这种奇葩式的用法。另外，大家一定要记住，遇到业务部门报过来的需求或者问题，要多了解具体的应用场景，多问几个为什么，有时候问题不是问题，而是适用场景不对，使用姿势不对。

这时候小方也拨通了市场部小范的电话。

小方 嗨，小范，我看了你发过来的工作簿，就是有一整页筛选器，里面有一个图和一个表的那个……嗯，对，就是你说的那个很慢很慢的工作簿。我想了解一下你为什么要放那么多筛选器啊？

小范 这个工作簿是给我们部门其他同事用的，他们要最大可能的灵活性，也就是能够进行任意维度的筛选组合，生成图表。

小方 有没有具体的业务分析目的啊？就具体的分析目的来说，真的有必要组合那么多筛选器吗？

小范 分析目的？分析目的就是一个万能图表工具，这样用户不就可以实现任意分析目的了吗？

小方 可是……你这个帕累托能实现任意分析目的？

小范 不不不，你误会了，我可以用相同的模式做很多图表，这是一个通用模板，我再多做几个别的图的工作簿就行了，条形图、折线图、饼图之类的。我们这边的同事在浏览器里面选好条件，生成图片，截图放到PPT里面去形成各种报告，多简单！

小方 千万别忙着用这个模式复制别的图啊！先把这个解决了再说……你是说用户要最大限度的灵活性，而你就想给他们提供个万能的工具？

小范 你总算理解了我的想法，哈哈！

小方 这种情况下，为什么不给用户直接使用Tableau Desktop或者Web Edit呢？那才是最大限度的灵活性，而且图表也可以自由选择，更重要的是，用户可以真正地分析数据！

小范 这……可能吗？用户能学得会吗？另外，他们有许可吗？

小方 当然学得会！这样吧，我在开会，一会儿开完会我跟你约个时间一块好好聊聊，咱们推广自助分析的目的就是让业务用户会用Tableau做分析。

小范 OK，你先忙。Bye!

小方放下电话，发现其他几个同事也看着他笑。小方不由得叹了口气。

大明 小方这个电话搞清楚了一个现状：用户的应用场景应该是自助分析，而我们业务部门的分析员显然还没明白什么才是自助分析。

小方 这分析员……哎！

大明 不要抱怨咱们的同事，想想咱们几个人在刚开始接触Tableau的时候，不也是一样要有一个思路转变过程？从数据分析的角色来说，业务部门也存在三种角色。首先是专业分析员，他们对应着Creator用户，主要职责就是进行数据分析，支持本部门的业务用户和管理层日常分析决策；其次，有一部分同事需要偶尔进行即时查询分析，主要是使用仪表板，他们对应着Explorer用户；最后是一线或者管理层，他们只需要使用仪表板，也就是Viewer用户。用户是分层级的，我们要赋能的对象首先是专业分析员，但是从今天的情况看，显然任重而道远。

小丁 我这个仿照PPT设计的仪表板一定也有适用场景不对的问题，看起来用户想把仪表板做成一个系统，啥东西都往一个工作簿里放。现在这一整套就有几十个仪表板和上百个图表，而且都是 PPT 风格的，没有一丁点儿 Tableau 的特点。

大明 用户是不是还不了解 Tableau？

小丁 不了解，只是听说咱们上线了一套很牛的数据分析软件，就急着提要求了。

大明 首先，我们的任务是教会业务用户自己制作仪表板，以后的需求要让业务用户自己做，咱们部门不再负责开发和制作仪表板。其次，这个需求的确很有问题，说明目前用户的思路被局限在旧的 Excel+PPT 里面。

小丁 我跟业务上的同事交流过，他们都以为 Tableau 能够百分百覆盖 Excel 和 PPT 的功能，用起来也跟 Excel、PPT 差不多。我说不是的，有些 Excel 和 PPT 里面的图在 Tableau 里面并没有，他们还都很惊讶。

大明 虽然我们也做过一些引导式的培训工作，但是还没有覆盖到所有的业务用户。所以不要着急，工作总是一步一步做的。

小丁 我有思路了！

大明 说说？

小丁 我得抛开这些 PPT 报表模板，先教会业务用户使用 Tableau；然后我们可以策划应用，设计系统，但是一定要充分发挥 Tableau 的特点和优势，不能用 PPT 做设计、用 Tableau 做实现！Tableau 还有一个特点，那就是迭代快，可以快速构建思路、快速修改、快速原型化。因此，还得从最初的业务分析目的开始重新梳理，才能避免走上 Excel+PPT 的老路。

大明 小丁开窍了，赞！

小董 如果业务用户还是固执地用 PPT 做设计，用 Tableau 做实现呢？

小丁给了小董一个白眼，说："那我就让他继续去用 PPT 好了！"

大明 其实有时候退一步也是一个策略，有的用户接受新事物比较慢，你去强推会有很大阻力。不如迂回一下，等大部分同事们都转换了思路，这些用户也就会随大流了。我们不排除仍有一些业务用户暂时不愿意接受 Tableau，所以推广工作也要审时度势，有策略地推广。

大明 现在大家还要分析这几个工作表的性能问题吗？

小方 似乎……不用了吧，感觉继续分析下去也什么意义，毕竟应用场景没搞对，做得越多，错得越多。

大明 好吧，现在大家达成共识了。使用 Tableau，首先需要改变思维，否则他就只是做图做表的工具，永远无法发挥出分析工具的优势。现在我们先忘掉这几个不对的场景，来谈谈仪表板的性能优化问题。过去，我们很少谈这个问题，也没有系统性地进行研究，但现在要在企业里全面推广，系统地理解、设计和优化系统的性能就非常重要。只有从一开始就重视性能，才能更好地避免后期性能方面的麻烦。

7.2 工作簿性能分析

大明 其实我们刚才花了这么长时间来聊应用场景的问题，并不是在回避性能问题，而是因为应用场景是性能考量的首要因素！据我的经验来看，如果某个仪表板的打开速度很慢，那么90%以上的原因是设计不当，而设计不当的罪魁祸首往往就是 Tableau 的适用场景不对。不信的话，大家跳过那些仪表板，直接连接到后台数据源进行拖放查询，如果查询速度很流畅，那么几乎可以肯定是设计方面出现了问题。

小方 我查过，通过直连数据源的方式做查询，分析速度的确很快，就是变成仪表板之后，就像蜗牛一样慢了。

大明 就性能问题来说，通常的情况是最终的业务用户在浏览器中打开仪表板很慢，或者与仪表板进行互动操作的时候很慢。我们未来一定会遇到这种情况，所以有一个清晰的分析思路很重要，在谈设计优化之前，要对问题进行初步的识别和判断，先把简单的问题解决、排除。

如果有人反映仪表板打开很慢，我们需要先了解清楚是某个具体的仪表板慢，还是所有仪表板都很慢。如果是所有的仪表板都慢，我们可以在 Tableau Server 上分别使用 http://localhost:port 和 http://server-name:port 这两个 URL 来访问同样的仪表板，如果用 localhost 访问速度很快，而用 server-name 访问很慢，那么问题应该出在网络域名解析上面，可以联系 IT 部门解决。

小方 首先，排除网络原因？

大明 网络原因也不仅仅是域名解析问题，网络速度也可能是一个原因。如果用户在公司内网访问速度很快，而在外网用 VPN 访问很慢；或者有的用户很快，而另外一些用户很慢，则可以判定是网络连接问题，请 IT 部门协助解决。

小方 如果所有的仪表板都慢，就是网络原因，对吧？

大明 我是这么说的吗？当然，还有可能是别的原因，还要进一步了解是一直都慢，还是某些特定时间段内慢。同时，查看当前服务器的 CPU 和内存的负载水平，看一下是不是很高，如果因为大量用户并发访问造成的服务器高负载，则明确是高峰访问问题，可以考虑扩容或者请用户在低峰时访问。正好问大家一个问题，如何降低用户的并发访问量呢？

小方 鼓励用户采用仪表板订阅吧。

大明 对，鼓励用户采用仪表板订阅。另外，服务器硬件配置也与性能有关，同样是八核 CPU、64GB 内存，高主频的新型号 CPU 的性能可能会比低主频的老 CPU 有明显提高，高速硬盘的性能比低速硬盘也有显著优势，所以咱们这次采购服务器时配了最新型号的 CPU 和 SSD 硬盘。但是如果并发用户的数量不高，排除网络因素和服务器负载因素，那么可能就是服务器配置问题了，需要检查 Tableau 服务器的软件配置，必要时可以联系 Tableau Support 协助排查。

小方 如果仅是某个或者某些仪表板速度慢的话，是不是就要检查仪表板设计了？

大明 这种情况下，问题很可能出在仪表板的设计上，但也不绝对，首先要看这个仪表板在 Tableau Desktop 上打开是不是也慢。这里有一条重要的规则：如果仪表板在 Tableau Desktop 中打开时就很慢，那么发布到 Tableau Server 上时，没有理由变快。

小方 如果在 Tableau Desktop 里面快，只是在 Tableau Server 上慢呢？

大明 这是比较复杂的一种情况了。首先要进行 Tableau Server 上的性能分析，查看究竟是哪个环节比较慢。大家应该已经熟悉在 Tableau Desktop 上的性能记录吧，我们今天了解一下 Tableau Server 上的性能分析，正好上次也和小方说过要抽空给大家介绍一下。

Tableau Server 上的性能记录与 Tableau Desktop 非常相似，只是启动方法有所不同。首先，站点要启用“记录工作簿性能指标”复选框，这在站点的“设置”页面中。

启用“记录工作簿性能指标”复选框

然后打开要分析的仪表板，在浏览器地址栏的 URL 中，把问号后面的字符串删掉，然后添加:`record_performance=yes`，接着敲击键盘上的 Enter 键刷新页面，这时仪表板页面上方会出现“性能”按钮。注意，此时所有的仪表板操作的性能都已经开始记录了，所以现在可以点击“刷新”按钮重新加载仪表板数据，点击仪表板上的筛选器改变数据视图或者点击仪表板上的图表进行联动筛选操作等。需要特别注意的是，记得把那些感觉很慢的操作进行一遍。

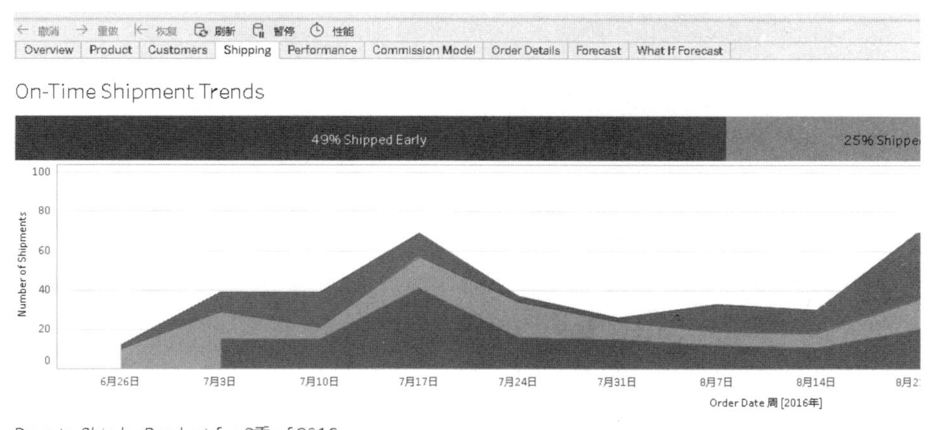

启用“记录工作簿性能指标”的仪表板（工具栏上出现“性能”按钮）

操作完成之后，点击“性能”按钮，此时就会弹出仪表板的性能记录窗口，这和 Tableau Desktop 的性能仪表板基本一样。

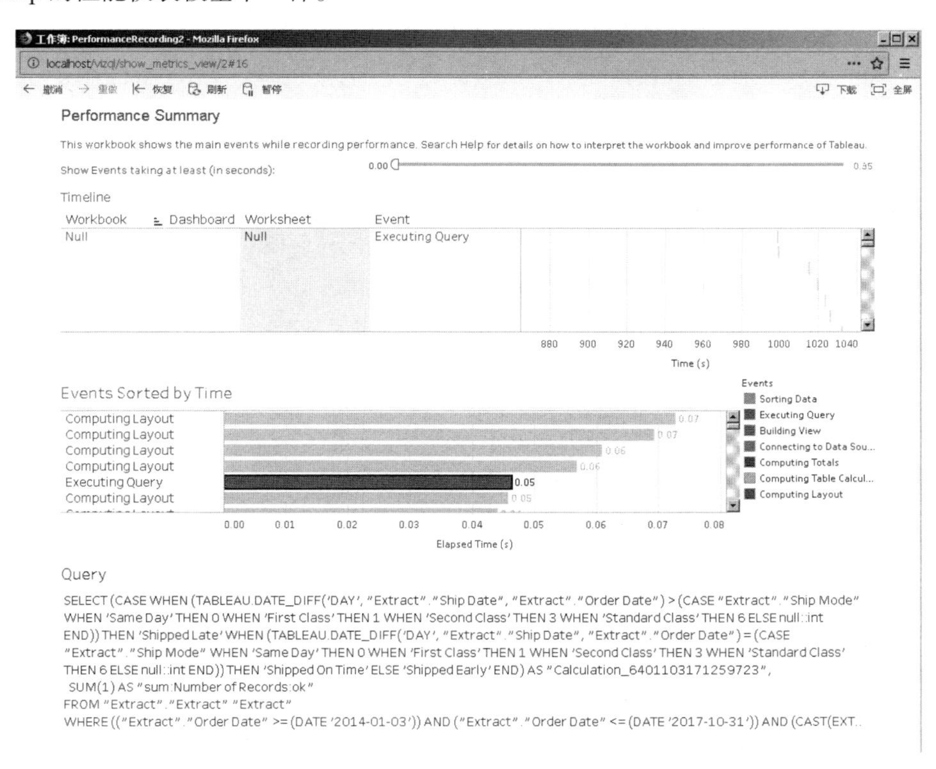

性能记录窗口

这个仪表板并不复杂，分为 3 个部分，第一部分是 Timeline（时间线），这里可以看到每一步操作发生在什么时候，经历了多长时间。中间部分是 Events Sorted by Time（按时间排序），这里按照耗时长短将各种事件按照降序排名。下面一部分是 Query（查询），例如当选中排名中的 Executing Query 事件时，Query 区域会显示实际执行的查询语句。

这个性能记录仪表板中最重要的部分就是各个事件的时间消耗了。我们需要对这些事件的含义以及优化方法有一个基本的理解。

- Computing Layout：计算布局。如果布局所花的时间过长，请考虑简化工作簿。
- Connecting to Data Source：连接到数据源，连接可能会因网络或数据库服务器的问题而较慢。
- Executing Query：执行查询。对于实时连接，如果查询时间过长，则可能是因为没有为 Tableau 优化基础数据结构，需要考虑去优化数据库查询性能。作为替代方案，可以考虑使用数据提取来加快性能。对于数据提取，如果查询时间过长，请查看你使用的筛选器。如果有很多筛选器，那么上下文筛选器是否更有意义？如果有使用筛选器的仪表板，请考虑使用动作筛选器，这可能有助于改善性能。
- Geocoding：地理编码。若要加快地理编码性能，请尽量使用较少的数据或筛选出数据。另外，如果含有地图的仪表板比较慢，则需要重点考虑 Tableau Server 与地图服务器之间的通信问题。默认情况下，Tableau 地图服务器的地址为 maps.tableausoftware.com①。
- Blending Data：混合数据。若要加快数据混合，请尽量使用较少的数据或筛选出数据。

大明 不过这些事件也都与仪表板的设计有关。在 Tableau Desktop 中，我们还要分析一遍。假设某个仪表板在 Tableau Desktop 中很快，在服务器上很慢，那么可以在 Tableau Desktop 中进行一遍性能记录，然后与 Tableau Server 的性能记录对比，找到差异项，就是问题所在了。

小方 好吧，那我们假设一个仪表板在客户端和服务器端都很慢吧。

7.3　设计高效的工作簿

大明 现在就要谈谈如何设计一个高效的工作簿了。我们得分几个部分来谈这个问题，分别是：工作簿设计优化、计算优化、查询优化和数据优化。关于 Tableau Server 的配置和硬件的环境优化，刚才我们已经谈过了。

还得再说一下工作簿设计优化的问题。其实说来也简单，我们要避免仪表板设计中有关性能的一些常见错误。

最常见的一个问题是每个仪表板包含过多的工作表，因为每个工作表都会针对数据源产生一个或多个查询，所以工作表越多，呈现仪表板所需要的时间越长。

① 本实例中不包含地图，所以在分析结果中没有“地理编码”一项。

小方 多少个算是过多呢？

大明 虽然没有一个明确的数量界定，但从这一点的最佳实践来说，不建议一个仪表板上超过 6 个工作表。

另一个常见错误是包含了过多的筛选器。在 Tableau 中，每个筛选器都意味着一个独立查询，并且在仪表板呈现出来之前，这些查询都要运行一遍。所以单纯从筛选器数量来说，咱们刚才看的那一整页筛选器的仪表板显然不是好的方案。

小方 筛选器数量有最佳实践吗？

大明 最好不要超过 3 个，而一旦超过 6 个，我们就可以认为筛选器太多了。还有一个小技巧，如果筛选器比较多，可以在筛选器样式中显示“应用”按钮，避免每次选择后都要刷新仪表板。此外，还可以暂停仪表板刷新，待选择完所有的筛选器条件之后再继续刷新。这个功能以前给大家讲过，还记得吧？

小方 记得记得，无论是在 Tableau Desktop 里面还是 Tableau Server 的网页里面，都有一个暂停刷新按钮。

大明 还有一点是仪表板大小设置。我们都习惯了使用自动大小布局，总是试图使仪表板占满整个屏幕。其实当我们使用固定大小时，如果有大量用户通过 Tableau Server 访问仪表板，就有可能会用到 TileCache①提升显示速度。

小方 可是公司电脑的屏幕尺寸不一致，怎么定这个大小呢？

大明 这时就需要考虑主要设备的尺寸了，有时候我们既要保证性能，又要适应各种尺寸，但实际上这两者是互相平衡的关系。

还需要注意一点，在设计仪表板时，应该尽可能地减少页面上的数据点数，也就是在工作表中呈现出来的数据的个数。一个呈现了几万个数据点的工作表和只呈现几十个数据点的视图，显然在性能上会有差异。所以在设计仪表板之前，要很清楚自己的设计是为了回答什么问题，用最精简的数据回答问题就好。我们举个例子看一下。

① TileCache 指图像贴片缓存，Tableau 服务器端渲染的仪表板以一系列图像的方式传给浏览器客户端，再将这些图像拼接成一个完整的仪表板图像。详情参见《设计高效工作簿》白皮书：https://www.tableau.com/zh-cn/learn/whitepapers/designing-efficient-workbooks。

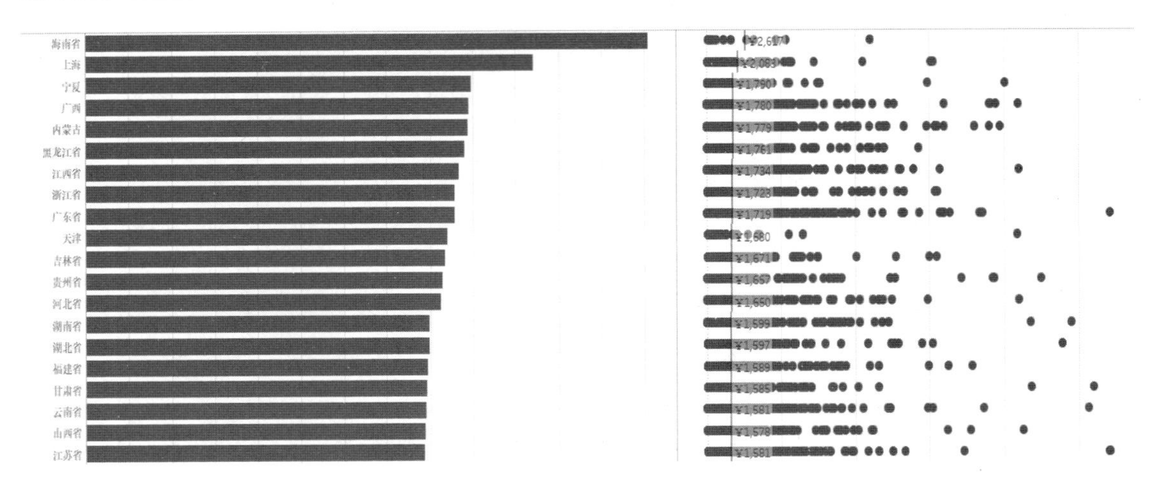

两种求平均值的方法对比

大明 在这个图上，左边的工作表能够回答每个省平均订单的大小，右边的图则显示了每个省的每个订单，然后用参考线的方法标示平均订单大小。所以如果你只是想展现每个省的平均订单大小，就应该使用左边的这个图，而不要画蛇添足地使用右边这个工作表。

小丁 我觉得还好吧，估计很少有人卖弄花样用右边的图回答简单问题。

大明 下一个要探讨的部分是计算对性能的影响。Tableau 中有行级计算（非聚合）、聚合计算、表计算和 LOD 表达式这 4 种，我相信大家都很熟悉了。一般来说，行级计算和聚合计算是把计算过程推送到数据源端去执行，因此这两种计算通常情况下不是影响性能的主要因素。但是在使用表计算时要特别注意，表计算是把已经查询到的结果在 Tableau 端进行计算，如果查询返回的结果集巨大，那么在使用表计算的时候就要小心了。另外，表计算的逻辑也要尽量简化。大家知道，有很多表计算的功能可以用 LOD 代替实现，所以这也不失为一种方法。

小丁 有没有一些具体的例子呢？

大明 我们再了解一下逻辑判断语句，然后结合逻辑判断来举例子。大家肯定经常用到逻辑判断函数，但很多人只习惯使用 `if-then-else-end` 结构，在里面增加嵌套判断，实际上使用 `else if`（注意 `else` 和 `if` 之间有空格）的效率要低于 `elseif`（`else` 和 `if` 之间没有空格）的执行效率。除此之外，大量嵌套的 `if` 语句应考虑是否可以用 `case-when` 语句代替。咱们现在举个例子。

c1	c2	c3
a	1	group1
a	2	group2
a	3	group1
b	1	group2
b	2	group1
b	3	group3
c	1	group3
c	2	group3
c	3	group4

分组样例数据

这个数据中，c1 和 c2 两列是原始数据，需要根据 c1、c2 两列计算得到 c3 的结果。大家看一下该怎么做？

小丁 这个容易啊！没有什么规律的话，就一条一条对应呗，我这样写。

说着，小丁站起来，开始在旁边的白板上写公式。

```
if c1='a' then
    if c2=1 or c2=3 then 'group1'
    else if c3=2 then 'group2' end
    end
else
if c1='b' then
    if c1=1 then 'group2' else if ...
```

小丁 哎呀，有点绕啊，我都搞不清楚应该怎么嵌套了。

大明 大家还有别的解法吗？

小董 我大概也是这样写，只是会变形一下。

说着小董在白板上写他的公式。

```
if c1='a' and c2=1 then 'group1'
elseif c1='a' and c2=2 then 'group2'
elseif c1='a' and c2=3 then 'group1'
...
```

大明 这样显然比小丁那个解法要简单。实际上，在后台执行查询的时候性能也会更好，在数据量很大的情况下，你这种写法还有可能算得出来，而小丁那个写法估计要把服务器累死。

小方有别的解法吗？

小方 我觉得似乎……大概……好像可以用 case-when 写吧，可是这两个字段怎么用 case-when 写呢？有了，我可以把两个字段拼起来。

说着，小方也在白板上写他的公式。

```
case c1+str(c2)
when 'a1' then 'group1'
when 'a2' then 'group2'
when 'a3' then 'group1'
...
end
```

看了小方的解法，大家都鼓起掌来，称赞这个办法妙。

大明 所以与我们做数据可视化分析回答业务问题是一样的，好的解法一定是很优雅的，充满美感。小方的方法在写法上简洁明了，执行效率也是最高的。

我再举个例子，假设要把这个图中利润为负的产品子类别标记为 unprofitable，然后用不同的颜色显示出来。小方会怎么写？

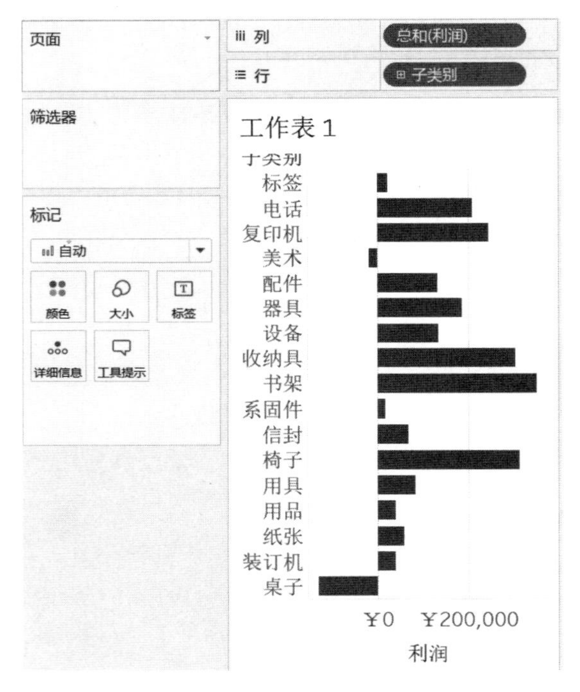

不同子类别的利润图表

小方 这个很简单啊！写个计算字段。

```
if sum(利润)<0
then 'unprofitable'
else 'profitable'
end
```

然后把这个字段拖放到“颜色”按钮上去。

大明 这种写法当然是可以的，但是还可以更简单。对于 t/f（真/假）判断来说，直接在计算字段里写计算公式，让它返回 t/f 就可以了。这个计算公式可以简化为 `sum(利润)<0`。

这样的写法不但更简单，执行效率也更高。当然，在数据量很小的情况下没有什么差别，数据量大的时候就要对各种可能影响性能的因素斤斤计较了。如果要做两个值的对比，整数计算和布尔类型计算要比字符串计算以及日期计算效率高，而范围计算的执行效率要比离散计算效率高。

小方 什么是范围计算和离散计算？

大明 比如，要在 a 列数据中筛选 2~8 的数据，你可以用公式写 `a in (2,3,4,5,6,7,8)`，也可以写 `a>=2 and a<=8`，前面这个就是离散筛选，后面这个就是范围筛选。

我们再来看一下查询对性能的影响。查询方面首先考虑实时连接对性能的影响，如果实时连接数据源时，查询很慢，通常改为提取连接后，性能都会有显著提升。但是数据提取的时候也有一些注意事项，以前跟大家也讲过，不知道大家还记不记得。

小方 我记得一些，提取的时候排除那些分析用不到的字段，同时使用适当的过滤器，只提取那些用到的数据集。

大明 没错，这两个要点必须要知道。另外，Tableau 有一个很好的特性，那就是能够支持多数据源分析，大家也还记得具体对应哪些功能吧？

小董 数据连接（Join）、并集（Union）、数据集成或者“跨库连接”（Cross-database Joins）和数据混合（Data blending）。

大明 很对很对，这些产品的功能非常有用，但同时也要尽可能避免使用。

小董 为什么要尽量避免使用？

大明 单数据源内部的 Join 会消耗更多的计算资源，Cross-database Joins 则更加消耗计算资源，因此如果能把需要关联的数据预先整合到一个数据源内会更好。

小董 这个好理解，但是数据混合也要尽量避免使用吗？

大明 是的，Tableau 在数据混合中甚至提供了两个功能来规避混合计算，一个叫作主组，一个叫作主别名。

小董 想起来了，还真有这俩功能。

大明 不清楚这两项功能的，需要再去复习复习啦。此外，还有 Custom SQL，也需要尽量避免使用它。Custom SQL 会被绑定到 Tableau 生成的查询语句中，大大增加 SQL 的复杂度，所以如果一定要用 Custom SQL 实现某些计算逻辑，可以用数据库视图来代替。当然，Custom SQL 只发生在实时连接中。

小方 能用提取的情况下还是尽量用数据提取吧，实时连接如果遇到查询性能问题，还要去优化数据库，这个就需要去找数据库管理员了。

大明 我们总结一下设计优化的技巧和策略。优化设计、优化计算和优化查询，总结成4个字就是“够用就好”。如果你记不住那些细节的优化技术，就请记住这4个字，任何时候都要明确：你希望交付的成果想要回答的具体问题是什么，在回答问题的基础上，用最简单的图表设计、最少的数据、最少的查询去展现成果，去掉所有无关的东西，够用就好。

小丁 还是记住这个“够用就好”比较容易，前面那些我听得有点晕乎乎的。

大明 那些技术当然也很有用，建议大家有空再去阅读一下Tableau官网上的白皮书《设计高效工作簿》，那里面对我刚才介绍的内容有非常详细的说明，并附有大量的例子，内容比较偏技术，作为专业的内部数据分析顾问来说，还是很有必要仔细研读的。

小方 搜名字就能搜到吗？

大明 我给你一个地址。

《设计高效工作簿》白皮书
https://www.tableau.com/zh-cn/learn/whitepapers/designing-efficient-workbooks

小丁 这一不小心俩小时过去啦，咱们是不是下楼喝杯咖啡醒醒脑？

大明 斯达巴克斯大杯拿铁走起，哈哈！

第 8 章

在图表中发现不一样的 Tableau：图表最佳实践

本章介绍 Tableau 常用图表的多种用法。这些图表很常见，但应用方法却能突破常规、千变万化，令人耳目一新。

大伙儿正在楼下的斯达巴克斯喝咖啡，刚才讨论工作簿性能烧了半天脑，现在都有点头昏脑胀的。

小方 刚才我们在办公室聊的，都是从性能角度考虑如何优化仪表板的，咱是不是有空再研究一下从应用角度优化仪表板？

小董 对哦，过去做分析、做仪表板主要是自己用、自己看或者讲给别人听的，现在如果推广到业务部门，就会有一种情况：仪表板发布出来之后，怎么让别人喜欢看，而且看得清、看得懂。

小丁 谁需要看数据，就该谁学习啊！咱们不是组织了一些培训，计划讲解如何看懂 Tableau 图表的吗？

小董 不是那个意思，我觉得作者也得学习。

大明 这个问题有点意思，比如你写了一篇文章，别人看了半天没看懂你这篇文章的含义。你说通常是作者需要提高，还是读者需要提高？

小董 对啊，作者写得清楚明白，别人才容易理解。对于数据分析来说，大部分人也都具备基本的数据素养，能够看得懂各种图表，但有时候却未必能够快速理解一个仪表板中作者想要表达的观点和建议，所以要让仪表板能够传情达意、赏心悦目，还是需要作者这边提高水平才行。

小丁 这样说来，也的确有些道理。不过这似乎是个很模糊的话题，做得好用需要技巧，做得好看就需要一点艺术天分了吧？难道这方面也有窍门？

小方 把可视化分析作品做成艺术品的确需要艺术天分，不过就我个人理解，我们大部分人都不需要达到艺术家或者超级高手的水平，但是我们又的确需要比平均水平高出一些，才能指导业务部门的同事吧？这就好比小孩子们学点琴棋书画，也并不都是为了成名成家，而且琴棋书画的老师也未必都是艺术界大咖。所以说白了，我就是想提高一些水平，能够达到一个合格老师的水平，不奢求达到大师的水平。

大明 大家说得都很有道理，即使不期望成为大师，我们仍然有必要提升一下仪表板设计水平，而且在仪表板设计方面也的确有一些最佳实践可以参考。

小方 那咱就在这聊聊呗！仪表板最佳实践！

大明 不急，在谈仪表板设计之前，要先了解各种图表应用的最佳实践。

小方 有道理，毕竟图表是仪表板的素材嘛！

大明 其实我们平时工作中用到的图表的类型虽然繁多，但都是为了回答某些数据问题，这些图表之间没有高低贵贱、美丑胖瘦之分，只有适合和不适合的不同。我们需要了解每个基础图表的各种变形方式以及适用场合。从大家常用的图表类型开始吧，从哪个图开始呢？

小方 条形图吧！我觉得日常使用的图表里面，条形图的使用比例达到 80%~90% 了。

8.1　条形图的 *N* 种玩法

小董 没有那么高比例吧，不过的确算是最常用的图表了。

大明 那你们觉得为什么条形图这么常用呢？

小方 我觉得条形图做起来简单，对比分类和数值差异都很直观。

大明 对比分类和数值差异这两个要点是最重要的了。当然，这种情况下还仅仅说的是用条形图的长度表示一个度量值的情况，也就是最基本的条形图。这种基本条形图适合回答的问题类似于：不同产品子类别（或其他维度）的利润（或其他度量）情况怎么样？

常规条形图

但是如果问题稍加变化，图表就可能需要变化。例如，“用品”和“装订机”这两个子类别中，哪个销售额更高一些？这个图便于回答吗？

小方 好像有点困难，应该排个序就好了……果然，排序后就更清楚了。“用品”“装订机”和“信封”销售额相差很小，不排序基本比较不出来。

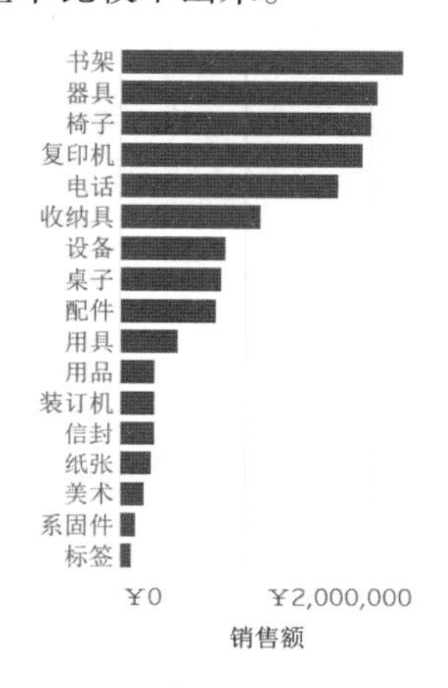

排序后的条形图

大明 这是单个指标的情况。如果用条形图来分析双指标，同时对比各产品子类别的销售额和利润情况，怎么表现比较合适呢？

小方 用条形图的颜色表示利润吧。

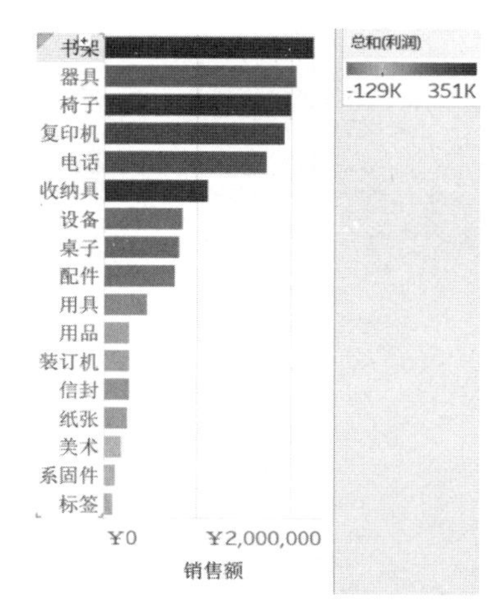

加上“颜色”属性的条形图（另见彩插图13①）

① 本章彩插图较多，除了翻看书前的彩插之外，您可以从图灵社区（iTuring.cn）搜索本书书名，“随书下载”中提供了本书彩插的电子资源。

大明 用颜色是可以的，但是颜色深浅在相差不多的情况下还是有点难比较的，比如“用具”“用品”“装订机”“信封”“纸张”这几个子类别的颜色深浅都差不多，也看不出来相对利润谁高谁低。

小方 那我们用两个条形图来表示。

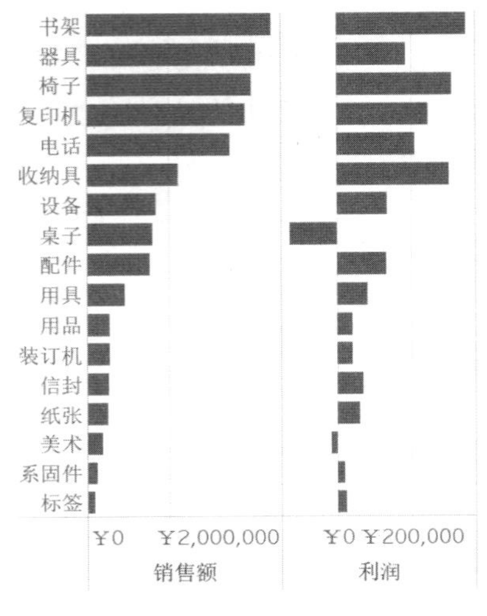

双条形图

大明 这样要精确一些，但是两个条形图颜色都是一样的，看起来不美观。

小方 这个简单，我们用颜色来区别一下度量名称。

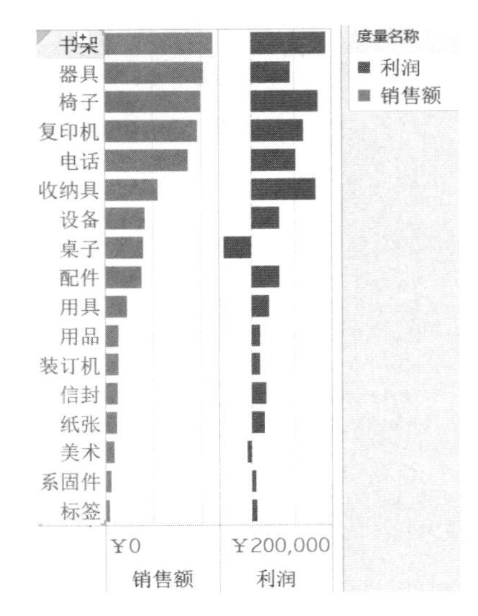

用颜色区别不同的度量值（另见彩插图 14）

大明 这看起来似乎要好一些。

小董 也仍然可以用颜色表示利润啊？

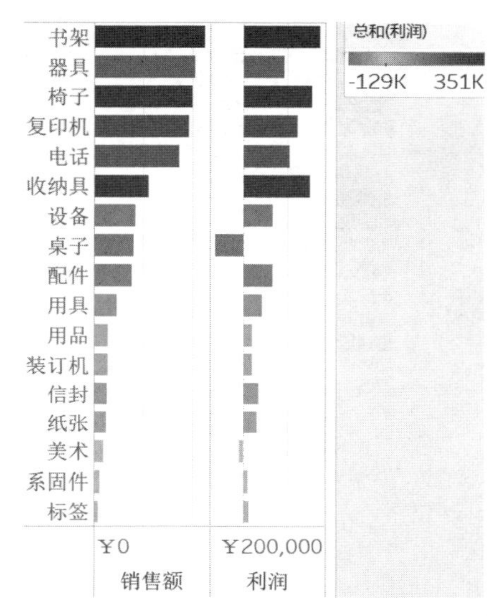

双条形图加颜色属性（另见彩插图 15）

大明 可以让右边的条形图的长度和颜色都表示利润高低，属于双重视觉编码，整个画面信息表现有一些冗余。

小方 我们还可以用并列条形图，此时画面会更简洁一些。

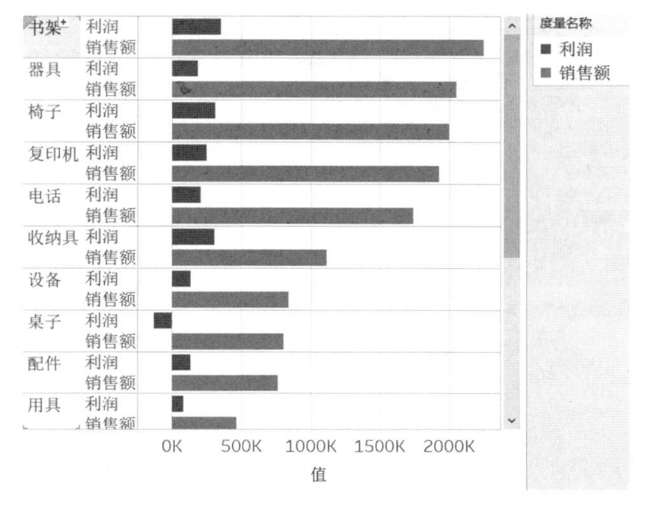

并列条形图

小董 这样还不如用双轴组合条形图——柱中柱图（bar-in-bar）试一下。

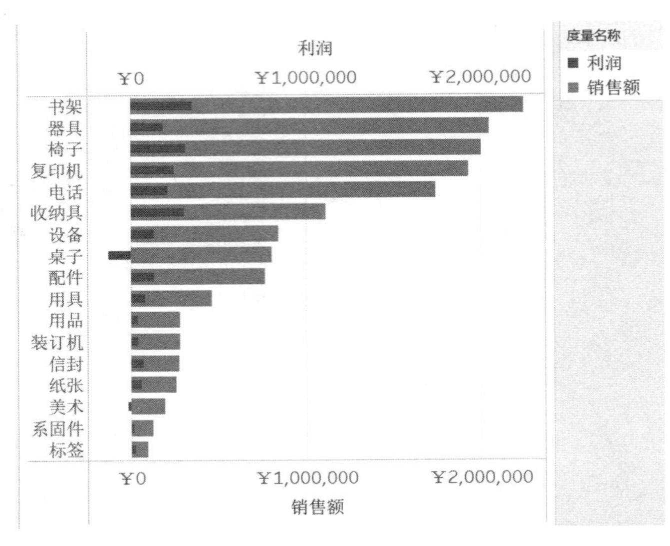

柱中柱图

小方 这样当然也可以。其实用单幅条形图也可以表示利润高低，最初的那个销售额的条形图，按照利润进行排序。

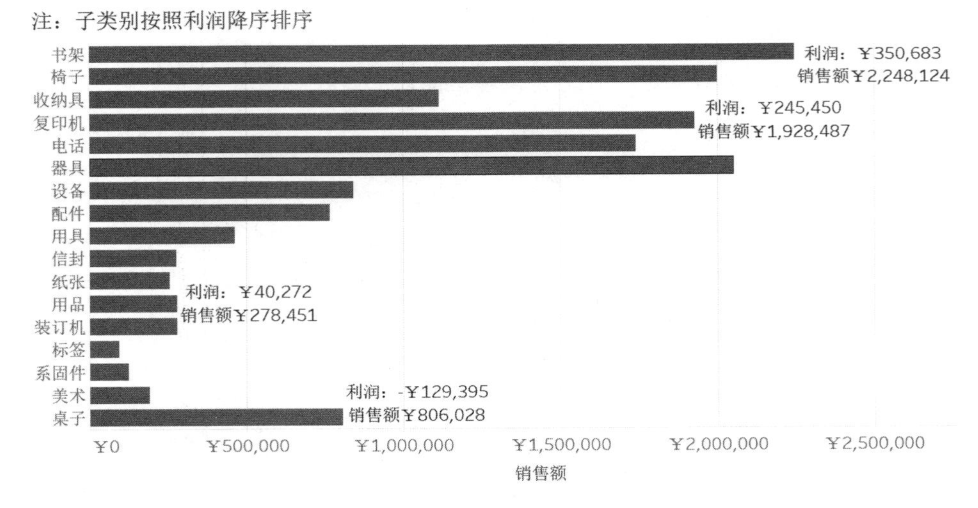

用利润进行隐形排序①

大明 这种隐形排序大家会很不习惯，还是不用为好。如果是 3 个指标呢？

① 视图上直接显示的是销售额，而排序依据是利润，所以是隐形排序。

小方 我现在都总结出套路来了，比如同时分析销售额、利润和数量这3个指标，有3种方法。

- 第一种是多个条形图，好处是每个指标的数字都方便单独进行比较，在数轴上还可以随时按照任意一个指标进行排序，缺点是条形图太多，视觉负担比较重。

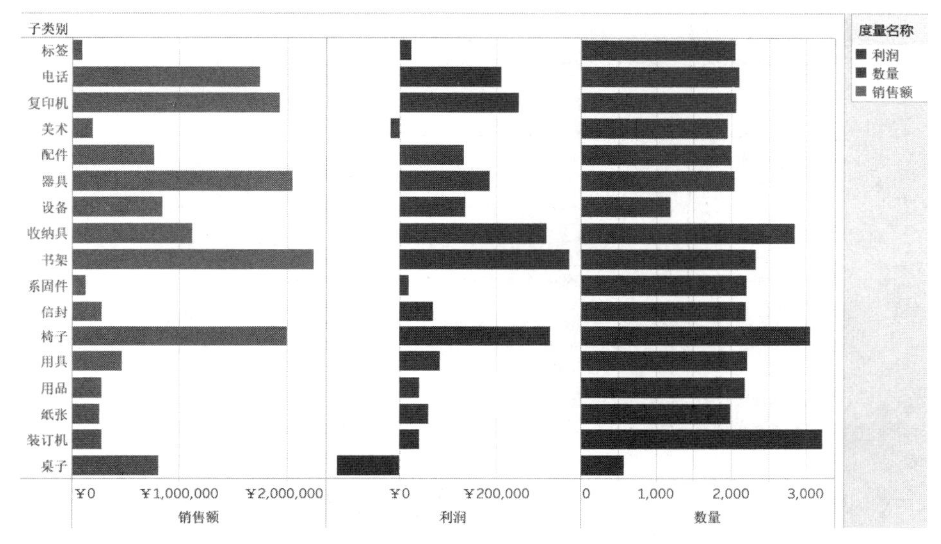

3个指标用多个条形图展示

- 第二种是柱中柱图，但是要注意在“分析”菜单的“堆叠标记”项中把堆叠关闭，好处是图表看上去比较简洁，也方便对比，缺点是可能有些人看不太习惯。

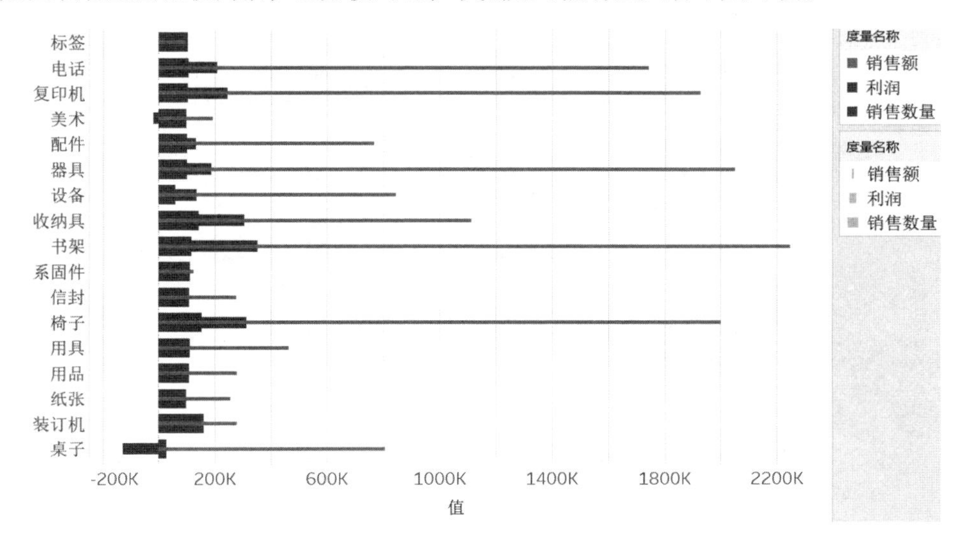

关闭“堆叠标记”的柱中柱图（另见彩插图16）

8

- 第三种是利用条形图的长度、宽度和颜色这 3 个视觉属性表示 3 个不同的指标，图表简洁、信息量丰富，缺点是颜色和宽度在数值相差不多的情况下不太容易比较。不过总体来说，我还是喜欢这个图，可视化分析当然要尽量利用视觉属性来表现数据。

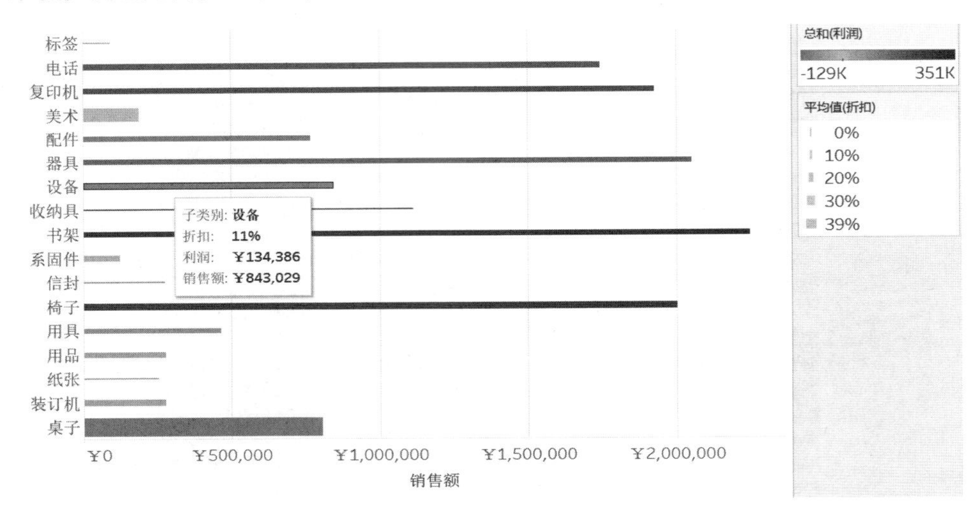

用长度、宽度和颜色这 3 个视觉属性的条形图（另见彩插图 17）

大明 其实没有哪一种图表是完美无缺的，我们可以根据实际情况来选择合适的图表样式。刚才咱们看了很多条形图的颜色应用，有没有可能用颜色来表现维度，而不用来表现度量呢？

小方 当然可以，我试过，只是觉得不太合适。比如，用颜色来表示子类别。

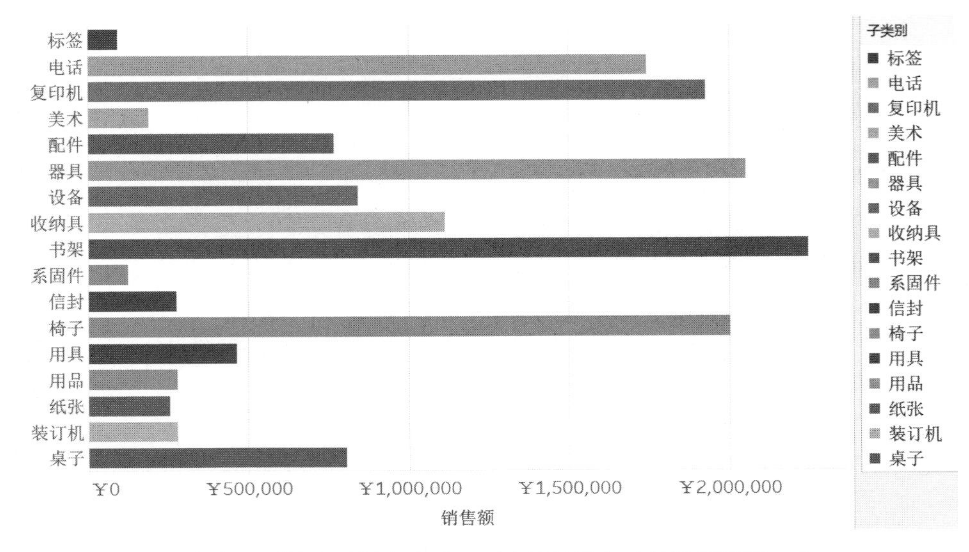

用颜色区别维度（颜色太多，不建议使用）（另见彩插图 18）

大明 这种颜色表现可以说毫无意义，并没有为图表增加额外的分析价值，颜色也太多，看上去花花绿绿的，头晕。

小方 换一种呢？

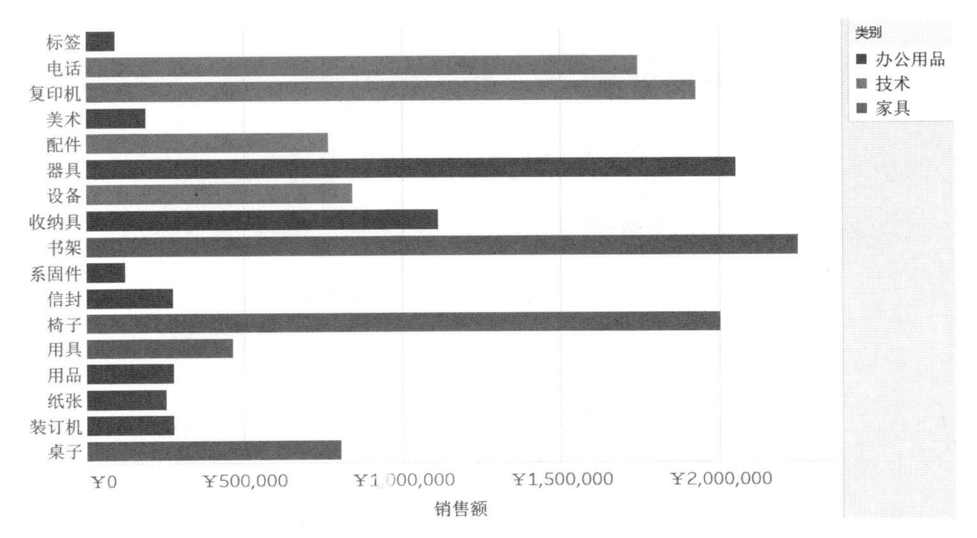

用颜色表示类别（颜色数量有限，可以使用）（另见彩插图19）

大明 这种用颜色表示产品分类，把当前数据分成了几组，增加了图表的信息内容，比刚才那个有意义。

小方 如果用颜色表示子类别层级之下的品牌，试一下会是什么效果。

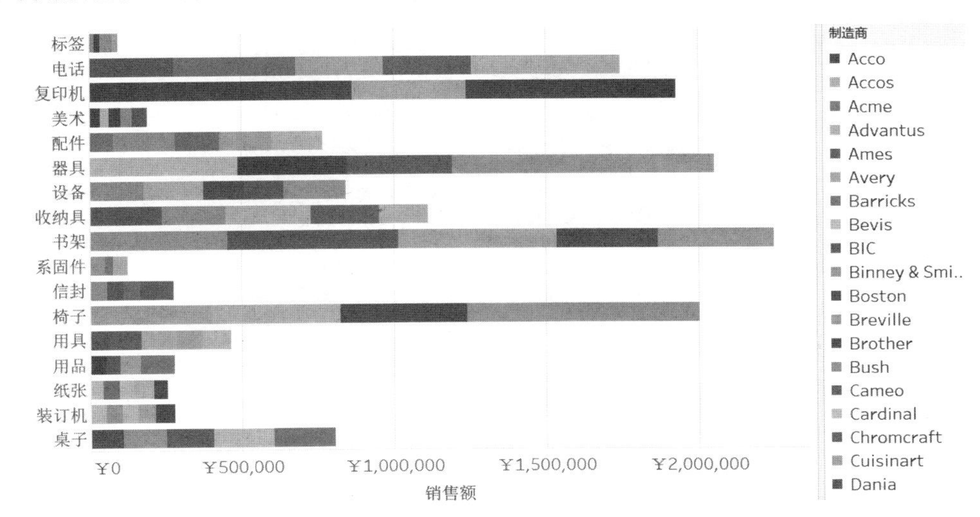

在条形图中加入太多颜色（禁止使用）（另见彩插图20）

大明 这种用法虽然也增加了图表中的信息量，但颜色太多，看起来杂乱无章，应该禁止使用。

小方 如果选择另一个交叉维度，就是不在产品层级结构里的维度，比如细分，我再试一下什么效果。

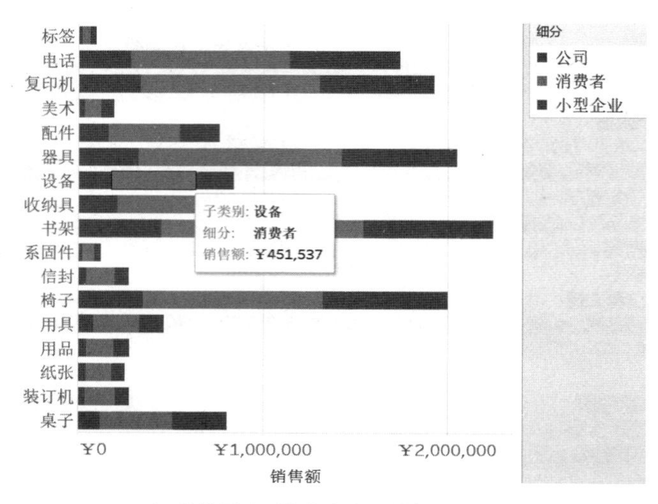

色彩堆叠条形图（另见彩插图21）

大明 这时候条形图变成了堆叠图，可以多表现一个维度的信息，也算一种常见的用法。堆叠图还适合用来做占比分析，大家看一下。

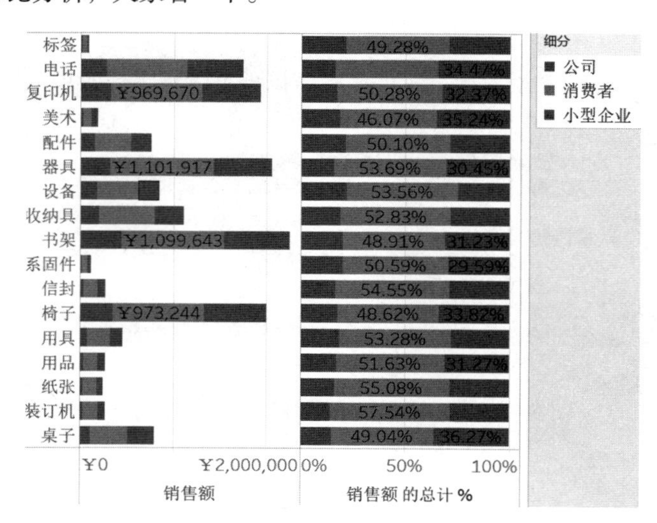

用堆叠图进行占比分析[①]（另见彩插图22）

① 图中"销售额的总计%"中的"%"为单位，避免理解错误，特此说明。

如果把“堆叠标记”选项关闭，再用宽度（大小）区分一下细分，就又变成了柱中柱图了。

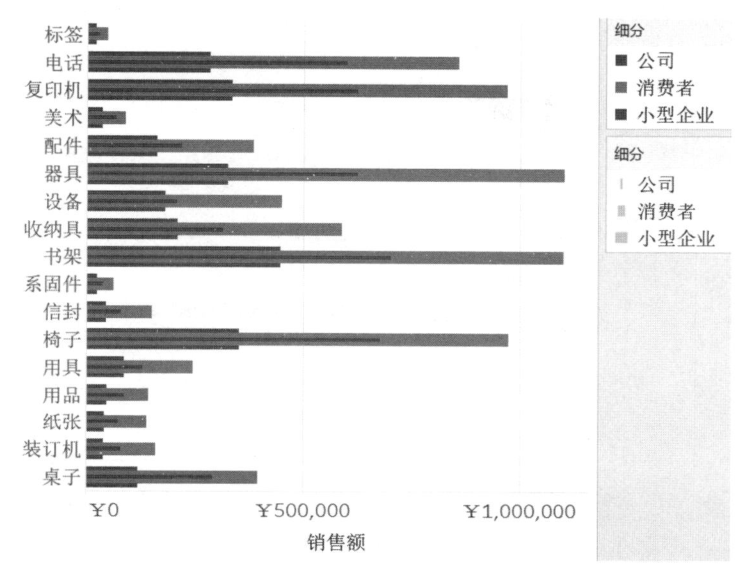

关闭“堆叠标记”后实现的柱中柱图（另见彩插图 23）

小方 如果不关闭“堆叠标记”，也可以用“大小”属性表示细分，我试一下，把“细分”拖放到标记功能区的“大小”按钮上……

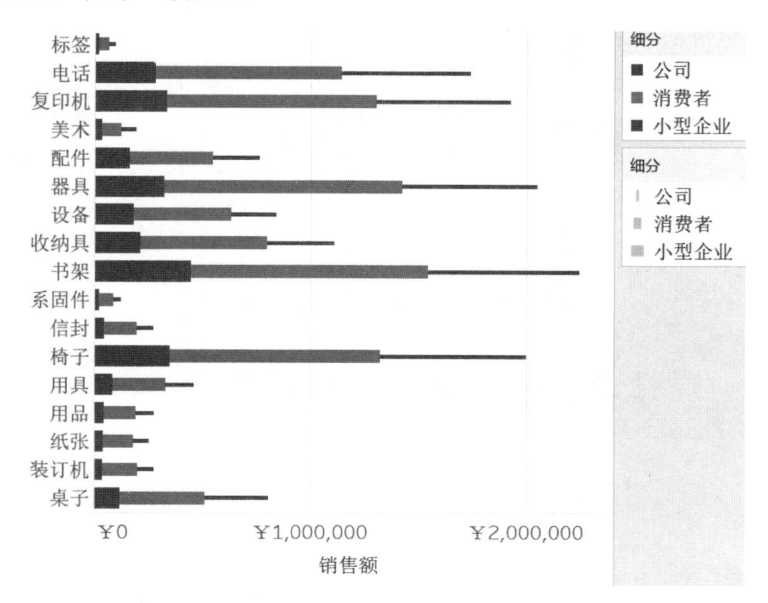

用宽度区别维度（谨慎使用）（另见彩插图 24）

8

大明 这样的图算是堆叠图的一种变形，并没有增加额外的分析价值，所以不太建议使用。但是如果用宽窄（大小）表示另一个指标，比如利润的话，就会增加一些信息量，让图表更有分析价值。

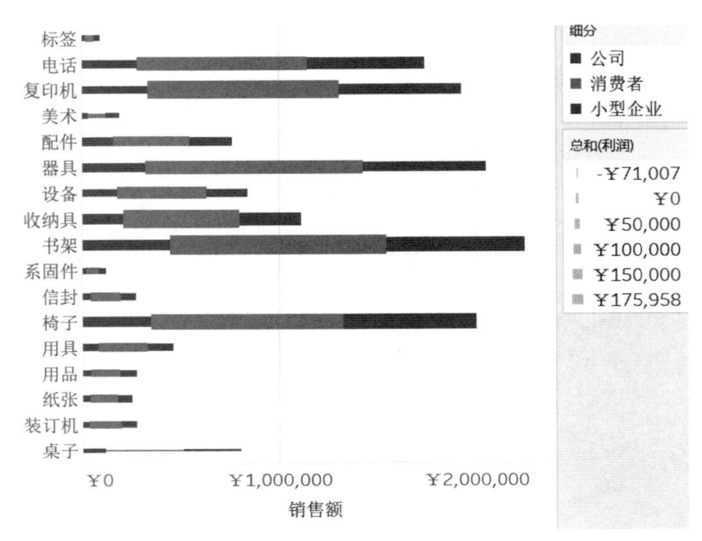

用宽窄表示度量（建议使用）（另见彩插图 25）

大家对条形图还有没有别的补充？

小方 那么标靶图算不算条形图的一种？

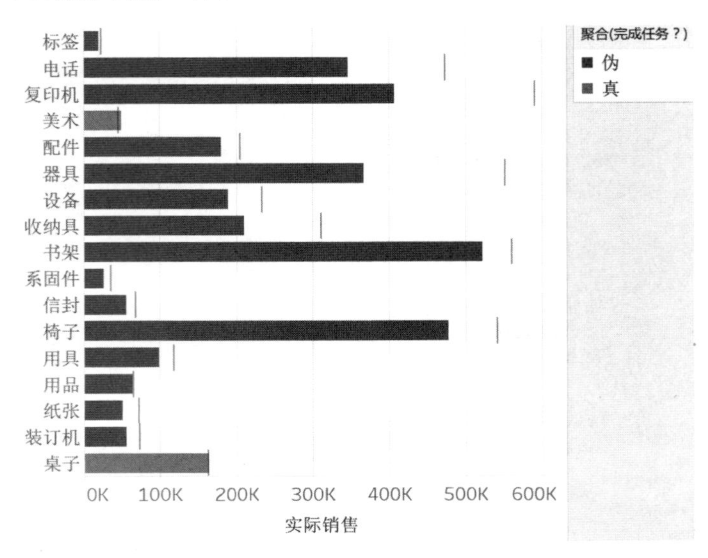

标靶图示例（另见彩插图 26）

大明 也算，标靶图是在条形图上增加参考线，用于分析目标和实际的差异。这个没什么难度，但是在图表上加参考线又是另外一个话题，有太多种加参考线的玩法，也够一个专题讨论的，咱们今天就不展开了。

小董 我试过用维度表示宽度，好像还能呈现一些意想不到的效果。我给大家分享一下。

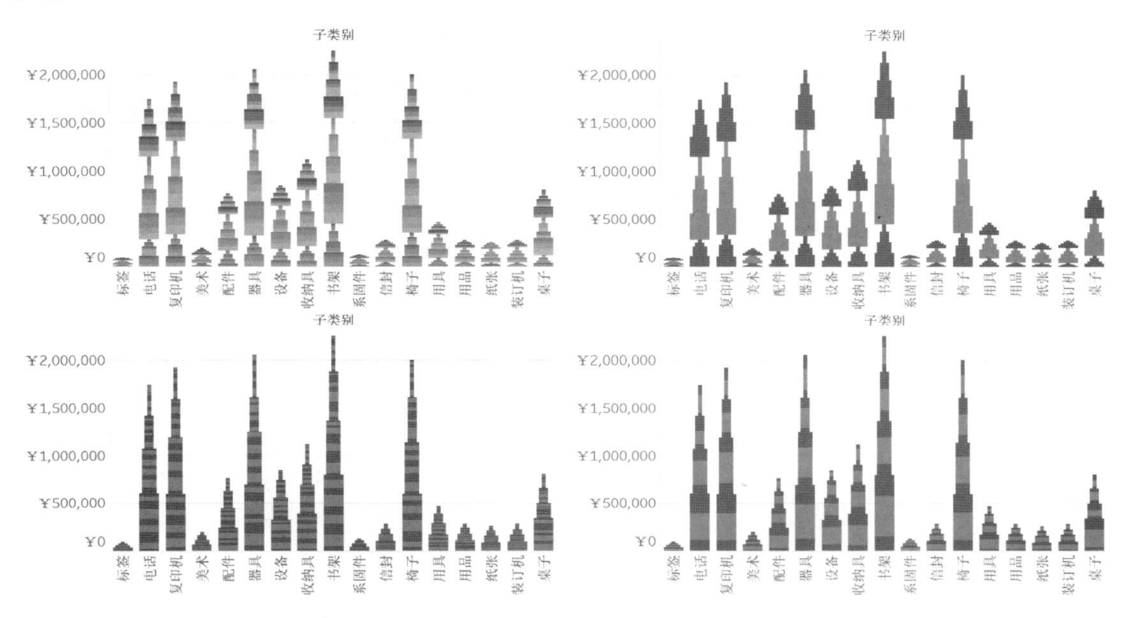

条形图的各种堆叠变化效果（另见彩插图27）

小方 呃……小伙伴们都惊呆了，你这都是怎么做出来的?

小董 不过就是向“标记”功能区的“颜色”“大小”按钮上都拖放一些维度，在“标记”功能区里面调整上下顺序，就得到了不同的效果。看着挺有趣，但我也不知道有啥用。

大明 从业务分析的角度来说，可以说没什么意义和价值。但是能体现Tableau软件表现力丰富的特点。作为viz-art（可视化艺术）来看，还是挺好的，不能用于商业分析。大家觉得条形图的应用有什么局限性?

小方 好像不适合太多数据量，也就是条形太多的话就不太好用了。比如所有产品的销售额用条形图表现，就需要滚动屏幕。

8

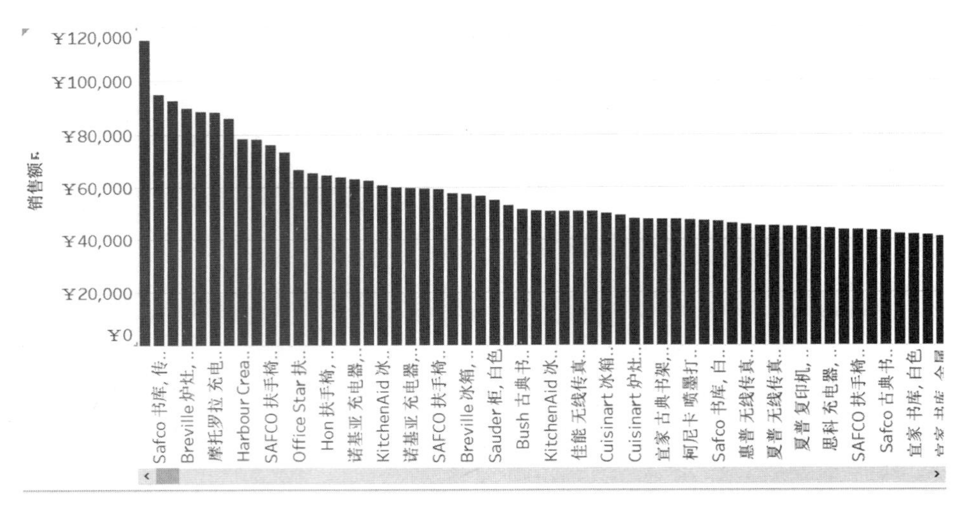

条形图中成员太多的情形

小董 这种情况下肯定是要做过滤的，或者用某些维度筛选器进行筛选，只展现部分产品，或者用 Top *N*、Bottom *N* 这种方法过滤出重点关注的产品列表。

小丁 我也觉得在大部分情况下要用过滤进行筛选，但也不是绝对的吧？把视图大小改为整个视图，我们仍然可以用这种条形图观察整体趋势和分布情况。

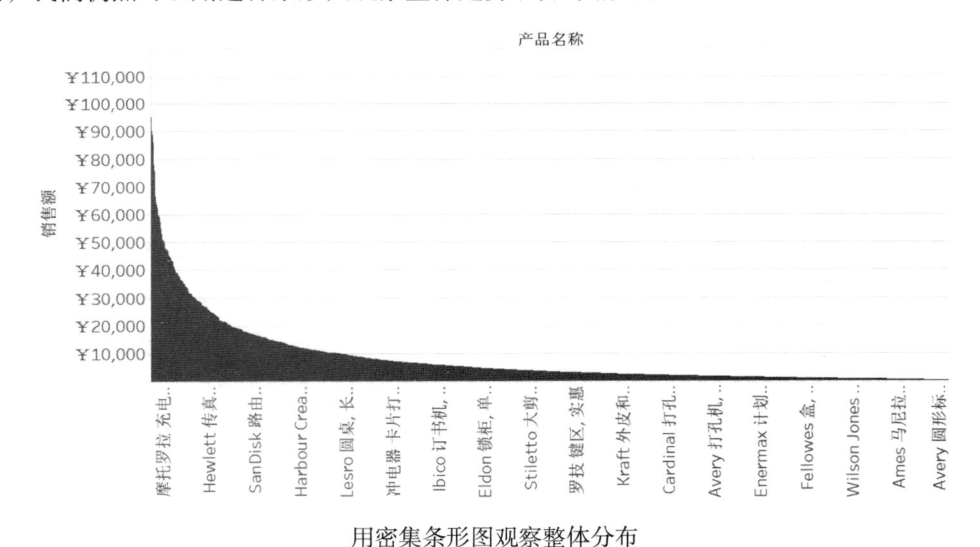

用密集条形图观察整体分布

大明 把产品名称按照销售额排序之后，展现成整个视图大小，我们可以看到销售额较高的产品数量不多，大部分的产品都是销售额平平，这就是帕累托分布的典型特征。当然，如果不是真的必要，还是进行数据过滤比较好。有时候密集排列的堆叠图也能给人一种数据的整体感，大家看一下这个图，把“订单日期”拖放到“列”功能区，并且显示为“周数”，然后将“销售额”度量拖放到“行”功能区，把“类别”维度拖放到“标记”功能区的“颜色”按钮上，再把标记类型改为“条形图”，就得到了每周不同客户细分的销售额分布图。

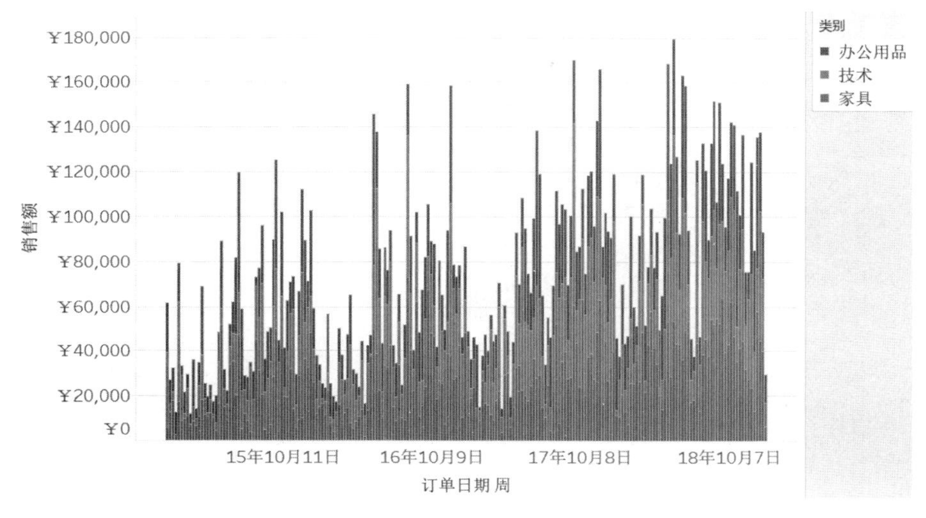

用密集堆叠图观察整体分布情况（另见彩插图28）

所以密集不要紧，但是一定要密集的有意义才行。密集的意义是给人整体感，能够从中识别出一定的数据模式和特征。同样是销售额的堆叠图，如果换成每个客户采购不同产品类别的销售额图表，看起来就没什么意义了。

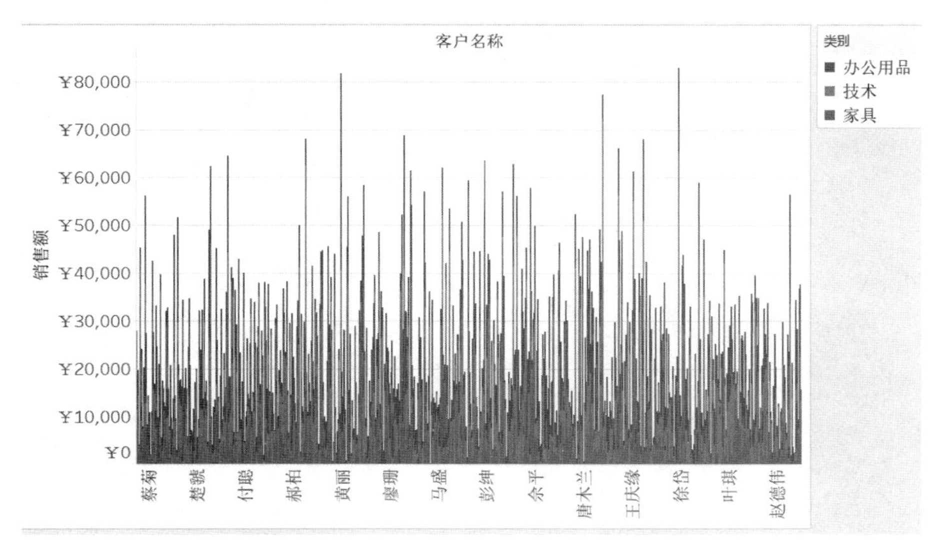

无意义的密集堆叠条形图（禁止使用）（另见彩插图29）

当然，这个图也可以在排序之后呈现整体帕累托分布规律，但是色彩堆叠的效果也没什么意义了。

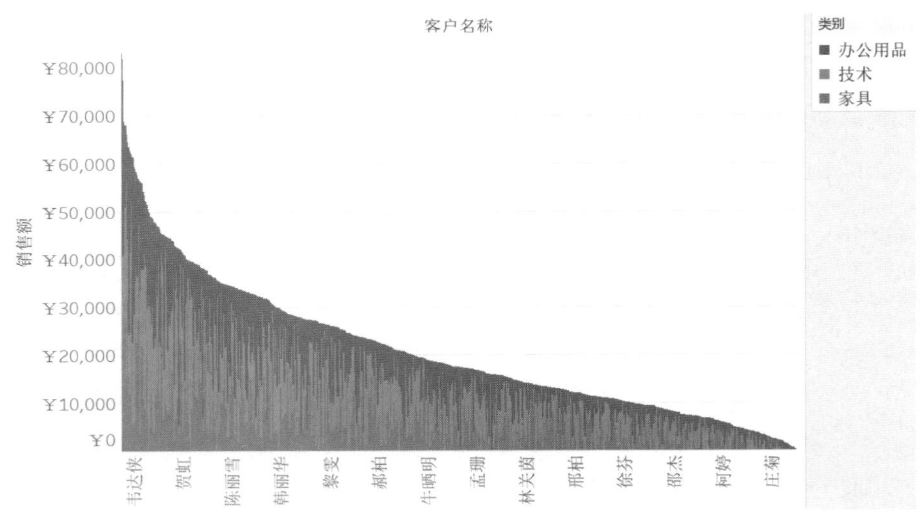

排序之后的堆叠图效果（另见彩插图 30）

小方 我记得 public.tableau.com 上有一个纽约出租车分析的可视化作品，里面有一个“火焰图”，好像就是密集的堆叠图呈现出来的效果。

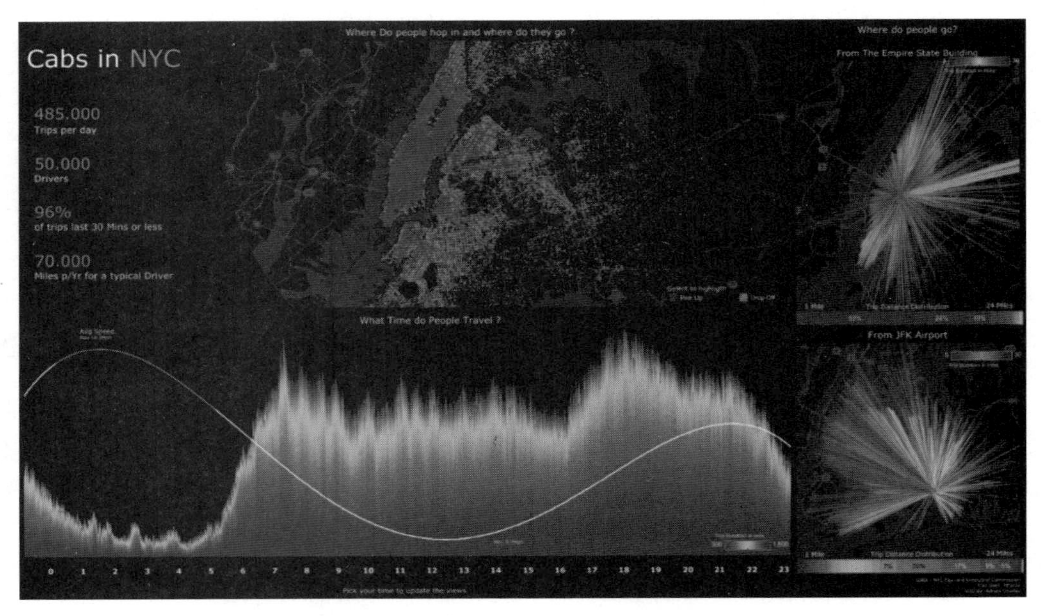

纽约出租车分析 Viz 样例（另见彩插图 31）

大明 是的，数据点足够密集，有时候能够呈现出一些意想不到的效果。但是，别走极端，这种密集条形图、密集堆叠图还是要谨慎使用的。

小方 Tableau 条形图怎么有这么多种玩法？

大明 应该还有别的玩法，不过咱们花了这么长时间讨论条形图，也该切换频道了吧。

小方 毕竟条形图最常用嘛，多研究研究也是有用的。所以……咱们换频道吧，讨论线图？线图几乎是第二种常用的图表类型了。

8.2　线图的 *N* 种玩法

大明 线图主要用于时间序列分析，它的确是一种非常常用的图表类型，体现了时间序列分析在日常分析工作中的重要性。首先，要明确时间序列分析的目的：发现时间轴上的数据变化模式和规律。常见的时间序列就是时间轴上的一条曲线，但特别要注意，选择不同的时间颗粒度，所能够表现的数据规律模式是不一样的，咱们看一个例子。

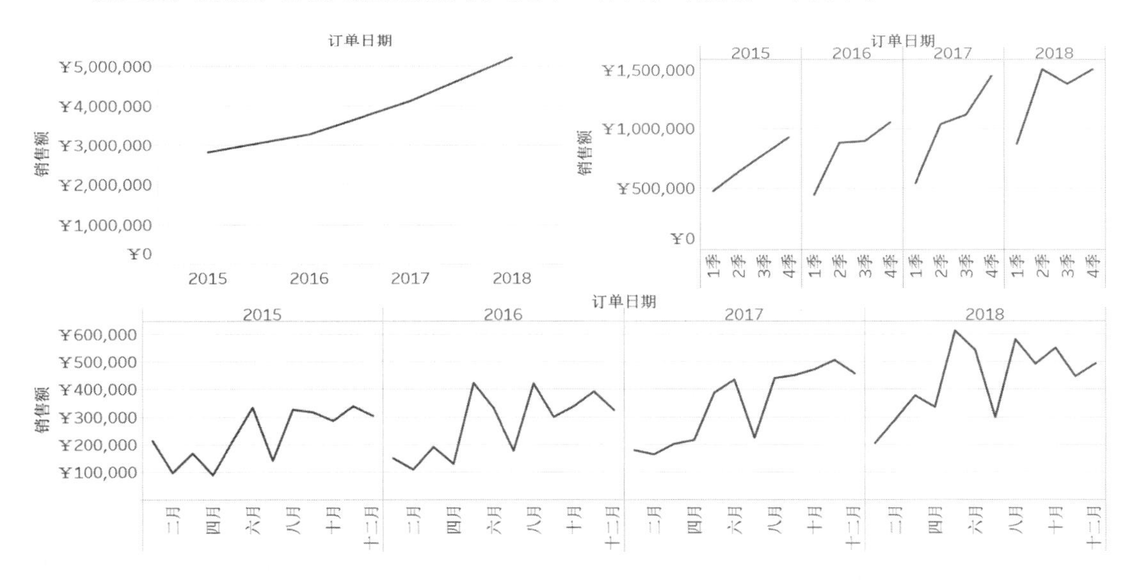

常规的线图（时间颗粒度不同，能够揭示的问题不同）

小方 这个图看上去很朴素，但是能反映问题。从年度趋势看，整体销售增长很快；从季度层面看，每年 1 季度最低，4 季度最高，并且每年 1 季度相比前一年 4 季度大幅下滑；从月份层面看，每年 5 月份是高峰，7 月份是低谷。

大明 这个图中还隐含了每日趋势。通常情况下，观察每日趋势的意义不是很大，但如果某个月的整体销售情况异常，就可以进一步观察每日趋势，把鼠标移动到某个月份的数据点上，在工具提示中去展现日趋势不失为一种好方法。

8

小方 就是线图看起来比较单调。

大明 单调吗？其实Tableau线图还有一些其他样式。当“标记”功能区的“标记”类型为“线”时，点击“路径”按钮，还有其他条形图样式可以选择，大家比较一下普通线图、阶梯图和跳转图这3种图表。

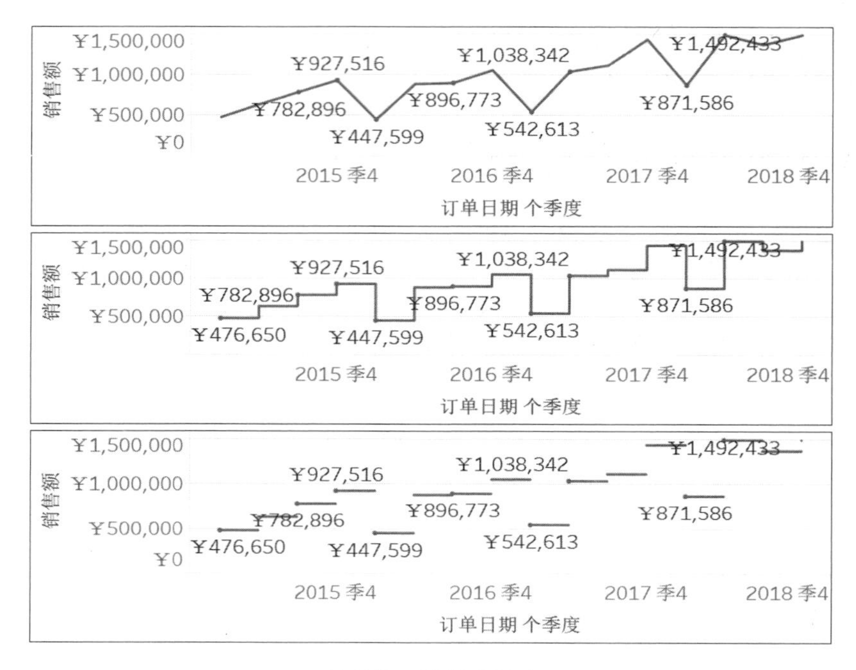

线图的三种样式风格

小方 哦？这个没用过，我比较中意那个阶梯图，看着有新意。

大明 有时候不仅要看着有新意，还要有一些特别的应用场景。比如，历年来银行贷款利率变化表，大家先看一下数据。

历年来银行利率变化表

日　期	1年利率	日　期	1年利率	日　期	1年利率	日　期	1年利率
1996.8.23	10.08%	2004.10.29	5.58%	2007.9.15	7.29%	2010.10.20	5.56%
1997.10.23	8.64%	2006.4.28	5.85%	2007.12.21	7.47%	2010.12.26	5.81%
1998.3.25	7.92%	2006.8.19	6.12%	2008.9.16	7.20%	2011.2.9	6.06%
1998.7.1	6.93%	2007.3.18	6.39%	2008.10.8	6.93%	2011.4.6	6.31%
1998.12.7	6.39%	2007.5.19	6.57%	2008.10.30	6.66%	2011.7.7	6.56%
1999.6.10	5.85%	2007.7.21	6.84%	2008.11.27	5.58%	2017.6.8	6.31%
2002.2.21	5.31%	2007.8.22	7.02%	2008.12.23	5.31%	2017.7.6	6.00%

大家知道，在两次利率变化中间，利率是保持不变的，但是如果我们用普通的线图，似乎中间时段的利率也是在下降的。

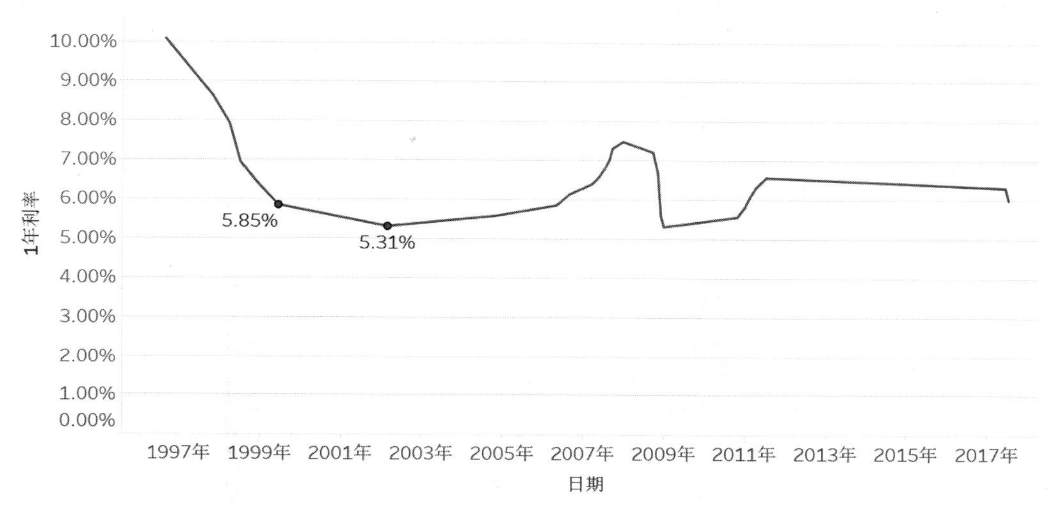

用普通线图表示的利润变化表给人错觉

小方 还真有一点点误导。

大明 但是如果用阶梯图或者跳转图，就不会有这个问题了。

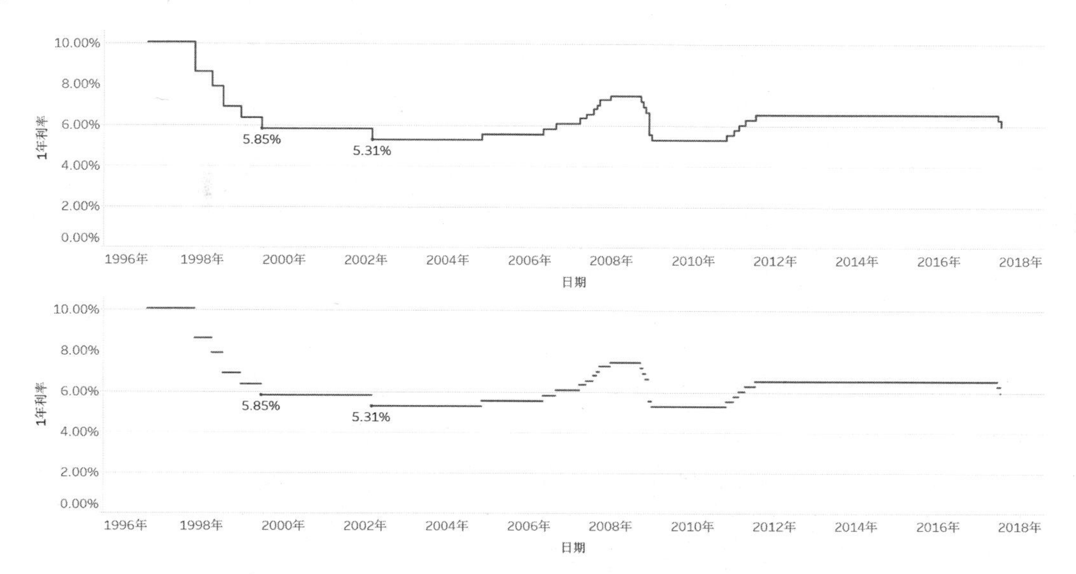

阶梯图和跳转图更能反映利率变化过程

8

大明 但是大家要特别注意，利率只在有限的时间点上发生变化，但是我们还要表现出这个利率持续的时长，所以我使用了连续型日期维度，而不是离散型日期维度。当使用连续型日期维度的时候，日期中间的缺失值会自动填充；而离散日期维度会跳过缺失值，如果日期有少量缺失，是很难发现的，可能在看数据的时候会产生误解。在连续日期的条形图中，日期缺失会导致图表断开，非常容易发现；但如果用常规线图的话，这种数据点也会用线连接起来。大家再比较一下。

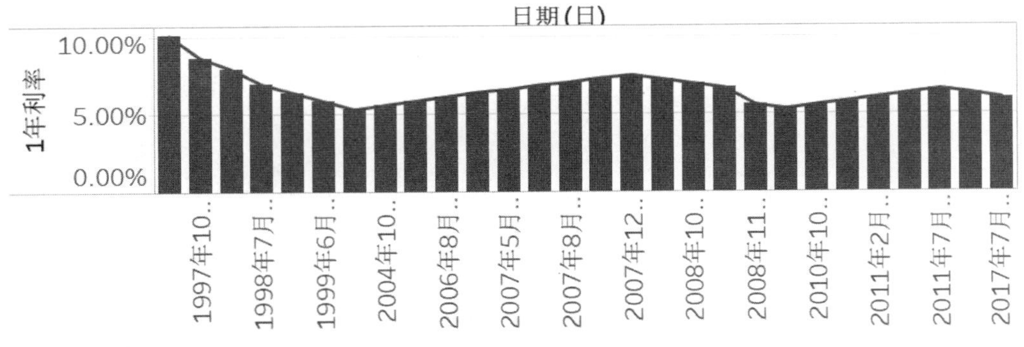

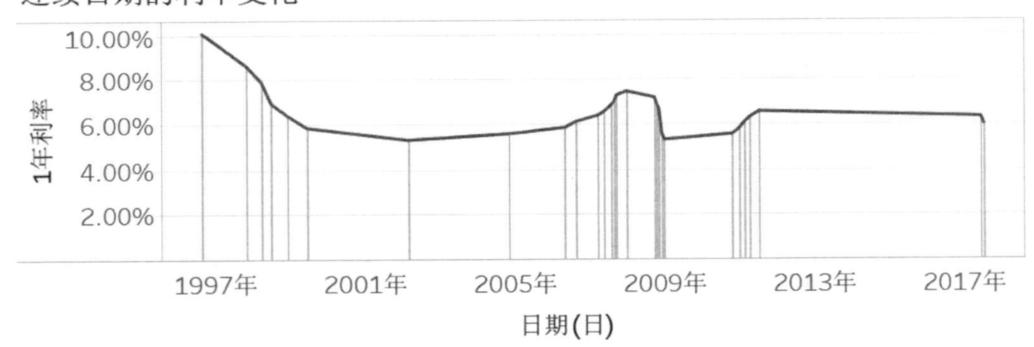

用离散日期和连续日期观察利率变化

小方 我还没注意过数据缺失的情况，看来以后要注意了。

大明 这种线图是不是看着有点呆板？其实我们也可以让线图更生动一些。与条形图类似，线图其实也有颜色属性和大小属性（粗细），可以用来表示不同指标。举例来说，我们用线图的主体表示销售额，用颜色表示利润，用粗细表示平均折扣，大家再看一下效果。从这一点上看，线图的表现力一点也不逊色于条形图。

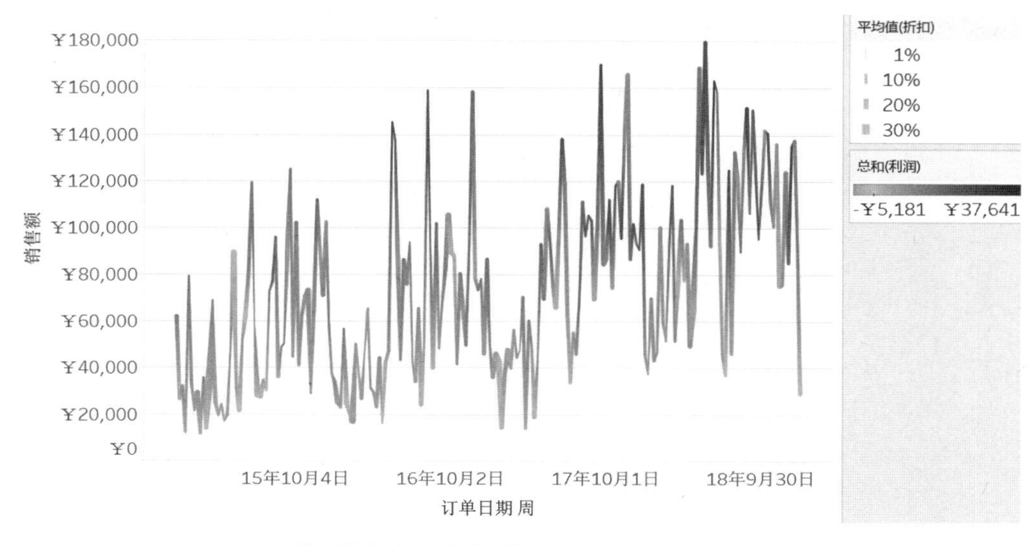

线图的颜色和大小属性（另见彩插图 32）

小方 但是条形图还可以有堆叠图变形嘛。

大明 堆叠图是在基础图表上面加入了新的维度或者度量，从这一点上来说，线图也可以变形。比如，我们把销售额和利润都放在条形图中，共享一个数轴。

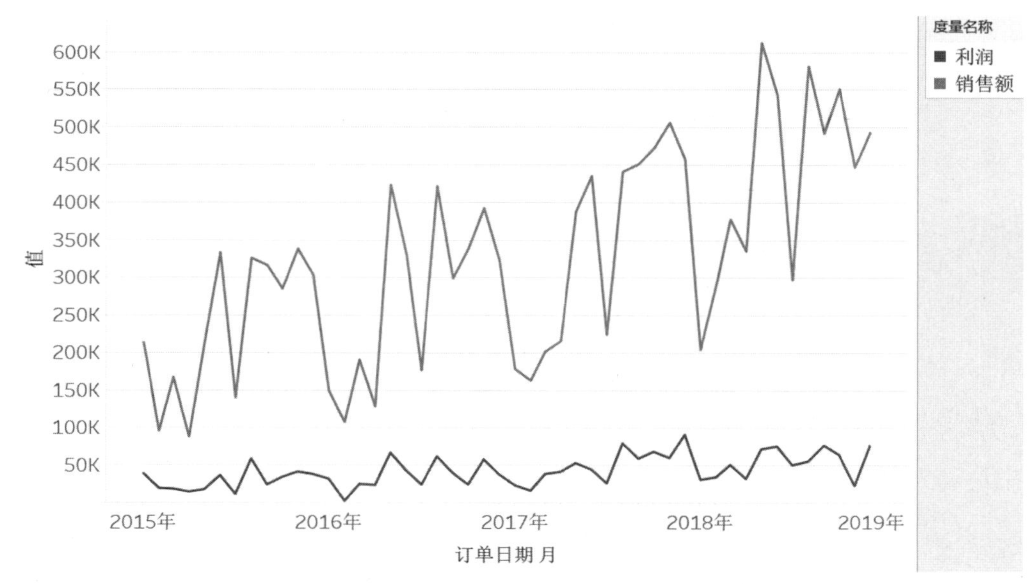

多指标堆叠线图（另见彩插图 33）

如果加入一个新的维度，图表就表达另外一个意思了。

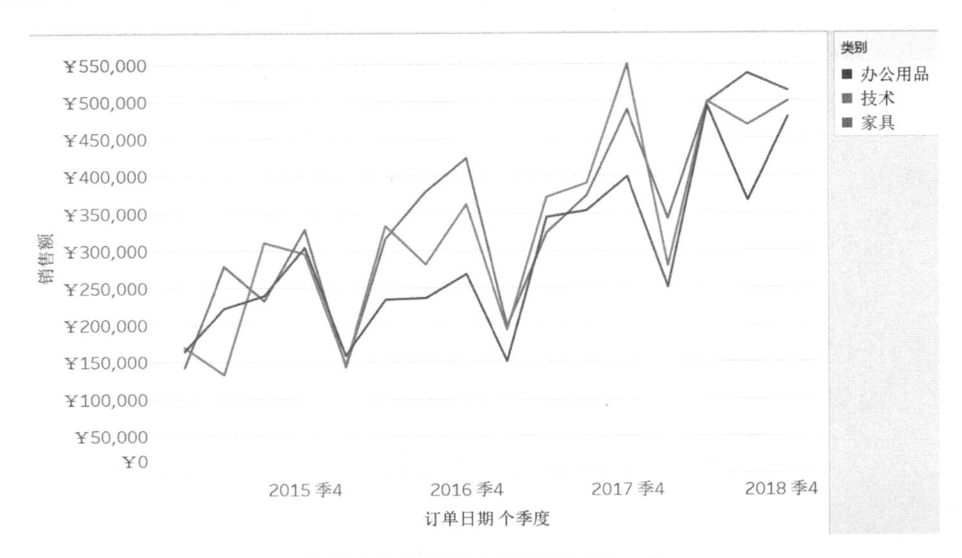

多维度堆叠线图（另见彩插图 34）

小方 这还不是堆叠的效果……

大明 线图的堆叠变形其实是面积图，我们把“标记”类型改为“区域”，就可以得到堆叠图，也叫作河道图。

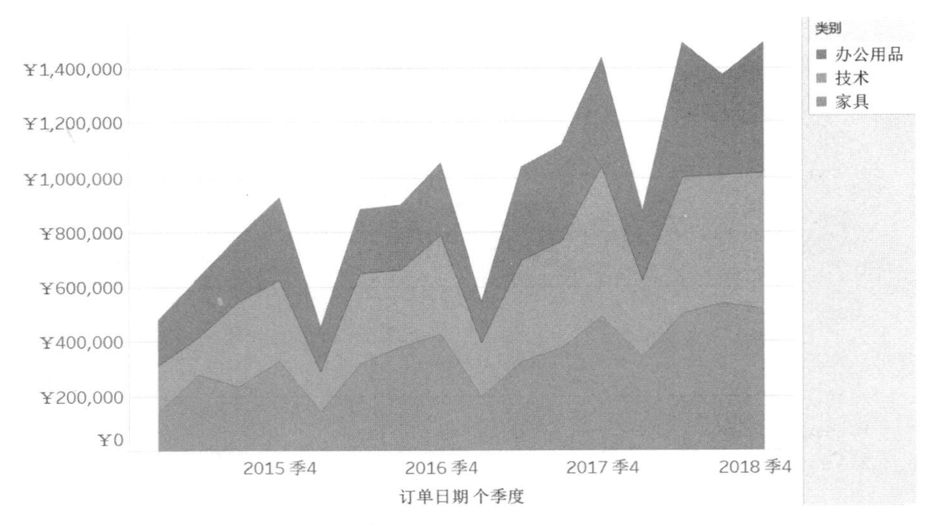

面积图（也称河道图）（另见彩插图 35）

另外，在 Tableau 中，颜色可以用来编码多个维度，实现颜色渐变效果，比如我们把刚才这个面积图中加入“子类别”维度，放在“类别”胶囊下面，也将其改为“颜色”属性，这样“类别”维度和“子类别”维度都用颜色表示，就呈现出了渐变的色彩效果。

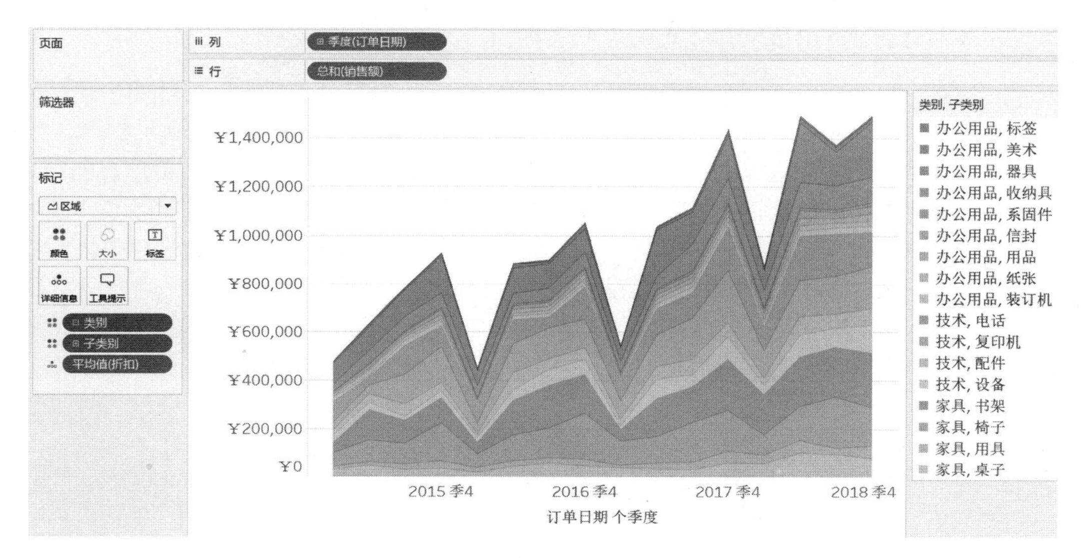

多重颜色面积图（另见彩插图 36）

小方 这个看着有点意思。

大明 再回到普通的线图，线图不一定要有坐标轴，有时候我们只是观察一下宏观趋势，所以可以去掉坐标轴，将高度压缩一下，变成火花线图。比如，我们把“子类别”拖放到“行”功能区，把“订单日期”拖放到“列”功能区，并将“订单日期”切换为连续“季度（年-季度）”层次，右击数轴，“轴范围”选择“每行或每列选择独立轴范围”，确定后再次右击数轴，勾掉“显示标题”，接着把视图大小改为“整个视图”，就可以得到各子类别在各个季度变化趋势的火花线图了。

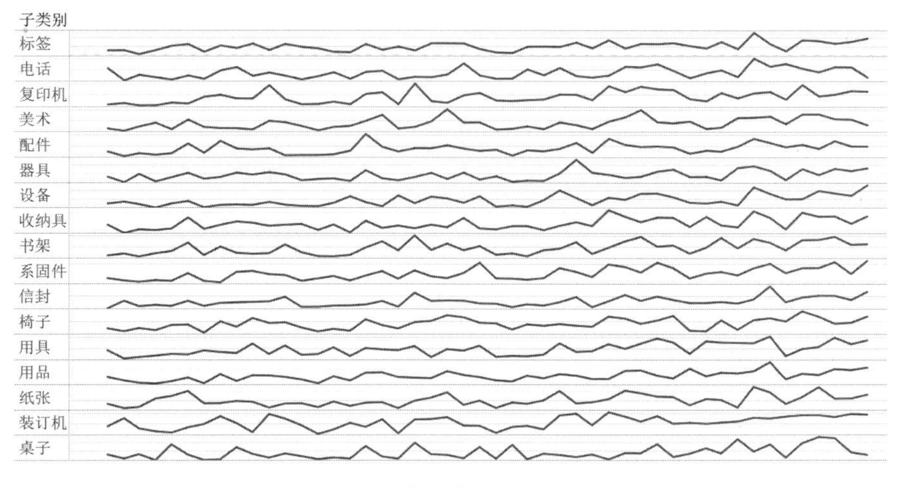

火花线图

小方 这个看着更有意思了。

大明 最有意思的还不是这个火花线图，而是线图的一个独特属性：路径。也就是画线的路径，我们可以使用这个属性实现各种创意线图的表现。比如新建一个工作表，把“制造商”拖放到“行”功能区，把“销售额”拖放到“列”功能区，然后右击“订单日期”，在快捷菜单中选择“显示筛选器”，任意选择两个年度。然后我们把“标记”类型改为“线”，再把“订单日期”拖放到“标记”功能区的“路径”属性上。为了强化展现效果，把“列”功能区的“总和（销售额）”胶囊复制一份并拖放到“列”功能区，右击右边的“总和（销售额）”胶囊，从弹出的快捷菜单中选择“标记”类型为“圆”，再把“订单日期”拖放到“颜色”按钮上。最后把“列”功能区的两个度量值做双轴处理，就得到了一个 DNA 线图。

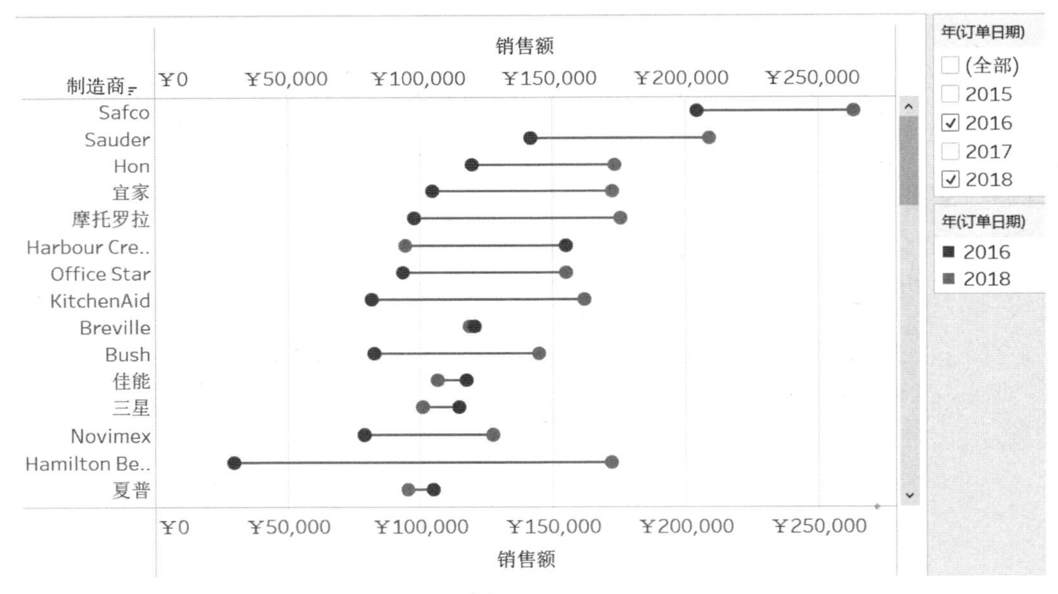

DNA 线图（另见彩插图 37）

小方 还可以这样用？惊呆我了，这个得研究研究！

大明 这个不算啥，一会儿咱们再看个例子。小方，你在对比各制造商的销售额时用什么图？

小方 当然用条形图，咱们刚才研究半天了嘛。

大明 你觉得换个这样的样式如何？

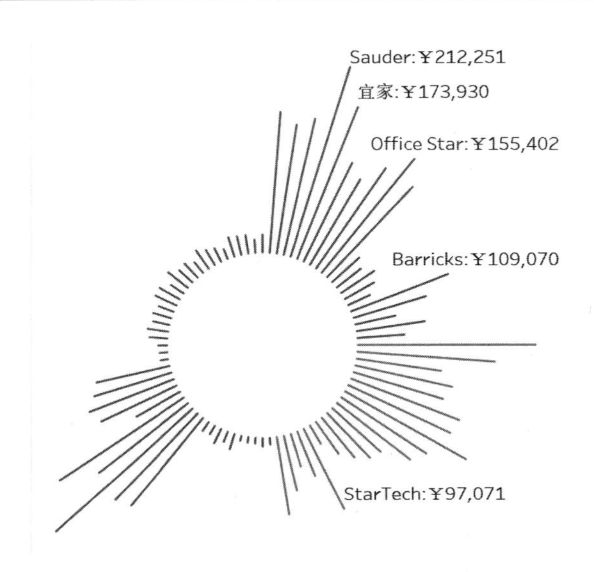

阳光图（另见彩插图38）

小方 这么炫？这怎么做的？

小董 这么炫？这怎么做的？

小丁 这么炫？这怎么做的？

大明 你们要是能够深刻理解Tableau的图表原理，就不至于这么大惊小怪了。其实原理不复杂，把视图中的每个数据在平面上摆布成一个圆形，然后沿着每个数据点画一条线就可以了。步骤也不复杂，我们一起来试试。

第一步，创建一个参数 year，类型是整数，取值范围为 2014~2017。第二步，创建一个计算字段 sel_sales，计算选定年份的销售额。

sel_sales　示例 - 超市

```
if year([订单日期])=[参数].[year] then [销售额] else 0 end
```

sel_sales 计算字段

这个 sel_sales 就是我们要展现的数据。第三步，写一个字段 x，并且定义它的表计算依据。

x 字段定义及表计算设置

第四步，构建计算字段 y，设置表计算。其实 y 字段和 x 字段的原理一模一样，就是用三角函数结合 index()函数，根据数据点（index()）的位置，计算平面坐标系中的 y 位置。

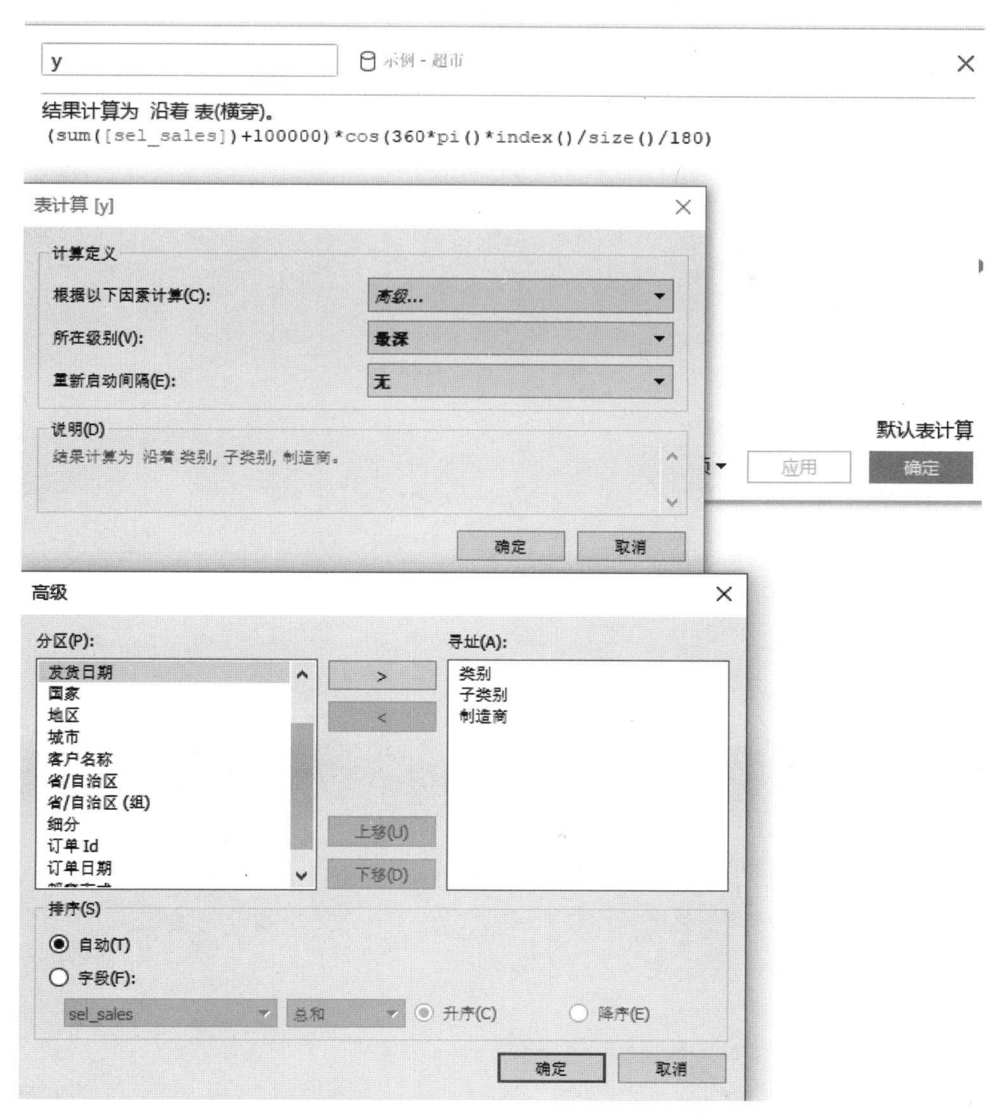

y 字段定义及表计算设置

小方 这个公式中的数字 100000 是什么意思？

大明 这就是圆的半径，你也可以写一个参数把半径设置为可调的。第五步，依次把“类别”拖放到“颜色”按钮上，把“子类别”拖放到“详细信息”上，把“制造商”拖放到“详细信息”上，把“sel_sales”拖放到“详细信息”上，把“标记”类型改为“线”，把“订单日期”拖放到“路径”按钮上，然后把“x”拖放到“列”功能区，把“y”拖放到“行”功能区，基本上就完成了。

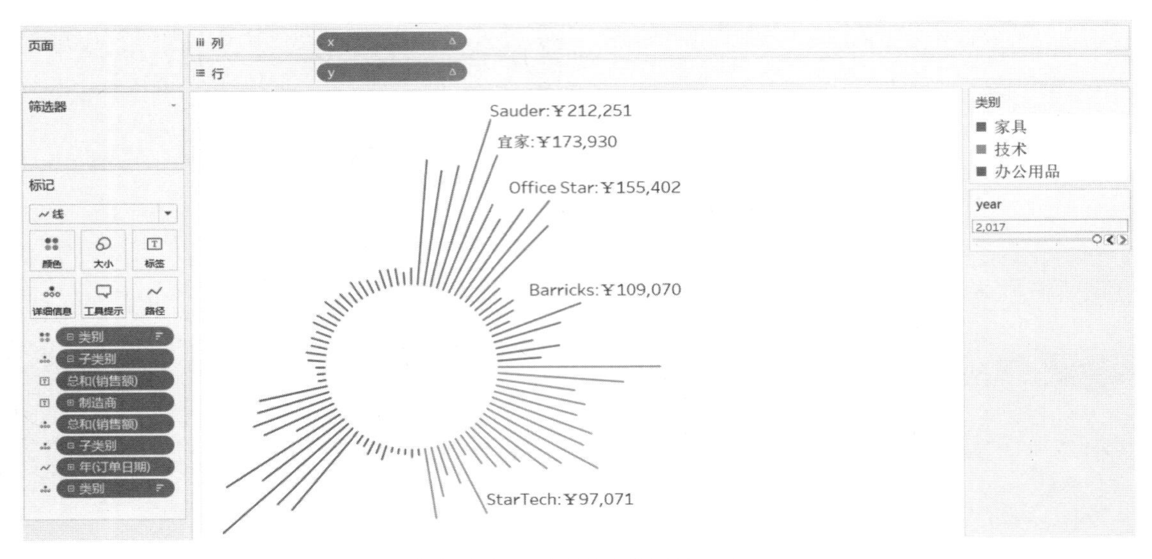

完成的太阳图（另见彩插图 39）

小方 哇哦！

小董 哇哦！

小丁 哇哦！

大明 然后再做一些格式调整，去掉 X、Y 坐标轴显示，去掉画面中的网格线，再加上标签，这些都知道吧？

小丁 这些都知道！原来 Tableau 还可以这样玩，这岂不是自己构造公式就可以画任何图形了？

大明 对，原理很简单，就是把标记位置转成 X、Y 坐标，在平面上展现出来。难点是你要知道什么样的数学公式能产生什么样的图形。有空大家可以研究一下，用这份数据画个平滑的圆形出来。

小方 我一直纳闷在 public.tableau.com 上有好些可视化作品都那么新颖独特，原来就是某个数学公式产生的图形。今天发现了不一样的 Tableau。我现在有点明白为什么 Tableau 没有图表模板的概念，有了这种通用的方法，还要什么模板啊？什么图做不出来？

小丁 那么南丁格尔玫瑰图、和弦图等都是类似的原理喽？对了，以前咱们弄过的桑基图也是这个原理。

大明 对，都是类似的原理，不过我倒不建议大家去追求那些太过花哨的图表类型，更重要的还是理解数据自身的含义。Tableau 的线图除了这个用法之外，还可以在地图上用经纬度画线，在背景图片上用 X、Y 画线，这些大家都还记得吧？要是忘了，可以再复习复习。

小方 聊到这里，对于线图来说算是彻底聊透了吧？

大明 非也！我们说时间序列分析采用线图比较普遍，而时间序列分析的目的是发现规律和模式，所以计算规律才是真正的重点。举例来说，大家看到这个普通的折线图，如果要标识出连续上升的 3 个数据点，该怎么计算？

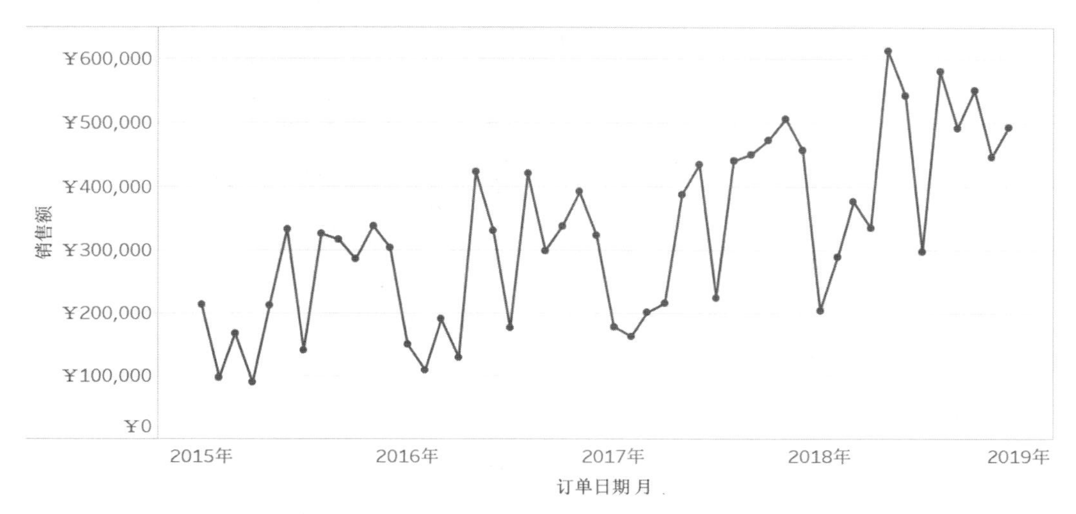

线图和数据点的结合展现

小方 这……讲讲？

大明 不讲。时间序列分析中的模式识别涉及的内容非常广泛，咱们抽个时间再讲吧。

小方 哦，好吧。

大明 还有什么图表比较常用呢？

小方 饼图、散点图、树图、标靶图、词云、热图、地图、交叉表这些都算比较常用吧。

大明 这些也都算常用图表，不过相对来说变化比较小，算是比较简单，咱们挑几个重点的看一下。先说饼图吧，大家用饼图来做什么分析？

8.3 饼图的 *N* 种玩法

小方 饼图除了用来做占比分析，还有别的啥用处吗？

小董 呃……还真是，就这么点用处吧？

大明 饼图其实有 3 种变形，咱们从基本饼图开始，先看一个不同类别的销售额占比图。

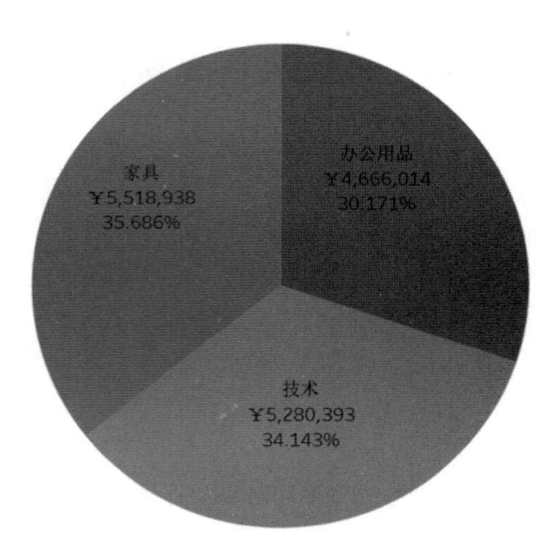

基本饼图

小丁 哦？你这个饼图标签在饼图内部，我以前都是在饼图外面的啊！

小董 这个我知道，把标签一个个拖放到饼图外面就可以了。

小丁 好吧，我孤陋寡闻了。

大明 在这个基本饼图之上，用饼图和圆双轴叠加的方式可以产生圆环图，这个大家还记得吧？

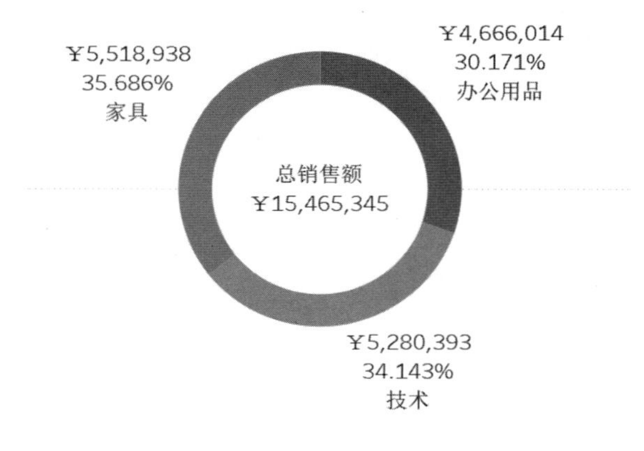

圆环图

小方 记得记得。

大明 这个圆环图的好处是在环心的地方还可以显示别的数据，比如总数。不过大家有没有想过饼图嵌套饼图可以产生一种“爆炸”效果？

小方 没玩过，怎么玩？

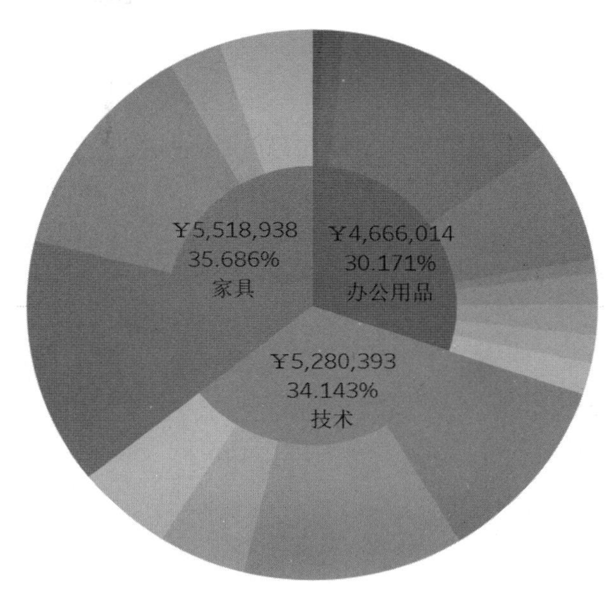

爆炸图

大明 其实方法也很简单，也是双轴叠加，只是圆环图是饼图和圆叠加，爆炸图是饼图和饼图叠加，内部的饼图表示每个子类别的销售额占比情况，外圈则表示子类别的占比情况。这个嵌套方法对大家来说应该都没什么难度。但是谁又玩过圆图的嵌套呢？比如这样的效果。

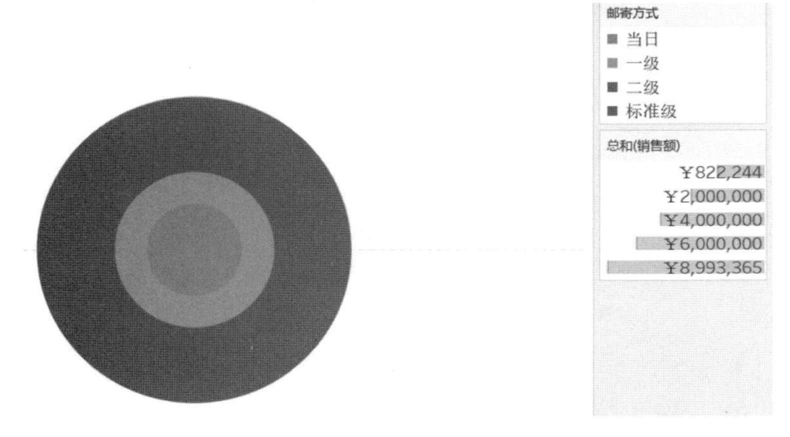

嵌套圆图（另见彩插图40）

小丁 没玩过！看起来不难啊，把一个虚拟度量“0”放在“行”功能区，然后“标记”类型选择“圆”，接着把“邮寄方式”拖放到“颜色”按钮上，把“销售额”拖放到“大小”按钮上……好像哪里不对，怎么没有嵌套效果？

小方 你一定是忘了对“邮寄方式”排序，对“邮寄方式”按照“销售额”进行升序排列，这样最大的圆就在外面，最小的就在里面了。

大明 千万别忘了饼图的局限性，好像咱们以前聊过饼图的适用范围？

小方 饼不能被切成太多块儿，否则颜色花花绿绿，每一块占比都很小的话，就失去比较的意义了。

小董 饼图用面积大小渲染数据，在两个数据差异不大的情况下，往往看不出差异，不如用长度对比更直观。

小丁 局限都让你说完了吧？我没得说了。

大明 其实饼图可以做内部对比，不适合做横向对比。比如，看不同地区某个邮寄方式的占比，饼图做横向对比很困难，而用堆叠条形图就一目了然了。

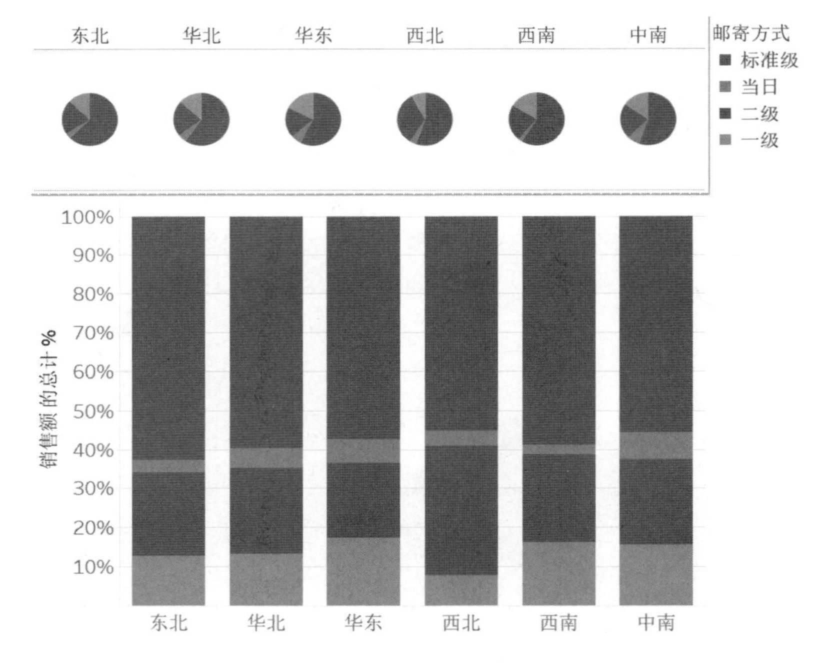

饼图和堆叠条形图的对比（另见彩插图 41）

小方 咱们放过饼图吧，聊聊树图？

8.4　树图和热图的 *N* 种玩法

大明 树图也很好，我觉得用它来进行占比分析比饼图更有效。而且树图用起来也比较简单，比如我们用树图分析一下不同邮寄方式在不同地区的销售额占比。

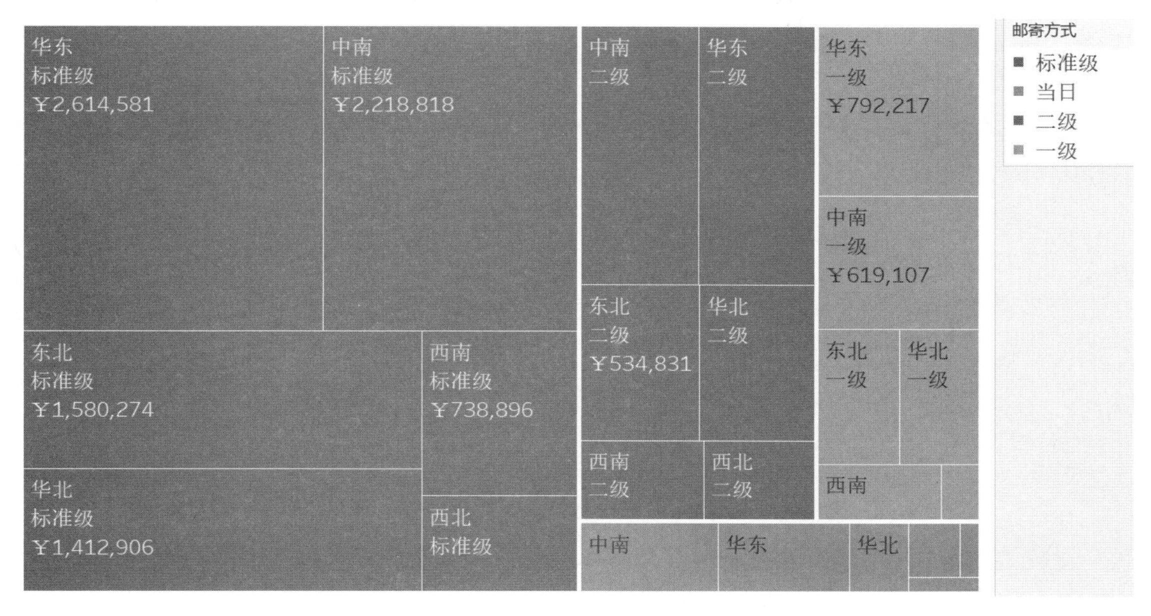

常规树图

这个树图很普通，不过要特别注意，“标记”功能区各个胶囊的上下位置，如果把“邮寄方式”胶囊拖放到最下面，这个树图就是另一个模样了。

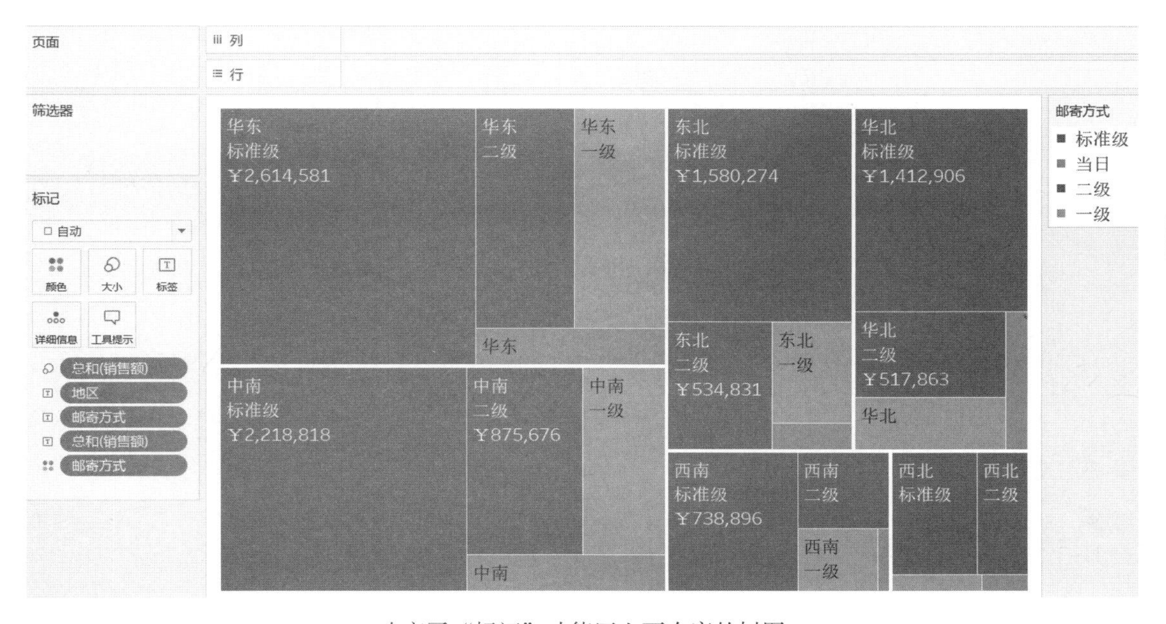

改变了“标记”功能区上下次序的树图

小董 咱们放过树图吧，聊聊热图？

大明 热图很好玩，变形方式比较多一些。在一个交叉表结构中，如果不显示数值文字，而是用颜色渲染格子的背景，就变成了热图，我们看一下每个省不同子类别的利润情况。

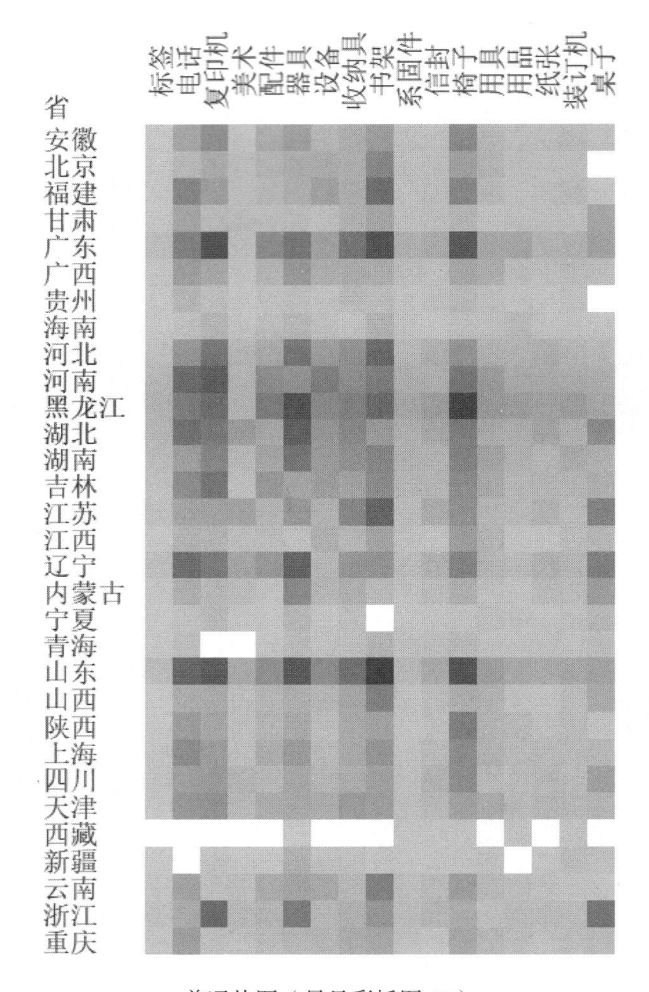

普通热图（另见彩插图 42）

小方 格子怎么这么方？我的怎么都是长方形格子？

小董 这个我知道，在“设置格式”菜单中，有一项是“单元格大小”，把它改为“方形”就可以了。

大明 热图的一个变形是单元格内方形的“大小”属性，比如我们用大小表示销售额，颜色表示利润，得到的图有一个专有名字，叫作压力图。

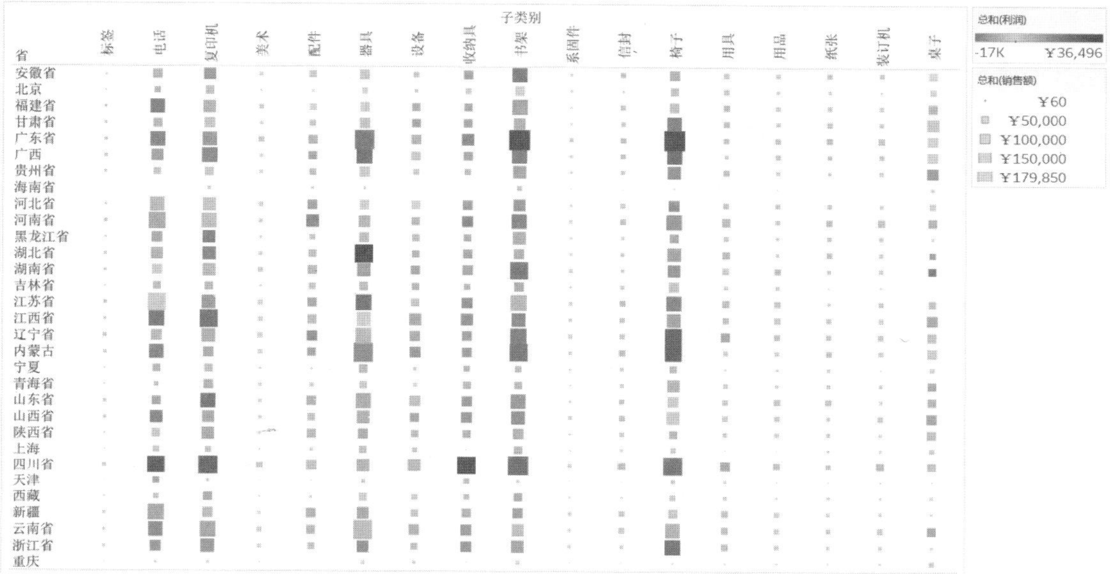

压力图（另见彩插图 43）

如果我们不使用“大小”属性，而是在单元格中显示利润数字，把“标记”类型改为“方形”，就得到了渲染过的交叉表，这个表也有一个名字，叫作突出显示表。

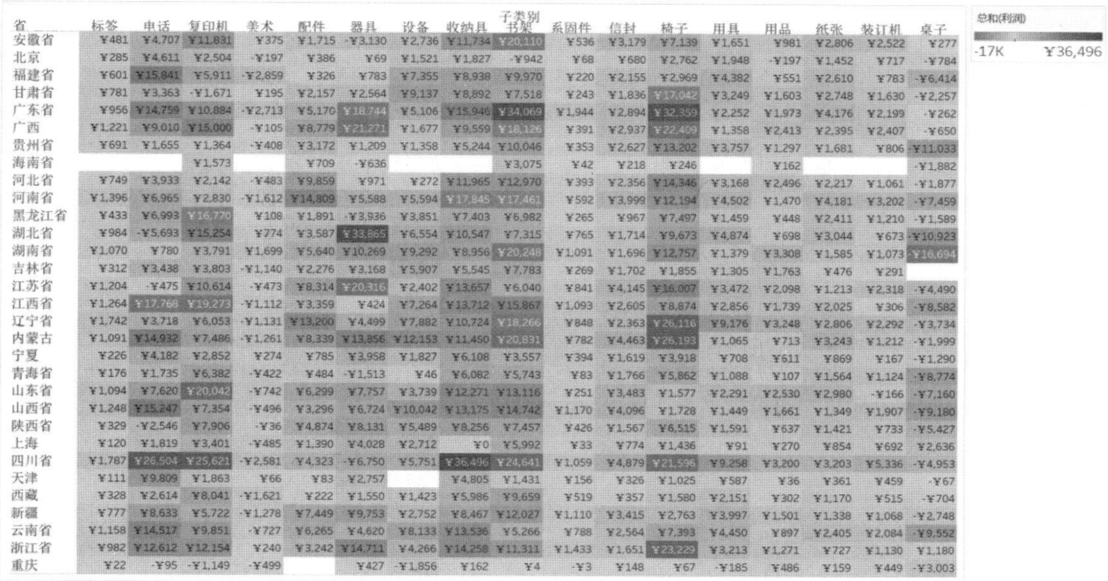

省	标签	电话	复印机	美术	配件	器具	设备	收纳具	书架	系固件	信封	椅子	用具	用品	纸张	装订机	桌子
安徽省	¥481	¥4,707	¥11,831	¥375	¥1,715	-¥3,130	¥2,736	¥11,734	¥20,110	¥536	¥3,179	¥7,139	¥1,651	¥981	¥2,806	¥2,522	¥277
北京	¥285	¥4,611	¥2,504	-¥197	¥386	¥69	¥1,521	¥1,827	-¥942	¥68	¥680	¥2,762	¥1,948	-¥197	¥1,452	¥717	-¥784
福建省	¥601	¥15,841	¥5,911	-¥2,859	¥326	¥783	¥7,355	¥8,938	¥9,970	¥220	¥2,155	¥2,969	¥4,382	¥551	¥2,610	¥783	-¥6,414
甘肃省	¥781	¥3,363	-¥1,671	¥195	¥2,157	¥2,564	¥9,137	¥8,892	¥7,518	¥243	¥1,836	¥17,042	¥3,249	¥1,603	¥2,748	¥1,630	-¥2,257
广东省	¥956	¥14,759	¥10,884	-¥2,713	¥5,170	¥18,744	¥5,106	¥15,946	¥34,069	¥1,944	¥2,894	¥32,359	¥2,252	¥1,973	¥4,176	¥2,199	-¥262
广西	¥1,221	¥9,010	¥15,000	-¥105	¥8,779	¥21,271	¥1,677	¥9,559	¥18,126	¥391	¥2,937	¥22,409	¥1,358	¥2,413	¥2,395	¥2,407	-¥650
贵州省	¥691	¥1,655	¥1,364	-¥408	¥3,172	¥1,209	¥1,358	¥5,244	¥10,046	¥353	¥2,627	¥13,202	¥3,757	¥1,297	¥1,681	¥806	-¥11,033
海南省			¥1,573		¥709	-¥636			¥3,075	¥42	¥218	¥246		¥162			-¥1,882
河北省	¥749	¥3,933	¥2,142	-¥483	¥9,859	¥971	¥272	¥11,965	¥12,970	¥393	¥2,356	¥14,346	¥3,168	¥2,496	¥2,217	¥1,061	-¥1,877
河南省	¥1,396	¥6,965	¥2,830	-¥1,612	¥14,809	¥5,588	¥5,594	¥17,845	¥17,461	¥592	¥3,999	¥12,194	¥4,502	¥1,470	¥4,181	¥3,202	-¥7,459
黑龙江省	¥433	¥6,993	¥16,770	¥108	¥1,891	-¥3,936	¥3,851	¥7,403	¥6,982	¥265	¥967	¥7,497	¥1,459	¥448	¥2,411	¥1,210	-¥1,589
湖北省	¥984	-¥5,693	¥15,254	¥774	¥3,587	¥33,865	¥6,554	¥10,547	¥7,315	¥765	¥1,714	¥9,673	¥4,874	¥698	¥3,044	¥673	-¥10,923
湖南省	¥1,070	¥780	¥3,791	¥1,699	¥5,640	¥10,269	¥9,292	¥8,956	¥20,248	¥1,091	¥1,696	¥12,757	¥1,379	¥3,308	¥1,585	¥1,073	¥16,694
吉林省	¥312	¥3,438	¥3,803	-¥1,140	¥2,276	¥3,168	¥5,907	¥5,545	¥7,783	¥269	¥1,702	¥1,855	¥1,305	¥1,763	¥476	¥291	
江苏省	¥1,204	-¥475	¥10,614	-¥473	¥8,314	¥20,316	¥2,402	¥13,657	¥6,040	¥841	¥4,145	¥16,007	¥3,472	¥2,098	¥1,213	¥2,318	-¥4,490
江西省	¥1,264	¥17,768	¥19,273	-¥1,112	¥3,359	¥424	¥7,264	¥13,712	¥15,867	¥1,093	¥2,605	¥8,874	¥2,856	¥1,739	¥2,025	¥306	-¥8,582
辽宁省	¥1,742	¥3,718	¥6,053	-¥1,131	¥13,200	¥4,499	¥7,882	¥10,724	¥18,266	¥848	¥2,363	¥26,116	¥9,176	¥3,248	¥2,806	¥2,292	-¥3,734
内蒙古	¥1,091	¥14,932	¥7,486	-¥1,261	¥8,339	¥13,856	¥12,153	¥11,450	¥20,831	¥782	¥4,463	¥26,193	¥1,065	¥713	¥3,243	¥1,212	-¥1,999
宁夏	¥226	¥4,182	¥2,852	¥274	¥785	¥3,958	¥1,827	¥6,108	¥3,557	¥394	¥1,619	¥3,918	¥708	¥611	¥869	¥167	-¥1,290
青海省	¥176	¥1,735	¥6,382	-¥422	¥484	-¥1,513	¥46	¥6,082	¥5,743	¥83	¥1,766	¥5,862	¥1,088	¥107	¥1,564	¥1,124	-¥8,774
山东省	¥1,094	¥7,620	¥20,042	-¥742	¥6,299	¥7,757	¥3,739	¥12,271	¥13,116	¥251	¥3,483	¥1,577	¥2,291	¥2,530	¥2,980	-¥166	-¥7,160
山西省	¥1,248	¥15,247	¥7,354	-¥496	¥3,296	¥6,724	¥10,042	¥13,175	¥14,742	¥1,170	¥4,096	¥1,728	¥1,449	¥1,661	¥1,349	¥1,907	-¥9,180
陕西省	¥329	-¥2,546	¥7,906	-¥36	¥4,874	¥8,131	¥5,489	¥8,256	¥7,457	¥426	¥1,567	¥6,515	¥1,591	¥637	¥1,421	¥733	-¥5,427
上海	¥120	¥1,819	¥3,401	-¥485	¥1,390	¥4,028	¥2,712	¥0	¥5,992	¥33	¥774	¥1,436	¥91	¥270	¥854	¥692	¥2,636
四川省	¥1,787	¥26,504	¥25,621	-¥2,581	¥4,323	-¥6,750	¥5,751	¥36,496	¥24,641	¥1,059	¥4,879	¥21,596	¥9,258	¥3,200	¥3,203	¥5,336	-¥4,953
天津	¥111	¥9,809	¥1,863	¥66	¥83	¥2,757		¥4,805	¥1,431	¥156	¥326	¥1,025	¥587	¥36	¥361	¥459	-¥67
西藏	¥328	¥2,614	¥8,041	-¥1,621	¥222	¥1,550	¥1,423	¥5,986	¥9,659	¥519	¥357	¥1,580	¥2,151	¥302	¥1,170	¥515	-¥704
新疆	¥777	¥8,633	¥5,722	-¥1,278	¥7,449	¥9,753	¥2,752	¥8,467	¥12,027	¥1,110	¥3,415	¥2,763	¥3,997	¥1,501	¥1,338	¥1,068	-¥2,748
云南省	¥1,158	¥14,517	¥9,851	-¥727	¥6,265	¥4,620	¥8,133	¥13,536	¥5,266	¥788	¥2,564	¥7,393	¥4,450	¥897	¥2,405	¥2,084	-¥9,552
浙江省	¥982	¥12,612	¥12,154	¥240	¥3,242	¥14,711	¥4,266	¥14,258	¥11,311	¥1,433	¥1,651	¥23,229	¥3,213	¥1,271	¥727	¥1,130	¥1,180
重庆	¥22	-¥95	-¥1,149	-¥499		¥427	-¥1,856	¥162	¥4	-¥3	¥148	¥67	-¥185	¥486	¥159	¥449	-¥3,003

突出显示表（另见彩插图 44）

如果“颜色”属性也不用，只在单元格中显示数字，把“标记”类型改为“文本”，就变成了正规的交叉表。

	子类别																
省	标签	电话	复印机	美术	配件	器具	设备	收纳具	书架	系固件	信封	椅子	用具	用品	纸张	装订机	桌子
安徽省	¥481	¥4,707	¥11,831	¥375	¥1,715	-¥3,130	¥2,736	¥11,734	¥20,110	¥536	¥3,179	¥7,139	¥1,651	¥981	¥2,806	¥2,522	¥277
北京	¥285	¥4,611	¥2,504	-¥197	¥386	¥69	¥1,521	¥1,827	-¥942	¥68	¥680	¥2,762	¥1,948	-¥197	¥1,452	¥717	-¥784
福建省	¥601	¥15,841	¥5,911	-¥2,859	¥326	¥783	¥7,355	¥8,938	¥9,970	¥220	¥2,155	¥2,969	¥4,382	¥551	¥2,610	¥783	-¥6,414
甘肃省	¥781	¥3,363	-¥1,671	¥195	¥2,157	¥2,564	¥9,137	¥8,892	¥7,518	¥243	¥1,836	¥17,042	¥3,249	¥1,603	¥2,748	¥1,630	-¥2,257
广东省	¥956	¥14,759	¥10,884	-¥2,713	¥5,170	¥18,744	¥5,106	¥15,946	¥34,069	¥1,944	¥2,894	¥32,359	¥2,252	¥1,973	¥4,176	¥2,199	-¥262
广西	¥1,221	¥9,010	¥15,000	-¥105	¥8,779	¥21,271	¥1,677	¥9,559	¥18,126	¥391	¥2,937	¥22,409	¥1,358	¥2,413	¥2,395	¥2,407	-¥650
贵州省	¥691	¥1,655	¥1,364	-¥408	¥3,172	¥1,209	¥1,358	¥5,244	¥10,046	¥353	¥2,627	¥13,202	¥3,757	¥1,297	¥1,681	¥806	######
海南省			¥1,573		¥709	-¥636			¥3,075	¥42	¥218	¥246		¥162			-¥1,882
河北省	¥749	¥3,933	¥2,142	-¥483	¥9,859	¥971	¥272	¥11,965	¥12,970	¥393	¥2,356	¥14,346	¥3,168	¥2,496	¥2,217	¥1,061	-¥1,877
河南省	¥1,396	¥6,965	¥2,830	-¥1,612	¥14,809	¥5,588	¥5,594	¥17,845	¥17,461	¥592	¥3,999	¥12,194	¥4,502	¥1,470	¥4,181	¥3,202	-¥7,459
黑龙江省	¥433	¥6,993	¥16,770	¥108	¥1,891	-¥3,936	¥3,851	¥7,403	¥6,982	¥265	¥967	¥7,497	¥1,459	¥448	¥2,411	¥1,210	-¥1,589
湖北省	¥984	-¥5,693	¥15,254	¥774	¥3,587	¥33,865	¥6,554	¥10,547	¥7,315	¥765	¥1,714	¥9,673	¥4,874	¥698	¥3,044	¥673	######
湖南省	¥1,070	¥780	¥3,791	¥1,699	¥5,640	¥10,269	¥9,292	¥8,956	¥20,248	¥1,091	¥1,696	¥12,757	¥1,379	¥3,308	¥1,585	¥1,073	######
吉林省	¥312	¥3,438	¥3,803	-¥1,140	¥2,276	¥3,168	¥5,907	¥5,545	¥7,783	¥269	¥1,702	¥1,855	¥1,305	¥1,763	¥476	¥291	
江苏省	¥1,204	-¥475	¥10,614	-¥473	¥8,314	¥20,316	¥2,402	¥13,657	¥6,040	¥841	¥4,145	¥16,007	¥3,472	¥2,098	¥1,213	¥2,318	-¥4,490
江西省	¥1,264	¥17,768	¥19,273	-¥1,112	¥3,359	¥424	¥7,264	¥13,712	¥15,867	¥1,093	¥2,605	¥8,874	¥2,856	¥1,739	¥2,025	¥306	-¥8,582
辽宁省	¥1,742	¥3,718	¥6,053	-¥1,131	¥13,200	¥4,499	¥7,882	¥10,724	¥18,266	¥848	¥2,363	¥26,116	¥9,176	¥3,248	¥2,806	¥2,292	-¥3,734
内蒙古	¥1,091	¥14,932	¥7,486	-¥1,261	¥8,339	¥13,856	¥12,153	¥11,450	¥20,831	¥782	¥4,463	¥26,193	¥1,065	¥713	¥3,243	¥1,212	-¥1,999
宁夏	¥226	¥4,182	¥2,852	¥274	¥785	¥3,958	¥1,827	¥6,108	¥3,557	¥394	¥1,619	¥3,918	¥708	¥611	¥869	¥167	-¥1,290
青海省	¥176	¥1,735	¥6,382	-¥422	¥484	-¥1,513	¥46	¥6,082	¥5,743	¥83	¥1,766	¥5,862	¥1,088	¥107	¥1,564	¥1,124	-¥8,774
山东省	¥1,094	¥7,620	¥20,042	-¥742	¥6,299	¥7,757	¥3,739	¥12,271	¥13,116	¥251	¥3,483	¥1,577	¥2,291	¥2,530	¥2,980	-¥166	-¥7,160
山西省	¥1,248	¥15,247	¥7,354	-¥496	¥3,296	¥6,724	¥10,042	¥13,175	¥14,742	¥1,170	¥4,096	¥1,728	¥1,449	¥1,661	¥1,349	¥1,907	-¥9,180
陕西省	¥329	-¥2,546	¥7,906	-¥36	¥4,874	¥8,131	¥5,489	¥8,256	¥7,457	¥426	¥1,567	¥6,515	¥1,591	¥637	¥1,421	¥733	-¥5,427
上海	¥120	¥1,819	¥3,401	-¥485	¥1,390	¥4,028	¥2,712	¥0	¥5,992	¥33	¥774	¥1,436	¥91	¥270	¥854	¥692	¥2,636
四川省	¥1,787	¥26,504	¥25,621	-¥2,581	¥4,323	-¥6,750	¥5,751	¥36,496	¥24,641	¥1,059	¥4,879	¥21,596	¥9,258	¥3,200	¥3,203	¥5,336	-¥4,953
天津	¥111	¥9,809	¥1,863	¥66	¥83	¥2,757		¥4,805	¥1,431	¥156	¥326	¥1,025	¥587	¥36	¥361	¥459	-¥67
西藏	¥328	¥2,614	¥8,041	-¥1,621	¥222	¥1,550	¥1,423	¥5,986	¥9,659	¥519	¥357	¥1,580	¥2,151	¥302	¥1,170	¥515	-¥704
新疆	¥777	¥8,633	¥5,722	-¥1,278	¥7,449	¥9,753	¥2,752	¥8,467	¥12,027	¥1,110	¥3,415	¥2,763	¥3,997	¥1,501	¥1,338	¥1,068	-¥2,748
云南省	¥1,158	¥14,517	¥9,851	-¥727	¥6,265	¥4,620	¥8,133	¥13,536	¥5,266	¥788	¥2,564	¥7,393	¥4,450	¥897	¥2,405	¥2,084	-¥9,552
浙江省	¥982	¥12,612	¥12,154	¥240	¥3,242	¥14,711	¥4,266	¥14,258	¥11,311	¥1,433	¥1,651	¥23,229	¥3,213	¥1,271	¥727	¥1,130	¥1,180
重庆	¥22	-¥95	-¥1,149	-¥499		¥427	-¥1,856	¥162	¥4	-¥3	¥148	¥67	-¥185	¥486	¥159	¥449	-¥3,003

普通交叉表

小方 这……究竟是交叉表变成了热图，还是热图变成了交叉表呢？

大明 无所谓啦，大家也看到了它们在效果上的差异，我个人还是倾向于用热图或者压力图，但是有时候我们也需要在仪表板或者报告上显示精确的数值。

小丁 咱们放过热图，聊聊散点图？

8.5　散点图的 *N* 种玩法

大明 散点图特别适合表现大量数据标记的总体分布情况，而且适合多指标相关性分析。咱们看一个简单的例子，用利润和销售额这两个指标观察客户的分布情况。然后用颜色表示利润，用大小表示折扣。

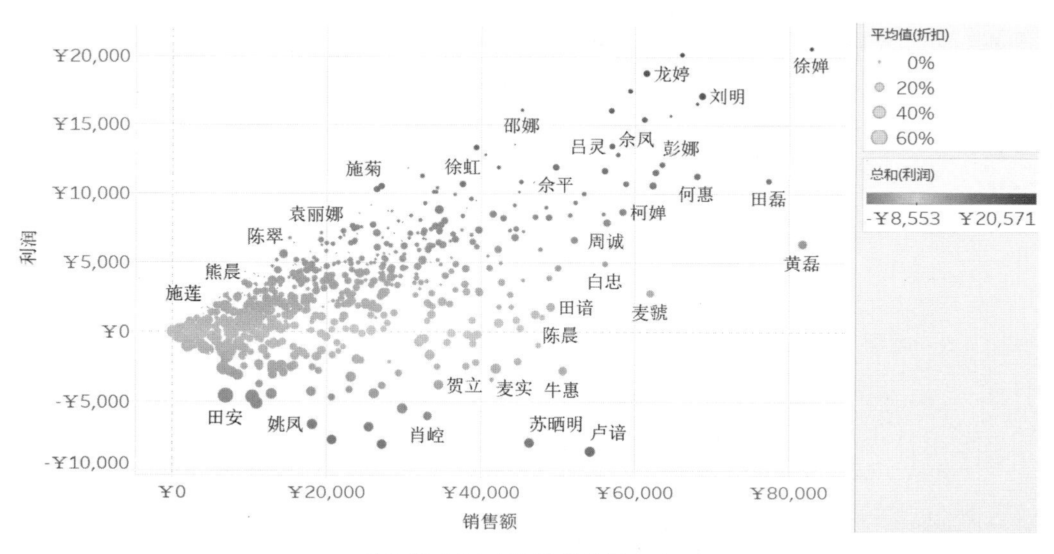

普通散点图（另见彩插图 45）

小方 我觉得散点图最大的优势就是可以用横纵坐标位置、大小和颜色来表示不同指标。

大明 嘿嘿，其实还适合多维度分析，比如我们换一种表现方法，横纵坐标仍然表示利润和销售额，用大小表示折扣，但是我们用颜色表示客户细分，用形状表示产品类别，这个图的信息量就非常丰富了。

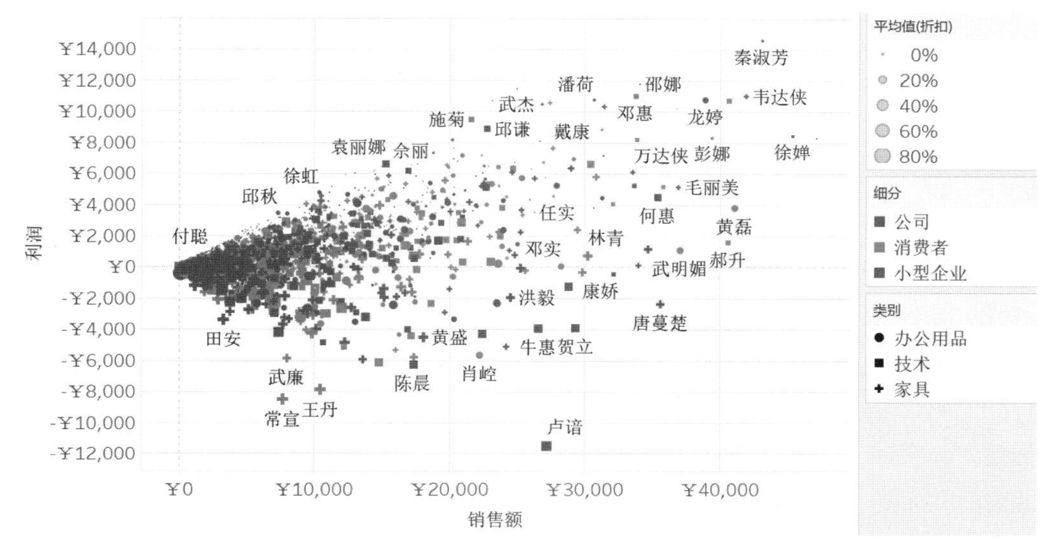

加入了更多维度的散点图（另见彩插图 46）

小方 这么多信息，有点夸张，用起来方便吗？

大明 当然方便，用颜色和形状图例可以加亮显示选定的数据点，看起来也非常清爽。

小方 不过散点图就这些玩法吧？还有别的变形吗？

大明 就这些？错！散点图的颜色不但可以用来表示某个指标、某个度量，还可以用来表示聚类结果。在 Tableau 中内置了 *k*-means 聚类算法，产品中叫作群集。就刚才这个图吧，我们切换到“分析”窗格，把“群集”按钮拖放到画布上的悬浮窗，群集结果自动用颜色表示。

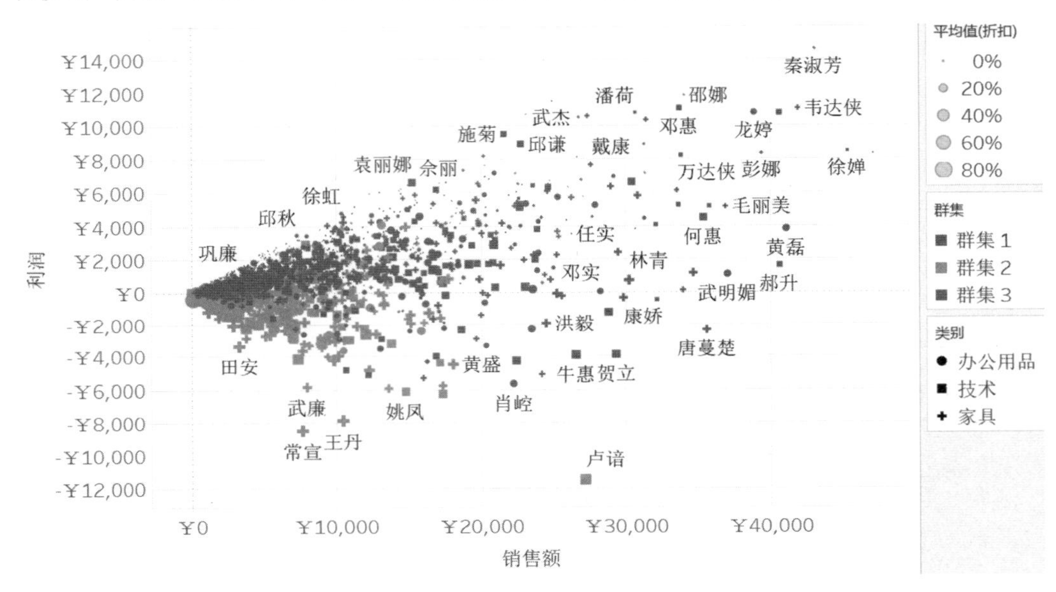

在散点图上使用群集功能（另见彩插图 47）

小方 这个群集结果怎么解释？

大明 既然是数学模型计算的结果，与业务未必有明确的对应关系。群集根据选定的几个指标把客户分成特征相似的几类，为每个类别打标签和增加解释还是需要人来做的。

小方 好吧。散点图就这些了吧？

大明 错！散点图有一个不足之处，就是大量数据点会堆积在一起，很难看出来哪个区域堆积得多，而有时候我们就是要分析哪个区间内的数据点多或者指标值更大。

小方 的确有这个问题，不过有啥办法呢？

大明 Tableau 提供了密度图，其实这是散点图的一个加强版，它在“标记”类型中被单独列了出来。比如，我们新建一个工作表，把“利润”拖放到“列”功能区，把“销售额”拖放到“行”功能区，把“客户名称”拖放到“标签”按钮上，然后我们把“标记”类型改为“密度”。

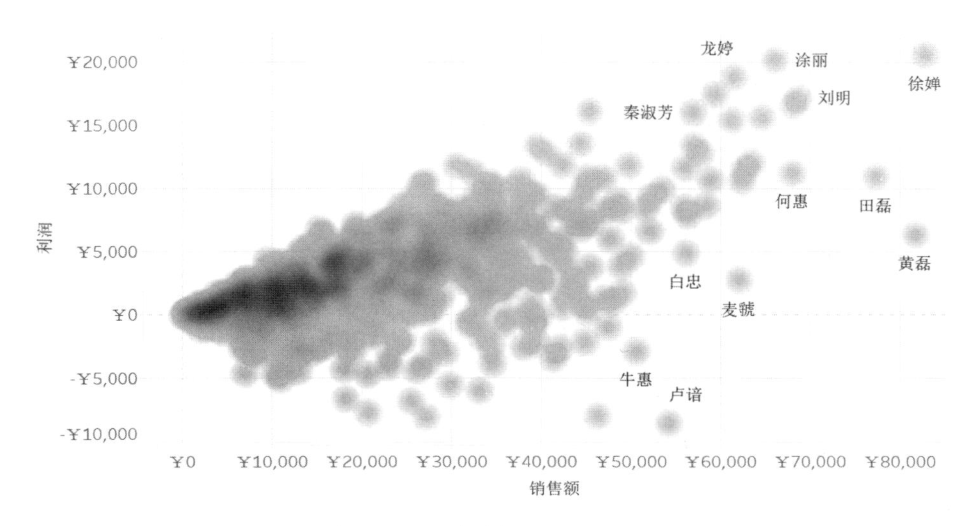

密度图

这样是不是就可以看出哪个区间内客户比较集中了？

小方 还真是。怎样知道哪个区间内客户的销售额比较高呢？

大明 那就在这个图的基础上把“销售额”拖放到“颜色”按钮上。

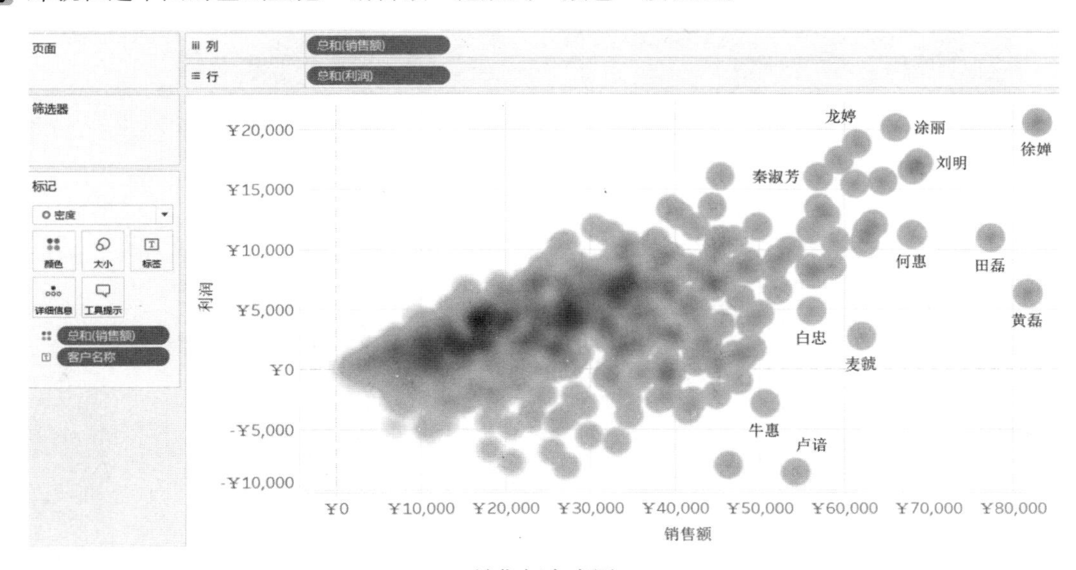

销售额密度图

大家可以看到这个销售额的密度分布跟客户数量的密度分布还是有一些区别的。

小方 这个密度图如果用在标记地图上，是不是效果很好？

大明 不是一般的好，你有空可以用数据试试，今天咱们得放过散点图，再聊聊词云，然后就得去吃午饭了。

小董 还有泡泡图……

大明 对！还有泡泡图，严格来说，泡泡图也是散点图的一个变形，通常情况下散点图的“标记”类型是圆，而泡泡图的“标记”类型也是圆。泡泡图也很有用，咱们看一个基本的泡泡图，用它来分析一下不同产品类别、子类别的销售额。

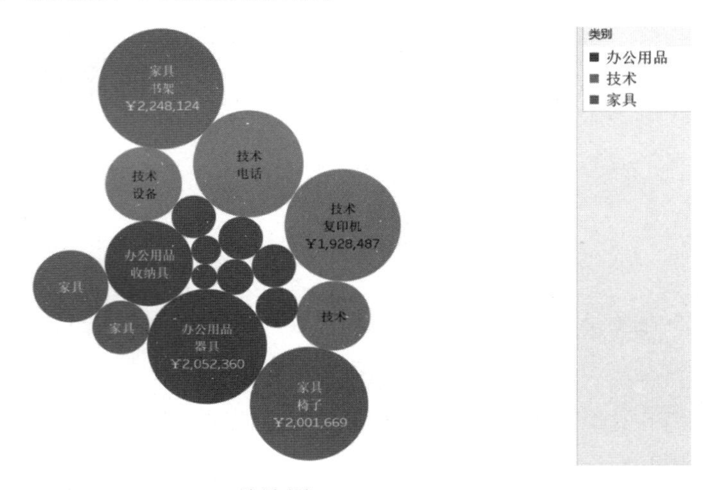

泡泡图

泡泡图本身没什么太大的变形空间，但数据的多少会对泡泡的布局有很大影响，比如我们把“产品名称”放到泡泡图中来，就得到一个类似同心圆的泡泡布局。

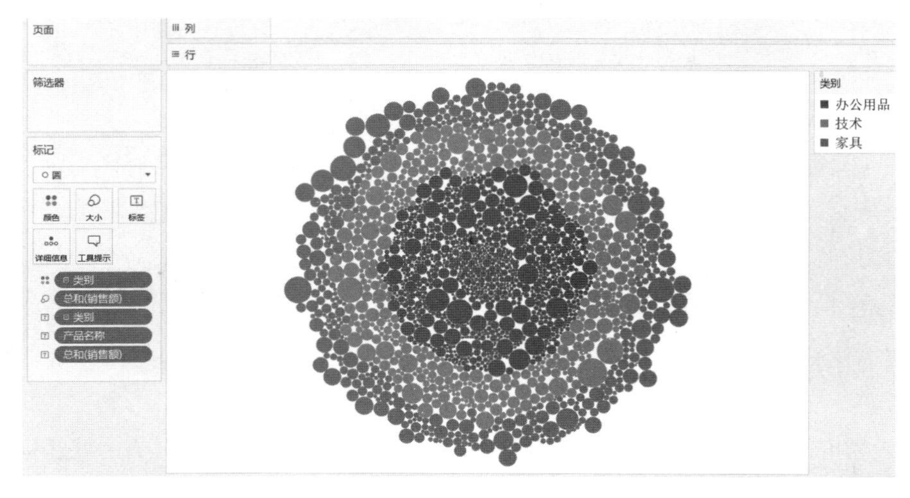

数据点很多情况下的泡泡图（另见彩插图 48）

小丁 不错！也很炫酷！时间真的已经过了中午了，咱们聊聊词云就去吃午饭吧。

大明 别着急，散点图还有一种变形咱们还没说。

小丁 散点图这么多花样？！

大明 我们使用条形图的时候展现的是汇总的信息，如果加入其他维度把数据颗粒度打细，通常也会呈现出堆叠图的效果。但实际上我们可以使用散点图来呈现，非常有用。大家看一个例子，把“子类别”拖放到“行”功能区，把“产品名称”拖放到“标记”功能区的“详细信息”按钮上，把“销售额”拖放到“列”功能区，把“折扣（平均值）”拖放到“大小”按钮上，把“利润”拖放到“颜色”按钮上。我们就得到了一个全新的散点图，表明每个“子类别”下面各个产品的销售、折扣、利润综合视图。

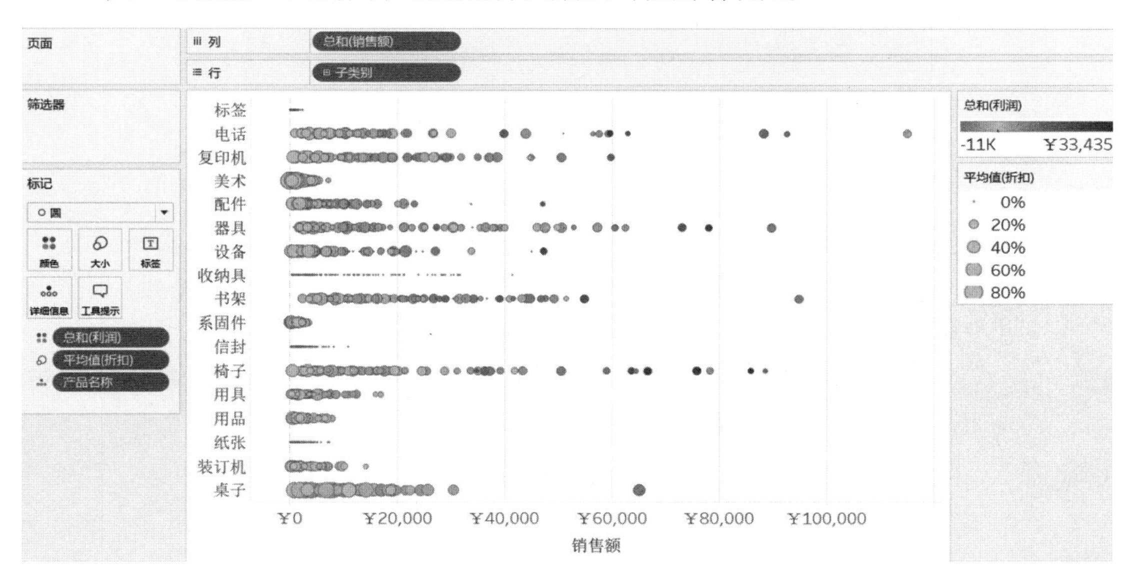

分维度的散点图（另见彩插图 49）

小丁 这个不错，要是加上参考线观察平均值或者百分位分布就非常好了。

8.6 词云的玩法

大明 参考线我们要专门研讨，今天就不说了，咱们继续说词云吧。词云比较简单，只要在泡泡图的基础上把“标记”类型改为“文本”就可以了。但是有一点要注意，词云是用文字大小来表示某些指标数值大小，不适合展现过大的数据量，否则文字太小看着会很累，而且生成词云也会很慢。比如，现在新建一个工作表，把“制造商”拖放到标签上，把“类别”拖放到“颜色”上，把“销售额”拖放到“大小”上，“标记”类型改为文本，就得到了一个词云。

普通词云（另见彩插图 50）

小方 看着效果也很不错呢！

大明 不过刚才说了词云使用的局限性，但大家知道用词云表现数据有什么特别的好处吗？

小董 我有一点体会，过去我发现用条形图降序排列的图给别人看的时候，别人都只是看一下，但我给别人看词云的时候，我发现好多人会情不自禁地把最大的词念出来。

大明 对！这就是词云的好处，也不知道人们为什么会有这种心理，用别的图都达不到这种效果。所以如果你想让人们对某些数据留下更加深刻的印象的话，你可以试试词云！

小方 还有这样的玩法？我得空试试。不过现在都一点了，从早晨九点到午后一点，咱们可是啥事儿都没干！

小董 这话我不同意，仪表板性能优化、图表最佳实践，这不算正经事儿吗？我觉得今天这半天比去做几个仪表板有意义多了！

小丁 我同意小董，我觉得我们平时都陷在具体的事务性分析工作中了，似乎只有做分析，做培训才是工作，可是学习、总结和提高对我们来说其实更有价值，有道是磨刀不误砍柴工，咱们这也算是磨刀吧！

小方 好吧好吧，算我说错了，中午我请客！

小董 走起！我怎么记得今天咱们本来是想聊仪表板设计最佳实践来着？怎么聊完图表就结束了呢？

大明 是有这么回事儿，吃饭的时候聊吧，现在大家都快饿扁了，先吃饭去！其实图表是仪表板的素材，能够正确运用图表，再去构建让人容易看懂的仪表板，也就顺理成章了。现在咱们不展开说了，今天小方请客，咱们就别客气，红帽子披萨走起！哈哈！

第 9 章

构建美观又好用的仪表板：仪表板设计最佳实践

本章介绍关于仪表板设计的几项最佳实践，包括布局、色彩使用、交互设计等。

9.1 仪表板的分类和设计原则

大明几个人在披萨店落座点餐，等餐的时候一个熟悉的身影从门口进来，是大麦。

大明 嗨！大麦！怎么这么巧遇到你？

大麦 哦？大明？小方、小丁、小董？我在这旁边见客户，刚开完会，打算在这吃个午饭再回办公室。怎么这么巧遇到你们？

大明 我们上午内部讨论，一不小心就聊到这时候了，大家来凑个热闹吃披萨。你来正好，请坐请坐，有段时间没见了，大家一起聊聊天。我喊服务员来加个菜。

大麦 加菜就不用了，请服务员把披萨多切两块就行了，哈哈。

大明 刚才小方还担心一个披萨切成八块吃不完，现在正好。我们几个做数据分析都做出职业病来了。

大麦 哦？难道吃披萨要切成大小不等的扇形块，吃面要摆成高低错落的折线图？

小方 是啊，要是有几样食材放在盘子里，就得摆成几个图弄成仪表板的布局才肯开始吃。

大麦 还有这种操作？说说你都摆成什么样的仪表板布局？有啥最佳实践跟大家分享分享？

小方 哈！啥最佳实践，就是摆着玩儿，没啥套路，随心所欲，感觉怎么好看怎么摆……

大明 你说的随心所欲，是指食材摆盘？还是真的仪表板设计啊？

小方 摆盘那是个玩笑，不过仪表板设计我真的就是跟着感觉走，自己看着怎么好看怎么摆。

大麦 这个“跟着感觉走”算不算一条最佳实践呢？

大明 肯定是一项实践，是不是最佳就不知道了。要是别人看了结果都说好，就是最佳；要是只有自己看着好，那就说不准了。大麦，这仪表板设计到底有没有什么最佳实践？

大麦 通常我们的说的最佳指性能最佳或者功能最佳。性能最佳就是让仪表板有良好的响应性能，与用户的交互流畅。功能最佳则指仪表板的内容对业务有意义，能够回答业务问题，关键信息容易被读者发现或者注意到，交互操作简单易懂，具备这些特点的仪表板就是很不错的仪表板了。

大明 性能方面的问题上午刚刚讨论过了，各种常用图表的最佳实践上午也讨论过了。仪表板功能最佳实践这些内容，我们还打算抽时间专题研讨，今天这么巧遇到你，不妨就展开讨论一会儿。

大麦 行，我们就聊聊这个话题。不过在这之前，首先需要把仪表板按用途分类，不同用途的仪表板的最佳实践不一样。

商业仪表板分类

分　类	读　者	主要内容	数据颗粒度	数据更新周期	互　动　性
战略型仪表板	高层管理者	企业核心 KPI 指标	粗	月、季度、年度分析	少或者无
操作型仪表板	中层、基层管理者	部门 KPI 指标或者个人业绩指标	中、细	实时性要求高	中
分析型仪表板	中层、基层管理者	用有限画面空间表现更丰富的信息量	根据需要而定	根据需要而定	多，通过交互操作展现更多的信息内容

谈仪表板设计，不要一下子就跑到布局、色彩这些问题上面去，先问自己几个问题。

- 仪表板给谁用？
- 他为什么要使用这个仪表板？
- 他需要从这个仪表板上看到什么？
- 他希望根据仪表板的内容进行什么决策，或者采取什么行动？

这些看似虚头巴脑的问题，却是真正重要的。我见过一些公司里的商业分析仪表板，在一个页面上内容太过丰富，简直可以用复杂来形容，但是问问作者，却回答不清楚刚才的这几个问题。而且往往从实践上看，这种复杂的仪表板也并没有达到预期的效果，被访问的次数寥寥无几。很多人不愿意承认这种仪表板设计上的问题，毕竟制作复杂的仪表板花的时间更多，承认设计不佳是一件没面子的事。但是要想在实践中不断提高，就要实事求是，经常检验和总结。Tableau Server 也有访问记录统计，帮助大家了解哪些仪表板受欢迎，哪些不受欢迎。

大明 我们倒没有那些面子上的负担，而且数据摆在那里，没人看的仪表板你再怎么夸也是没用的。我觉得为不同的读者选择不同的 KPI 是一件非常重要的事，对于这方面你有没有什么最佳实践？

大麦 为不同的人提供不同的指标以及维度的组合，本质上算管理咨询的工作，这并不是我的本职工作，所以我能提供的建议很有限。况且不同行业、甚至不同的企业，所关心的 KPI 并不是一样的，所以 KPI 集合并不存在一个普遍使用的标准集。但是话说回来，企业里面的一些业务线却存在一些通用的分析内容，比如财务和人力等。

大明 财务和人力也是我们要支持的重点业务部门，但我们几个其实对财务和人力资源的业务也不是很熟悉，所以从产品应用赋能方面，我们自信能做好；但如果从业务分析支持角度来看，我们支持起来就比较有限了。

大麦 这也不用担心，业务部门的人肯定都熟悉自己的业务，你们只要把他们的 Tableau 应用技能培养好就可以了。

大明 话虽然是这么说，但如果我们能够对业务有所了解，能够在分析主题划分、指标选择方面给予支持的话，这种赋能就会把工具应用和业务咨询融合到一起了，应用推广的效果肯定会更好。

大麦 还记得上次我们讨论的时候谈到过 Tableau 公司自己如何应用 Tableau 软件做分析吗？

大明 记得，不过还没得空去看。

大麦 其实，Tableau on Tableau 系列网络讲座里面涵盖了各主要业务线的分析内容。以财务为例吧，涵盖的分析内容就包括。销售预测、资产分析、预算执行和差旅成本分析。

仪表板样例和具体的分析指标以及维度组合在网络讲座里面都有。

大明 人力方面的内容呢？

大麦 人力资源分析包括员工结构分析、招聘分析、员工流失分析、员工绩效分析、员工福利分析。

同样，面也有仪表板样例、分析指标以及维度组合在网络讲座。

小方 你说的这个 Tableau on Tableau 在哪里能看到？

大麦 在 Tableau 官网搜索 Tableau on Tableau 就行了，财务、人力、研发、市场、销售、IT、运营全系列都有。

小方 谢谢！回头我们都去网上看一下。

大明 不如咱们专门安排两个整天的时间，来集体学习 Tableau 的这些讲座，看完视频大家趁热讨论有哪些内容在我们自己的工作中可以借鉴使用。

小方 好主意！不过现在咱们是不是可以聊聊仪表板布局、配色之类的问题？

9.2 从动眼测试谈仪表板设计的最佳实践

大麦 当然是可以的。不过讨论这些之前，我建议大家有时间再去 Tableau 官网上搜索一下“动眼跟踪”，可以找到一份研究报告，是 Tableau 科学家进行的一项研究，把不同的仪表板呈现给不同的人。用设备跟踪这些人看一个仪表板的时候，视线的移动轨迹，以及目光在每个部位停留的时间，用以了解人们更关注仪表板上的哪些内容，以及哪些区域。不过我现在可以跟大家分享一下关键的结论要点。

"动眼跟踪"研究报告

https://www.tableau.com/zh-cn/about/blog/2017/6/eye-tracking-study-5-key-learnings-data-designers-everywhere-72395

小方 说说呗！

大麦 这项研究有几项重要的发现，我给大家分享一下。

第一条是"(大)数字很重要"：我们发现，包含超大号数字的仪表板中，视觉注意直接集中于大号数字。并且这种注意在查看顺序中非常靠前的位置，也就是说它是你第一眼看到的内容。因此，如果有重要数字，请将其字体调大！

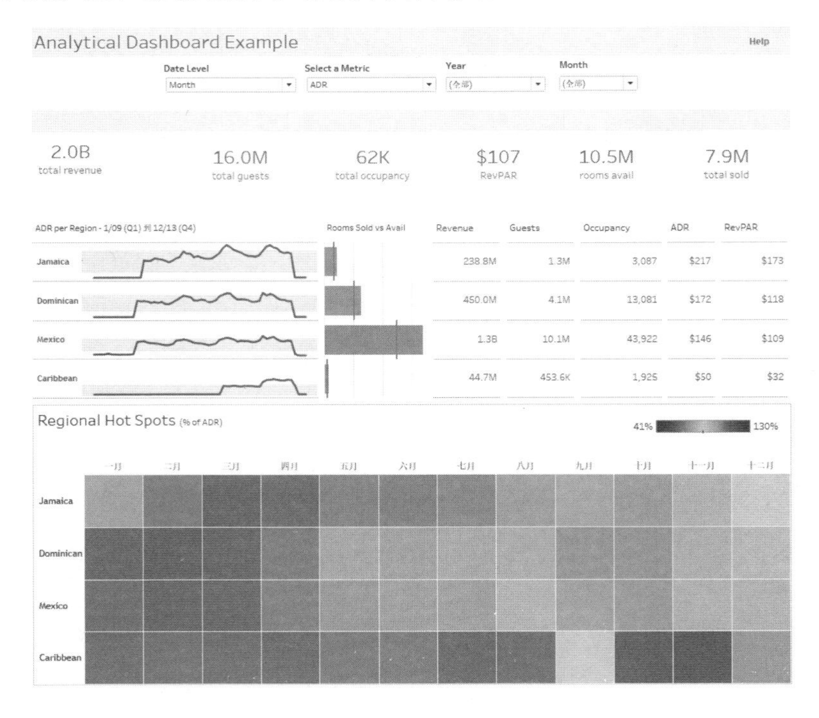

使用了大号字体数字的仪表板

比如在这个仪表板上，人们会一下子注意到最顶上那一排大数字。

小方 还真是，虽然下面表格里面也有数字，但是字体小而密集，就不是人们首要关注的对象。

大麦 第二条是“重复疲劳”：在一组重复元素中，靠前的重复元素会受到很强的注意，但随着这些元素持续重复出现，它们得到的注意就会逐渐减弱。我们在设计仪表板时，对不同变量采用重复可视化是很常见的（例如，对不同 KPI 采用相同的条形图，以便进行轻松比较）。但是，任何类似元素（重复的曲线图、重复的数字）在重复率较高时，注意力会按从左到右、从上到下的顺序逐渐减弱。注意力大多集中在最顶部或左上角的项目，而对后面的重复内容注意力减弱。这一结果很好地提醒了设计师，展现顺序至关重要，可以在适当的时候利用这一点。

这一发现也非常重要，我们经常会使用一些重复的图表内容来表现数据，而在这些重复的图表中，人们只会注意到前面那一两个。

小董 对于这一点，我自己也有体会，我们在读书的时候通常前一两章会花比较多的时间，而后面的内容就会越看越快，越看越漫不经心，甚至后面的内容基本就没看过了。如果有人把我们这段时间的工作写成一本书，我敢说能看到现在这一章的，就会远远低于看过第 1 章的。这算不算也是重复疲劳？

大麦 我想也算吧，这不怪你，每个人都这样，哈哈。咱们看一个例子就知道这一点具体是什么意思了。

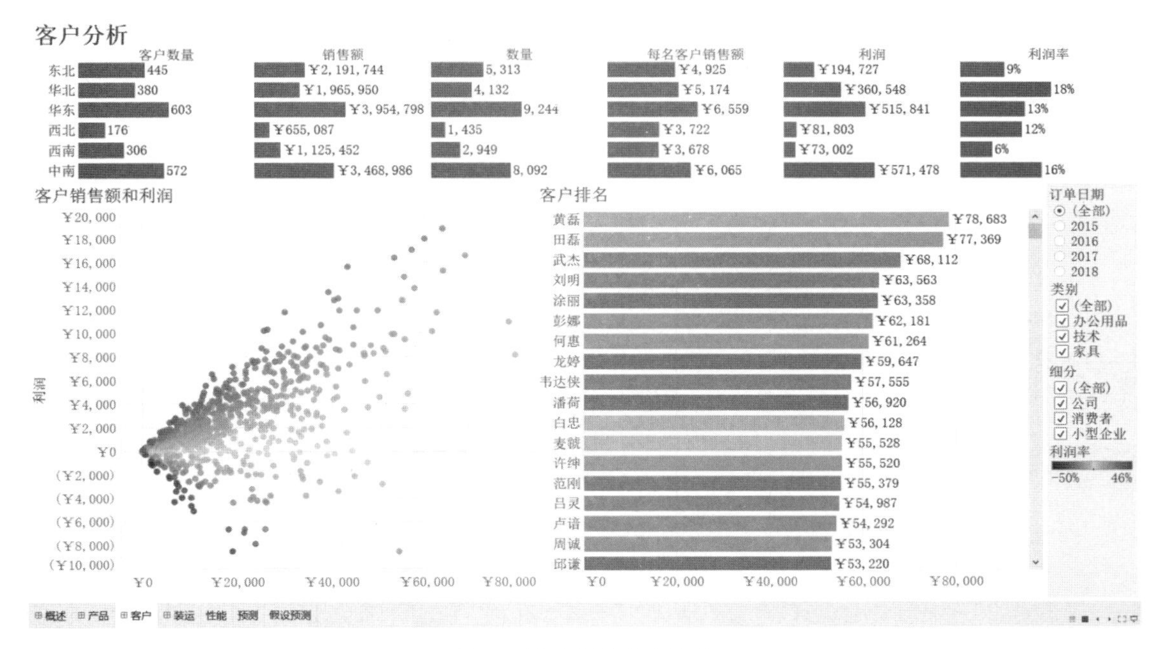

重复的图表容易令人疲劳

大家看最上面一排条形图，按照不同地区分成了 6 组，但实际上人们通常只在最左边的几个图中停留较长时间。

小董 所以，如果要用这种图表达某种观点的时候，要把重要数字论据排序放在最前面？

大麦 没错！另外扩展一下，所以如果我们平常使用单组条形图来表现数据，也需要尽量使用排序方法把重要的内容放在前面，比如上面或者左边，大家可以比较一下不同排序规则的情况下人们能够关注到的产品子类别差异。

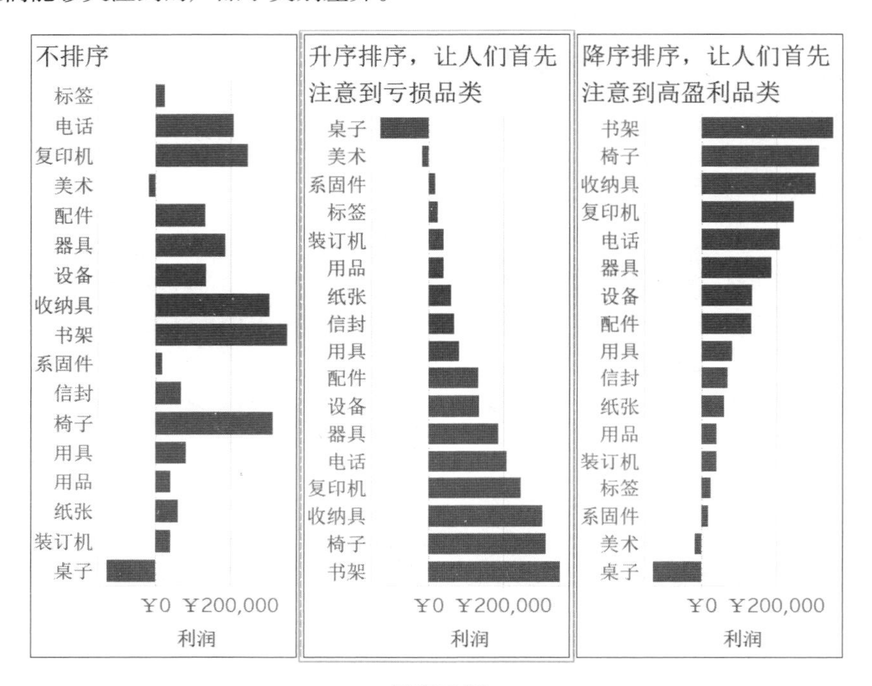

排序示例

第三条是“人们喜欢看到同类”：如果有人像或形似人形的图像，它就会获得关注。我们提供了包含人形图像以及人像的仪表板，结果是一致的：视觉注意集中于这些形式的内容。这不足为奇，我们的大脑确实喜欢寻找和观察人。话虽如此，仪表板设计师也必须非常审慎而明智地使用人像。我们可以确定人像会得到注意，因此请确保它得到的正是你需要的注意（并且不会分散整体信息得到的注意）。再次强调：仅当与数据切实相关时，才使用人像！如果此元素使用和利用不当，可能影响他人对仪表板的评价。

谨慎使用人像，同时也要善于使用人像。使用与人有关的图片元素，会让整个仪表板看起来更加生动，数据也变得不那么枯燥。

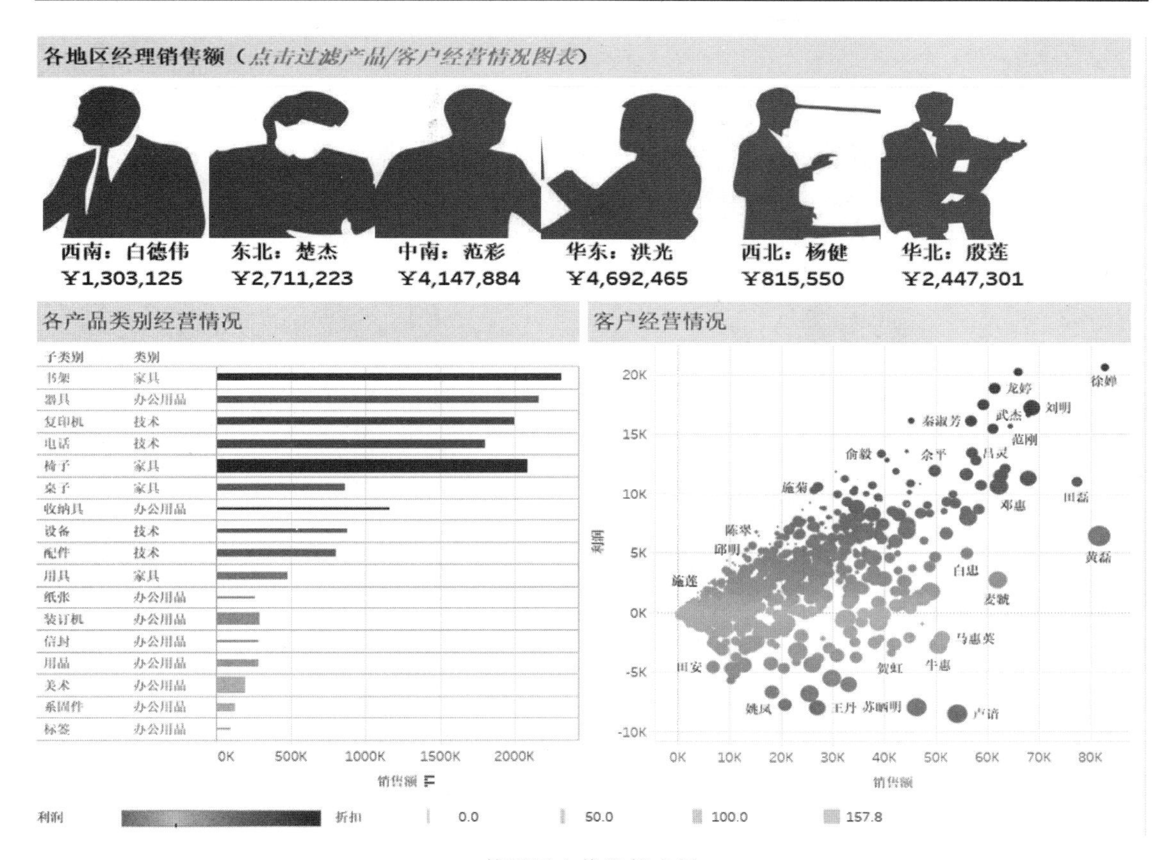

使用了人像的仪表板

小董 使用人像有什么技巧或者最佳实践吗？

大麦 一个基本原则是数据要真的与人有关，比如你要分析不同地区的销售业绩，如果你看到的是一个地区名字，没什么感觉，如果是一个你熟悉的人的名字，你就会多看一眼，如果是你熟悉的同事的照片，你可能要认真看一下数字。

第四条是“用对比度引导”：视觉对比度高的区域在仪表板中充当路标。在观看之初，人眼会趋向跳跃性查看高对比度元素。几乎就像儿童连线绘画那样，你可以使用高对比度的元素引导用户按顺序浏览仪表板。话虽如此，但值得注意的是，必须审慎而明智地使用高对比度。如果谨慎使用，高对比度元素可以构造逻辑思路。如果过度使用，高对比度元素可能造成仪表板凌乱不堪，引起视觉压力。

一个仪表板上有可能有多项内容，人们在浏览整个仪表板页面时，视线会被那些高对比度的区域引导，因此我们可以用高对比度来突出显示某些数据，让人们充分注意到。我们看两幅图的对比。

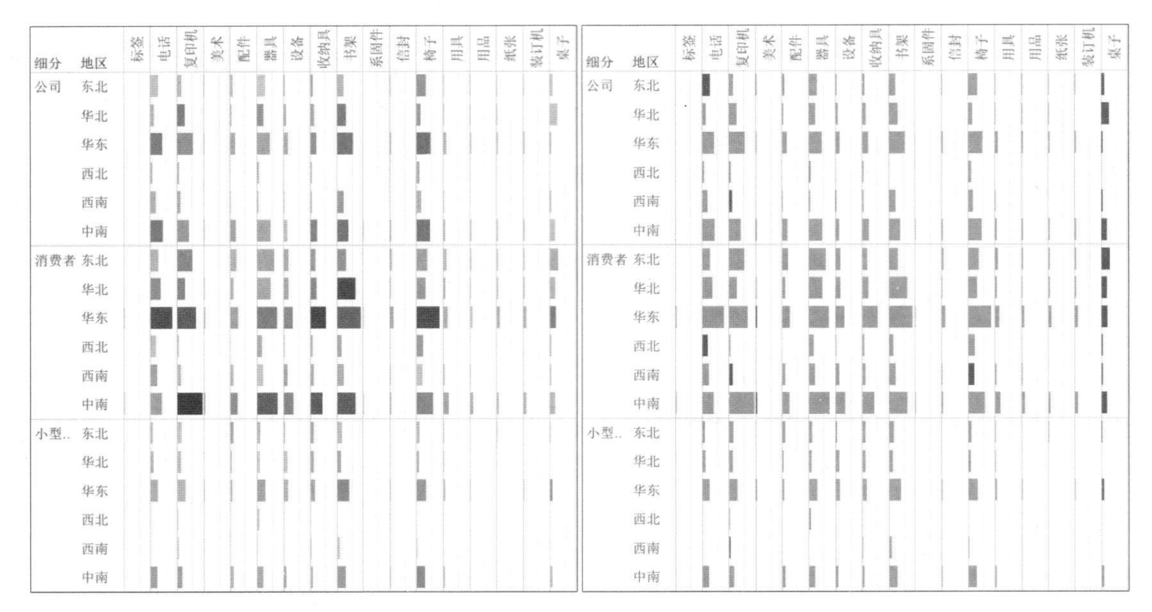

颜色应用对比（另见彩插图 51）

其实这两幅图表现的信息没什么大差别，条形图长度表示销售额，颜色表示利润，只是左边这幅图我们用的是连续色系，渐变效果，看起来很润；右边这个图则只用双色离散色表示亏损与否，色彩看起来很硬。可能左边的图看起来更舒服，但如果你想让人们注意到那些亏损的地区和子类别，右边的图则更加有效。

小董 我以前就喜欢用左边这种很柔和的色系，看来以后要根据实际需要进行一些调整了，右边的图的确更能强化人们的感官印象。

大麦 第五条是“形式是功能的一部分”：所有仪表板都有一种形式（三角形、网格、柱状），而人眼会随这一形式移动。此结果既可以说是意料之外，也可以说是意料之中。人类是信息搜寻者：当我们第一次查看某些内容时，我们就希望从中获取信息。因此，我们会直接看向信息（而不会看向没有信息的区域）。这一点是赋予作者设计自由，你不需要遵守“将重要内容放在左上角”之类的规则。相反，你应当洞悉仪表板的实际形式，并相应地使用空间。

实际这一点说的就是布局，并且实际测试数据推翻了人们想当然的看法，即我们在看一个仪表板的时候，眼睛会直接沿着某个布局的路径或者轮廓去寻找信息，而并非按照读书看报那样自上而下、从左到右。当然，如果你的仪表板设计的样子就是自上而下，从左向右的排版样式，中间也没有什么特别的吸引眼球的元素，那么人们还是会先看左上角的。在 Tableau Public 上，有一个很好的用形状引导视线的例子。

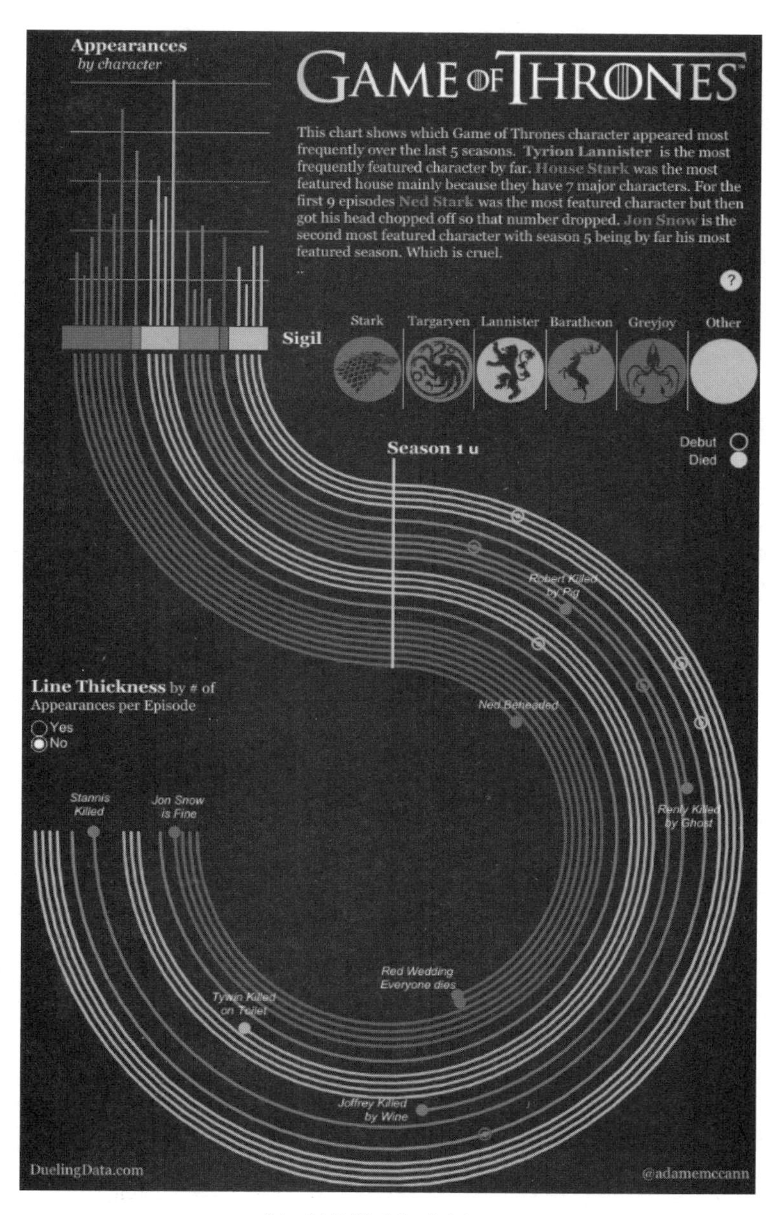

《权利的游戏》分析 Viz

小董 看来好的仪表板具备一个共同的特点，用 4 个字来形容就是：吸引眼球。

大麦 吸引眼球也是非常必要的，以前我们的传统报表通篇都是数字，需要花费很长的时间从中发现问题或者找到答案。我一直以为用了 Tableau 这样的可视化工具之后，人们看数据会轻松一些。直到我看到我们的客户在用 Tableau 软件大量制作传统的表格……我才知道“帮

9

助人们查看和理解数据”这个使命不光是产品的使命，也是我们每个 Tableau 员工的使命、我们每个懂得 Tableau 内涵的用户的使命。我希望人们能够用充满美感的图表去表现数据，让数据不那么枯燥难懂、让数据充满生机，因此我们要知道如何表现数据、让人们看到数据的含义、听懂数据讲述的故事。

这个图就是一个目光热力图，在一个非常简单的仪表板布局中，用户目光停留时间最长的地方并非是因为这个区域的数据有何特异之处，而仅仅是因为它出现在画面中的位置。

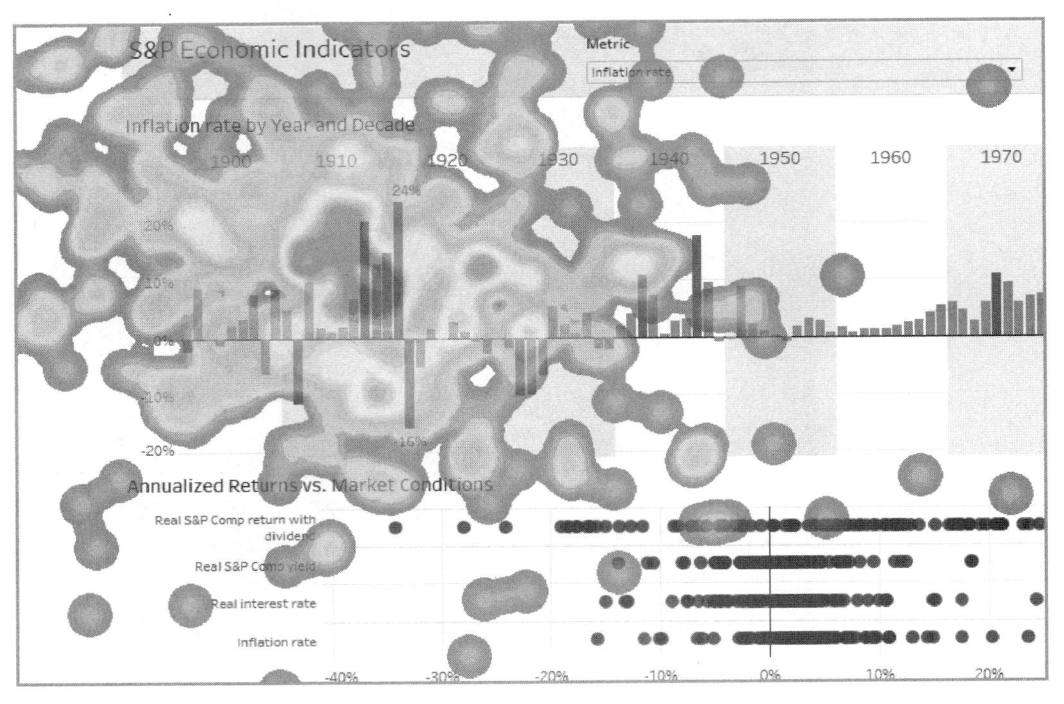

目光热力图（另见彩插图 52）

小董 我看到很多社区上的作品都充满艺术感，信息量丰富，表现方式简洁优雅。可是如果用在商业数据分析中，这些过于花哨的表现手法会不会有哗众取宠之嫌？

大明 商业分析当然还是以美观大方为主，但是反过来看，就算咱们极尽哗众取宠之能事，我们又能做到几分？只怕是画虎不成反类犬罢了。这方面以后大家还是一起多探讨，多研究为好。

大麦 没错，大家一起探讨，可以共同提高，不鼓励为了花哨而花费大量的时间去美化修饰，但求表现方式能够突出数据，传情达意。

9.3 常用的几种仪表板布局

小方 刚说到仪表板的布局问题，大家有没有总结过仪表板布局，有没有什么成型的模板套路？

大麦 说到模板，倒是个有意思的话题，很多人问我们有没有什么模板，比如图表模板，我说 Tableau 没有明确的图表模板的概念，只提供了基本的规则和方法，用户可以使用这些规则创建不穷尽的图表样式出来。还有很多人问有没有仪表板模板，也就是一个通用的仪表板框架，里面已经展示好了业务分析内容，只需要连上数据源就可以呈现出真实的数据来。这个仪表板模板的问题大家怎么理解的？

小丁 Tableau 产品里面也没有内置仪表板模板吧？软件安装好之后只是附带了几个仪表板样例，但原则上也不能当作模板来看待。

小董 但如果有人想套用其他人的现成仪表板内容，用最简单的方法去展示业务数据，我倒是有一个办法，把 Tableau Public 上的好作品下载，研究它后面的数据源结构，然后把自己的数据源改造成工作簿数据源结构，最后替换数据源，不就达到目的了？

小方 替换数据源是个好方法！这样的话，Public 上的作品都可以当作模板来使用，岂不是可以说模板资源也无穷无尽了？

大麦 是啊，这样说来模板的资源也无穷无尽了。但是，我们仍然需要了解一些基本的套路，基础的学习其实就是在学套路，套路玩熟了，你自然可以去创新；反之，不熟悉套路，所谓的创新也是胡来罢了。

大明 正好，总结一下仪表板布局的几个基本套路，不过我们需要先总结一下仪表上通常有哪几种元素？

小方 有标题、KPI、有图表、数字表格、筛选器/图例以及图片等装饰元素，大概就这些吧，还有别的吗？

大麦 核心元素就是标题/注释、各种图表、数字表格、筛选器/图例这 4 种吧，装饰性元素的应用太灵活，连套路都不好总结，所谓布局套路，就是这 4 种核心元素在一个页面上如何摆布。我先分享一个简单的，因为这个布局很常用，就叫 1 号模板吧。这个仪表板分为 6 个区域。

1：标题/注释区，用文字说明仪表板的主旨，使用提示信息等。

2：KPI 展现区，用大数字表现关键指标，突出重点。

3~5：图表区，分维度展现数据。图表类型不限，不要有太多图，力求简单，不要拥挤。

6：筛选器和图例区。

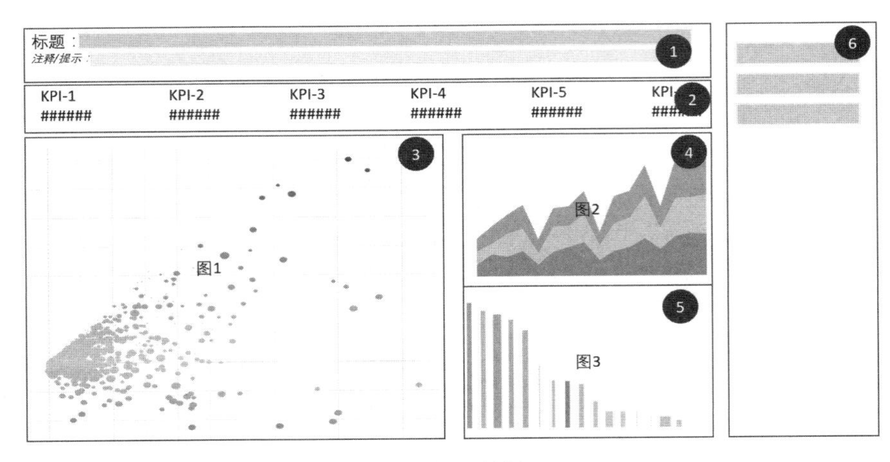

仪表板布局样例 1

大明 照你这个路子来的话，布局起来岂不是很容易了？我也来个 2 号模板，上下布局，1 是标题区，2 是筛选器区，3~4 是图表区，5 是图表区或者表格区。一般来说，布局的时候图在上，表在下，因为表格中的信息量比较密集，视觉感觉比较“重”，如果放在图的上面的话画面有种头重脚轻的不稳定感。

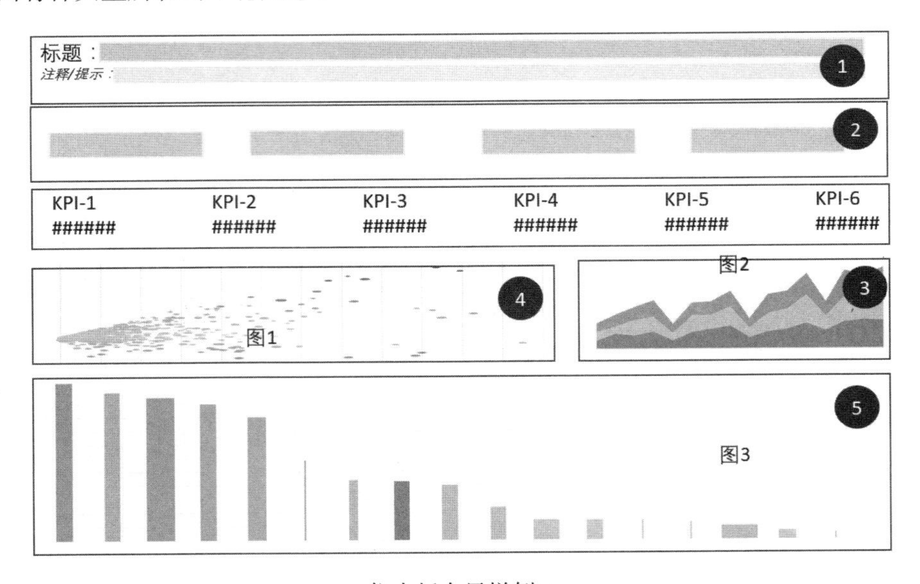

仪表板布局样例 2

小方 我这有一个仪表板，特色在于没有筛选器，没有汇总的 KPI，但整体画面信息量丰富，表现方式却简洁直观，也许可以是 3 号模板。图中 1 是标题，2 是图例，3 是徽标，4~8 是图表区。

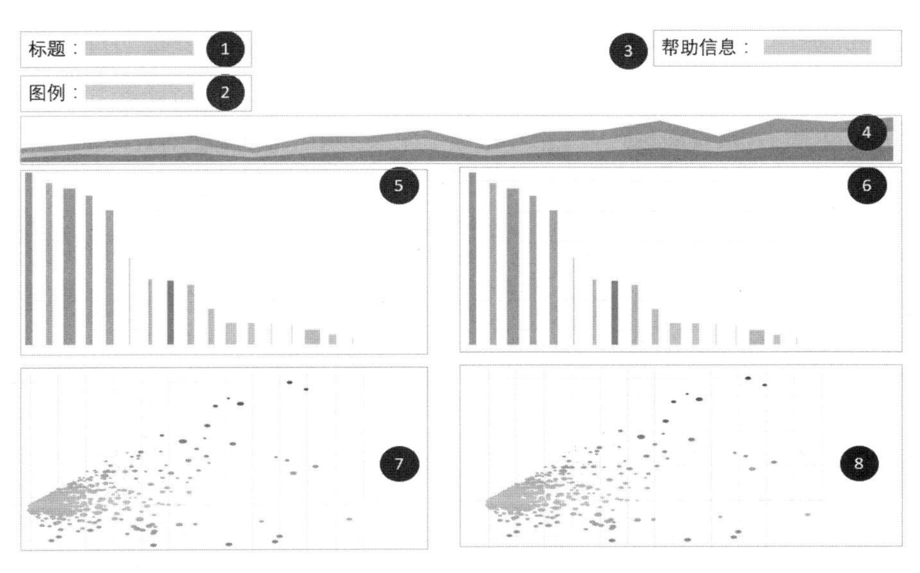

仪表板布局样例 3

小董 这样画框架太麻烦了吧？不如咱们精选一些仪表板样例作为参照，然后再总结它的布局模式岂不是更好？我找了一个网站流量分析的仪表板，结构很简单可以是 4 号模板，1 是标题，2~8 都是图表，9 是筛选器和图例区域。简洁大方明快，信息量丰富。

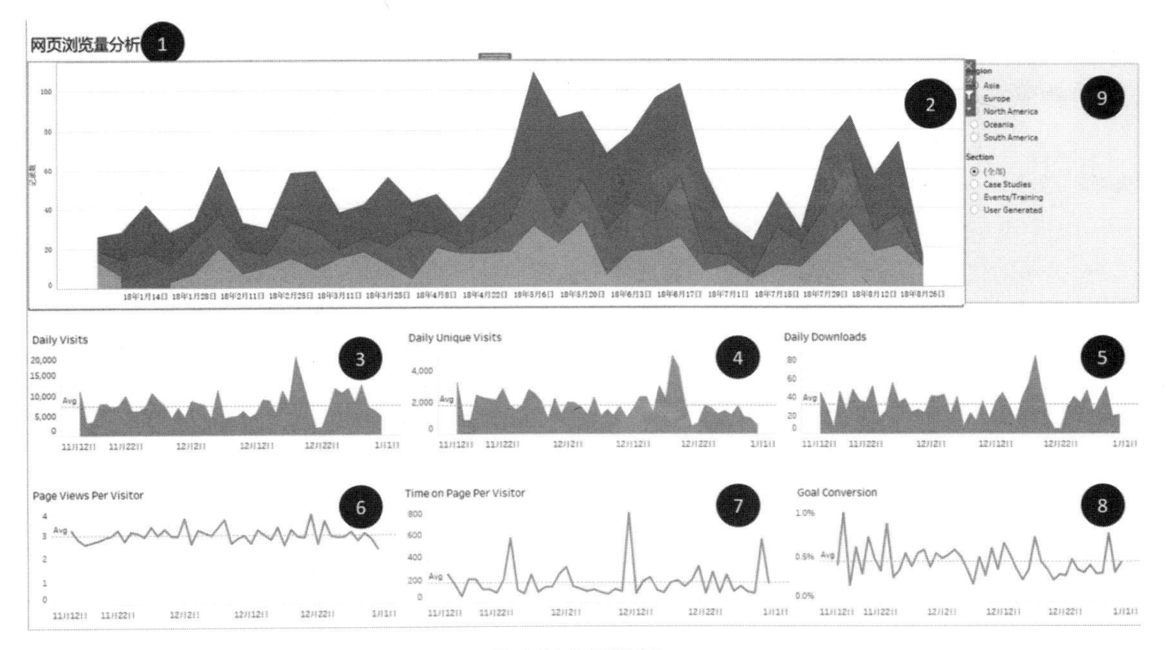

仪表板布局样例 4

小方 不过这几个在日常工作中肯定是远远不够用啊！要是有一本书专门讲各种仪表板设计就好了！

大麦 咱们今天坐在这里的目的不是总结有多少个“完美”仪表板布局，事实上也不存在所谓的“完美仪表板”。从优秀的仪表板范例中抽象和总结它们的设计优点，加以借鉴，这本身就是一个最佳实践。如果想找仪表板布局和设计大全，有本书叫作 The Big Book of Dashboards，介绍了几十个业务场景下的典型仪表板设计，并且讨论了为什么要这样设计。这本书很有参考价值，建议大家阅读。不过这本书目前没有中文版，你可以从网上买本英文原版的。

小方 真的啊？太好了！晚上买一本！

9.4　色彩应用最佳实践

小董 除了布局，仪表板的配色也很重要吧？这方面有什么最佳实践吗？

大麦 色彩应用是个很广泛的话题，如果色彩运用得当，仪表板靓丽多彩；如果运用不当，仪表板就会乱七八糟。这方面有很多专业的研究，不过就我个人的经验而言，有一些要点是特别需要注意的。首先是避免使用色盲难以识别的色系，也就是尽量避免使用红绿配色方案。

小董 还真有这个问题！好在 Tableau 默认色系是橙蓝色系，不会有色盲识别障碍，我一般就是用默认配色，很少去改。

大麦 好，第二个问题就是配色的统一性。比如小董习惯用橙蓝色系，小丁喜欢用灰度色系，小方喜欢用红绿色系。那可以想象，大家发布到 Tableau Server 上的仪表板风格迥异，读者用起来会有很强的割裂感和跳跃感。

大明 这个问题提醒得好，我们还没有统一的设计规范，比如布局、配色方案等。回头我们研究一下，要让整个系统里仪表板的内容风格基本一致，便于使用。

大麦 在整个系统的配色风格保持统一的前提下，第三点要注意的就是一个仪表板内部，最好只有一套图例。也就是说，如果一个仪表板上有多个图表，这些图表的图例最好是一样的，让所有图表共享一个图例。这样读者在阅读的时候，一看到某个颜色，就很清楚这个颜色代表的含义。比如 Tableau 公司自己的一个网页浏览量的仪表板，左上角的条形图标定了整个仪表板的颜色使用，整个页面上的 4 个图中，颜色都代表相同的含义，在左上角条形图上选择某个页面组，还可以过滤其他图表。

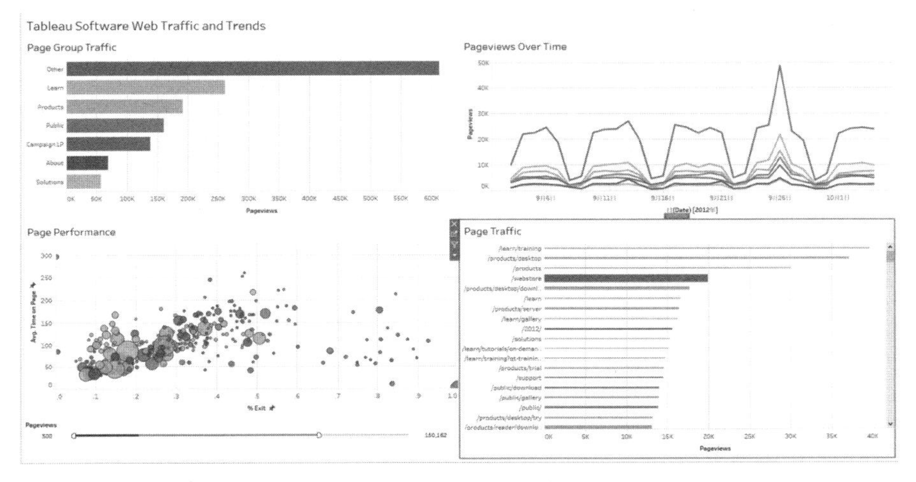

用颜色表示维度示例（另见彩插图 53）

小董 这个是颜色表示维度的，有没有用颜色表示指标的例子？

大麦 也有，顺便说颜色应用的第四个要点，也就是颜色宜少不宜多，色彩越简洁越好。我们看到的很多优秀的商业分析仪表板，都不是那种色彩斑斓的，而是色调简单明了的。比如我们看一下这个战略仪表板的例子，所有图表呈现只有黑、灰、红 3 个颜色，而红色与黑色灰色构成的高对比度就是吸引眼球的要点，也是整个仪表板中想要表达的信息要点。红色表示的是指标的异常情况，比如未能达成销售目标、利润下降或者成本上升等。实际上，我在工作中所经常见到很多人都把颜色用的花花绿绿，甚至色彩图例都有几十个上百个，完全不顾人的眼睛已经很难区别比较接近的颜色，从而也让画面失去重点。

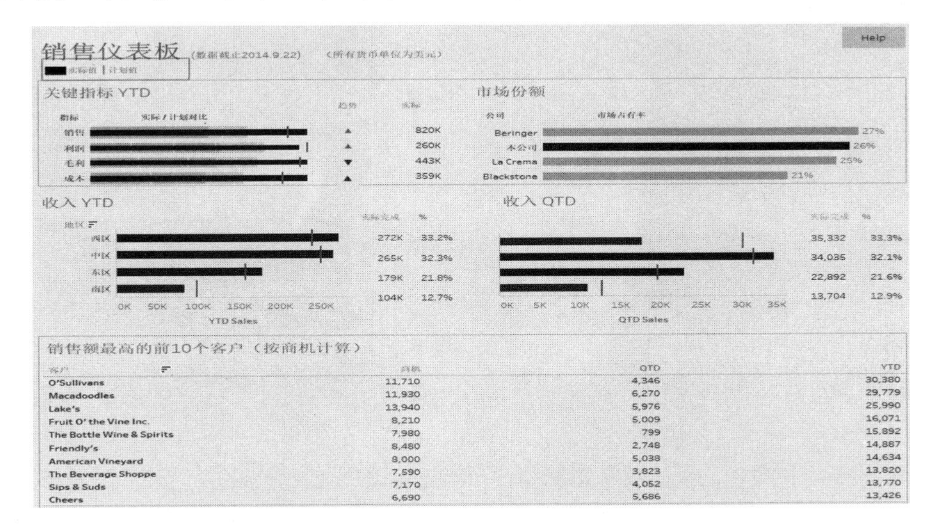

用颜色表示异常示例（另见彩插图 54）

大明 颜色既可以用来表示度量，也可以用来表示维度，这两者之间有什么建议吗？

大麦 没什么特别的建议，颜色可以编码维度，可以编码度量，我们刚才的例子中都有涉及。但综合来说，我个人还是倾向于用颜色编码度量值，我们看几个例子。左边的颜色表示不同的子类别，没有任何业务意义，并且颜色太多，让画面看起来很花哨，这种情况下就不如中间这个图，放弃使用颜色，让画面更简洁；而最右边的图则使用红色表示亏损的产品子类别，在保持画面色彩简洁的前提之下，用颜色表达了有意义的业务状态，所以相对来说是最为推荐的颜色用法。

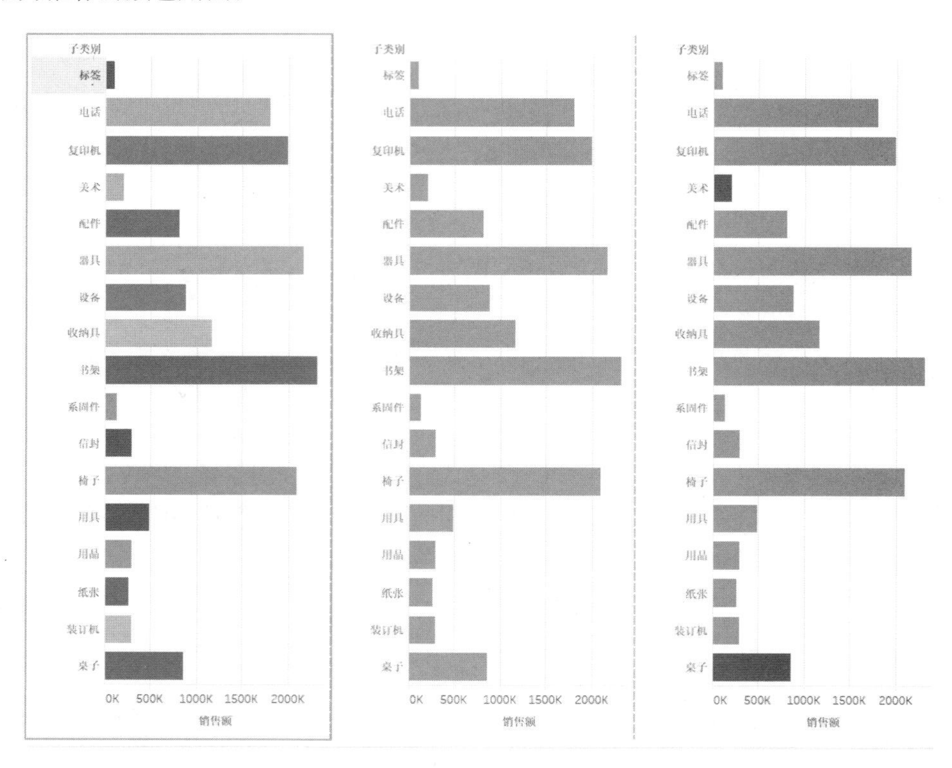

几种颜色应用对比（另见彩插图 55）

除了图表配色之外，整个仪表板的背景色会形成整个仪表板的色彩基调，而这个基调会起到一些引导读者情绪的作用，白色简洁晴朗、黑色庄重严肃、绿色清新环保。不过这个基调在很多公司的 VI（Visual Identity，视觉设计）中都有规定，甚至公司的报告、文件、宣传品的配色都有专门的设计。在这种情况下，数据分析的仪表板跟从公司的 VI 规范就可以了。

小方 除了布局和颜色之外，我觉得交互也是仪表板的重要特点之一。除了仪表板上的公共筛选器数量不要太多之外，还有没有其他的一些交互性设计的最佳实践呢？

9.5 仪表板交互最佳实践

大麦 这个问题好！虽然交互是仪表板的重要特性之一，但并不意味着交互越多越好，有时候甚至是越少越好，这都取决于仪表板的应用场景。咱们开始说过，仪表板包括战略型仪表板、操作型仪表板和分析型仪表板。战略型仪表板的目标读者是公司高层管理人员，向他们提供直观简单的仪表板很重要，因此减少仪表板的交互性也很重要，最好去掉所有多余的互动性。

大明 除了战略型仪表板需要减少互动之外，还有其他场景需要减少互动吗？

大麦 有的，还要区分仪表板的应用场合。比如用于公共区域展现的仪表板，由于它只是呈现，没有鼠标操作，因此也应该减少互动性；对于巨大屏幕上的仪表板，展示的目的更强，也就更加要避免交互性了。除此之外，还有一种很特殊的仪表板，像一篇新闻稿，文字、数字、图表混排，虽然我们不建议如此使用 Tableau，但的确也有客户在这么用。这种情况下，仪表板上应该避免图表上的互动，即使有一些筛选器或者参数，也可以放在单独的一个页面上。

图文混排报告样例

小方 那具体都有哪些互动性需要避免呢？

大麦 你说仪表板上的互动都有哪些呢？

小方 公共筛选器和用仪表板操作实现的图表联动。

大麦 这两种是基本的，对于这两种，控制不要使用数量太多的公共筛选器，如果有图表联动，则应该有明确的帮助提示信息。但是除了这两种交互之外，还有一些其他的互动特性，需要尽量在仪表板中使用，知道还有哪些吗？

小方 还有别的？

小董 鼠标悬浮在图表上时出现的工具提示算不算？

大麦 当然算！而且这个工具提示有两点要注意，一是提示内容，其中可能有一些详细信息，甚至可能还有另一个图表或者仪表板，这些内容往往是分析的一部分，并不能一律禁止使用。但是在工具提示中，有一个浮动的工具栏，通过工具栏可以创建分组、集，还可以进行数据过滤、查看明细数据等，这个工具栏就应该尽量避免使用。大家知道在哪里禁用这个工具栏吗？

小方 我知道，在工作表中点击“标记”功能区的工具提示按钮，在对话框中取消选择“包括命令按钮”的复选框就可以了。

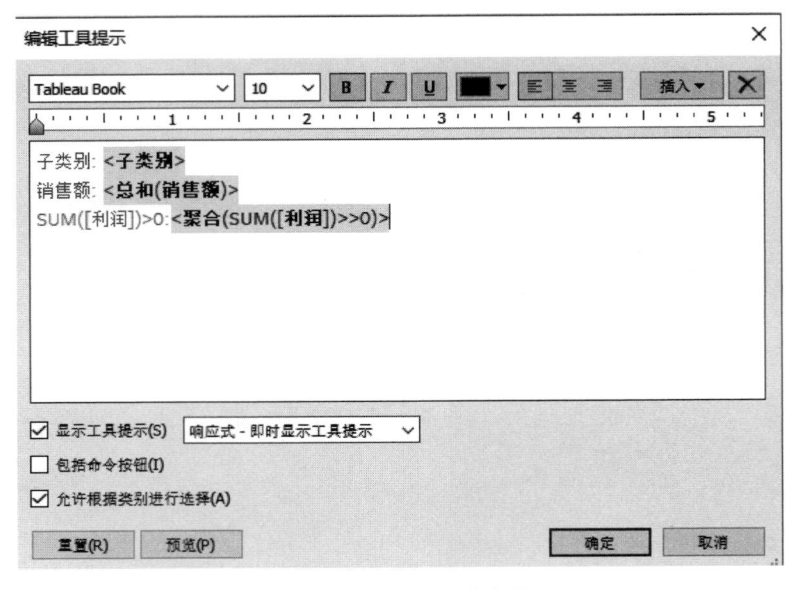

禁用浮动工具栏上的命令按钮

大麦 除了这个之外，还有什么互动特性可能会改变视图的布局、顺序、内容之类的？

小董 照这个思路考虑下去，应该还有一些，比如排序？

大麦 对，排序有时候也是一个多余的互动特性，尤其当你把两个图拼在一个仪表板上时，可能希望固定数据显示的顺序，如果有人不小心点击了排序，整个画面就会错乱了。大家知道，在仪表板上通过数轴和维度标签都可以进行快捷排序操作，谁知道该怎么禁用这两个排序呢？

小方 我做过，没想到什么方法，就用仪表板空白对象把数轴和维度标签区域挡住，读者的鼠标操作就被这个空白对象挡住了。

小董笑得前仰后合。

小董 小方够狠！简单、暴力、有效果！可是除了这个方法，我也不知道还有啥方法。

小丁 其实把度量值改为表计算就可以禁用数轴排序，例如把数轴上的度量 `sum([sales])`改成 `window_sum(sum([sales]))`就可以了，表计算依据选择“单元格”。禁用维度标签排序是直接隐藏维度标签。没有那个标签，自然也就没办法排序了。不过说不定哪天，Tableau 在产品中增加了排序功能的开关，也未可知。

小董 如果是时间序列，把时间字段改为连续型，也可以禁用数轴排序。

小方 你们才够狠，这么多小窍门儿！看来以后得多交流，多和你们学些小窍门！

小董 我们也需要跟你多学习一些简单粗暴的秘籍！

大麦 这些方法都不错，能解决问题的方法都是好方法。还有其他需要避免的互动特性吗？

小方 我想起来一个带有层次的维度（例如“产品类别-子类别-产品名称”这样的结构），展现在图表中的时候可以上钻下钻，改变数据层级和数据颗粒度，看来有时候这个操作也是需要避免的。

大麦 对，这也是一个多余的互动特性。怎么禁用呢？

小方 这个……好像不能禁用，除非你不用层次中的维度。有了！把层次中的维度字段复制一份，拖放到层次外面，制作仪表板的时候使用这个层次外面的维度是不是就可以了？

大麦 这是个标准的做法。但是如果同时希望能够改变颗粒度呢？比如我想切换时间单位为年、季度、月份等，该怎么办呢？

小方 这个好办，可以用参数控制。写一个参数，包括年、季度、月份 3 个取值，再写一个计算字段，根据参数值返回不同的时间层次就可以了。

大麦 看来大家的 Tableau 知识还真是非常扎实！好了，假如仪表板布局合理，重点突出，色彩简约，没有多余的互动，基本上我们就可以说这是一个合格的仪表板了。但是怎么知道这个仪表板够不够好呢？

小方 发到 Tableau Server 上，让实践去检验，看得人多就是好，没人看或者反馈不好的就是不好。

小董 你这个方法虽然奏效，但也是一种冒险。我们是不是可以在仪表板发布之前进行一些用户测试？

小方 用户接受度（User Acceptance Test，UAT）测试我知道，以前我们也都做这个测试，不过有点走形式的感觉，测试通过的仪表板也不见得真的有人用，真的受欢迎。

大麦 其实我们可以互相做测试，5 秒或者 10 秒的时间。比如小方做了一个仪表板，让小董过来看，然后 10 秒钟之后合上电脑，如果小董能够说出的仪表板上的内容，并且说的内容也正是小方希望让用户注意到的内容，那么它就是一个成功的设计，否则就需要再改进，直到通过 10 秒测试。

小方 这个方法好！我正好有几个仪表板，下午回去找小董和小丁给我测试一下。

大明 我们刚才谈论仪表板的应用场景时，似乎忽略了移动应用场景，也就是手机端的应用场景。手机上展现仪表板会局限于屏幕尺寸，并且手指点击拖动也与鼠标操作存在差异。我们在设计移动应用版面时，有没有什么特别需要注意的问题呢？

大麦 咱们还真是忽略了这个问题。在仪表板设计界面的左上角有一个设备预览按钮，点击之后就可以为同一个仪表板设计不同的版面布局，包括桌面布局、平板布局和手机布局。一般来说，在手机布局上，我们建议把筛选器放在顶端，并且全部改为单值下拉框或多值下拉框的样式。从 2018.3 版本开始，Tableau Desktop 软件对手机自动布局做了很大优化，筛选器的这一最佳实践已经内置在产品中。当你生成手机布局的时候，Tableau 软件会自动将筛选器变成下拉框选择样式放在屏幕顶端。

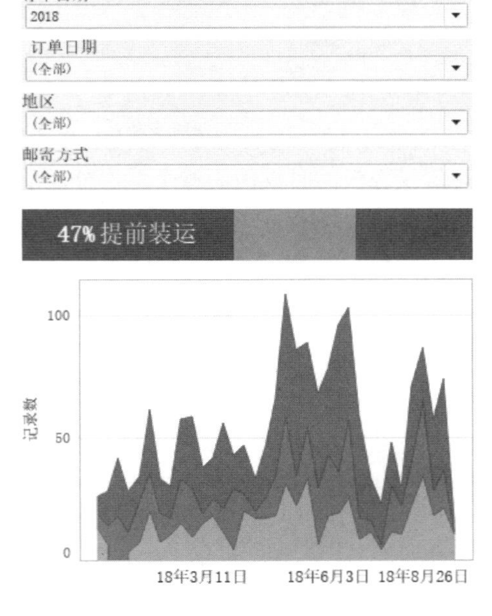

移动布局样例

手机版本布局上还有一些问题需要注意。

- 只考虑主要的设备尺寸进行针对性优化，无法兼顾所有的尺寸。
- 只选择横版或者竖版两者之一，并且固定下来，所有仪表板都采用统一版式。
- 避免滚屏，如果必须滚屏，固定所有仪表板的滚屏方向一致。
- 筛选器的个数不要多于 4 个。
- 图表数量尽量少，因为手机网络的稳定性和速度都会影响用户体验。
- 手指操作精确性较差，尽量避免图表联动筛选以及浮动工具栏之类的多余互动。
- 避免使用较小，难于选中的图表类型，例如泡泡图、树图中面积较小的数据点，在手机上展现时，他们既无法显示标签和数据，也无法用手指选中它们，所以你无法知道它们是什么。
- 如果有图表联动筛选，在滚屏拖放时容易产生误操作，这时候可以在屏幕侧面增加一个空白对象，可以用手指在空白对象区域进行拖放滚屏操作。

当然最重要的还是要知道 Tableau 适合做什么，不适合做什么。如果非要用 Tableau 去完成用 PPT 做的页面设计，那还不如继续用 PPT 好了。

小方和小董笑得前仰后合。

大明 巧了！今天早晨我们就碰到了几个业务部门提交的仪表板，一个是 PPT 的设计，一个是超大明细表，还有一个是超多筛选器，我们都讨论过，然后你就提到了。

大麦 我说他俩怎么这么开心，我觉得也没多好笑，原来还有这回事儿！你们知道这些误用场景就好，我也就不多说了。最近大家使用 Tableau 还有别的问题没有？

大明 有一些，我们计划汇总一下用户的各种问题，下次组织用户培训的时候统一给大家讲讲。

大麦 下次培训？我来听听好不好？咱们联合组织一次 Tableau Day，我也可以介绍一下 Tableau 新功能，帮着答疑解惑。

大明 那太好了！咱们做一份整天议程，上午针对新用户进行初级入门培训，然后请小白讲讲她用 Tableau 的体验以及一些实际的应用成果。下午面向有一定 Tableau 基础的用户，你先讲讲产品新功能，然后再安排一个 Tableau Doctor（Tableau 专家问诊），咱们几个当 Doctor，给用户集中答疑，结束之后咱们再总结问题。

大麦 好！你说的是小白是从你们部门调去产品部的那个小姑娘吧？

大明 对，她说要去业务上兑现数据价值，据说已经兑现了不少，所以请她来给大家分享一下。

大麦 这顿饭吃得真开心！不但聊了仪表板设计最佳实践，还安排了 Tableau Day！我等你通知，时间定好了通知我！

大明 没问题！

第 10 章

时间维度的玩法：高级时间序列分析

本章介绍时间序列分析的常用方法、时间序列中的模式识别、非标准时间段划分方法以及节假日计算的方法。

10.1 时间序列分析的常用图表

上午，大明去参加了公司的经营分析会议，刚回来，小丁就跑过来。

小丁 你总算回来了！我这里有一个 Tableau 的计算问题搞不定，本来想着花些时间慢慢研究，可是业务上的同事着急用，就找你指点一下。

大明 哦？啥问题还能让小丁搞不定？看来肯定是不简单哪！

小丁 说起来很简单，业务上的同事们过滤出了最近 3 个季度销售量连续下滑的产品，考虑要不要把这些产品下架。可是产品那么多，也不可能一个一个用肉眼去观察吧？

大明 典型的时间序列计算嘛！还有别的问题吗？

小丁 没别的问题了。

这时候小方又跑过来。

小方 我还有别的问题。和小丁那个有点类似，又有点区别。主要是想标记出时间序列中连续 3 个月销售额上涨的时间段。

大明 这也是时间序列的模式识别问题。这样吧，之前不是说要对时间序列分析做个专题讨论的？要不就现在如何？会议室还是咖啡馆？

小方 咖啡馆呗！

于是几个人拎着电脑跑到楼下咖啡馆研究时间序列。

大明 今天做一个系统的研讨，不着急说小丁小方的两个问题，我们先看一下基本的时间序列分析。大家做时间序列分析一般习惯用什么图表？

小方 我基本上用线图和面积图比较多。如果是一条线，我一般用线图，如果是多条线，我总觉得堆叠线图会使画面有点乱，就更习惯用面积图。比如说分析各季度的销售额情况。新建一个工作表，把“订单日期”拖放到“列”功能区，改为“年-季度”层次，然后把“销售额”拖放到“行”功能区，得到一个基本线图。

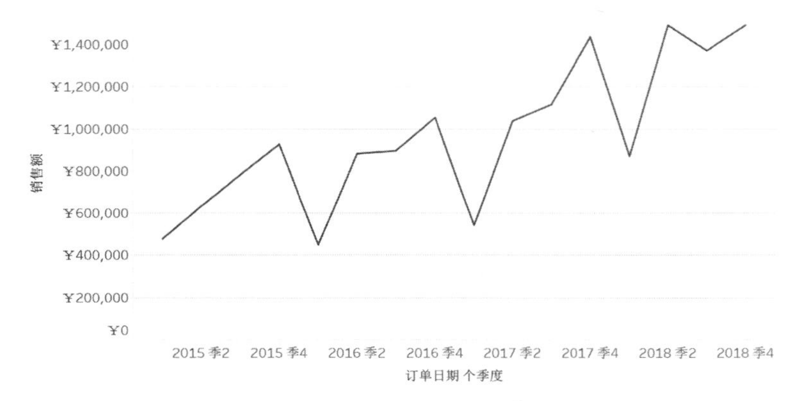

基本时间序列分析线图[①]

但是如果要引入新的维度，比如观察不同产品类别的销售额趋势，可以在这个图的基础上把“类别”维度再拖放到“标记”功能区的“颜色”按钮上，得到堆叠的线图，用不同颜色表示类别。这个图的好处是比较容易观察几个类别是否存在共同的季节性波动模式，从咱们的数据上看，几个类别在每年的第一季度都会出现销售低谷。

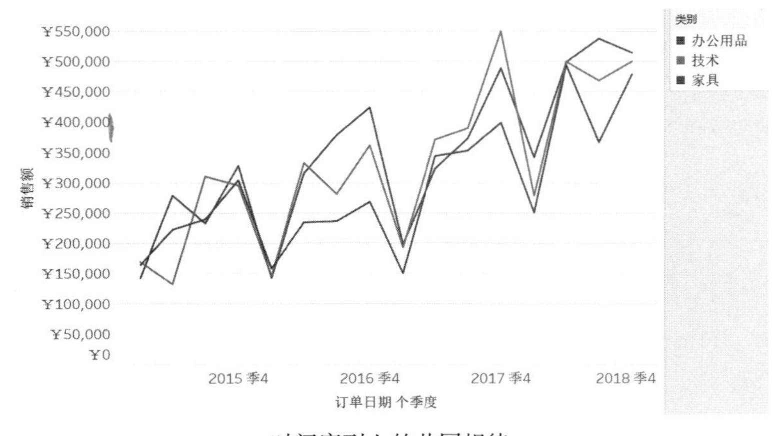

时间序列上的共同规律

① 本图中的“订单日期个季度”是自动生成的，也可以编辑为其他名称。

不过有时候这些彩色的线条会彼此交叉，线条多的话就感觉像一团乱麻，所以这时候我就会选择使用面积图。在刚才这个图的基础上，把“标记”功能区的标记类型改为“区域”，就得到面积图。这个图的特点是数据叠加，除了观察每个类别的时间趋势之外，也能观察总量的时间趋势变化。

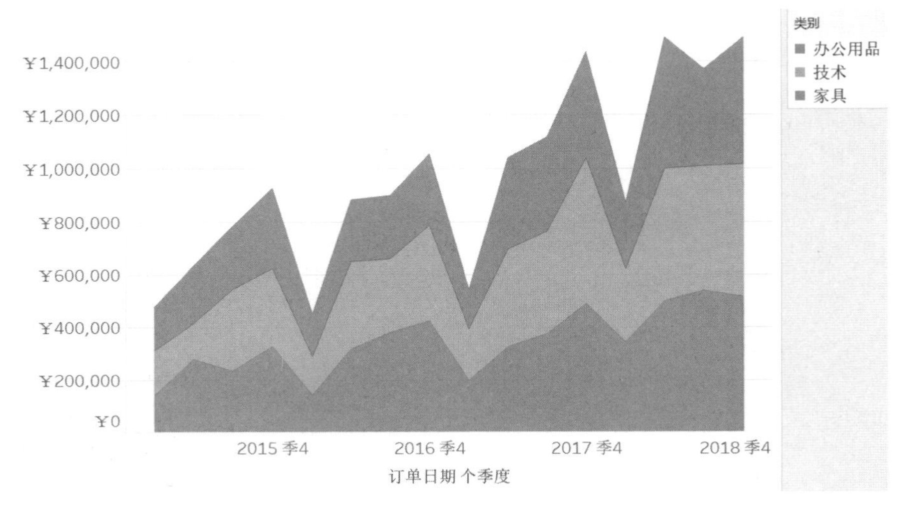

用面积图分析总量上的时间序列变化（另见彩插图56）

当然也可以让面积图不叠加，在分析菜单中把堆叠标记选择为“关”，就得到不堆叠的面积图。这种图本质上跟线图没什么区别了，也许在某些情况下会有意义，但就我个人体验来说，表现效果一般，不推荐。

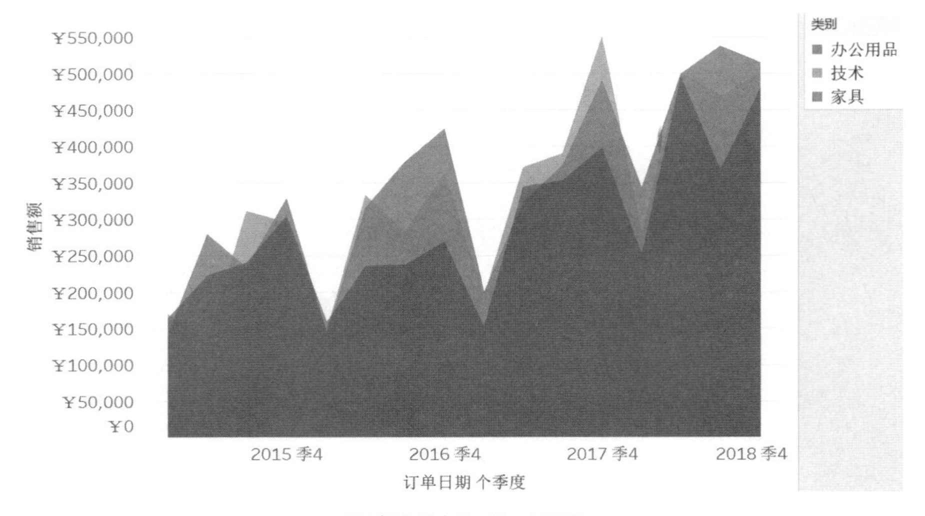

取消堆叠标记的面积图

还有一种线图的常用手法，直接把“类别”拖放到“行”功能区，形成几个独立的线图，这样我就可以相对独立地观察和分析几个类别。

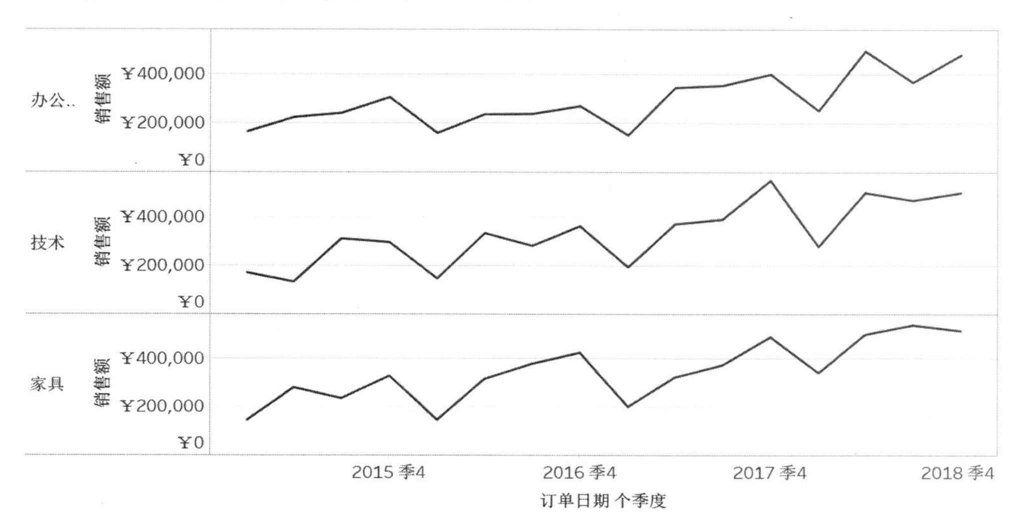

分维度的时间序列分析图

有时候我在分析子类别的时间序列时，会发现不同子类别的销售额相差很大，导致某些线图会被压得很低，看不清趋势变化，就像这样。

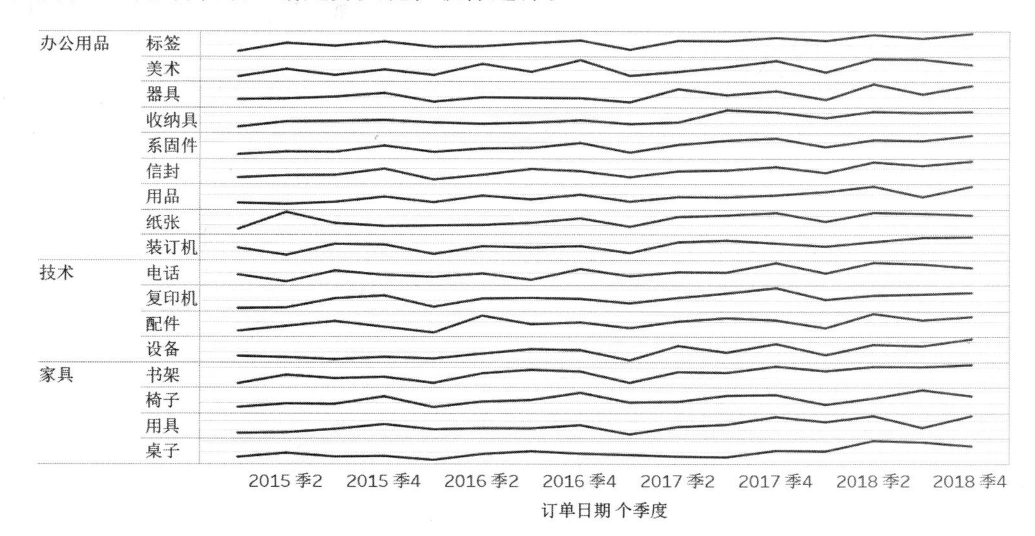

相同的数轴刻度导致某些数据波动被掩盖

这时候就需要对每个类别的数轴范围进行调整，使每个数轴的范围都相互独立，这样就凸显出了每个线图的变化趋势。

设置独立数轴范围

大明 我插一句，我们经常遇到某个线图的数量级差异很大的情况，比如标签产品在某个季度的销售额非常高，整个线图上只有一个数据点高，其他数据点被压缩，这时候我们可以使用对数轴，大家遇有这种情况的时候可以尝试一下。

小方 我继续，如果只是为了观察时间上的宏观变化趋势，数轴其实是没必要显示出来的。在“行”功能区的“销售额”胶囊上右击鼠标，在弹出的快捷菜单中取消“显示标题”选项。这样，我们就得到了简单的火花线图。

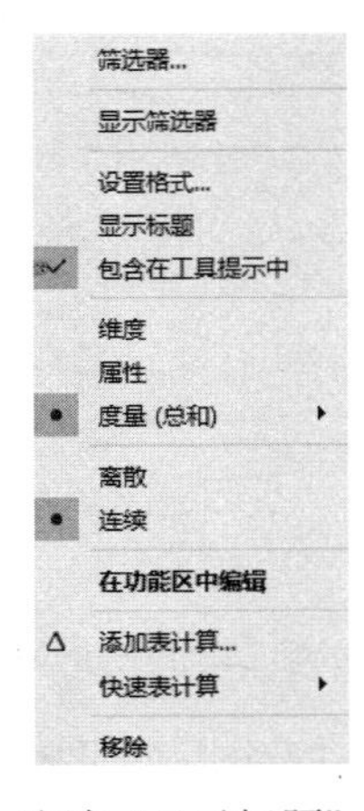

取消“显示标题”

我常用的线图大概就这几种。

小丁 我还常用柱图或者堆叠图来进行时间序列分析。新建一个工作表，把“订单日期”拖放到“列”功能区，切换为“年-季度”层次，把“销售额”拖放到“行”功能区，然后在“标记”功能区把标记类型改为“条形图”，把“类别”维度拖放到“标记”功能区的“颜色”按钮上，再把“销售额”拖放到“行”功能区一份，接着在右边的“销售额”胶囊上右击鼠标，在弹出的快捷菜单中选择“快速表计算”→“合计百分比”，然后选择计算依据为“单元格”。最后点击工具栏上的“显示标签”按钮，就得到了我很喜欢用的堆叠图时间序列分析图。

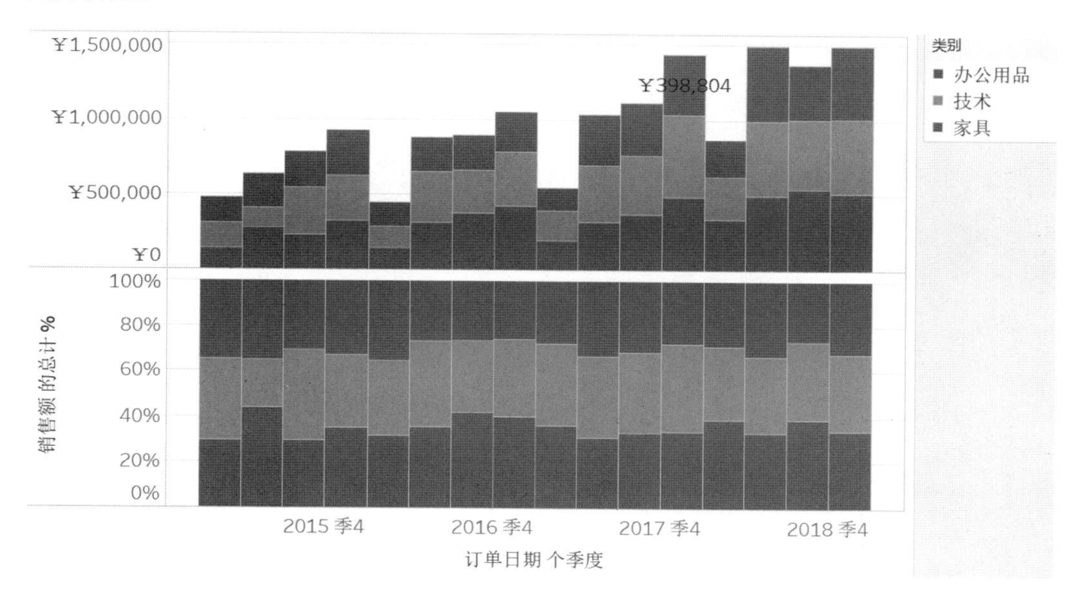

用堆叠图进行时间序列分析（另见彩插图 57）

但是如果分析的不是类别，而是子类别的话，这种堆叠图就不合适了，这时候我会选择用热图来分析。

再建一个工作表，把“订单日期”拖放到“列”功能区，切换为“年-季度”层次，然后把胶囊类型改为“离散”，把“子类别”拖放到“行”功能区，再把“销售额”拖放到“标记”功能区的“颜色”按钮上，接着把标记类型改为“方形”，就得到了一个时间序列的热图分析。从热图中更容易发现那些异常数据点的位置，因为颜色很深或者很浅，与周边色块会形成高对比度，吸引人的视线。

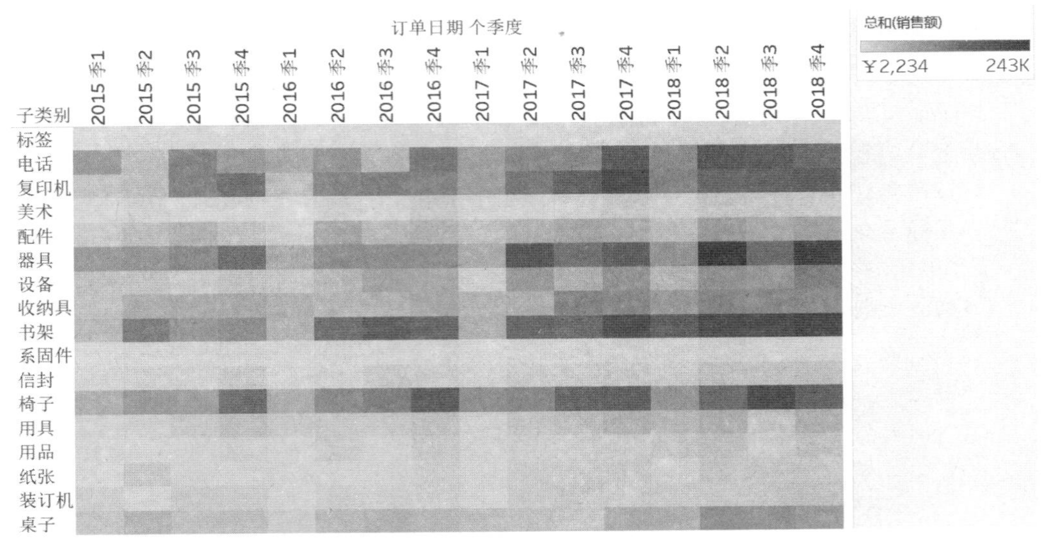

用热图进行时间序列分析

但是有时候我们需要观察和分析时间序列上的变化情况，用线图、折线图、热图都不太好用，这时候我会尝试使用轨迹图。比如我新建一个工作表，把“利润”拖放到“列”功能区，把“销售额”拖放到“行”功能区，把“子类别”拖放到“标记”功能区的“标签”按钮上，把“订单日期”拖放到“页面”功能区，然后选中播放控件上的“显示历史记录”选项，再把显示类型选为“两者”，播放之后，点击画布上的数据点，就会出现轨迹线了。

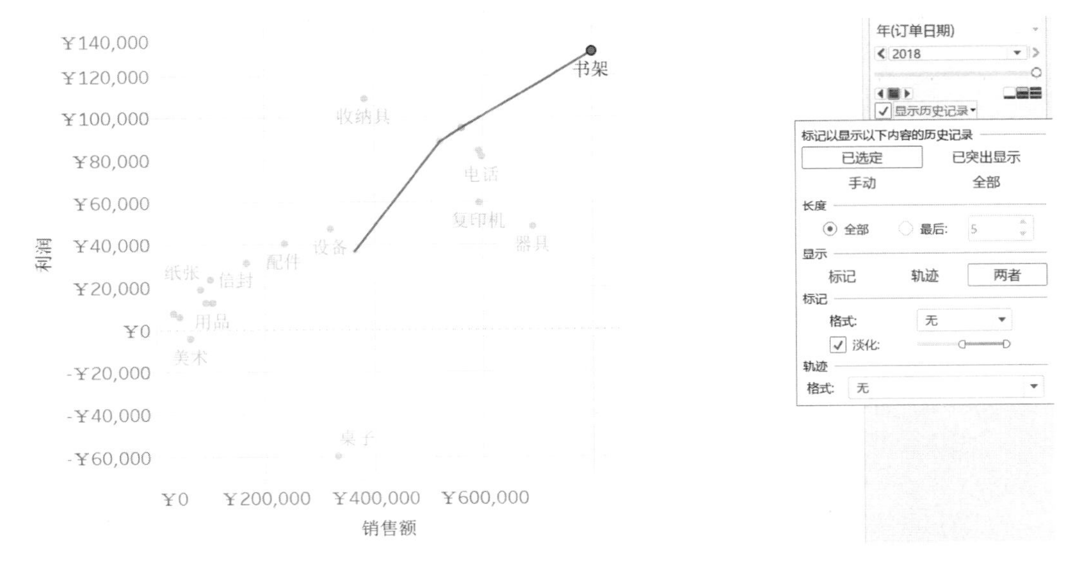

用页面轨迹进行时间序列分析

其实这个轨迹分析也有一定的局限性。主要是数据颗粒度最好用年度，观察宏观趋势就比较方便，如果页面播放的时间颗粒度选为“年-季度”，轨迹线就像一团乱麻。不过总体来说，选择什么颗粒度并无定法，根据实际的数据特征确定就可以了。

大明 我再插一句，轨迹分析是一种非常好的展现手段，可以用于散点图上的时间序列分析，更适合地图上的时间序列分析，能够描绘物体的运动轨迹。

小董 我有时候还会使用甘特图来进行时间序列分析，比如项目进度跟踪类的分析，或者某个时间段内各个产品的订单分布情况，都可以用甘特图，我也演示一下吧。新建一个工作表，把“订单日期”拖放到“列”功能区，并改为“精确日期”层次，把“产品名称”拖放到“行”功能区，在“标记”功能区把标记类型改为“甘特条形图”，时间轴上就呈现出了一系列色块，每个色块表示一笔交易。再写一个计算字段“`装运周期=datediff('day',订单日期,装运日期)`”，把“装运周期”字段拖放到“标记”功能区的“大小”按钮上，画面中色块的大小就表示这笔交易装运周期的长短了。

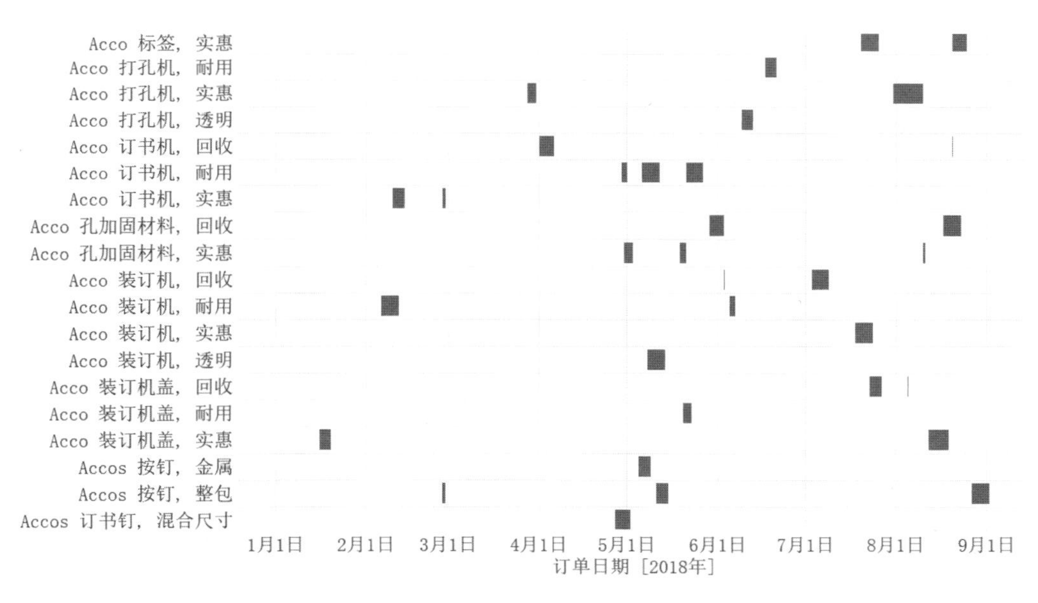

用甘特图进行时间序列分析

10.2　时间序列分析中的模式识别

大明 每种图表都有自己的适用场景，看来大家还是需要多分享，互相学习。现在我们回到模式识别问题上来吧，在曲线图上识别各种模式。比如最近 3 个季度连续下滑的产品子类别。大家先看一下基本图表，把“订单日期”拖放到“列”功能区，切换为“年-季度”层次，再把“销售额”和“子类别”拖放到“行”功能区。

10

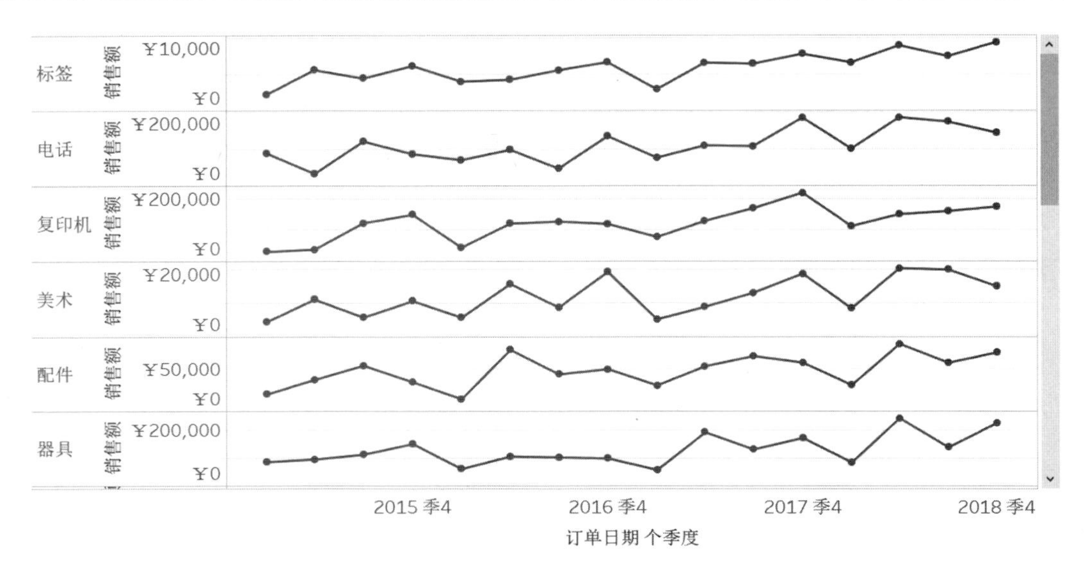

基本时间序列分析图

然后写一个计算字段，用 lookup 函数进行比较计算。

“最近 3 个季度下滑”计算字段

然后把这个字段拖放到“标记”功能区的“颜色”按钮上，就可以标出最近 3 个季度连续下滑的产品子类别了。

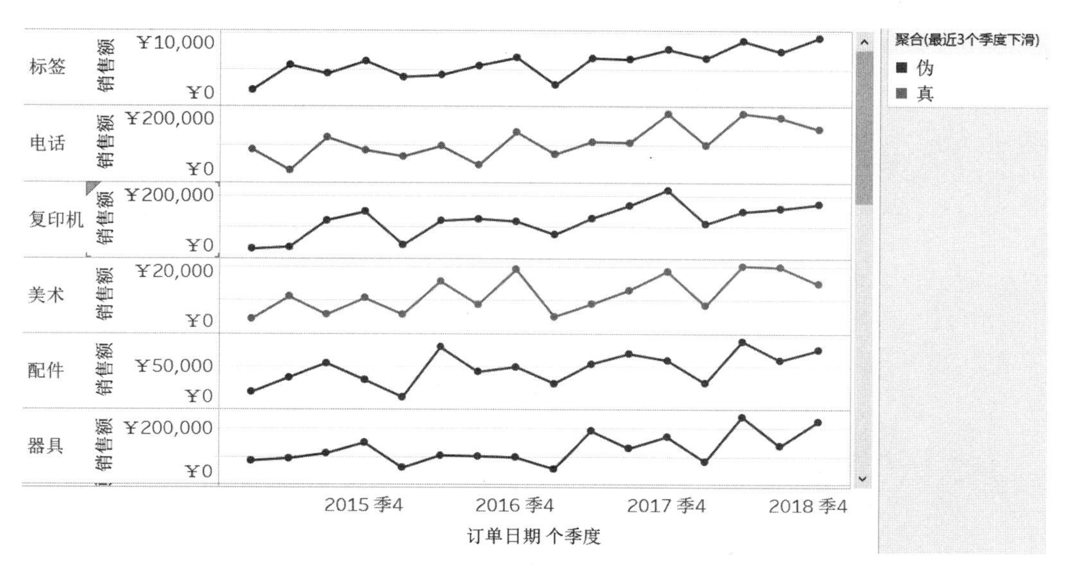

计算得到最近 3 个季度连续下滑的子类别（另见彩插图 58）

小方 这么简单啊？看来我还是对表计算函数不够熟悉。引申一下，如果是最近 3 年、最近 3 个月，这个公式都是通用的喽？

大明 对，这个公式是通用的，你的时间颗粒度是什么，就计算什么，最近 3 个季度、3 年、3 个月、3 天都无所谓。前段时间有人问我如何计算最近 4 个季度销售额平均值低于某个数值的产品子类别，原理是一样的，只是要用到 window_avg 函数。大家可以看一下。

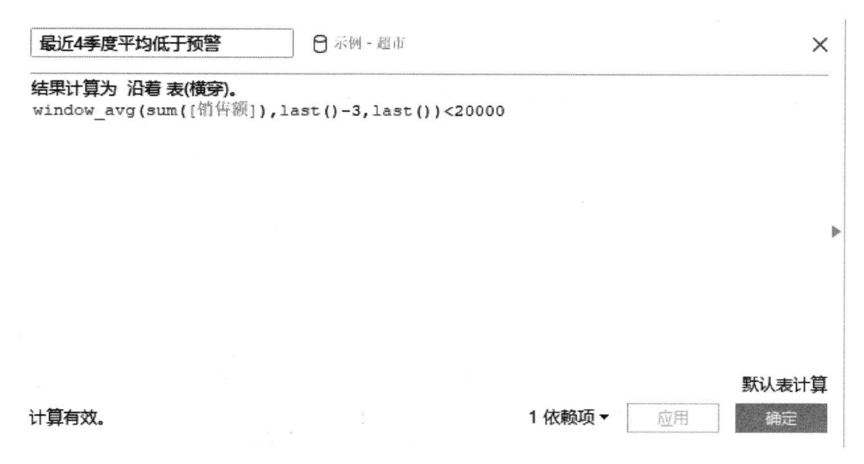

“最近 4 季度平均低于预警”计算字段

把这个字段拖放到“标记”功能区的“颜色”按钮上，就会标记出符合条件的子类别。

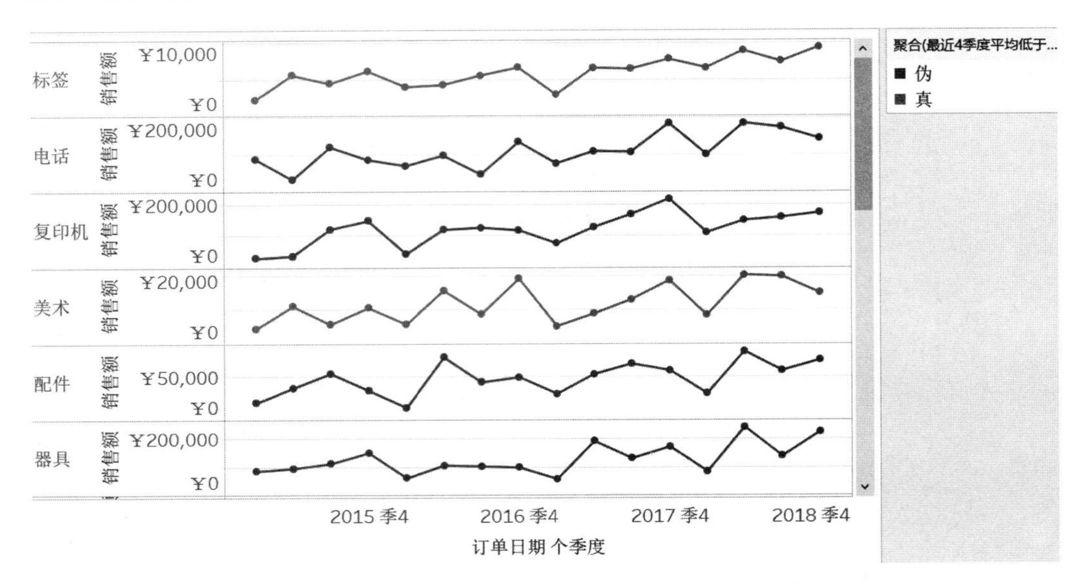

最近 4 个季度平均值低于预警的子类别标识（另见彩插图 59）

小丁 妙啊！这个方法提示了我，如果寻找连续上升模式，就可以写这样一个计算字段了。

“连续增长”计算字段

把这个计算字段拖放到“标记”功能区的“颜色”按钮上，就能标出连续上升的部分了。不过为了看得清楚，我再把“销售额”拖放到“行”功能区一份，标记类型改为“圆”，然后进行双轴处理，这样那些连续上升的数据点就被清晰地标出来了。

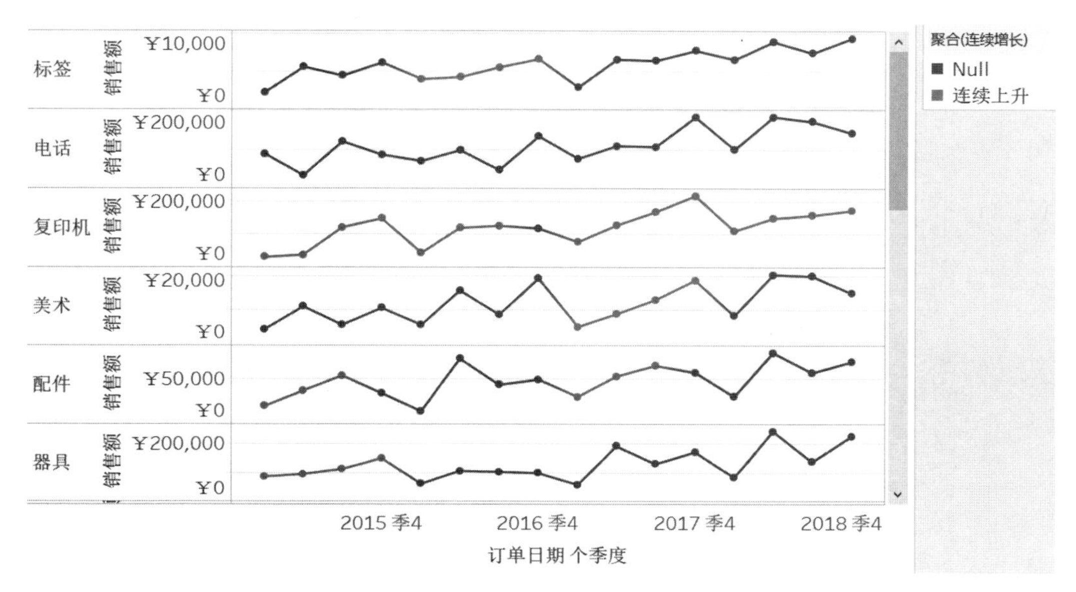

在线图中标识连续上升的点（另见彩插图 60）

同样的道理，如果要标记线段中最大值和最小值，可以写这样一个计算字段。

“最大最小”计算字段

然后把这个字段拖放到“标记”功能区的“颜色”按钮上，就可以标记最大值和最小值了。

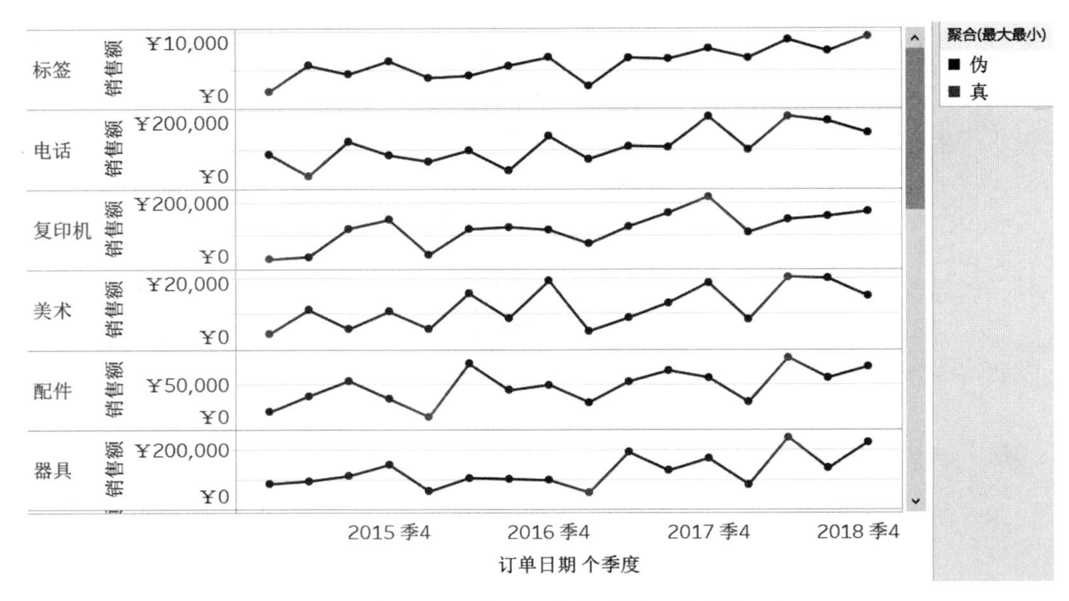

在线图中标识最大值和最小值（另见彩插图 61）

大明 看来小丁有点兴奋哦！咱们来个难一点的吧，把现在这个时间序列图当作一个控制图的基础，控制上限为均值加 1.5 倍标准差、下限为均值减 1.5 倍标准差，现在需要标出超出控制上限或下限的数据点。小方再来试试？

小方 我试试，听起来也不是很难嘛！先写一个计算字段。

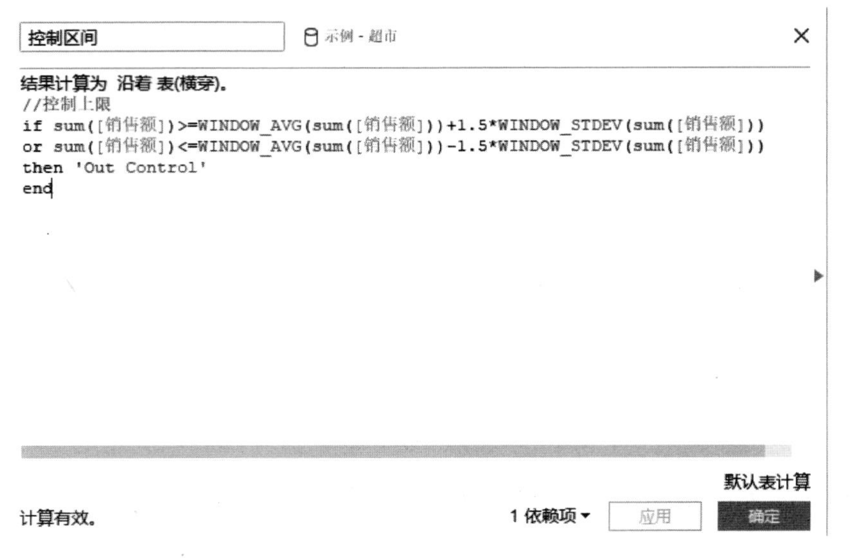

“控制区间”计算字段

然后把这个计算字段拖放到“标记”功能区的“颜色”按钮上，不就大功告成了？要是加两条参考线就更清楚了。

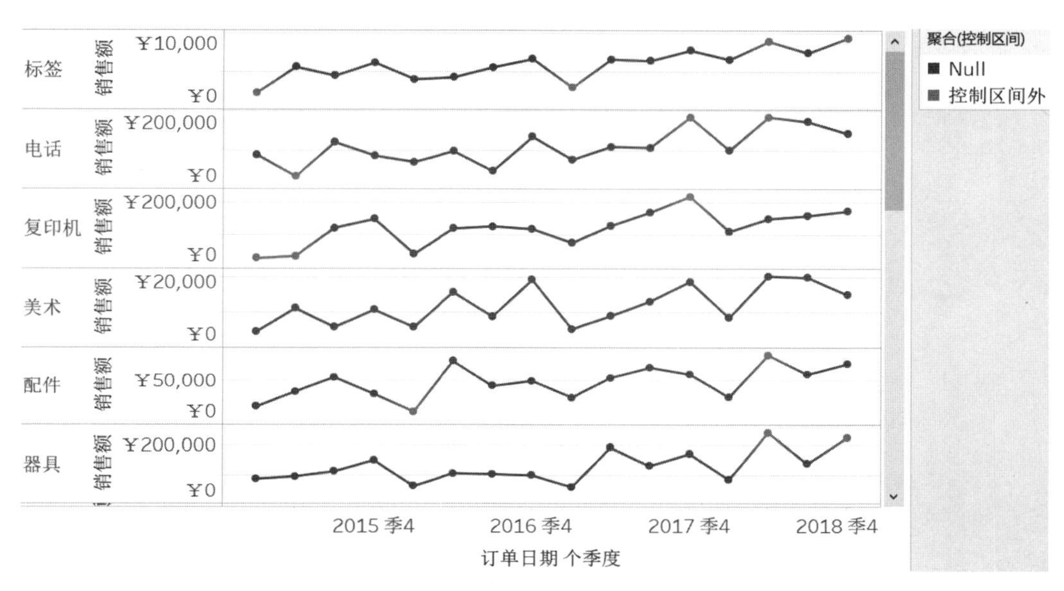

越过控制区间的数据点标识（另见彩插图 62）

大明 非常好！看来大家对时间序列中的模式识别都已经掌握了。不过实际工作中模式识别是个千变万化的应用，以后遇到相关问题知道多研究表计算就好了。大家最近工作中有没有遇到其他时间序列分析的问题？

10.3 非标时间段分析

小董 我遇到一个难解的问题，是客服那边的一个问题。客服呼入量统计是每 5 分钟统计一次，而现在看到的报表在时间维度上的切分都是标准的年、季、月、日、小时、分钟、秒这些标准的时间段划分，那么如何形成每 5 分钟一段的分析？原始数据类似表格里这样。

呼入时间明细表

Datetime	Call_ID	Datetime	Call_ID	Datetime	Call_ID	Datetime	Call_ID
2014/1/1 0:00	2	2014/1/1 0:13	8	2014/1/1 0:35	17	2014/1/1 0:51	23
2014/1/1 0:03	3	2014/1/1 0:14	9	2014/1/1 0:39	18	2014/1/1 0:56	24
2014/1/1 0:04	4	2014/1/1 0:16	10	2014/1/1 0:40	19	2014/1/1 1:00	25
2014/1/1 0:05	5	2014/1/1 0:18	11	2014/1/1 0:45	20	2014/1/1 1:02	26
2014/1/1 0:09	6	2014/1/1 0:23	12	2014/1/1 0:48	21	2014/1/1 1:06	27
2014/1/1 0:10	7	2014/1/1 0:24	13	2014/1/1 0:50	22	2014/1/1 1:07	28

现在的呼入量统计是以分钟为单位进行的。

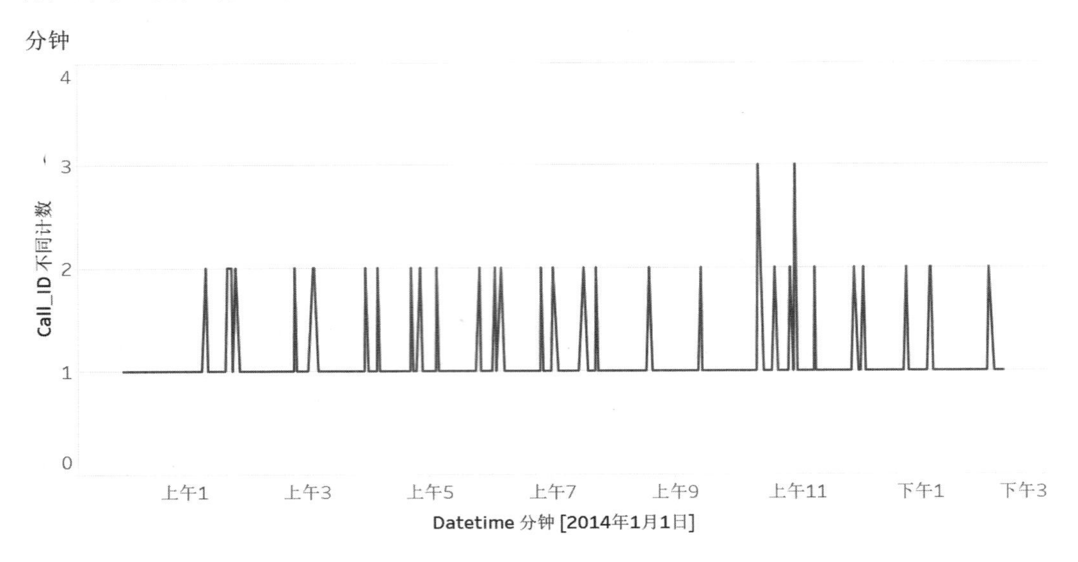

按照 1 分钟间隔的统计图

但是客服需要的是 5 分钟间隔的统计。

大明 这个问题很典型，不过不算是新问题。在 Tableau 官网论坛上早就有人研究过了。咱们到 Tableau 官网上搜索一下 5 minutes interval。

果然，大家看，在 Tableau 里面日期时间值竟然可以转换成数字，确切地说是日期值可以转换成整数，时间则转换为小数，有了这个基础原理，切分任意时间段应该不是难事儿了。咱们先做一些实验，理解一下基本概念。

如果把 2017 年 1 月 1 日 00:00:00 转换为数字，那么可以这样计算：

```
float(#2017-1-1 0:00:00#)=42734.0000000000
```

如果再转换几组数据：

```
float (#2017-1-1 00:05:00#) =42734.003472222
float(#2017-1-1 00:10:00#)=42734.006944444
float(#2017-1-1 00:15:00#)=42734.010416667
```

把每天分成 5 分钟一段，那么一天需要分成 24 小时 × 60 分钟 ÷ 5 分钟=288 段，那么 `float(date_value)*288` 取整之后再除以 288，时间就被切片了。因此完整的写法应该是 `int(float(date_value)*288)/288`，这是整数类型的日期时间值，再用 `datetime` 函数转为普通的日期时间格式应该就可以了。288 本质是 $24 \times 60 \div N$，N 是切片分钟数。

搞清楚了基本原理，咱们就可以在 Tableau 里面试验了。

5 分钟间隔计算公式

然后把“5 分钟间隔”和“Datetime”两个字段拖放到“行”功能区，右击每个胶囊，在快捷菜单中选择精确日期，然后再次调出这个快捷菜单，把类型从“连续”改为“离散”，得到这样一个结果。

Datetime	5分钟间隔	
2014/1/1 0:00:00	2014/1/1 0:00:00	Abc
2014/1/1 0:03:00	2014/1/1 0:00:00	Abc
2014/1/1 0:04:00	2014/1/1 0:00:00	Abc
2014/1/1 0:05:00	2014/1/1 0:05:00	Abc
2014/1/1 0:09:00	2014/1/1 0:05:00	Abc
2014/1/1 0:10:00	2014/1/1 0:10:00	Abc
2014/1/1 0:13:00	2014/1/1 0:10:00	Abc
2014/1/1 0:14:00	2014/1/1 0:10:00	Abc
2014/1/1 0:16:00	2014/1/1 0:15:00	Abc
2014/1/1 0:18:00	2014/1/1 0:15:00	Abc
2014/1/1 0:23:00	2014/1/1 0:20:00	Abc
2014/1/1 0:24:00	2014/1/1 0:20:00	Abc
2014/1/1 0:35:00	2014/1/1 0:35:00	Abc
2014/1/1 0:39:00	2014/1/1 0:35:00	Abc
2014/1/1 0:40:00	2014/1/1 0:40:00	Abc
2014/1/1 0:45:00	2014/1/1 0:45:00	Abc
2014/1/1 0:48:00	2014/1/1 0:45:00	Abc
2014/1/1 0:50:00	2014/1/1 0:50:00	Abc

5 分钟间隔映射

看来这个结果是对的，该把数据变成图形看一下了。咱们新建了一个工作表，把“5 分钟间隔”拖放到“列”功能区，改为“精确日期”，把“记录数”拖放到“行”功能区，得到了每 5 分钟内呼叫量的曲线。

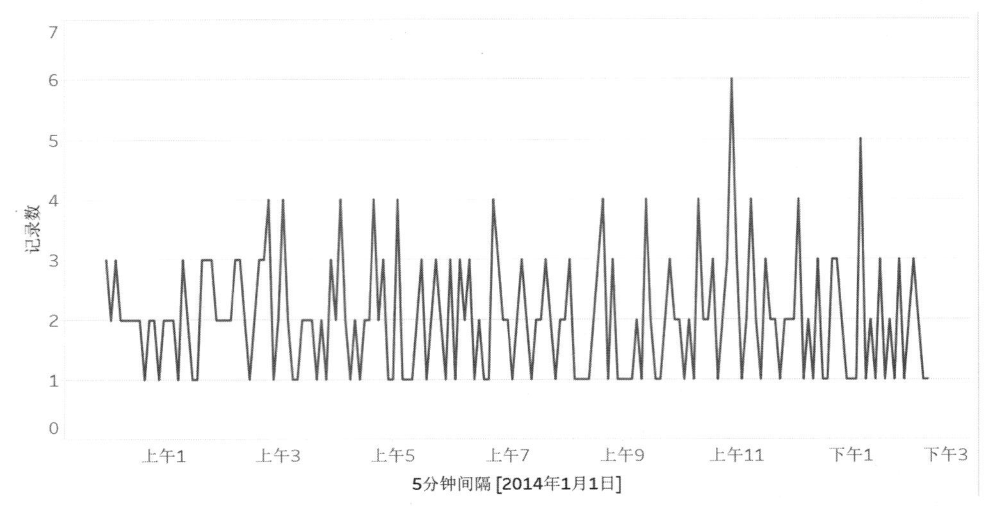

五分钟间隔呼入量统计

小董 这么快就搞定了？

大明 这么快就搞定了！还有其他问题吗？

小董 还有另外一个问题……

10.4　节假日和工作日计算

小董 咱们的客服承诺回复客户问题的时间是 1 个工作日，而不是 1 个自然日。由于周末和节假日都不算工作日，所以每个咨询问题都有提交时间和回复时间，可是怎么知道这两个日期之间隔了几个工作日？如果没有计算出间隔的工作日数，我们就没法分析客服的承诺履约情况。

大明 这个问题更有意思，咱们先做个假期数据表试试。

节假日日历

日期	工作日标识	日期	工作日标识	日期	工作日标识	日期	工作日标识
2017/1/1	休	2017/1/9	班	2017/1/17	班	2017/1/25	班
2017/1/2	休	2017/1/10	班	2017/1/18	班	2017/1/26	班
2017/1/3	班	2017/1/11	班	2017/1/19	班	2017/1/27	休
2017/1/4	班	2017/1/12	班	2017/1/20	班	2017/1/28	休
2017/1/5	班	2017/1/13	班	2017/1/21	休	2017/1/29	休
2017/1/6	班	2017/1/14	休	2017/1/22	班	2017/1/30	休
2017/1/7	休	2017/1/15	休	2017/1/23	班	2017/1/31	休
2017/1/8	休	2017/1/16	班	2017/1/24	班		

然后再写几行呼叫数据样本。

时间间隔表

Event	Start_Time	End_Time
1	2017-1-1	2017-1-3
2	2017-1-2	2017-1-3
3	2017-1-3	2017-1-4
4	2017-1-4	2017-1-4

计算起止日期差值很简单，用 `datediff('day',start_time,end_time)`就可以了，可是怎么知道这期间有几个工作日呢？

大明开始喝咖啡，大家面面相觑，等着大明继续。

小董 是啊？怎么计算这期间有几个工作日呢？

大明 其实只要把假期日历表和业务数据表关联起来就可以了，但是假期日历表里只有一个日期列，而数据表里有两个日期列，一列对两列，究竟怎么关联呢？这时候就要用不等连接。谁还记得两个表之间的连接关系定义？

小董 我记得左连接和右连接……

大明 不光是这个，还有关联关系的定义，我们以前用的都是相等关联。实际上这种运算关系还有不等连接，你看一下这个。

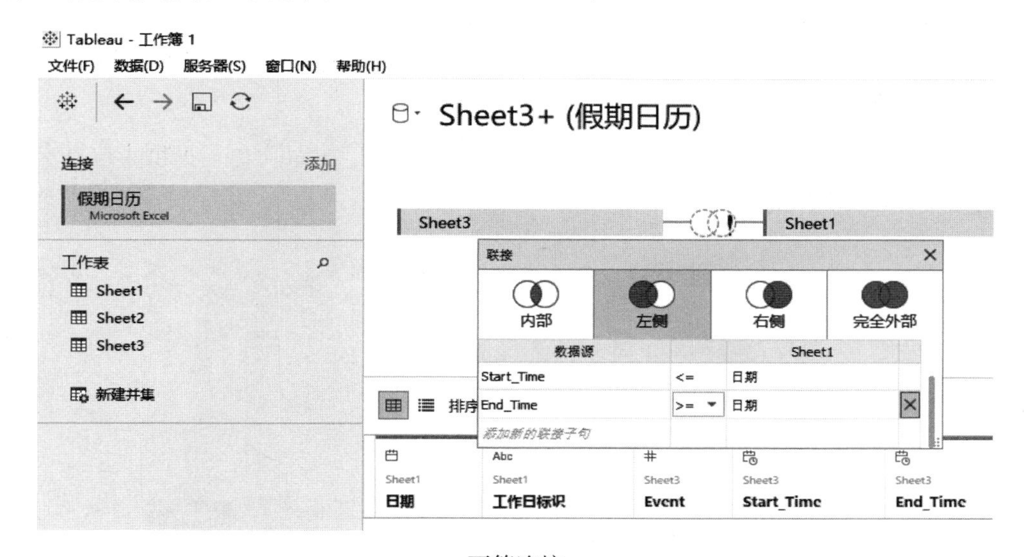

不等连接

小董 还有这种操作？相等连接好理解，可是不等连接怎么理解呢？

大明 这个不好解释，一会儿我们直接看数据就比较容易懂了。Sheet1 是假期日历表，Sheet3 是业务数据。Sheet3 里面的两列日期都要与 Sheet1 中的日期字段相关联，所以要定义 `Sheet3.Start_Time<=Sheet1.日期<=Sheet3.End_Time`。

然后我们切换到工作表，在左上角的数据连接名称上点击鼠标右键，在弹出的快捷菜单中选择“查看数据”。

小董 这就是关联之后得到的数据了。

查看数据: Sheet3+ (假期日历)

8 行　☑ 显示别名(S)

End_Time	Event	Start_Time	工作日标识	日期
2017/1/3 0:00:00	1	2017/1/1 0:00:00	休	2017/1/1
2017/1/3 0:00:00	2	2017/1/2 0:00:00	休	2017/1/2
2017/1/3 0:00:00	1	2017/1/1 0:00:00	休	2017/1/2
2017/1/4 0:00:00	3	2017/1/3 0:00:00	班	2017/1/3
2017/1/3 0:00:00	2	2017/1/2 0:00:00	班	2017/1/3
2017/1/3 0:00:00	1	2017/1/1 0:00:00	班	2017/1/3
2017/1/4 0:00:00	4	2017/1/4 0:00:00	班	2017/1/4
2017/1/4 0:00:00	3	2017/1/3 0:00:00	班	2017/1/4

不等连接之后的数据结果

大明 看出这个数据有什么不同了吗？

小董 不一样，数据被复制了，原来 Event 编号为 1 的数据被复制了 3 条，从 Start_Time 的 1 月 1 日，到 End_Time 的 1 月 3 日，每天一条数据，对应着日期字段的 1 月 1 日至 1 月 3 日，然后每一天的工作日标识带过来了。等一下，我想我明白不等连接了，数据在给定区间内被复制了。

大明 对！有了这个表，是不是可以计算 `Start_Time` 和 `End_Time` 之间的工作日差值了？

小董 应该可以了，我试试。

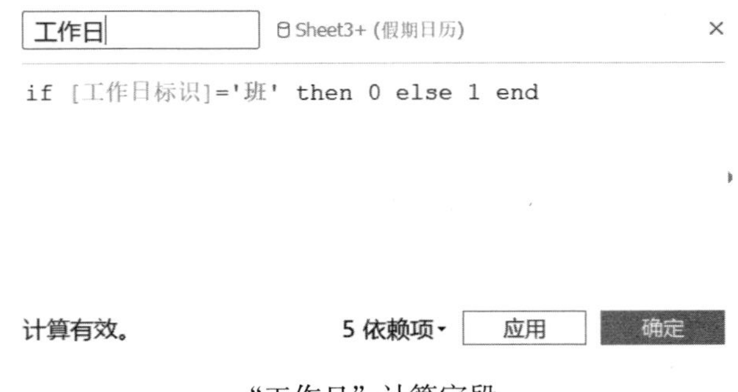

“工作日”计算字段

然后计算 `Start_Time` 和 `End_Time` 之间的差值。

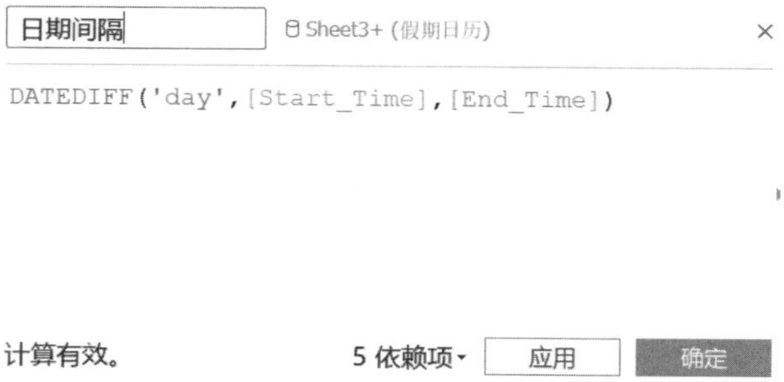

日期间隔　Sheet3+ (假期日历)　×

```
DATEDIFF('day',[Start_Time],[End_Time])
```

计算有效。　5 依赖项▾　应用　确定

“日期间隔”计算字段

工作日差值应该是这样的。

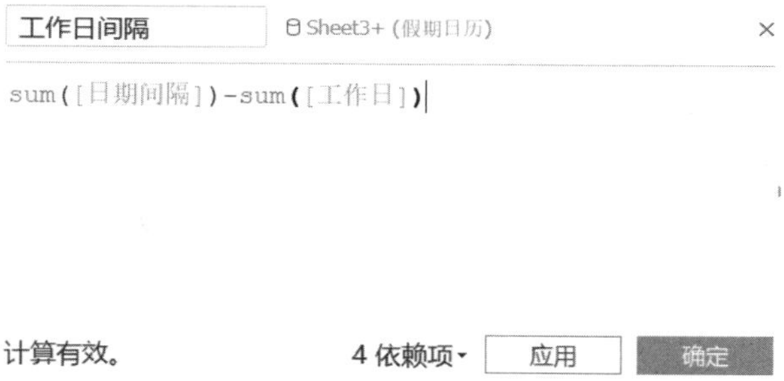

工作日间隔　Sheet3+ (假期日历)　×

```
sum([日期间隔])-sum([工作日])
```

计算有效。　4 依赖项▾　应用　确定

“工作日间隔”计算字段（错误方法）

大明 等一下，这里计算字段的写法好像不对？

小董 哪里不对？

大明 你刚才看了数据，对于每个 Event 来说，数据被复制了好几条，那么你的[日期间隔]是不是也被复制了几次？

小董 哦，是被复制了几次，把 sum([日期间隔])改成 min([日期间隔])应该就对了吧？

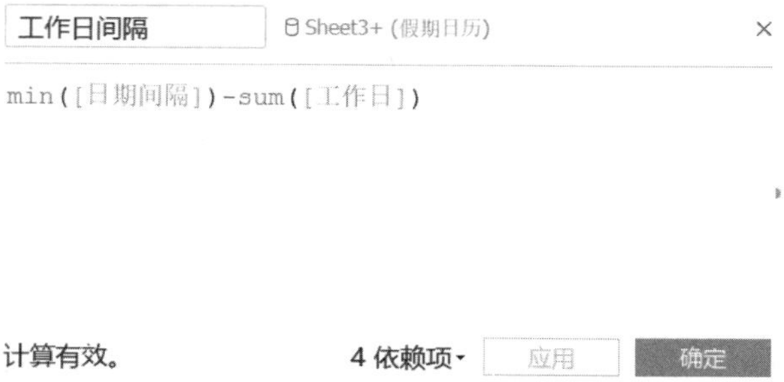

工作日间隔　Sheet3+ (假期日历)　×

```
min([日期间隔])-sum([工作日])
```

计算有效。　4 依赖项▾　应用　确定

工作日间隔计算字段（正确方法）

大明 嗯，被复制的几条数据一模一样，所以用 min、max 或者 avg 效果都是一样的，只要不是 sum 就对了。

小董 我把数据放上来看一下。把“Event”“Start_Time”“End_Time”都拖放到“行”功能区，把“Start_Time”和“End_Time”都改成“精确日期”以及“离散”格式，然后把“日期间隔”和“工作日间隔”两个度量拖放到表格里面。看上去对了！

Event	Start_Time	End_Time	最小值 日期间隔	工作日间隔
1	2017/1/1 0:00:00	2017/1/3 0:00:00	2.000	4.000
2	2017/1/2 0:00:00	2017/1/3 0:00:00	1.000	1.000
3	2017/1/3 0:00:00	2017/1/4 0:00:00	1.000	2.000
4	2017/1/4 0:00:00	2017/1/4 0:00:00	0.000	0.000

工作日间隔计算结果

小董 然后再写个计算字段用于统计。

“延迟标识”计算字段

新建一个工作表，把“延迟标识”拖放到“行”功能区，把“Event”拖放到“标记”功能区的 LOD 区域，然后把“Event”右键拖放到“列”功能区，选择“计数不同”。大功告成啦！

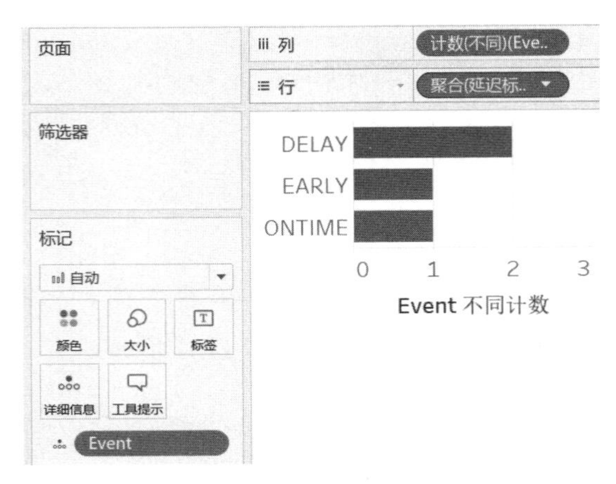

延迟统计结果

大明 牛啊小董！这么快就搞定了！

小董 呃……究竟是我牛，还是你牛？

小方 你们都牛！今天学到新知识了，开心！解开难题，怎么有种豁然开朗的感觉？

大明 这就是数据分析的魅力所在，烧脑的时候真烧脑，搞定的时候真轻松。绝对不是一天做成千上万次重复操作。以后有啥难题大家就多来聊聊，没准大家一聊天儿，顺手就把问题搞定了！

小董 行！看来得多请你喝咖啡，哈哈！

大明 这主意不错，斯达巴克斯大杯拿铁，哈哈！

第 11 章

推广数据分析文化：Tableau Day

本章介绍 Tableau Desktop 2019.1 版本的几个最新功能、图文混排仪表板的设计思路和方法、高级仪表板交互设计以及小图的应用方法，同时探讨数据可视化分析的价值和境界。

11.1 软件新功能

午后大麦来到大明的办公室时，大明正在和几位同事准备下午的会议。

大麦 今天是你们第一次搞 Tableau Day 吧，上午情况如何？

大明 上午安排了两场，先是两个小时的入门培训，有 50 多人参加，都是业务部门的同事，我们找了最大的会议室，还是坐不下，不少人只好搬椅子把电脑放在膝盖上跟着学习和操作了，大家学习的热情超过了我们的预期！

大麦 上午我们的客户经理托尼来了？

大明 对，托尼来了，做了关于 Tableau 的开场介绍，大家也与他聊了聊有关 Tableau 的问题，没想到托尼对 Tableau 产品还挺熟，大家的问题基本上都回答了。

大麦 那是！Tableau 的销售与其他公司的销售不一样，他们是产品的中级顾问，都通过了严格的内部考试。一般问题难不住他！

大明 原来如此啊，我说呢！你们所有的销售都有这水平吗？

大麦 那当然！他们不仅有能力演示产品，并且在实际工作中还应用 Tableau 软件来分析数据支持日常工作呢。

大明 看来你们的公司文化也有很多可以学习和借鉴之处。托尼中午没吃午饭就走了，要赶着去别的客户那儿，时间这么赶，实在对不住他，只好下次再请他吃饭了。

大麦 没问题，啥时候请客带上我就行了，哈哈。对了，上午还有一个小白的分享议程，对吧？

大明 第二场是小白分享了她在产品管理部用 Tableau 进行数据分析的一些实践和心得，当她演示用帕累托分析产品盈利能力的时候，大家看到前 20%的高盈利产品贡献了总利润的 90%以上，现场“哇”声一片，大家从来没想到过数据分析可以带来前所未有的深刻业务洞察。

大麦 小白这么厉害！看来你这个徒弟算是出徒了！

大明 可不嘛，今天的小白可不再是技术上的小白了。她既是我们的客户，又是我们外派到业务部门的培训教员，哈哈。

大麦 下午就按照原计划安排？我介绍一下产品的新发展，然后我们一起做个 Tableau Doctor Session？

大明 对，下午的议程都是面向有 Tableau 使用经验的业务同事，你瞧这一屋子人，大家就等你了，咱这就开始吧！

说着大明带大麦来到会议室，果然会议室里面已经坐满了人。

大明 朋友们下午好，我们今天下午的第一个议程是请大麦顾问来给大家分享一下 Tableau 软件的最新版本功能。大麦是我们的老朋友了，有很多同事都见过他，没见过的正好今天认识一下。大家欢迎大麦！

大麦 大家下午好！我的确算是咱们公司的老朋友了，我现在的工作与我以前在其他公司工作有一点很不一样，那就是我们和客户很近，我们和客户是朋友。所以今天来到这里，我没感觉是来拜访客户，反倒更像是来找朋友聊天的。所以我也没做什么特别的准备……

小白 大麦老师不用准备，我都已经习惯了你的 Free Style。

大麦 哈哈，小白说得对，我的确在很多时候都是 Free Style 的，正如我们做数据分析和探索，要的就是灵活多变，在过程中发现问题和兴趣点。今天我给大家分享一些 Tableau 最新的产品功能，我不是做演讲哦，所以大家有什么问题随时提问讨论。

Tableau 公司在软件研发方面的投入非常巨大，最近几年把营收的 30%以上都投放在了研发方面，因此，产品新版本发布也非常快，几乎每个季度都会发布一个新版本。以前软件还区别大小版本，比如 Tableau 8.*x*、Tableau 9.*x*、Tableau 10.*x* 之类的，从 2018 年开始，软件版本统一改为以年份为大版本号，也就是现在，最新的软件版本是 2019.1。这个版本中有几个新的特性我很喜欢，我相信大家在做数据分析时也会觉得非常有用。

第一个新特性是集操作。大家都知道 Tableau 软件中集的概念，在我们跟踪一组特定的对象集时，集就非常有用。比如新建一个工作表，把“子类别”拖放到“行”功能区，把“销售额”拖放到“列”功能区，把“利润”拖放到“标记”功能区的“颜色”按钮上，对子类别按照销售额降序排序，得到各子类别的销售和利润的分析图表。我们看到，有一组产品的子类别销售额很低，选中这些小的子类别，鼠标悬浮时会出现一个快捷菜单，点击浮动工具栏上的下拉按钮，会出现“创建集”选项。

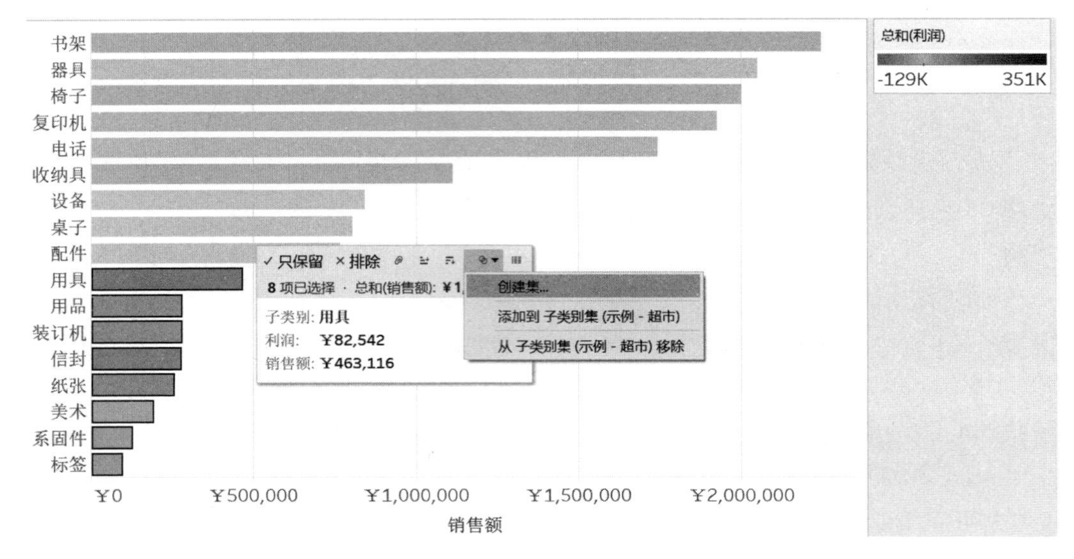

创建子类别集

我们把这几个选中的子类别创建为一个集，命名为“子类别集”。

创建集

名称(N): 子类别集

成员(总共 7):　排除(E)

子类别

用品

装订机

信封

纸张

美术

系固件

标签

添加到筛选器功能区(A)

复制(C)　确定　取消

子类别集

大家知道，集可以用作筛选器，我们还可以把它当作一个普通维度来使用。我们再新建一个工作表，把“订单日期”拖放到“行”功能区，把“销售额”拖放到“列”功能区，把“子类别集”拖放到“标记”功能区的“颜色”按钮上，接着复制“列”功能区的“销售额”胶囊，仍然拖放到“列”功能区上，然后在右边的“销售额”胶囊上右击鼠标，在弹出的快捷菜单中选择“快速表计算”→“合计百分比”，然后选择表计算依据为“单元格”。最后点击工具栏上的“显示标签”按钮，就得到了集“内/外”的销售额百分比。

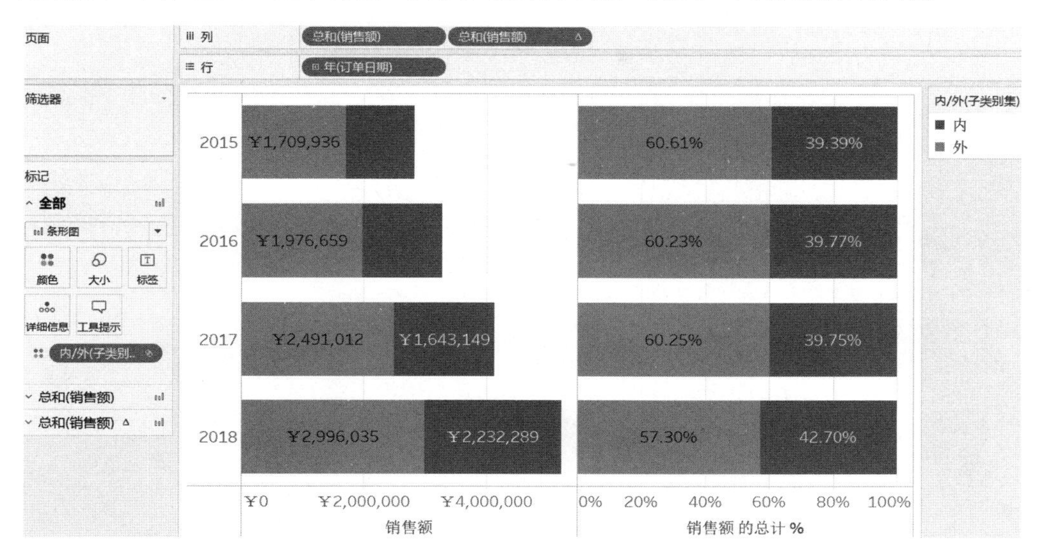

将集应用于条形图

我们再新建一个工作表，这次把“订单日期”拖放到“列”功能区，切换为“年-季度”层次，把“销售额”拖放到“行”功能区，把“子类别集”拖放到“标记”功能区的“颜色”按钮上，就得到了集“内/外”的销售额趋势对比。

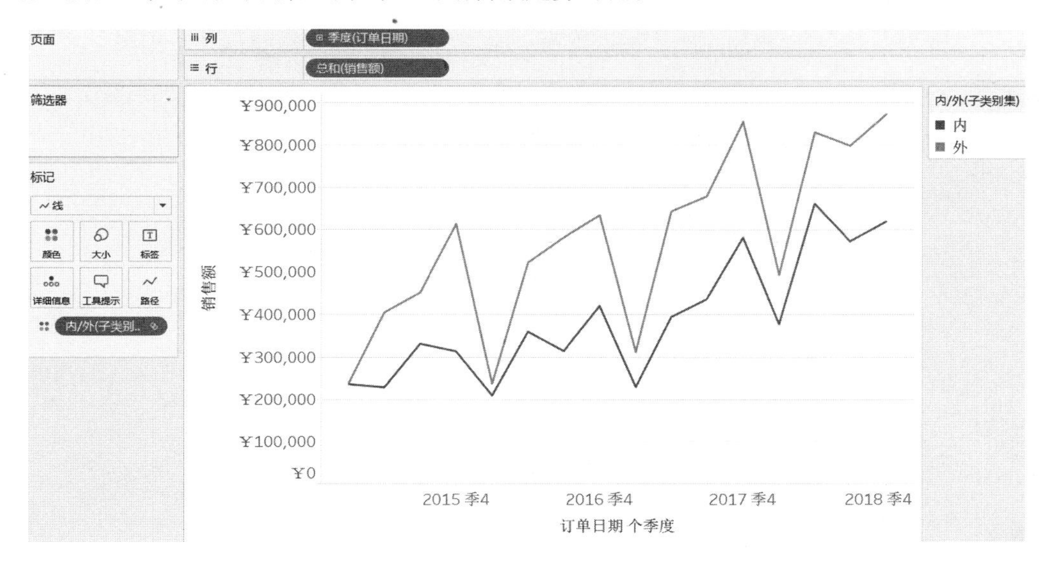

将集应用于线图

接着，我们新建一个仪表板，把刚才的 3 个工作表拖放到仪表板上。现在的问题是，这个集的成员是固定的，我们有没有可能在子类别销售额条形图上选择某些子类别，然后动态地改变这个集的成员呢？

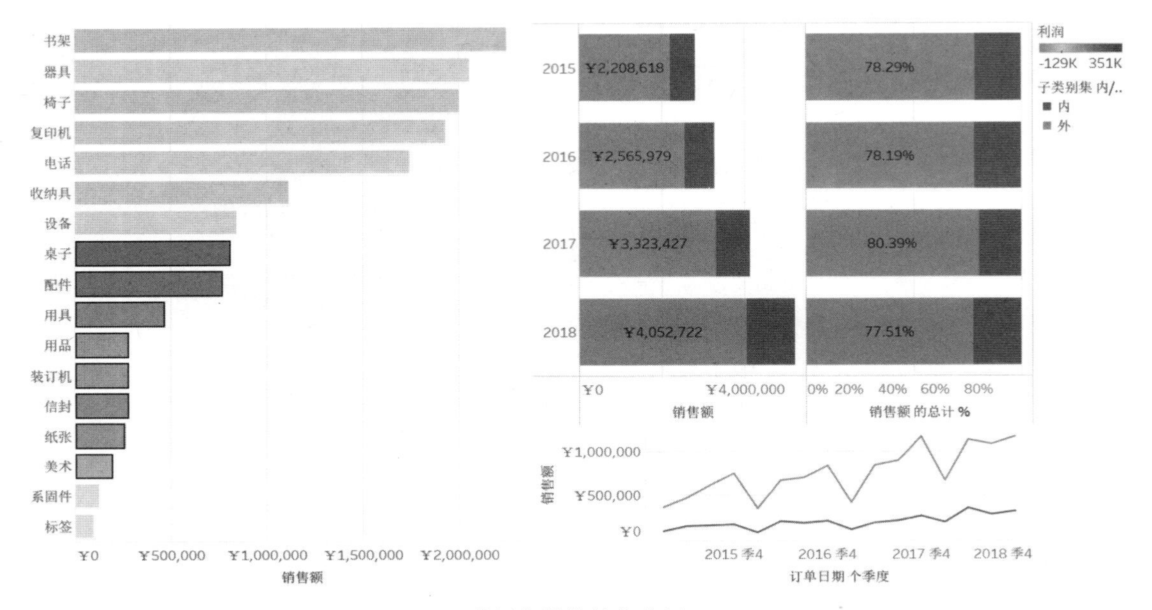

使用集操作的仪表板

小白 我在工作中经常需要跟踪一些产品的表现，有时候就需要这样通过手工选择来创建集，这一直是一个困扰我的问题！难道你现在演示的所谓集操作就是做这个用的？

大麦 对，就是解决这个问题的。大家继续看我操作，打开仪表板菜单，选择“操作”。点击“添加操作”，大家会发现菜单中多了“更改设定值”，这就是传说中的集操作了。

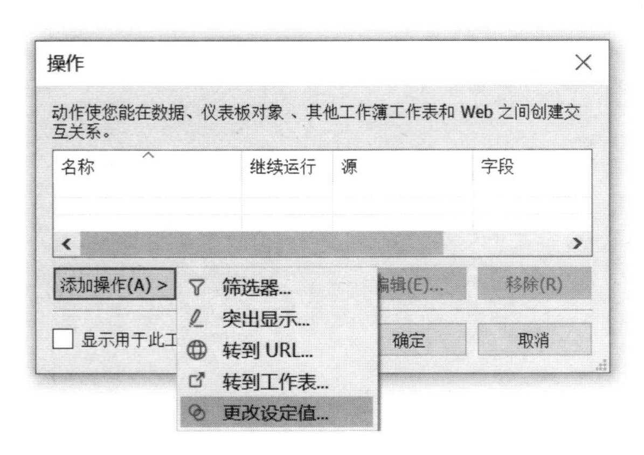

新建集操作

我们看一下集操作的设置，选定源工作表，然后选定目标集，运行操作方式设置为“选择”，清除选定内容选项设为“将所有值添加到集”，然后点击“确定”按钮。

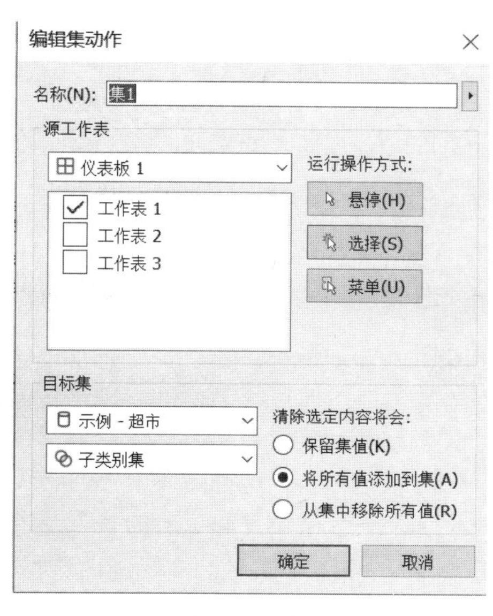

设置集操作

现在我们选择子类别条形图中的任意项，此时右边的两个图就可以联动发生变化了。

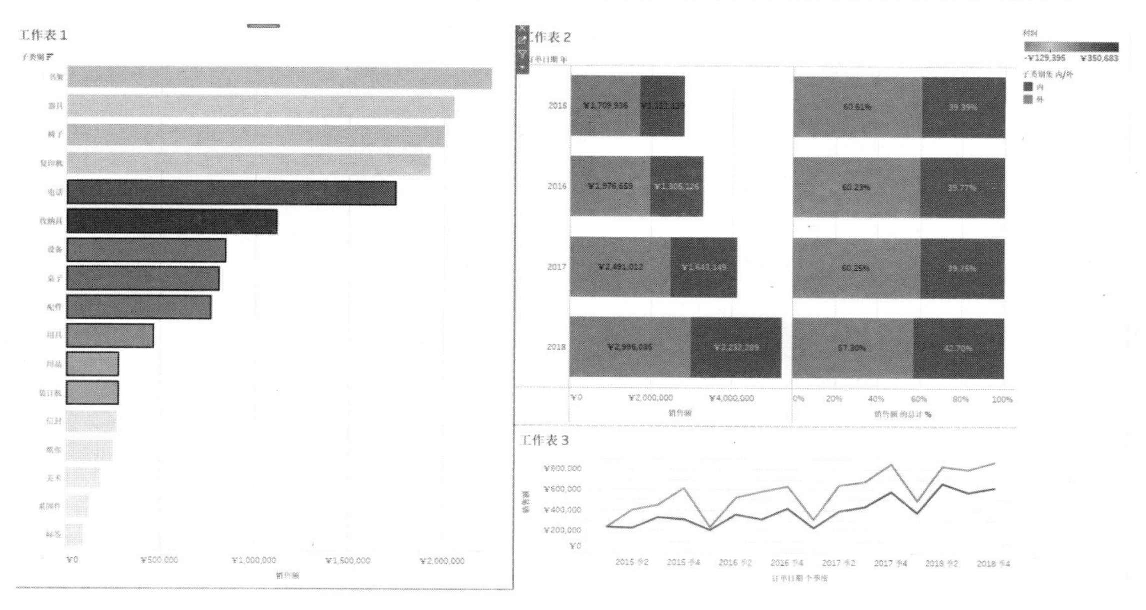

集操作使用效果

小白你看一下，这是不是你想要的功能？

小白 简直是雪中送炭啊！大明哥咱们的软件啥时候升级啊？

大明 Tableau 软件升级太快，咱们目前的策略是一年升级一次，预计再过几个月咱们才能升级。

大麦 我们再来看另一个新功能：Extension API。其实它是上一个版本的功能了，只是对你们来说应该还算是新功能。在介绍之前，我先问大家一下，谁曾经做过桑基图？

小白 大明教过我做桑基图，还写了个桑基十八式的宝典，不过说实话，真心不简单。

大麦 那谁看过桑基十八式？

小林 我看过，不过觉得好复杂。

大麦 估计好多人还没看到第八式就要放弃了，这也是正常现象。大家知道，如果把 Tableau 当作一个图表工具看待，它几乎算是一个万能图表工具，但是像桑基图和雷达图这种图表，做起来还是有好多步骤的。所以很多人都希望别人做好一个模板，能配置一下就把图形展现出来。不过看样子 Tableau 是不会走这种图表模板的路线了，但是也不反对大家在 Tableau 基础上定制模板。Extension API 就是仪表板上的一个开发接口，通过这个接口，用户可以开发各种应用，比如各种复杂图表的模板、数据回写数据库、更改参数值等，大家以前觉得 Tableau 欠缺的功能，都能通过这个开发接口进行自定义增强。我们可以把 Extension API 当作一个外挂神器。目前的扩展程序中就有一个可以快速生成桑基图，我们现在来演示一下这个接口。

首先，新建一个工作表，把“地区”拖放到“行”功能区，把“类别”拖放到“列”功能区，把“销售额”拖放到表格里面，得到一个简单的交叉表。

地区	办公用品	技术	家具
东北	¥793,041	¥871,004	¥857,792
华北	¥712,697	¥753,987	¥902,477
华东	¥1,344,803	¥1,573,724	¥1,626,751
西北	¥257,400	¥227,193	¥291,624
西南	¥331,570	¥437,479	¥487,310
中南	¥1,226,503	¥1,417,007	¥1,352,984

普通交叉表

然后我们新建一个仪表板，把这个工作表拖放到仪表板上，再从仪表板对象中选中“扩展”对象拖放到仪表板上。这时候会弹出一个对话框问我们要使用哪一个扩展程序，可以选择“扩展程序库”，这时候会导航到 Tableau 网站的扩展程序库页面。

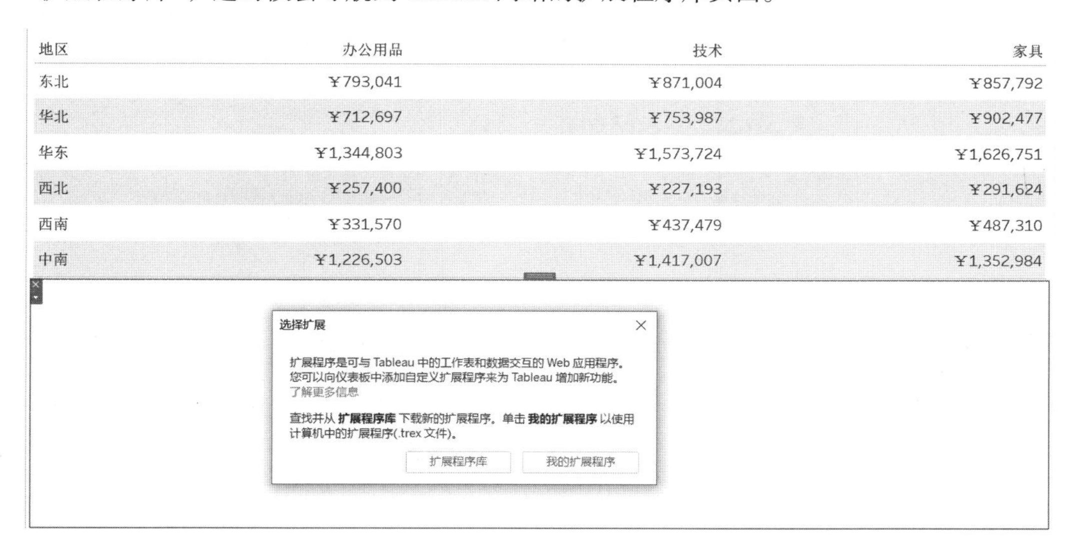

地区	办公用品	技术	家具
东北	¥793,041	¥871,004	¥857,792
华北	¥712,697	¥753,987	¥902,477
华东	¥1,344,803	¥1,573,724	¥1,626,751
西北	¥257,400	¥227,193	¥291,624
西南	¥331,570	¥437,479	¥487,310
中南	¥1,226,503	¥1,417,007	¥1,352,984

使用扩展 API

在扩展程序库中我们可以看到目前第三方开发的各种扩展程序。特别注意，因为这些程序大部分都是第三方开发的，所以在下载使用时可能需要向第三方付费。还好很多扩展程序都提供了免费试用的功能。目前这些扩展程序有几十个，而且这个列表还在不断增加中，我们也可以自己来写扩展程序发布出去，供其他用户使用。

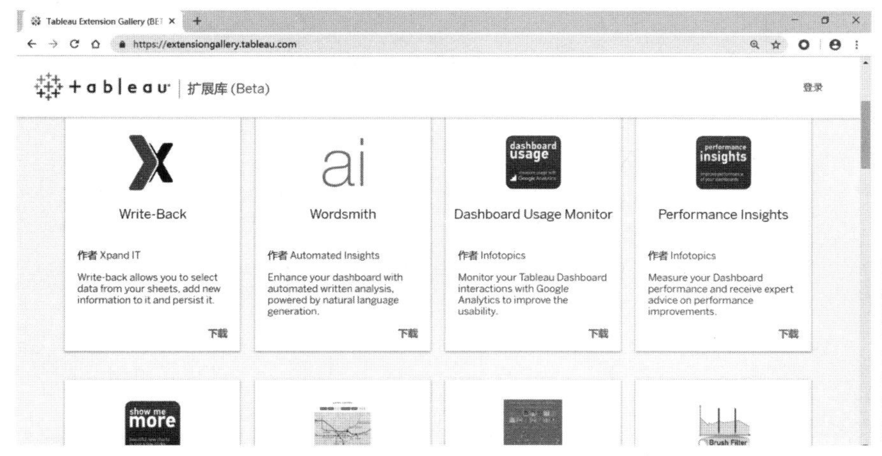

https://extensiongallery.tableau.com
Tableau 官网上的扩展库

我刚才说的那个能快速生成桑基图的扩展程序叫作 Show Me More，下载这个程序后回到 Tableau Desktop 中，选择“我的扩展程序”，找到后缀为 trex 的扩展程序。扩展对象中就会出现“Get started”按钮，点击它进入配置界面，首先要选择数据源，也就是仪表板上现存的其他工作表。

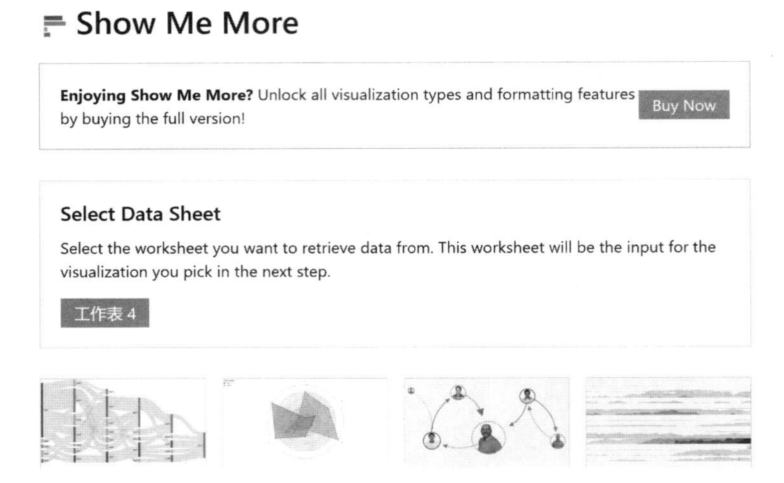

选择图表样式

然后我们选择桑基图模板，开始配置桑基图。这个配置就很简单了，Level 1 选择“类别”，Level 2 选择“地区”，度量选择“总和（销售额）”，然后点击 OK。

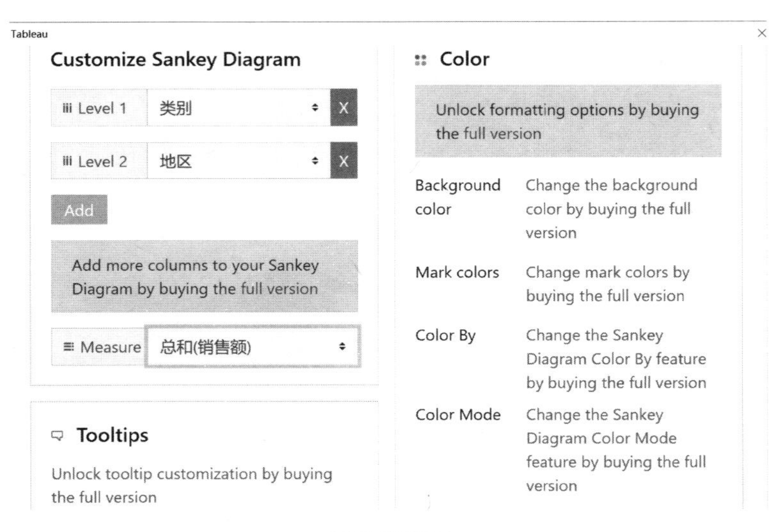

配置桑基图

现在就得到了桑基图。用 Extension API，成功地将桑基十八式简化成了桑基三段论。

	类别		
地区	办公用品	技术	家具
东北	¥793,041	¥871,004	¥857,792
华北	¥712,697	¥753,987	¥902,477
华东	¥1,344,803	¥1,573,724	¥1,626,751
西北	¥257,400	¥227,193	¥291,624
西南	¥331,570	¥437,479	¥487,310
中南	¥1,226,503	¥1,417,007	¥1,352,984

桑基图结果

大家怎么不说话？都惊呆了？

小白 的确惊呆了。看来这些扩展程序都是宝贝啊！完成我们以前难以完成的好多功能，或者简化了很多操作。

大麦 小白觉得 Tableau Desktop 进行常规的分析数据简单吗？

小白 就是用鼠标拖拖拉拉，很简单啊！

大麦 我知道你现在到业务部门去了，你有没有遇到一些同事，觉得拖拖拉拉很麻烦？

小白 呃~还真有！并不是每个人的工作都是整天对着电脑的，还真的有一些同事觉得鼠标拖拉操作很麻烦。可是，要做数据分析，难道还有比鼠标拖拉更简单的方法吗？

大麦 有的！Tableau Server 2019.1 发布了一个新的功能叫作数据问答。我给大家简单演示一下。在浏览器中登录 Tableau Server，直接进入数据源列表页面，然后点击一个数据源名称，我以“示例-超市”为例，进入这个数据源的详细页面。详细页面包括 3 个部分，其中“数据问答”就是我一会儿要给大家演示的部分；“连接”指这个数据源连接的数据库或者数据文件；“已连接工作簿”指哪些工作簿使用了这个数据源。此外，还有一个“新建工作簿”按钮，点击这个按钮就会进入 Web Edit 界面，类似于网页版的 Tableau Desktop，可以通过鼠标拖拉来进行数据查询分析。

数据问答页面

在数据问答的首页，左侧是数据源结构，右侧有一个输入框，下面有一些提示，告诉你如何输入问题。所谓数据问答，就是输入文字查询数据，比如我们输入“sum of 销售额 by 地区”，敲回车之后就进入到数据展现界面。Tableau 会自动解析文字中的维度、度量、算法、图表类型等，并自动给出相匹配的图表。

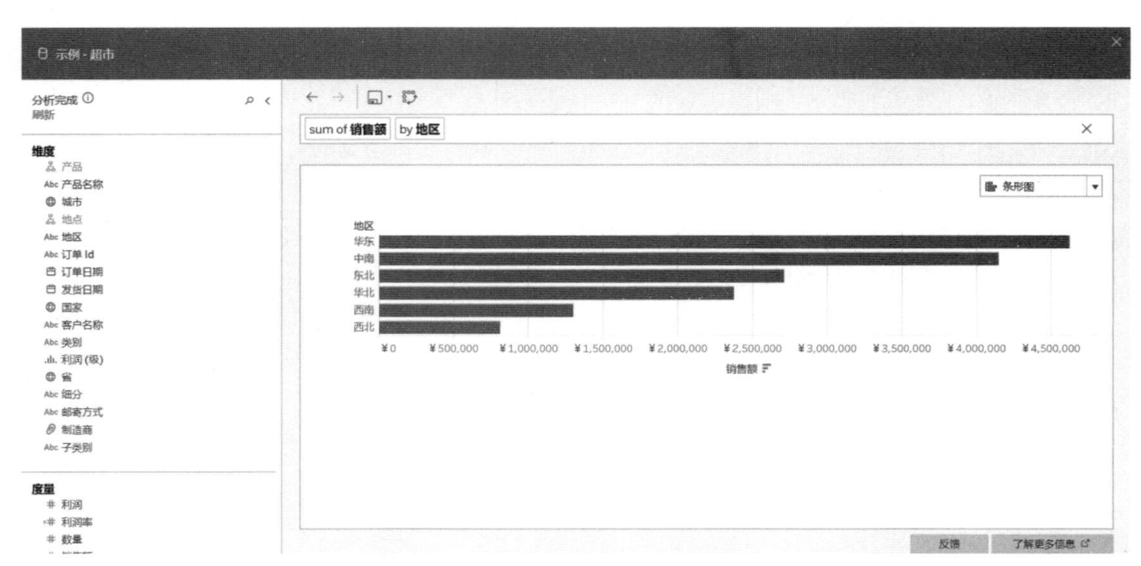

数据问答的数据展现界面

可以在这个界面的输入框中继续修改问题，当然，也可以用鼠标点击输入框中的关键字，从弹出的快捷菜单中进行修改。我演示一个复杂一点的问题，输入“sum of 销售额 and sum of 利润 by 客户名称 with 利润 at least 0”，我们得到一个这样的结果。

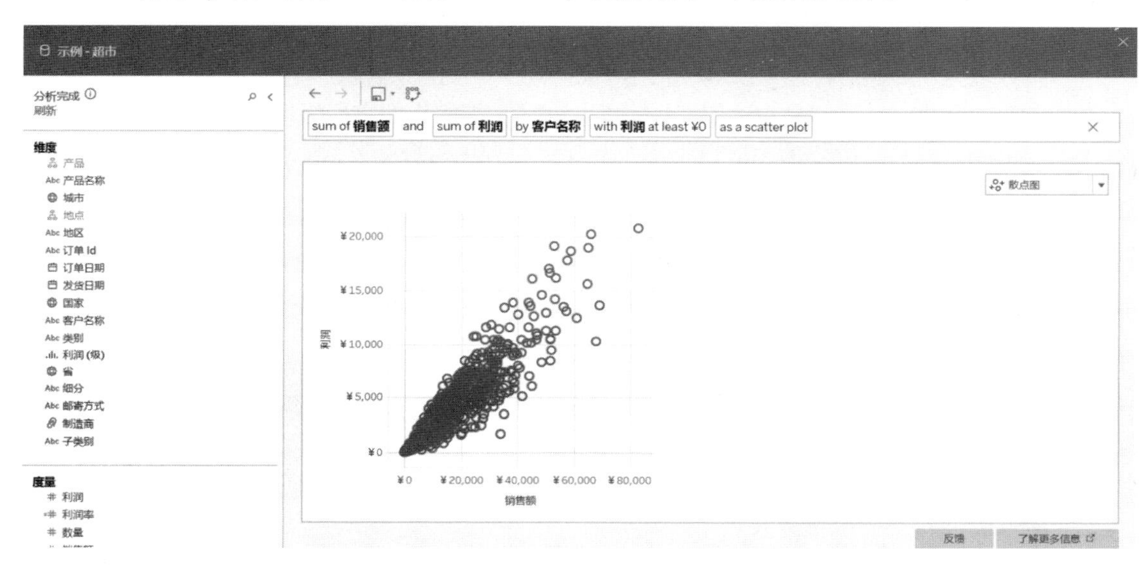

复杂条件的数据问答

另外，输入的问题可以随时用鼠标进行修改，比如我们在问题中加入一个过滤条件。

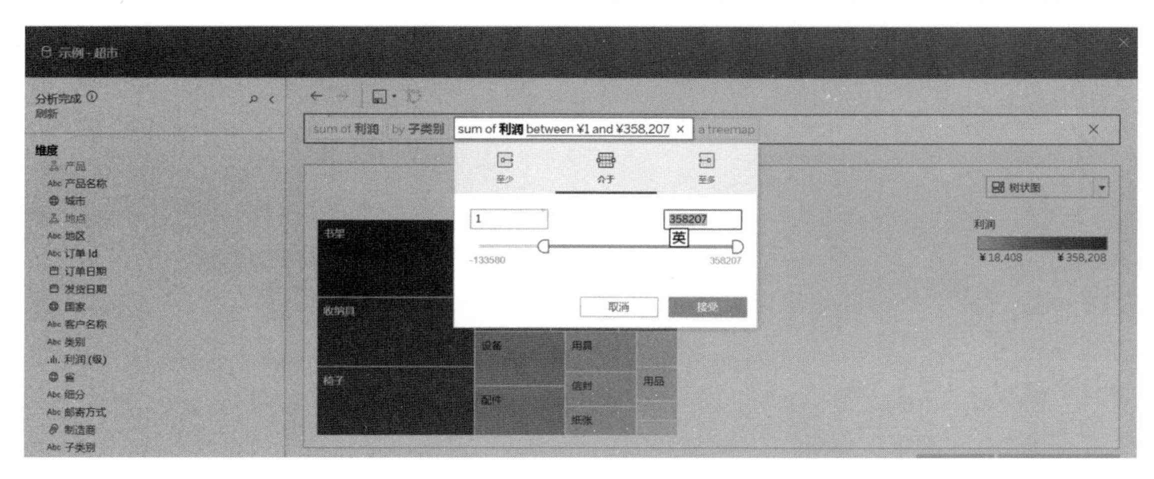

在问题中加入过滤条件

小白 总结起来，在提问中可以组合各种关键字，比如维度名称、度量名称、计算方法（sum 和 average 等）、筛选条件、排序条件、图表类型，对吧？

大麦 总结得很对，大家有空可以慢慢研究这个新功能。还有几项新功能我跟大家说一下。

- 密度图：俗称热力图，用于散点图和地图分析，在 Tableau Desktop 分析界面的标记功能区的标记类型下拉框里面多了“密度”一项。
- 透明仪表板：使得我们的工作可以透明地悬浮在背景图片上，大大增强仪表板的设计操控性，此外还可以用来实现类似水印的功能。
- Tableau Prep Conductor：用 Tableau Prep 客户端制作的数据流现在可以发布到 Tableau Server 上了，流程可以由 Tableau Server 进行调度运行并进行监控。

这几项功能用起来都比较简单，我来演示一下吧。

大家一边看大麦演示，一边提问讨论，新功能介绍变成了一个愉快的讨论会。

不过后来问题越来越多，也不局限在产品新功能方面了，于是大明宣布中场休息，回来之后开始 Doctor Session。

大明去茶水间拿了两杯茶，却见大麦穿了一件白大褂坐在会议室里，大吃一惊。

大明 你这是演哪一出？哪里来的白大褂？

大麦 哈哈，这不是 Tableau Doctor Session 嘛，我们公司定制过几件白大褂，咋样，像不像 Doctor？应不应景？

大明 真是想不到，还玩起 Cosplay 来了，哈哈。

大麦 这才是 Tableau 风格，我们同事给客户讲产品试驾课还有穿成雷神的。

大明 行，看来这才是 Tableau 风格！你这“主任医师”坐在里面吧，一般问题由我们来，小丁在门口当“分诊护士（Nurse）”，有“疑难杂症”再转给你回答。哎，看来我们以后这个 Doctor Session 可以参考你们的做法，做成定期活动，也定做几个 Doctor 和 Nurse 的服装，哈哈。

11.2　Tableau 专家问诊

大家问题还挺多，不过按照大明的分诊原则，大部分问题都由他们几个人回答了，大麦这里倒是空闲下来，于是他走到小董这边看一下大家都在讨论啥，却见小董在电脑上一边操作一边皱眉头。

大麦 这是在研究啥问题？

1. 高级仪表板互动设计

小董 用户这边有一个想法，希望在一个仪表板上设置操作。比如联动筛选的时候，能根据选中对象的数量的不同，显示不同的图表。如果选中的子类别数量不多于 3 个，就在右边出现一个条形图，显示各制造商的销售额条形图；如果选中的子类别数量多于 3 个，意味着制造商的数量比较多，用条形图显示就不太合适了，自动改为显示树图。

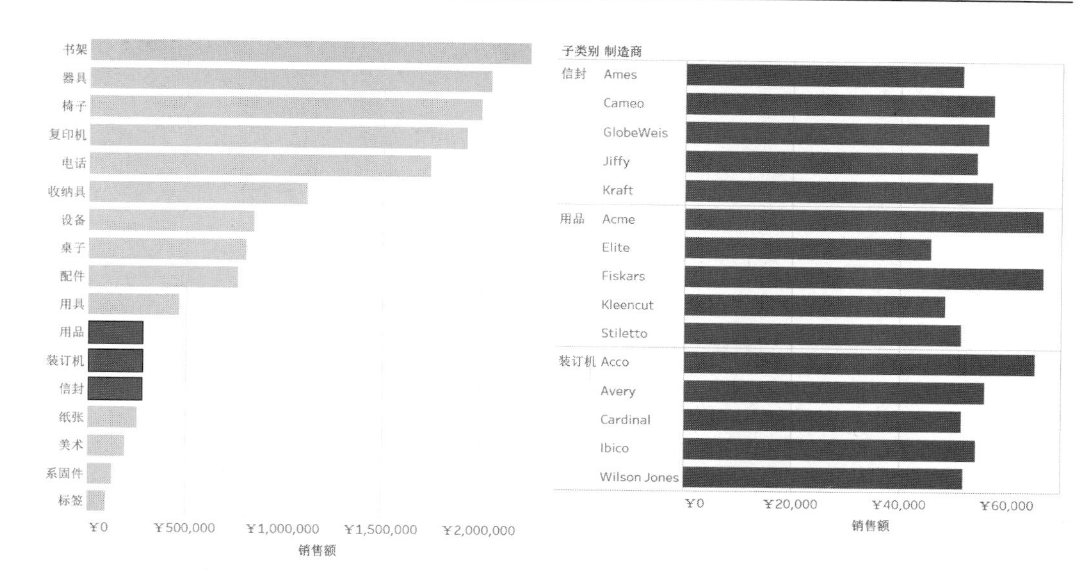

普通仪表板互动

我认为这个想法是有道理的，也是应该能够实现的，但自己试了半天还没搞定，正好向你请教请教。

大麦 这个想法的确有道理，我觉得能考虑到条形图在展现过多数据时的局限性非常好。咱们从头来做一下。先新建一个工作表，把“子类别”拖放到“行”功能区，把“销售额”拖放到“列”功能区，按照销售额高低排个序。

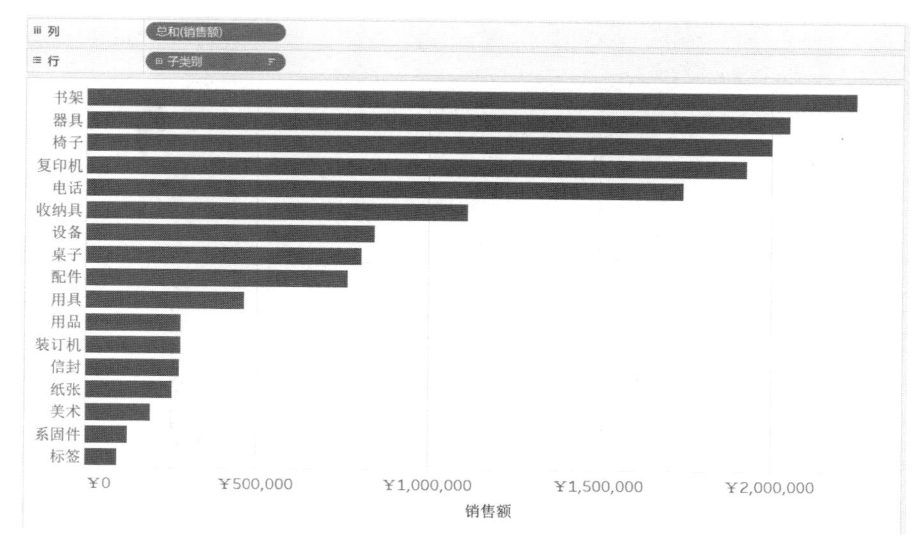

条形图

然后再新建一个工作表，把“子类别”“制造商”拖放到“行”功能区，把“销售额”拖放到“列”功能区。

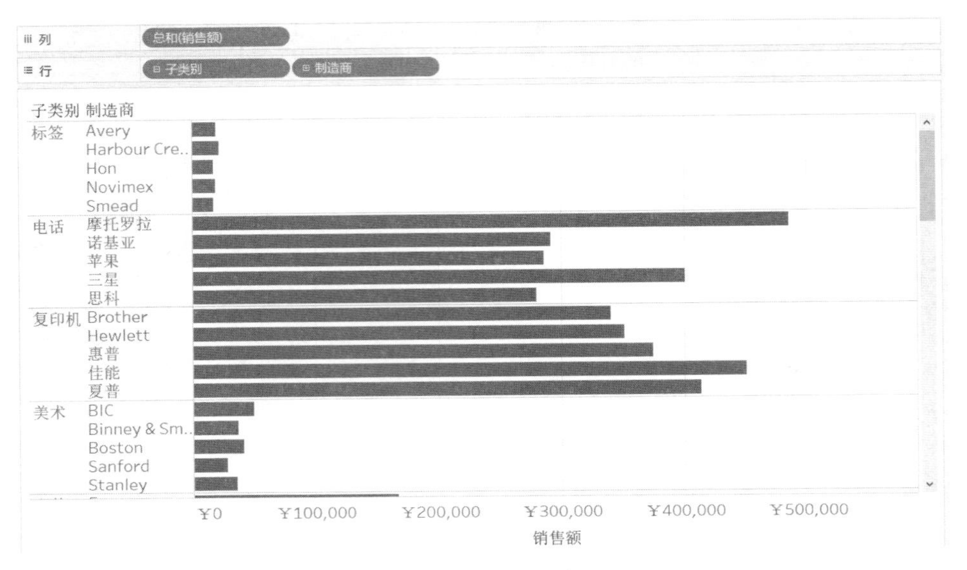

加入了制造商维度的条形图

再新建一个工作表，把“制造商”拖放到“标记”功能区的“标签”按钮上，把“销售额”拖放到“大小”按钮上。

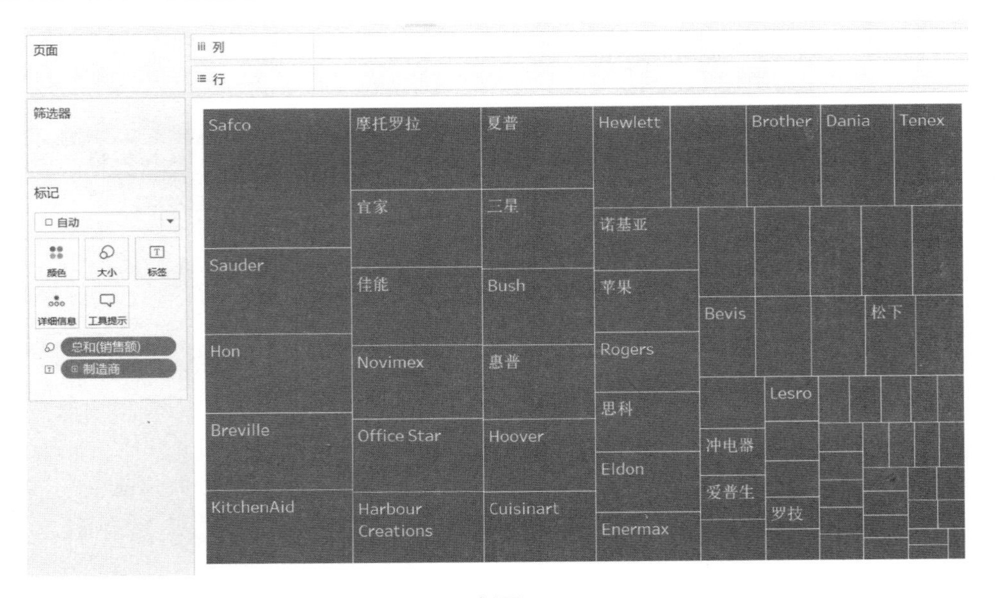

树图

然后新建一个仪表板，把刚才的 3 个工作表组合成一个仪表板，选中“子类别”条形图，点击小漏斗按钮使它用作筛选器。特别注意右侧的条形图和树图要放在同一个垂直容器中，一会儿在这个区域中我们让它只显示两个图之一，而不是两个图全都显示。选中左侧条形图中的 3 个数据对象，一定要选中哦，否则后面没法操作了。

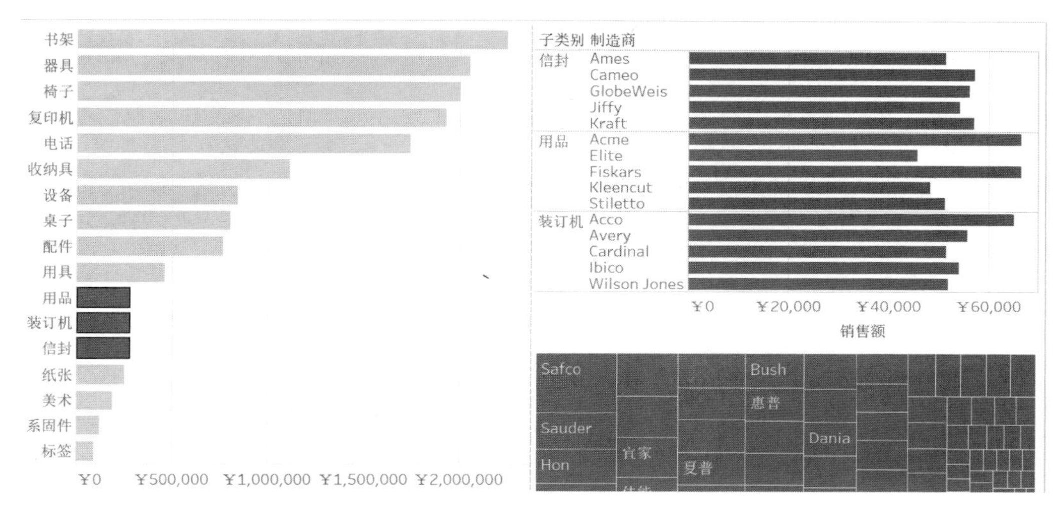

仪表板布局和选择

然后回到子类别和制造商条形图的工作表界面，在“筛选器”功能区大家可以看到多了一个过滤条件叫作“子类别”，我们调出快捷菜单，选择“添加到上下文”。

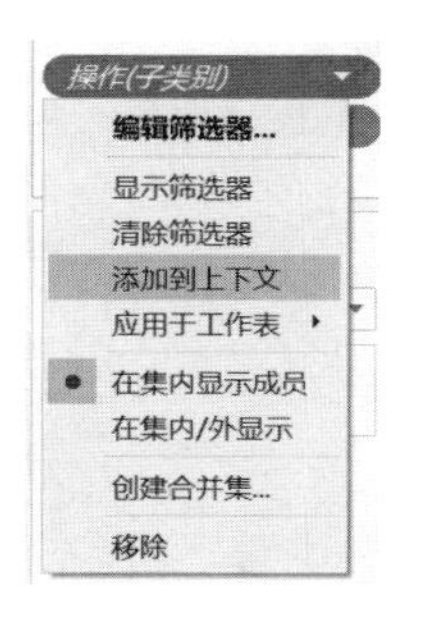

将操作添加到上下文

我们写一个计算字段。

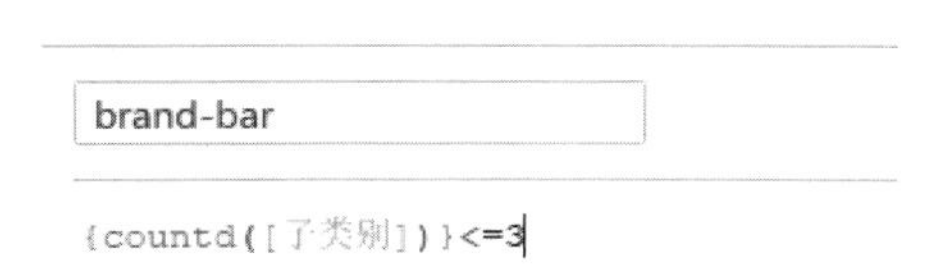

判断选中数量的计算字段

接着把这个字段拖放到“筛选器”功能区，选择条件为“真”。这里有一步很重要，一定要回到仪表板页面取消数据选择，取消选择之后再回到树图的工作表界面。把“筛选器”功能区的“子类别”筛选器添加到上下文，然后把刚才写的自定义字段拖放到筛选器功能区，选择条件为“伪”。

现在回到仪表板页面，试着选择一下左侧的条形图看一下效果。选中的数据不多于 3 个时，右侧展现条形图。

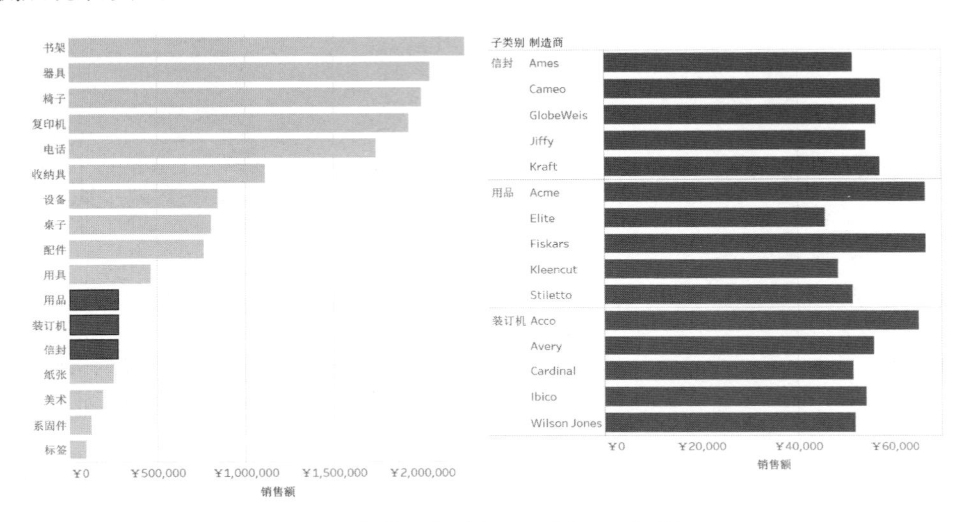

选中不多于 3 个对象，右侧显示条形图

当选择多于 3 个数据时，显示树图。

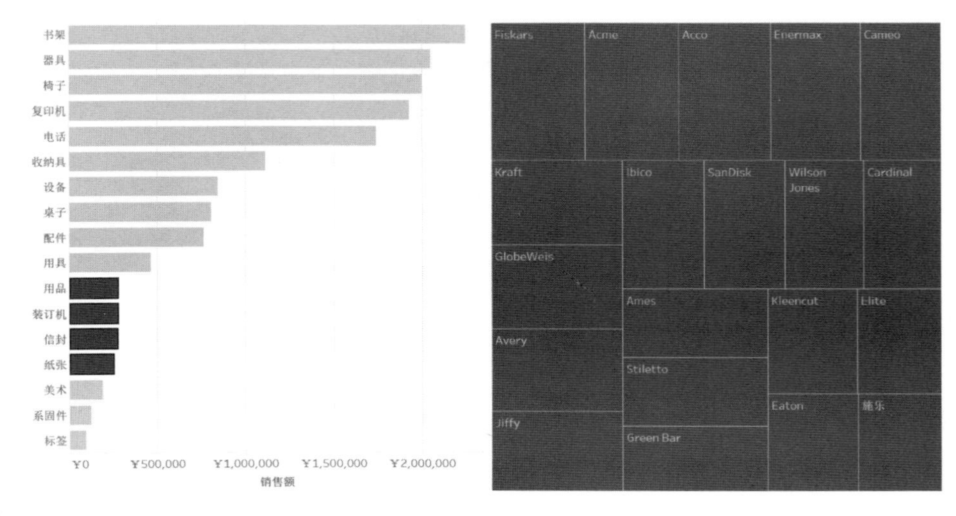

选中多于 3 个右侧显示树图

小董 竟然这么简单？为什么要把子类别筛选器加入上下文呢？

大麦 在 Tableau 中，筛选器有执行顺序之分，上下文筛选器的执行顺序优先于 LOD，所以要先把子类别筛选器置为上下文，然后用 LOD 表达式获取当前选中的子类别个数就可以了。

小董 看来这些基础知识不但要经常复习，还要活学活用啊！

正在这时，小方喊大麦。

2. 图文混排报告设计

小方 我这里的用户希望用 Tableau 做一份图文混排报表，我说 Tableau 并不适合这么用，可是用户说实际工作中经常用到像新闻稿一样的报表，每天用 Word 制作新闻稿简报花不少时间，希望用 Tableau 做一份减轻日常工作量。

大麦 从节省时间和避免重复劳动的角度看，用 Tableau 做简报也算是有意义的。虽然并不建议把这种报表当作 Tableau 应用的主要场景，但也是可以做的。咱们一起来做个例子看。

1. 2017年7月经营情况摘要

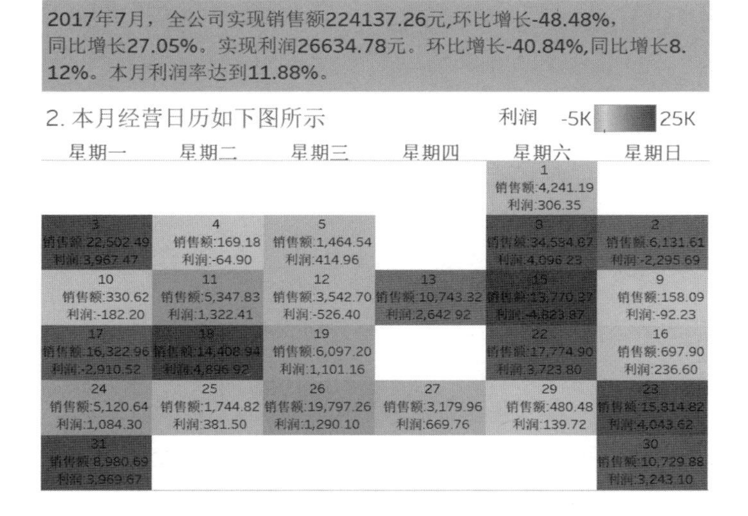

3. 销售月趋势如下图所示：

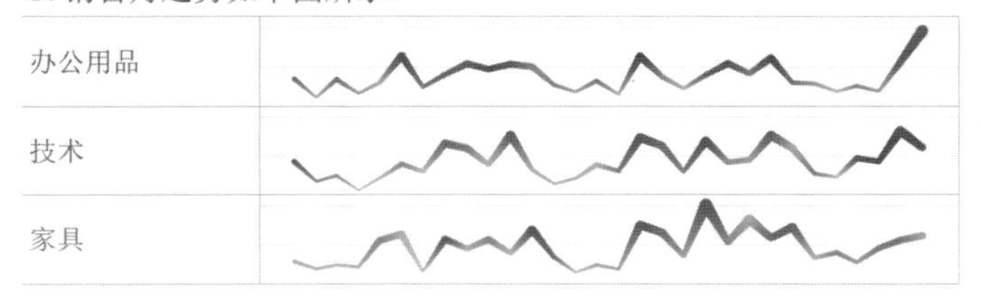

图文混排报告样例

小方 这个例子大明给我们看过，重点是第一段的文字，当时忘了问大明怎么做的。

大麦 现在我们就来看一下第一段文字怎么做。其实这段文字是一个独立的工作表，文字是自己写的计算字段。

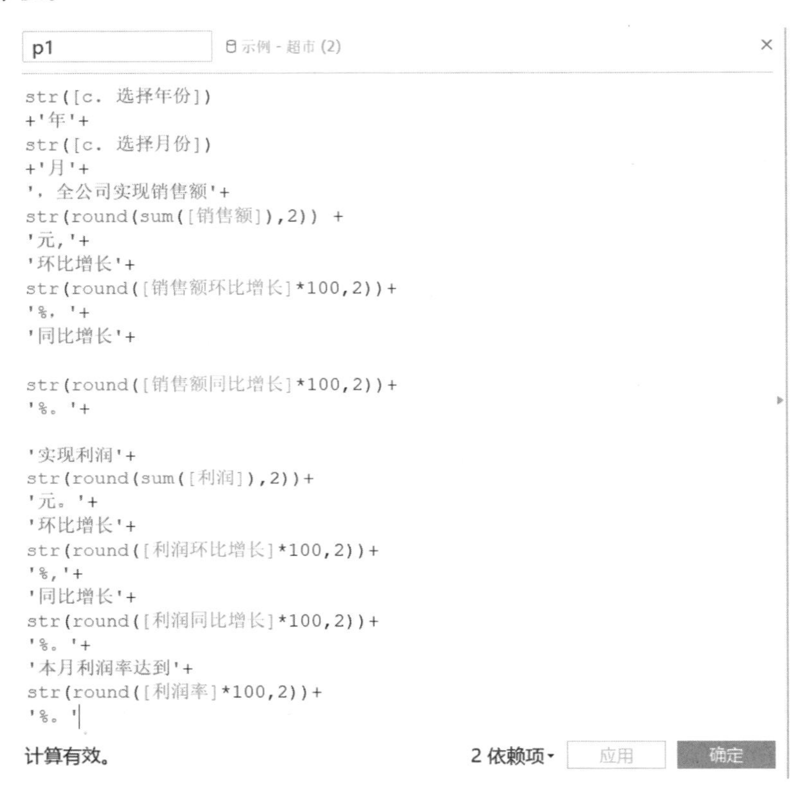

图文混排报告中文字段落的处理（p1 计算字段）

咱们就简单看一下思路就行了。把文字中的数字拆开，做成一系列计算字段，然后混合到文字中，其实原理就是这么简单，难点在于每个计算字段都要单独去写，工作量比较大一些，但考虑到每天都可以自动生成新闻简报，麻烦点也值得了。

小方 有这个思路就可以了，写计算字段的问题好办，我们慢慢研究，谢谢大麦。

大麦 还有一些要点需要提示一下。

- A4 纸张打印时，仪表板尺寸应设置为 800 × 1100 左右，这样打印在 A4 纸张上的布局效果比较好。页边距可根据实际打印效果需要调整仪表板尺寸、布局和内容。
- 进行文字的嵌入时，每段文字用一个字符串型计算字段（例如 p1），p1 中的每个数字以及变动文字（利润根据销售额增加减少显示“形势喜人”或者“需要努力”）都需要再设置一个独立的计算字段。

- 段落计算字段 p1 放置到“行”功能区，调整视图表格边框线的显示，压缩数字单元格，将文字设置为自动换行。
- 可单放一页仪表板作为报表参数设定，例如选择时间范围、单位或产品等。
- 文字内容的编写和计算需要耐心细致，考虑到只需要设计一次，省去每周和每月的重复工作，工作量大一些也是值得的。

小方 太周到了，多谢多谢！

这时候小白从外面进来，看到屋里热闹的景象。

小白 哇！这么热闹？看来我的问题得等一会儿喽？

大麦 我有空，到这边来吧。我这处理疑难杂症的，闲着呢。

小白 我这个问题不知道算不算疑难杂症，可能算不上，大概应该算是“保健类”问题，确切地说，想讨教一些最佳实践。

大麦 请讲。

3. 多点数据呈现：小图应用

小白 我在平时做数据分析时经常会有一些困惑，如果把很多维度都放进视图，界面会比较杂乱。如果放太多筛选器，分析对比起来又有点不方便。而且类似条形图、折线图这种，画面上展现的数据数量都不宜太多。我的问题是，如果需要在分析图表中呈现大量数据，有没有一些最佳做法？

大麦 你这的确算是最佳实践类的保健问题。我自己有一些心得，你可以参考一下。这也是我最喜欢的图表类型之一——小图。

小白 小图？

大麦 Small Multiple，小图。就是在“行”“列”功能区加入多个维度之后，整个画面呈现多个结构相同的图形。Small Multiple 类似断层切片扫描，在一个画面上展示全景式的数据分析。

小白 举个例子？

大麦 比如我们展现不同子类别在不同省份的销售额和利润情况，就可以用圆图小图。这个画面上展现了 500 多个数据点，仍然看起来简洁清晰、便于对比。

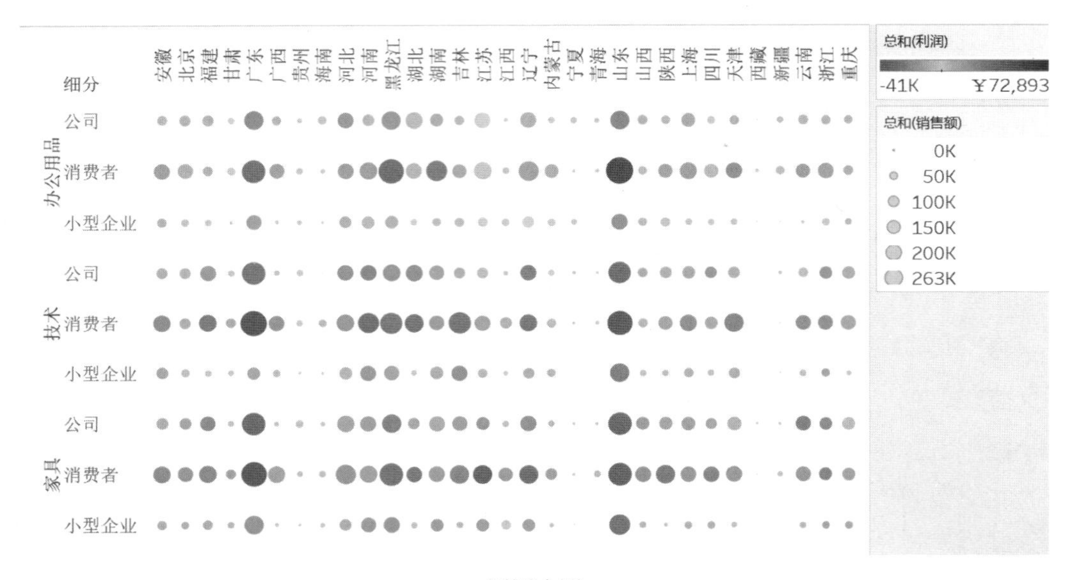

圆图小图

小白 对，我就是这个意思，偶尔我也使用这种图，但只使用过热图小图，没想过展现其他图表。

大麦 也是一样的原理，我们可以用热图小图来展现时间序列分析，比如展现 4 年 1400 多天的数据，就像这样。

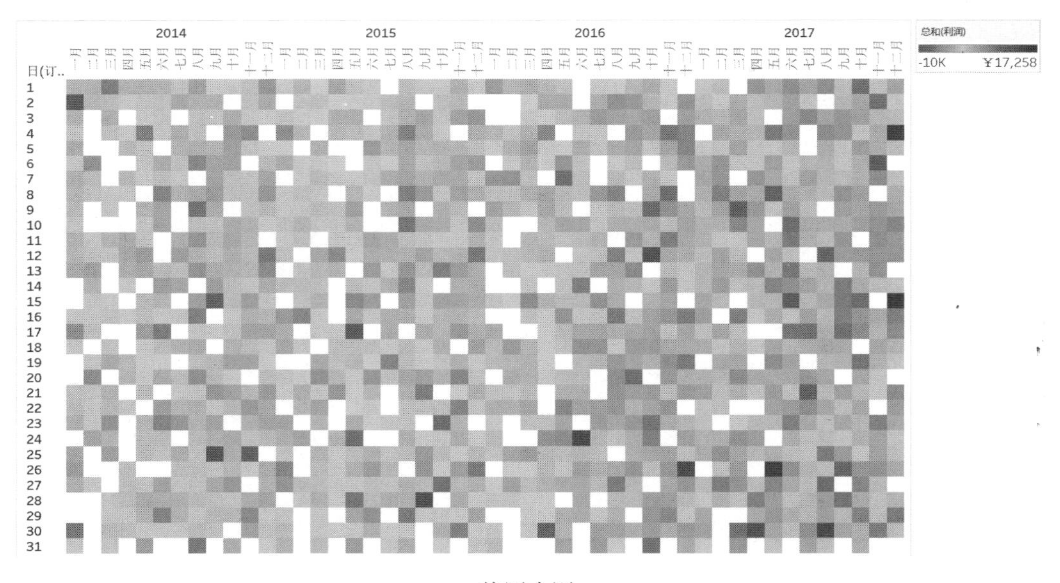

热图小图

小白 看着还不错，有马赛克瓷砖的效果。

大麦 不要小看马赛克，人的视觉对模式是非常敏感的，如果马赛克中存在某种规律性模式，看一眼就能发现。如果想在刚才圆图小图的基础上再增加维度，还可以使用饼图小图。

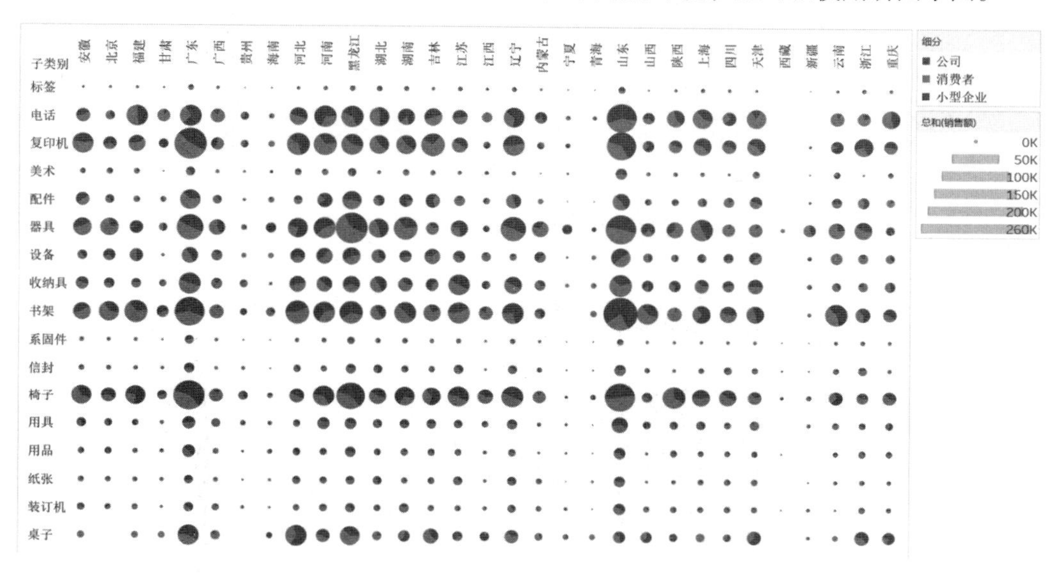

饼图小图

小白 这还真有点断层扫描的效果了。

大麦 主要是方便维度之间的对比，我们再看一个例子，把饼图换成堆叠的圆图。

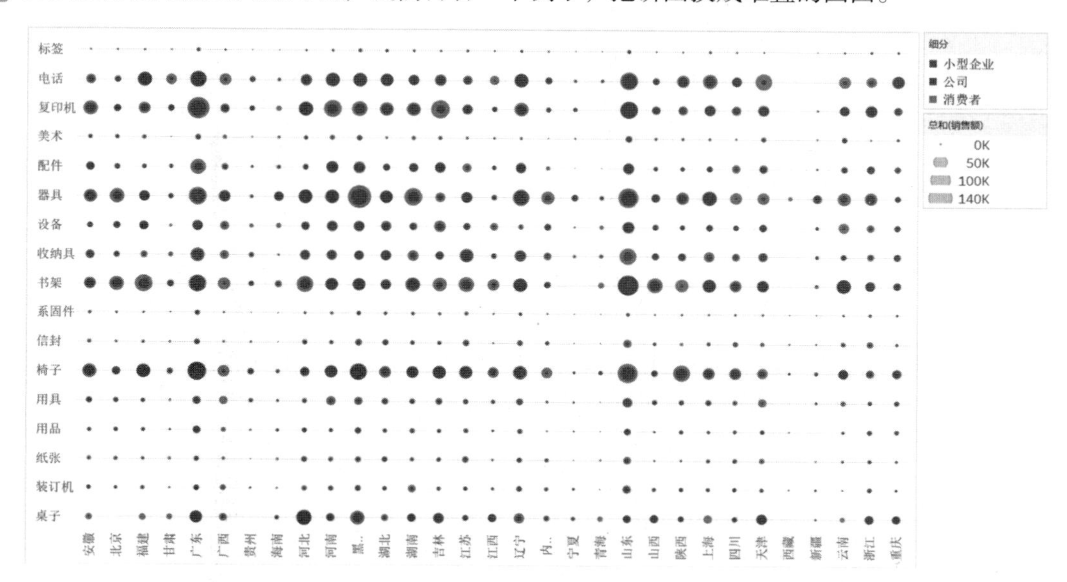

堆叠圆图小图

小白 这个……看上去太热闹了，有些圆点非常小，不便于观察了。

大麦 你说得对，不能太追求极端，选择合适的数据颗粒度永远都是必要的。如果我们需要让画面更清晰一些，就需要把数据颗粒度变粗一些，如果想加入一些新信息，还可以使用圆环图小图。

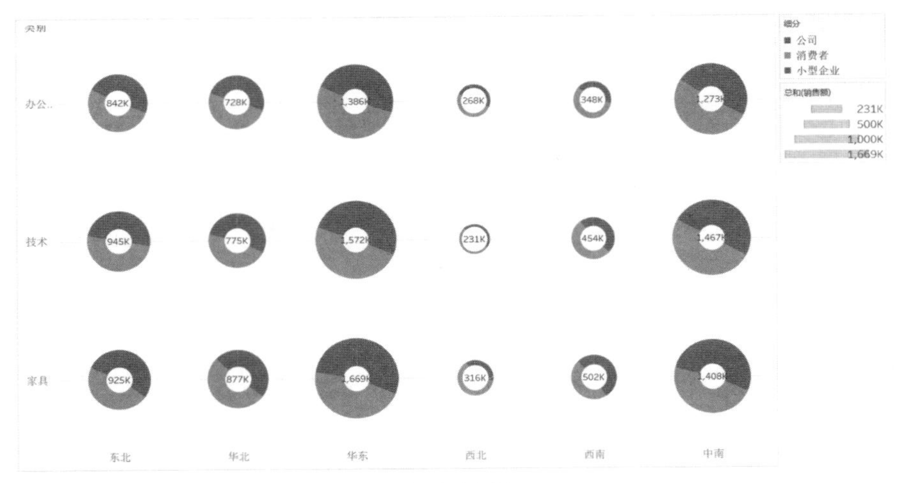

圆环图小图

小白 我有点明白你的套路了，这样下来还可以做成小爆炸图，就是饼图嵌套饼图。

大麦 太聪明了，就是这个意思。不过我得换套路了，你知道，树图就是用来展现较多的数据点的图表类型，但是仍然可以使用小图，让信息量进一步加大。比如不同年、季度的各子类别的销售额树图小图。

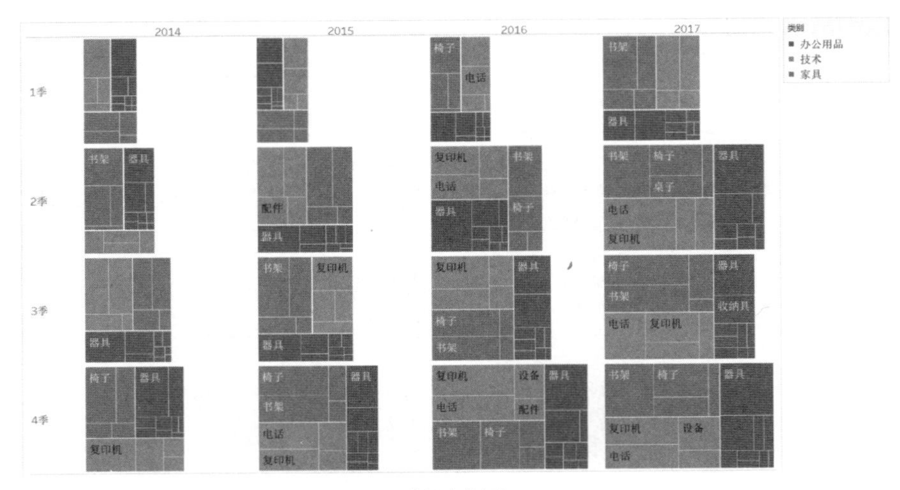

树图小图

小白 这个不错，不过我觉得可能还是条形图小图更实用一些。

大麦 小图可以展现很多维度，比如在一个普通条形图的基础上，“行”功能区放“地区”和“邮寄方式”两个维度，“列”功能区放“细分”和“类别”两个维度，条形图小图看上去一丝不乱。

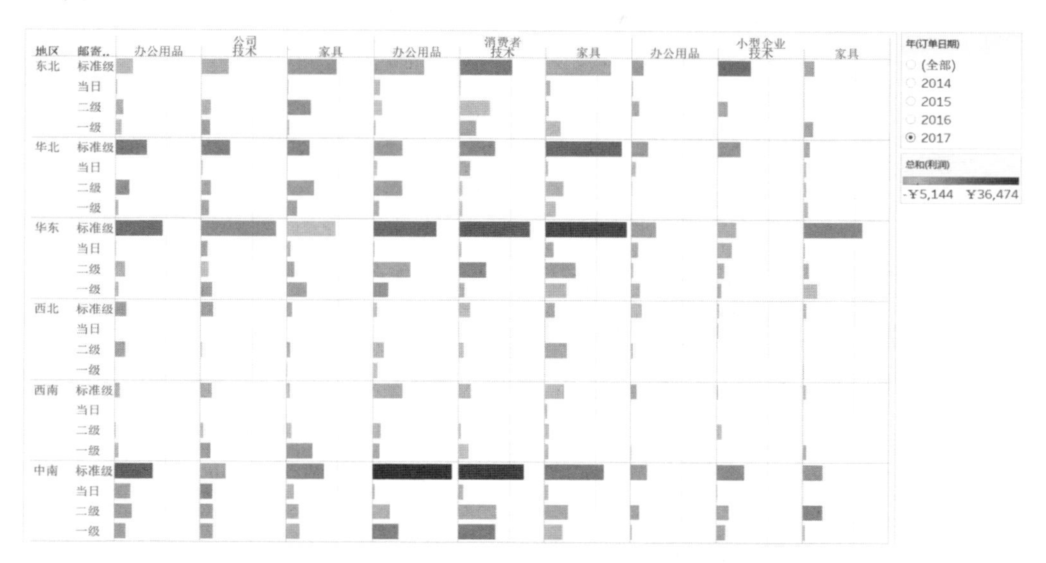

条形图小图

小白 这样说来，我也可以再变形一下，变成堆叠条形图小图，就像这个。

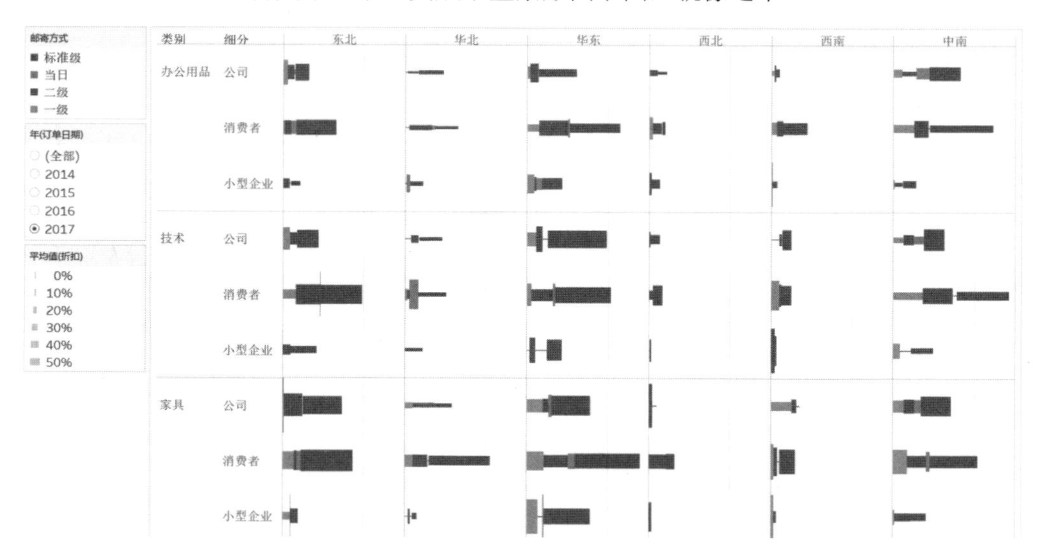

堆叠条形图小图

大麦 对，就是这样变形。平时我们用到的任何图表，都可以变形成小图。其实折线图面积图也可以变成小图，比如这个面积图小图，同时使用了地区、细分和类别 3 个维度。

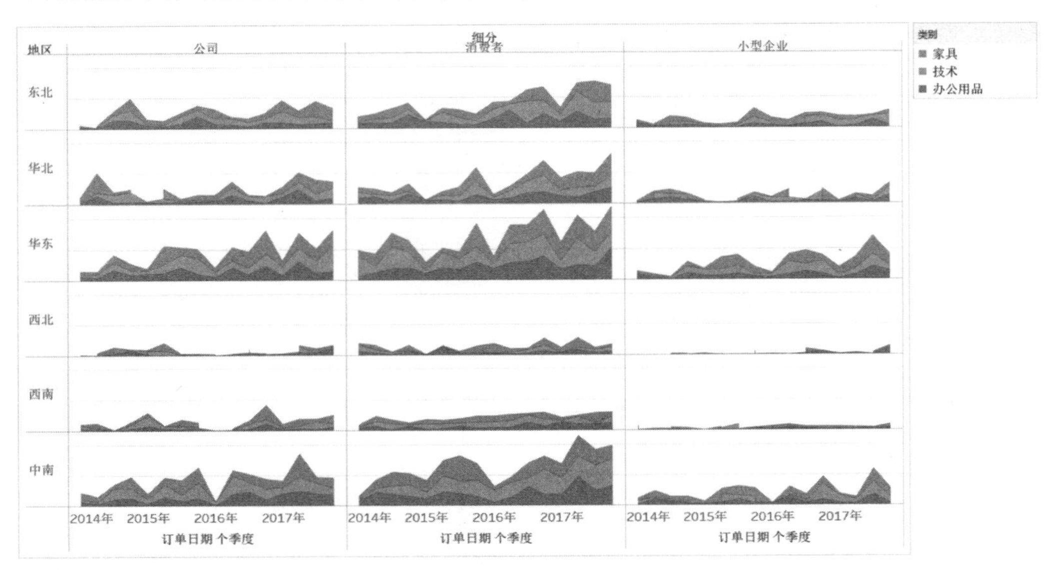

面积图小图

小白 按照你这个思路，也可以用线图小图，同样这是这几个维度，还可以同时表现销售额和利润。

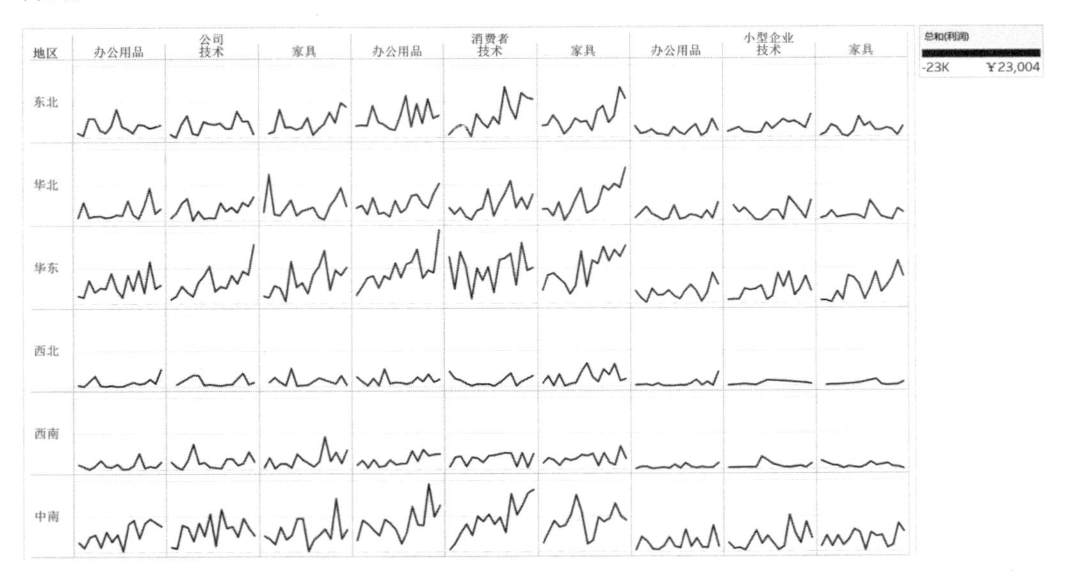

线图小图

大麦 我得继续改变套路了，你知道散点图也是可以用来表现多数据点的分析图表，它可以变成散点图小图。比如客户分群的散点图加上地区和细分，就变成了更广阔的全景客户画像了。

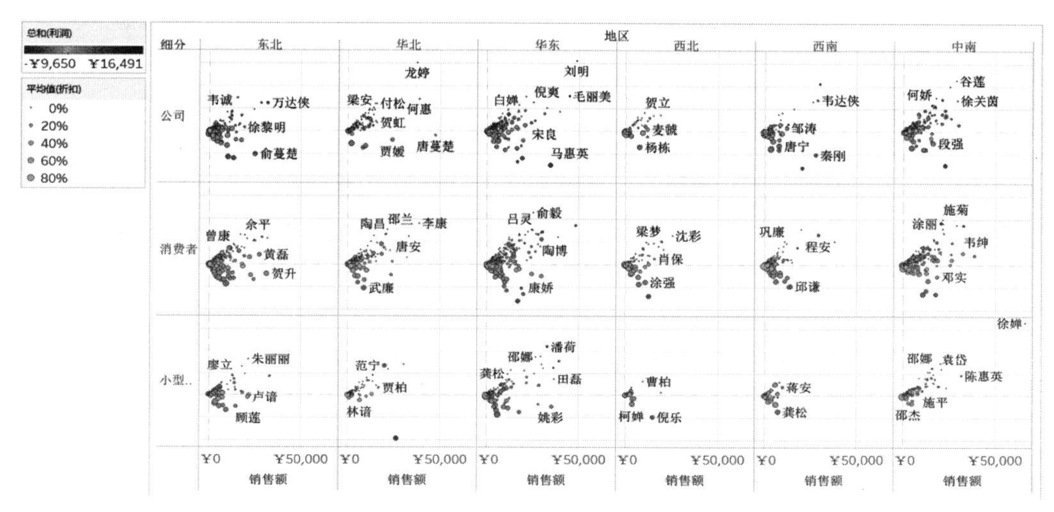

散点图小图（多维度）

小白 说到散点图我倒是用过另一种散点涂小图，是多个指标相关性的分析。一般单个散点图只能用来表现两个指标的相关性，但如果同时分析多个指标的组合关联，就可以用多度量散点图了。比如分析销售额、利润、折扣和数量 4 个指标的相关性，就可以用这种散点图，通过调整“行”“列”功能区的胶囊顺序，自相关的图表可以放在一条斜线上，更便于观察。

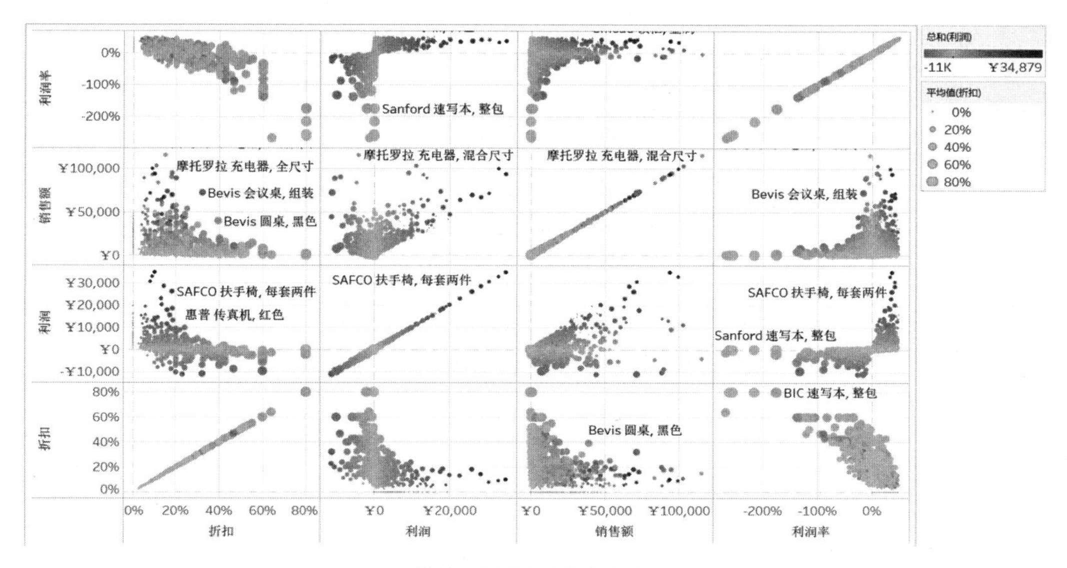

散点图小图（多度量）

大麦 看来你可以当我的老师了！不过还有一种应用模式，泡泡图原本也是散点图的一种变形，用来表现多数据点分布，如果我们加入一些新的维度进去，可以形成散点图小图，比如“列”功能区放“地区”维度，“行”功能区放“细分”维度，泡泡图自身表现“类别”和“制造商”的销售额大小。

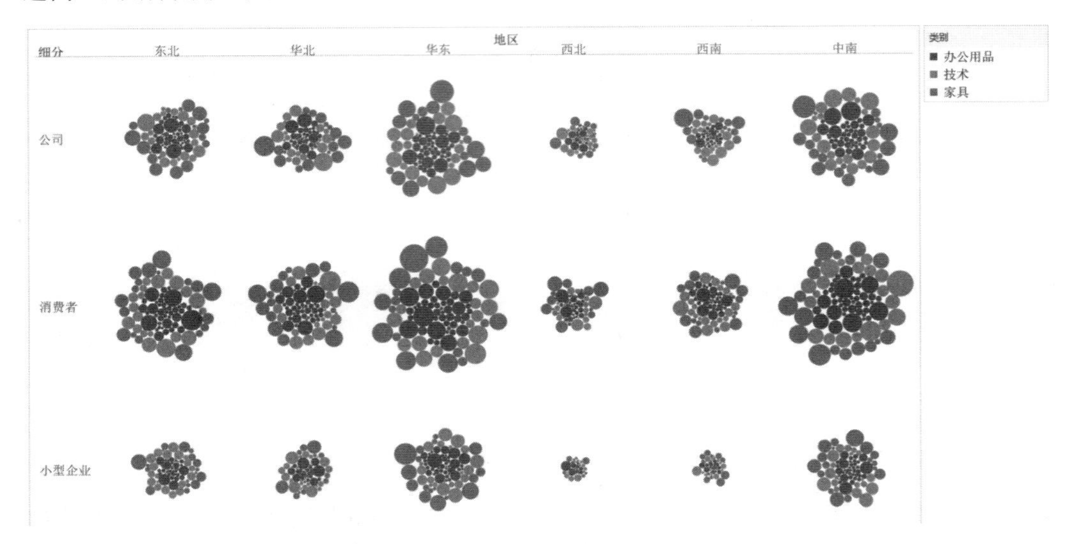

泡泡图小图

小白 哈哈，今天可是开了眼界，这么多种小图的玩法！

大麦 实际上这种小图比较容易造成所谓的“重复疲劳”，也就是重复看相同的图表，需要观察者有点耐心。

小白 我觉得这个小图主要还是分析过程中看的，就好比医生看“片子”，一张图上就是一系列切片图像。所以我觉得“重复疲劳”也没那么重要，毕竟专业人士看图分析就是职业，我遇到的另一个困扰是怎么把我的分析结论和见解更加有效地传递出去，让管理层看得懂，让一线的业务也看得懂。说实话，有时候我自己去给他们讲，明明观点和结论就在数据里面，我却时常讲不到点上……这方面我还得好好提高，可是也不知道怎么提高。

大麦 看来你已经开始接触到数据分析真正的本质了，也就是用数据中的真相去引导实际业务。作为分析员来说，其实还需要具备用数据讲故事的能力，解决你说的“观点和结论明明就在数据里面，我却时常讲不到点上”的问题。用数据讲故事，本身就是一个很系统的技能，我今天也没法给你展开讲太多，建议你阅读一下《用数据讲故事》那本书，虽然书中的图表并不是用 Tableau 产生的，但书中的方法很值得参考，你可以再结合一下 Tableau 软件的功能特性，我相信对你会有所帮助。

这时候大明和小方几个人走过来。

大明 一不小心一下午又过去了，终于大家的问题也都解答完毕了。你们这还在讨论吗？

大麦 我们也讨论完了。今天的 Tableau Day 就完美收官了？

大明 是啊，感觉好充实。大麦帮我们总结一下？

11.3 Tableau 数据可视化峰会

大麦 总结还是留给你吧，哈哈。不过我还真有一件事通知各位。Tableau 大型市场活动——Tableau 数据可视化峰会北京站也在本月底举办，我今天晚上把大会日程发给你们，你们就可以注册购票了。

小白 还需要购票啊？能不能赠送几张？

大麦 这个市场活动是卖票的，大会活动是一整天议程，内容非常丰富，有大量的技术专题分享，更有各行各业的客户来分享他们使用 Tableau 的心得和经验，非常超值。没有赠票哦！但是演讲嘉宾和可视化大赛决赛的选手是可以免票参加的，小白你是报名当演讲嘉宾呢？还是参加大会上的可视化大赛呢？不过决赛选手是预赛选出来的，现在预赛已经开始报名啦。

小白 啊？还有可视化大赛啊？

大麦 对，大赛头奖是去美国参加全球 Tableau 用户大会，包机票、酒店和大会门票，价值三万多元。由于比赛现场观众很多，气氛热烈，冠军选手也将成为数据可视化分析领域的 Super Star！咋样，动不动心？

小白 拼了！无论如何也得去参加比赛！哈哈！

大明 小白参赛，我们去当啦啦队！这是个难得的学习和交流机会，我们争取多去些人，我也会邀请大胡以及公司的其他高管。

大麦 那太好了，大会上还有面向企业高管的圆桌讨论，高管们可以跟其他公司高管“华山论剑”。

大明 另外，说到数据可视化分析大赛，我们公司内部也计划开展一次数据可视化分析竞赛，用我们自己实际的业务数据，自由报名参赛，也可以组队参赛。大家各自准备，比赛当天选手现场讲解，邀请内部员工当观众，邀请各业务部门的总监当评委。一方面“炒热”数据分析的氛围，另一方面也希望从大家的参赛作品中发掘一些对业务真实有用的方案出来。目前计划是在下月底决赛，想邀请你和托尼来当友情评委。

大麦 那就是在峰会之后两周，下个月底如果我不出差就一定来参加。另外，我们可以赞助一些小奖品。

大明 那太好了！你们带点纪念品之类的小奖品就可以了，我们设的大奖虽然比不上 Tableau 峰会的大奖，但也非常诱人，一等奖价值上万元了。只要从比赛作品中发掘出数据价值，大奖也是值得的。不过我有一个疑问，如何评判一个数据可视化分析作品的高下，你在这方面有没有一些最佳实践分享给我们？

11.4　问“道”Tableau

大麦 这个问题还真让你问着了，Tableau公司的顾问团队编过一本小书叫作《可视化分析的艺术与科学》，就是精选出来的数据可视化作品，每个作品都给予了赏析点评。所以，我最近还真的研究了一下数据可视化作品的境界差异。总体来说，可以分为“技、艺、道”三重境界！

大明 哦？那你今天可得给大家好好讲讲这“技、艺、道”三重境界！咱到楼下咖啡馆聊吧，在会议室里闷了半天，也放松休息一下。

大麦 好！今天跟你蹭一杯斯达巴克斯大杯拿铁，哈哈！

咖啡馆里弥漫着咖啡的香气，大明几个人拿着咖啡坐下继续聊。

1. 技

大麦 我跟大家分享一下我对这几个境界的理解吧。第一个层次：技。

在这个层次上，作者有高超的软件使用技能，能够呈现数据中深层次的问题或者发现隐含的规律。所谓高超的使用技能，是指能够熟练地使用软件的各种功能，比如各类函数、计算、LOD 表达式、格式设定和仪表板操作等。我们举个简单的例子来说明一般分析和深度分析的区别。假设原始数据集中只有客户编号、下单时间、销售额和利润，我们可以按照销售额和利润构建一个客户散点图，呈现每个客户的销售额和利润，并对客户进行四象限划分，将高销售高盈利的客户、高销售低利润的客户、低销售高利润客户和低销售低利润客户加以区分。然而这些只是使用了数据集中现有的分析指标加以分析和呈现，所以这还只是初级分析员做的事。

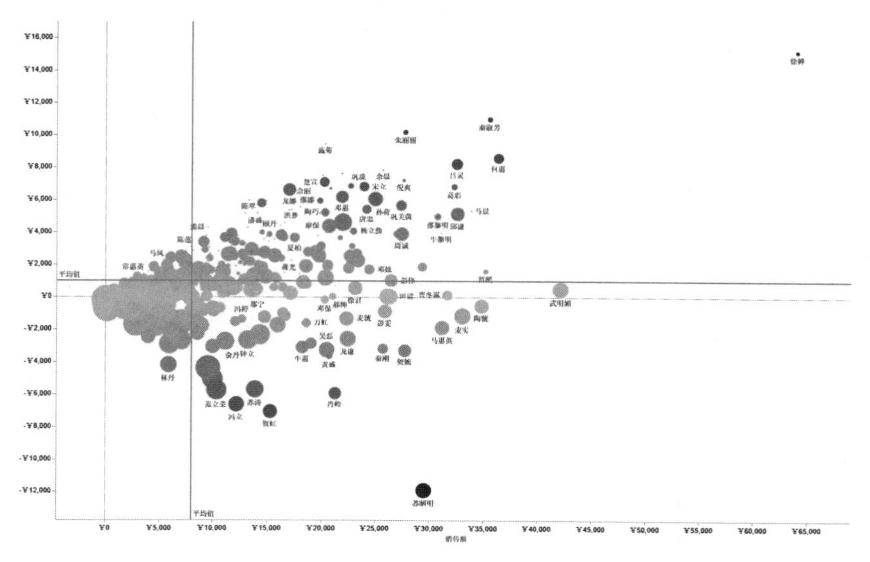

简单的客户分群分析，无需计算和其他复杂技能

高级分析员则可以根据客户编号，计算客户数量，进而跟踪客户在多年之内的增长趋势以及流失趋势，甚至分析老客户的持续销售贡献能力。可见，这些分析使用了通过计算得到派生的指标，从而对业务进行更深刻地洞察。

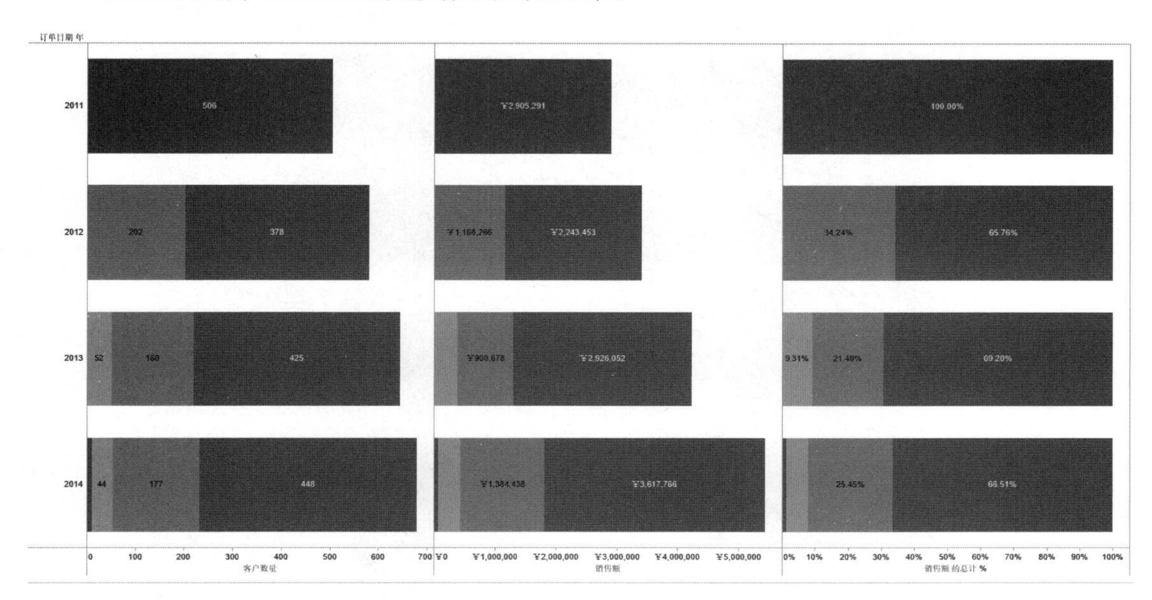

老客户持续贡献能力分析，需要具有较高的产品使用技能（另见彩插图 63）

在“技”的层面上，数据的呈现方式着眼于数据本身，用适当的视觉可视化属性去呈现相应的数据即可，比如用条形图的长度表示销售额，颜色变化表示利润高低，宽窄表示平均折扣大小。在这个层面上，读者通过看图来理解作者要传达的观点。

大明 嗯，对于你说的这个“技”的境界，我们的内部培训上，一方面向分析员培训软件的技能，另一方面也在向普通的业务用户培训基础的读图、看图的能力，让他们能够通过图表去理解数据。不过我们基本上也就止步于此了，你说的艺的境界怎么理解？

2. 艺

大麦 第二个层次：艺。

在这个层次上，作者除了具有高超的数据可视化设计技能之外，还有丰富的想象力，把数据呈现、人类视觉，甚至是人类情感巧妙地关联在一起，让读者在看数据之前就已经接收到作者想传达的信息。比如对滚石唱片公司唱片销量的分析，用了频谱一样的堆叠图，在我们去解读数据之前就先知道了这是一个音乐题材的分析。所以在“艺”的境界中，作者要分析想要传达的观点、信息甚至情绪，综合使用数据图表以及图表之外的各种元素。

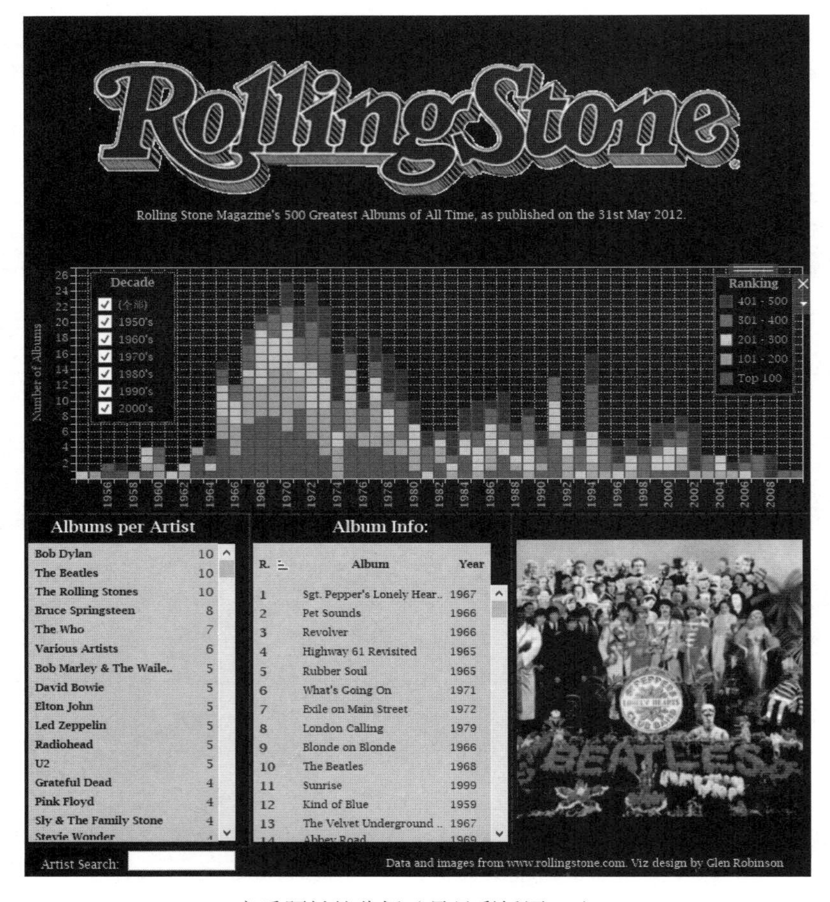

音乐题材的分析（另见彩插图 64）

在“艺”的境界中，作者熟练运用 Tableau 的各项技巧，还深谙可视化最佳实践，运用色彩、布局、图表等各种元素，服务于所要呈现的观点。

大明 这个“艺”的境界很有参考意义，对我们很有启发，看来今后我们要好好提升一下仪表板的艺术性，让我们的业务用户能够快速地理解分析员的观点。不过就你刚才说的配色来说，有没有一些最佳实践能表达色彩与情感之间的关联？

大麦 色彩与情感的确有一些关联，我分享一些例子。

- 红：活力、健康、热情、希望、太阳、火、血
- 橙：兴奋、喜悦、活泼、华美、温和、欢喜、灯火、秋色
- 黄：温和、光明、快活、希望、金光
- 绿：青春、和平、朝气
- 青：希望、坚强、庄重

- 蓝：秀白、清新、宁静、平静、永恒、理智、深远、海洋、天空、水
- 紫：高贵、典型、华丽、优雅、神秘、丁香、玫瑰
- 褐：严肃、浑厚、温暖
- 白：纯洁、神圣、清爽、洁净、卫生、光明
- 灰：平静、稳重、朴素
- 黑：神秘、静寂、悲哀、严肃、刚健、恐怖、稳重、夜
- 金：光荣、华贵、辉煌

大明 这个不错，回头我们好好尝试一下这些配色方案。这个艺术境界已经让我觉得高不可攀了，你说的那个道的境界又该如何理解？

3. 道

大麦 呵呵，别担心，道的境界是大道至简，返璞归真，反倒不强调那些高超技能和艺术元素了。

作为最高级别的可视化作品，大家一定对“道”这个境界有所期待。大家也许在想象，这个级别的作品有着惊为天人的“颜值”，使用到了逆天的复杂算法，也许让人闭着眼睛就能“看懂”数据。不不不，说起来你可能不信，“道”这个境界上的可视化分析作品，很可能并不那么漂亮，没有那么赏心悦目，甚至有时候显得有些粗陋。

大麦 但是，“颜值不高”并不妨碍它达到“道”的境界。这些可视化作品抛弃了格式上的繁文缛节，舍掉了花花绿绿的边幅修饰，直奔主题，用最简单的数据表现，呈现极其巨大的价值。比如，它能挽救千万人的生命。

1854年，伦敦出现了霍乱疫情，仅仅10天时间就有500人丧生。死神笼罩在城市上空，人们希望采取行动控制疫情，却又不知从何做起，似乎对抗瘟疫的唯一办法就是祈祷。然而John Snow医生却勇敢地向瘟疫宣战，他通过收集数据，绘制了一份城市地图，然后他每天都走街串巷，了解死亡发生的地点，在地图上加以标记。第一天，地图上出现了几个散落的点；第二天，地图上出现了更多的点；一个星期之后，这些散落的数据点终于呈现出了一点规律，这些点连起来的轨迹指向了一个交汇的点，这个交汇点是一口水井，人们沿着不同路径去那口井取水。距离水井越近，死亡的人数越多。于是Snow医生判定这口井一定是死亡之源。他拿着这张标记了数据点的地图去找到伦敦的市长，市长当即决定掩埋这口水井。死神终于停止了脚步，一场巨大的瘟疫终于在早期被控制住。而在这个过程中，Snow医生的那张地图，起到了关键的作用。这件事之后，伦敦开始大规模修建城市排水系统，确保城市生活用水的安全和卫生。

这是人类早期的数据可视化分析。那时候还没有可视化分析这个概念，计算机科技甚至还未曾出现在科幻小说里，但这并不妨碍人们用可视化分析的方法呈现观点，做出决策，挽救生命。所以我建议数据分析领域的朋友们一定要把核心注意力放在传达观点和结论上面，而非色彩斑斓的呈现上面。

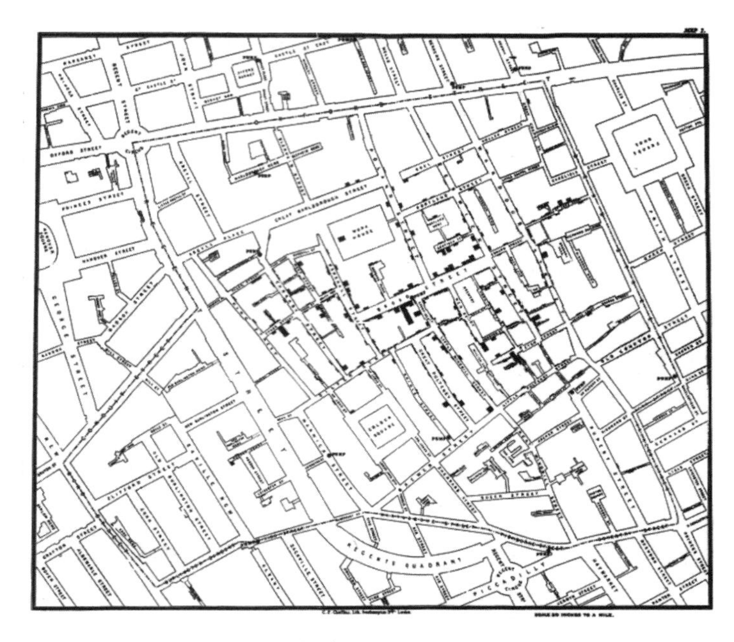

伦敦霍乱地图分析

还有一个例子，可视化分析能够帮助教练员科学训练，降低运动伤病，让人们在体育运动中更加安全。大家看一下这个可视化作品，直接把人体肌肉图形化，用颜色渲染受伤次数，并且与赛季时间和运动员受伤情况进行互动分析。

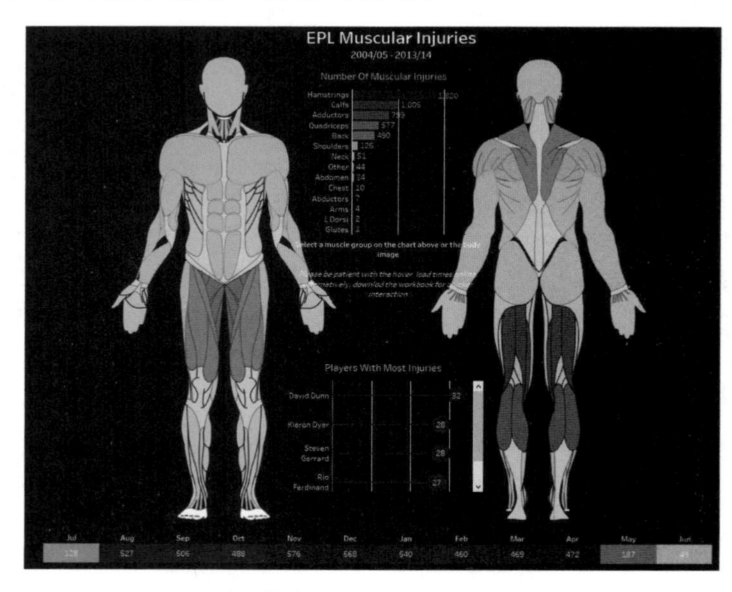

运动员伤病分析（另见彩插图 65）

挽救生命、防止受伤，也许听起来离我们还有点遥远。在商业应用中，可视化分析也可能创造巨大的商业价值。

比如某公司的一个关于产品返修的可视化分析。在该公司每年出货的产品中，某块电路板的总量有几亿块，每年的返修量有 200 多万块，这些电路板在返厂时只附带了一张纸，大致说明故障的现象和位置。由于数据零散，在可视化分析之前，从来没有人想到过有什么方法能够降低返修率。在采用 Tableau 之后，数据分析师将纸上的数据电子化，然后用电路板作为分析背景图，在图上标识故障发生位置，之后他们发现图中靠边的几个部件发生故障的频率明显偏高。根据这个分析，研发部门重新设计了电路板。虽然仅是调整了两个故障频率最高的部件，却取得了非凡的成果：故障率降低了到原来的十分之一，每年为公司节省上千万的维修成本。这个价值上千万元的可视化分析作品并不漂亮，很简单，没有花里胡哨的设计，却足够清晰地反映问题。

一个价值千万的可视化分析（仪表板局部截图）

所以，在“道”这个层面上，已经不再追求美观漂亮，而是用最简单的可视化方法揭示问题本质，启发人们从如何挽救生命或者节省巨额的成本。

我们还有一个客户，采用 Tableau 构建分析系统，服务对象是一线的销售员，用数据可视化手段帮助这些销售人员更好地完成销售任务。他们这个系统内容朴实，实实在在地帮助了每个一线的销售人员。所以从“道”的层面上讲，数据可视化能够为企业或者组织带来价值，能够帮助到企业或者组织中的具体的人，无论这些人是高层决策者、一线员工还是客户。简而言之，“道”的境界以价值为本，以人为本。

以前我给客户展示一些仪表板范例的时候，一般听众的反应是“这么炫，怎么做的？”通常这么问的听众不是很在意数据的解读与分析的价值。但是也有少部分客户会问：“这个仪表板给谁看的？反映了什么问题？有什么价值？”遇到这样的客户，我总是很高兴，因为他们的关注点是数据的价值、分析的价值以及可视化的价值。我希望今天咱们这几位朋友，在日后的工作中也多关注数据的价值，而不仅仅是炫丽的图表。

但是也需要强调，“大道至简”并不意味着简陋，而是以价值为导向，舍弃多余的表现。

大明 你这几个境界的解说让我们大开眼界，也深受启发。我有一个不情之请，下个月我们的系统上线的时候，邀请你来做我们的嘉宾，给我们各个部门的同事们讲一讲数据可视化分析的这三个境界！

大麦 深感荣幸！一定参加！

站在巨人的肩上
Standing on Shoulders of Giants
TURING
图灵教育
iTuring.cn

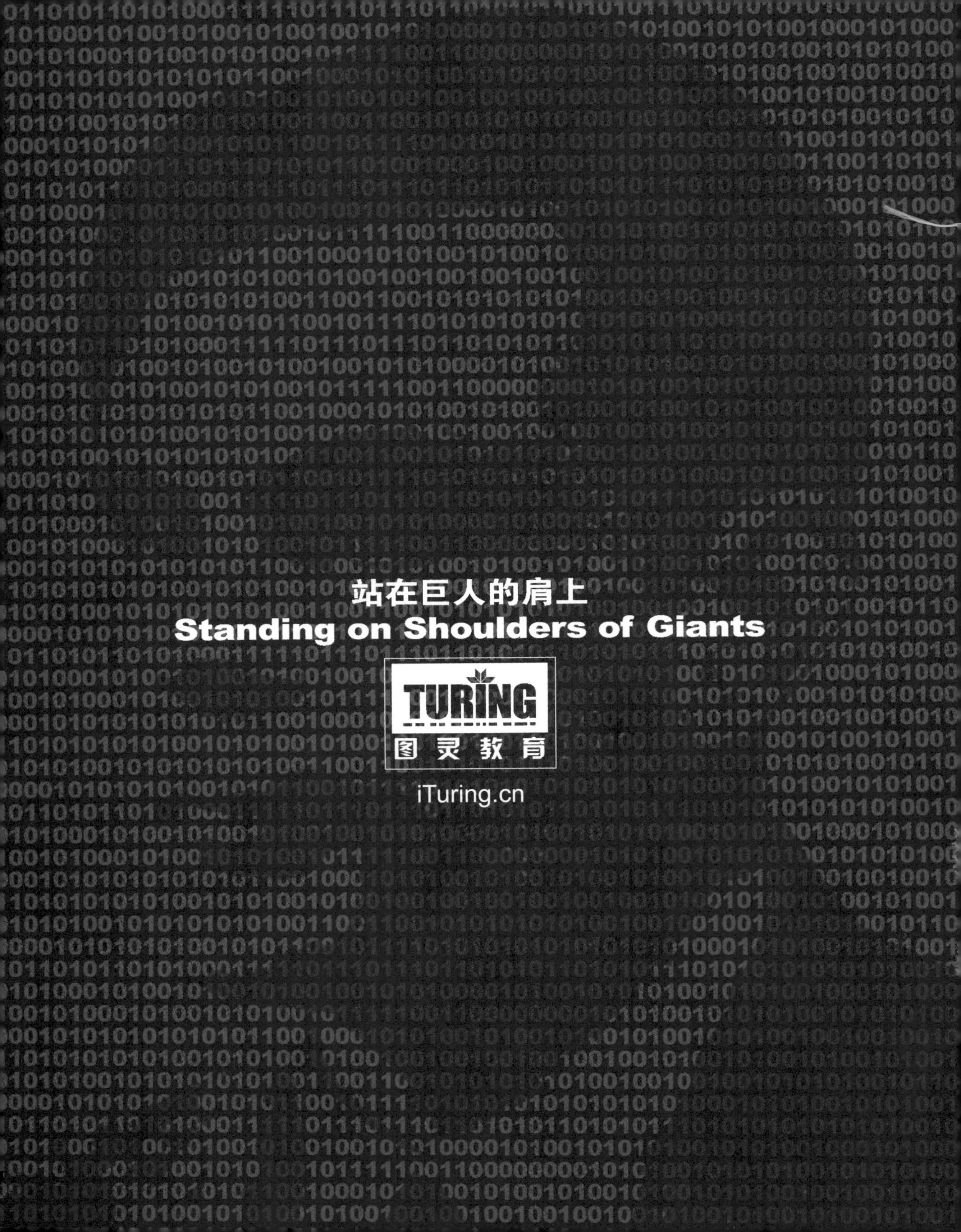
站在巨人的肩上
Standing on Shoulders of Giants
TURING
图灵教育
iTuring.cn